"十二五"普通高等教育本科国家级规划教材

大学计算机基础
（第4版）——计算思维

Introduction to College Computer Science
(4th Edition)——Computational Thinking

甘勇 尚展垒 郭清溥 张建伟 等 编著

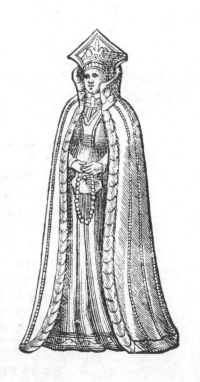

人民邮电出版社
北京

图书在版编目（ＣＩＰ）数据

大学计算机基础：计算思维 / 甘勇等编著. -- 4版
. -- 北京：人民邮电出版社，2015.9（2017.9重印）
ISBN 978-7-115-39418-7

Ⅰ. ①大… Ⅱ. ①甘… Ⅲ. ①电子计算机－高等学校
－教材 Ⅳ. ①TP3

中国版本图书馆CIP数据核字(2015)第160970号

内 容 提 要

本书是根据大学计算机课程教学指导委员会提出的《关于进一步加强高校计算机基础教学的意见》要求，同时根据多所普通高校的实际教学情况编写的。全书共分 11 章，主要内容包括：计算机与计算思维、信息技术基础、操作系统基础、算法分析与设计、程序设计基础、多媒体技术及应用、计算机网络、网页设计、数据库基础、信息安全与职业道德、计算机新技术简介。

本书密切结合"计算机基础"课程的基本教学要求，在培养学生计算思维能力的同时兼顾计算机软件和硬件的最新发展；结构严谨，层次分明，叙述准确。

本书可作为高校各专业（特别是理工科各专业）"计算机基础教育"课程的教材，也可作为计算机技术培训用书和计算机爱好者自学用书。

◆ 编　著　甘　勇　尚展垒　郭清溥　张建伟　等
　　责任编辑　张孟玮
　　执行编辑　税梦玲
　　责任印制　沈　蓉　彭志环
◆ 人民邮电出版社出版发行　　北京市丰台区成寿寺路 11 号
　　邮编　100164　　电子邮件　315@ptpress.com.cn
　　网址　http://www.ptpress.com.cn
　　固安县铭成印刷有限公司印刷
◆ 开本：787×1092　1/16
　　印张：18.5　　　　　　　　2015 年 9 月第 4 版
　　字数：482 千字　　　　　　2017 年 9 月河北第 3 次印刷

定价：45.00 元
读者服务热线：(010)81055256　印装质量热线：(010)81055316
反盗版热线：(010)81055315

前言

计算机及相关技术的发展与应用在当今社会生活中有着极其重要的地位,计算机与人类的生活息息相关,是必不可缺的工作和生活的工具,因此计算机教育应面向社会,面向潮流,与社会接轨,与时代同行,在强调应用能力的同时注重对计算思维能力的培养。

大学计算机基础是高等院校非计算机专业的重要基础课程。目前,计算机的教育已提前到了中学,甚至到了小学,使得大学计算机的教育有了新的发展。大学的教育不能再拘泥于简单的操作和应用,而是要向计算机的理论知识、计算思维以及软件设计等方面转换,提升学生理论水平,培养学生思维能力,注重学生软件设计。我们根据大学计算机课程教学指导委员会提出的《关于进一步加强高校计算机基础教学的意见》中有关"大学计算机基础"课程教学的要求,联合河南省的几所高等院校,结合本省的实际情况以及各高校学生情况,编写了本书。本书与同类书的不同之处在于:把基本操作(如 Windows 和 Office)放在了配套的实践教程中,在这本书中加强对计算思维的讲解,以培养学生用计算思维解决问题的能力。本书最后介绍了与计算机相关的新技术(云计算、大数据、物联网等),内容丰富,知识覆盖面广。

编写本书的主要目的是满足当前高校对计算机教学改革的要求,在强调提升学生理论水平的同时,注重对学生计算思维能力的培养。最终使学生对计算机的理论和使用有全面、系统的认识,把计算思维的能力融入到生活和工作中。

由于本书的内容覆盖面广,讲授本书大约需 68 学时(包括上机 30 学时)。各高校可根据教学学时、学生的基础情况,对教学内容进行适当的选取。

本书由甘勇、尚展垒、郭清溥、张建伟等编著,其中,郑州轻工业学院的甘勇任主编,郑州轻工业学院的尚展垒、河南财经政法大学的郭清溥、郑州轻工业学院的张建伟、郑州师范学院的贾遂民任副主编。参加本书编写工作的还有郑州大学的翟萍、华北水利水电大学的李秀芹、郑州轻工业学院的程明远、河南工程学院的曲宏山。其中,第 1、2 章由甘勇编写,第 3、4 章由郭清溥编写,第 5、9 章由尚展垒编写,第 6、11 章由程明远编写,第 7 章由张建伟编写,第 8 章由翟萍编写,第 10 章由李秀芹、贾遂民、曲宏山编写。尚展垒负责本书的统稿和组织工作。在本书的编写过程中得到了郑州轻工业学院、郑州大学、河南财经政法大学、华北水利水电大学、河南工程学院、郑州师范学院、河南省高校计算机教育研究会的大力支持和帮助,在此由衷地向他们表示感谢!

由于编者水平有限,书中难免存在不足和疏漏之处,敬请读者批评指正。

编　者
2015 年 4 月

目　录

第1章
计算机与计算思维

本章从计算机的发展和应用领域开始，由浅入深地介绍计算机系统的组成、功能以及常用的外部设备，然后讲述计算机应用系统的计算模式，最后详细阐述计算思维的概念和应用。通过学习本章，读者可以从整体上掌握计算机的基本功能、组成和基本工作原理，了解计算机系统中的计算模式，初步掌握计算思维的思想，为后续内容的学习打下基础。

【知识要点】
1. 计算机的发展；
2. 计算机的应用领域；
3. 计算机的组成及各部分的功能；
4. 常见的计算模式；
5. 计算思维的概念及应用。

1.1 计 算 机

1.1.1 计算机的发展和应用领域概述

1.1.1.1 计算机的发展

电子数字计算机（Electronic Computer）是一种能自动地、高速地、精确地进行信息处理的电子设备，是 20 世纪最重大的发明之一。在计算机家族中包括了机械计算机、电动计算机、电子计算机等。电子计算机又可分为电子模拟计算机和电子数字计算机，通常我们所说的计算机就是指电子数字计算机，它是现代科学技术发展的结晶，特别是微电子、光电、通信等技术以及计算数学、控制理论的迅速发展带动计算机不断更新。自 1946 年第一台电子数字计算机诞生以来，计算机发展十分迅速，已经从开始的高科技军事应用渗透到了人类社会的各个领域，对人类社会的发展产生了极其深刻的影响。

1. 电子计算机的产生

1943 年，美国为了解决新武器研制中的弹道计算问题而组织科技人员开始了电子数字计算机的研究。1946 年 2 月，电子数字积分器计算器（Electronic Numerical Integrator and Calculator，ENIAC）在美国宾夕法尼亚大学研制成功，它是世界上第一台电子数字计算机，如图 1.1 所示。这台计算机共使用了 18 000 多只电子管，1 500 个继电器，耗电 150kW，占地面积约为 167m²，重 30t，每秒钟能完成 5 000 次加法或 400 次乘法运算。

与此同时，美籍匈牙利科学家冯·诺依曼（Von·Neumann）也在为美国军方研制电子离散变量自动计算机（Electronic Discrete Variable Automatic Computer, EDVAC）。在 EDVAC 中，冯·诺依曼采用了二进制数，并创立了"存储程序"的设计思想，EDVAC 也被认为是现代计算机的原型。

图 1.1　ENIAC 计算机

2. 电子计算机的发展

自 1946 年以来，计算机已经经历了几次重大的技术革命，按所采用的电子器件可将计算机的发展划分为如下几代。

第一代计算机（1946 年—1959 年），其主要特点是：逻辑元件采用电子管，功耗大，易损坏；主存储器采用汞延迟线或静电储存管，容量很小；外存储器使用了磁鼓；输入/输出装置主要采用穿孔卡；采用机器语言编程，即用"0"和"1"来表示指令和数据；运算速度每秒仅为数千至数万次。

第二代计算机（1960 年—1964 年），其主要特点是：逻辑元件采用晶体管，与电子管相比，其体积小、耗电省、速度快、价格低、寿命长，主存储器采用磁芯，外存储器采用磁盘、磁带，存储器容量有较大提高；软件方面产生了监控程序（Monitor），提出了操作系统的概念，编程语言有了很大的发展，先用汇编语言（Assemble Language）代替了机器语言，接着又出现了高级编程语言，如 FORTRAN、COBOL、ALGOL 等；计算机应用开始进入实时过程控制和数据处理领域，运算速度达到每秒数百万次。

第三代计算机（1965 年—1969 年），其主要特点是：逻辑元件采用集成电路（Integrated Circuit, IC），IC 的体积更小，耗电更省，寿命更长；主存储器以磁芯为主，开始使用半导体存储器，存储容量大幅度提高；系统软件与应用软件迅速发展，出现了分时操作系统和会话式语言；在程序设计中采用了结构化、模块化的设计方法，运算速度达到每秒千万次以上。

第四代计算机（1970 年至今），其主要特点是：采用了超大规模集成电路（Very Large Scale Integration, VLSI），主存储器采用半导体存储器，容量已达第三代计算机的辅存水平，作为外存的软盘和硬盘的容量成百倍增加，并开始使用光盘，输入设备出现了光字符阅读器、触摸输入设备和语音输入设备等，使操作更加简洁灵活，输出设备已逐步转到以激光打印机为主，使得字符和图形输出更加逼真、高效。

新一代计算机（Future Generation Computer System, FGCS），即未来计算机的目标是使其具有智能特性，具有知识表达和推理能力，能模拟人的分析、决策、计划和其他智能活动，具有人机自然通信能力，并称其为知识信息处理系统。现在已经开始了对神经网络计算机、生物计算机等的研究，并取得了可喜的进展。特别是生物计算机的研究表明，采用蛋白分子为主要原材料的生物芯片的处理速度比现今最快的计算机的速度还要快 100 万倍，而能量消耗仅为现代计算机的 10 亿分之一。

在计算机的发展史上，涌现了许多著名的人物。

• 查尔斯·巴贝奇（1791 年—1871 年），英国数学家，在近代计算机发展中，查尔斯·巴贝奇起着奠基的作用。他的主要贡献为：①1822 年设计了"差分机"；②1834 年设计了"分析机"（以上两种机器均用蒸汽机作为动力）；③在他的分析机中已经具有输入、处理、存储、输出及控制 5 个基本装置的构思。当时他还提出了"条件转移"的思想。这些构思，已成为今天计算机硬件系统组成的基本框架。

- 霍华德·艾肯（1900 年—1973 年），美国人，1936 年他提出用机电方法而不是纯机械方法来实现巴贝奇分析机的想法，1944 年他成功地制造了 Mark2 计算机，使巴贝奇的梦想变成了现实。
- 阿伦·图灵（1912 年—1954 年），英国数学家，他为计算机的诞生奠定了理论基础，1936年提出了计算机的抽象理论模型，发展了可计算性理论。以他名字命名的图灵奖也是当前计算机界最负盛名的奖项，有"计算机界诺贝尔奖"之称。

3. 微型计算机的发展

微型计算机指的是个人计算机（Personal Computer，PC），简称微机。其主要特点是采用微处理器（Micro Processing Unit，MPU）作为计算机的核心部件，并由大规模、超大规模集成电路构成。

微型计算机的升级换代主要有两个标志，微处理器的更新和系统组成的变革。微处理器从诞生的那一天起发展方向就是：更高的频率，更小的制造工艺，更大的高速缓存。随着微处理器的不断发展，微型计算机的发展大致可分为以下几代。

第一代（1971 年—1973 年）是 4 位和低档 8 位微处理器时代。典型微处理器产品有 Intel4004、8008。集成度为 2 000 晶体管/片，时钟频率为 1MHz。

第二代（1974 年—1977 年）是 8 位微处理器时代。典型微处理器产品有 Intel 公司的 Intel8080、Motorola 公司的 MC6800、Zilog 公司的 Z80 等。集成度为 5 000 晶体管/片，时钟频率为 2MHz。同时指令系统得到完善，形成典型的体系结构，具备中断、DMA 等控制功能。

第三代（1978 年—1984 年）是 16 位微处理器时代。典型微处理器产品是 Intel 公司的 Intel 8086/8088/80286、Motorola 公司的 MC68 000、Zilog 公司的 Z8 000 等。集成度为 25 000 晶体管/片，时钟频率为 5MHz。微机的各种性能指标达到或超过中、低档小型机的水平。

第四代（1985 年—1992 年）是 32 位微处理器时代。集成度已达到 100 万晶体管/片，时钟频率达到 60MHz 以上。典型 32 位 CPU 产品有 Intel 公司的 Intel80386/80486、Motorola 公司的 MC68020/68040、IBM 公司和 Apple 公司的 Power PC 等。

第五代（1993 年至今）是 64 位奔腾（Pentium）系列微处理器的时代，典型产品是 Intel 公司的奔腾系列芯片及与之兼容的 AMD 的 K6 系列微处理器芯片。它们内部采用了超标量指令流水线结构，并具有相互独立的指令和数据高速缓存。随着 MMX（Multi Media eXtension）微处理器的出现，使微机的发展在网络化、多媒体化和智能化等方面跨上了更高的台阶。目前已向双核和多核处理器发展。

4. 发展趋势

目前计算机的发展趋势主要有如下几个方面。

（1）多极化。如今包括电子词典、掌上电脑、笔记本电脑等在内的微型计算机在我们的生活中已经是处处可见，同时大型、巨型计算机也得到了快速的发展。特别是在 VLSI 技术基础上的多处理机技术使计算机的整体运算速度与处理能力得到了极大的提高。图 1.2 所示为我国自行研制的面向网格的曙光 5000A 高性能计算机，每秒运算速度最高可达 230 万亿次，标志着我国的高性能计算技术已经开始迈入世界前列。除了向微型化和巨型化发展之外，中小型计算机也各有自己的应用领域和发展空间。特别在注意运算速度提高的同时，提倡功耗小、对环境污染小的绿色计算机和提倡综合应用的多媒体计算机已经被广泛应用，多极化的计算机家族还在迅速发展中。

图 1.2　曙光 5000A 高性能计算机

（2）网络化。网络化就是通过通信线路将一定地域内不同地点的计算机连接起来形成一个更大的计算机网络系统。计算机网络的出现只有 40 多年的历史，但已成为影响到人们日常生活的应用热潮，是计算机发展的一个主要趋势。

（3）多媒体化。媒体可以理解为存储和传输信息的载体，文本、声音、图像等都是常见的信息载体。过去的计算机只能处理数值信息和字符信息，即单一的文本媒体。后来发展起来的多媒体计算机则集多种媒体信息的处理功能于一身，实现了图、文、声、像等各种信息的收集、存储、传输和编辑处理。多媒体被认为是信息处理领域在 20 世纪 90 年代出现的又一次革命。

（4）智能化。智能化虽然是未来新一代计算机的重要特征之一，但现在已经能看到它的许多踪影，比如能自动接收和识别指纹的门控装置、能听从主人语音指示的车辆驾驶系统等。使计算机具有人的某些智能将是计算机发展过程中的下一个重要目标。

1.1.1.2　计算机的应用领域

计算机的诞生和发展，对人类社会产生了深刻的影响，它的应用范围包括科学技术、国民经济、社会生活的各个领域，概括起来可分为如下几个方面。

（1）科学计算。科学计算，即数值计算，是计算机应用的一个重要领域。计算机的发明和发展首先是为了高速完成科学研究和工程设计中大量复杂的数学计算。

（2）信息处理。信息是各类数据的总称。信息处理一般泛指非数值方面的计算，如各类资料的管理、查询、统计等。

（3）实时过程控制。实时控制在国防建设和工业生产中都有着广泛的应用。例如由雷达和导弹发射器组成的防空控制系统、地铁指挥控制系统、自动化生产线等，都需要在计算机控制下运行。

（4）计算机辅助工程。计算机辅助工程是近几年来迅速发展的应用领域，它包括计算机辅助设计（Computer Aided Design，CAD）、计算机辅助制造（Computer Aided Manufacture，CAM）、计算机辅助教学（Computer Assisted Instruction，CAI）等多个方面。

（5）办公自动化。办公自动化（Office Automation，OA）指用计算机帮助办公室人员处理日常工作。例如，用计算机进行文字处理，文档管理，资料、图像、声音处理和网络通信等。

（6）数据通信。从 20 世纪 50 年代初开始，随着计算机的远程信息处理应用的发展，通信技术和计算机技术相结合产生了一种新的通信方式，即数据通信。信息要在两地间进行传输，必须要有传输信道。根据传输媒体的不同，可将通信方式分为有线数据通信与无线数据通信，但它们都是通过传输信道将数据终端与计算机连接起来，从而使不同地点的数据终端实现软硬件和信息资源的共享。

7.　智能应用

即人工智能，既不同于单纯的科学计算，又不同于一般的数据处理，它不但要求具备高的运算速度，还要求具备对已有的数据（经验、原则等）进行逻辑推理和总结的功能（即对知识的学习和积累功能），并能利用已有的经验和逻辑规则对当前事件进行逻辑推理和判断。

1.1.2　计算机系统的基本构成

1.1.2.1　冯·诺依曼计算机简介

1.　冯·诺依曼计算机的基本特征

尽管计算机经历了多次的更新换代，但到目前为止，其整体结构上仍属于冯·诺依曼计算机的发展，还保持着冯·诺依曼计算机的基本特征：

①　采用二进制数表示程序和数据；

②　能存储程序和数据，并能由程序控制计算机的执行；

③　具备运算器、控制器、存储器、输入设备和输出设备 5 个基本部分，基本结构如图 1.3 所示。

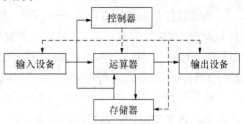

原始的冯·诺依曼计算机结构以运算器为核心，在运算器周围连接着其他各个部件，经由连接导线在各部件之间传送各种信息。这些信息可分为两大类：数据信息和控制信息（在图 1.3 中分别用实线和虚线表示）。数据信息包括数据、地址和指令

图 1.3　计算机硬件的基本组成示意图

等，数据信息可存放在存储器中；控制信息由控制器根据指令译码结果即时产生，并按一定的时间次序发送给各个部件，用以控制各部件的操作或接收各部件的反馈信号。

为了节约设备成本和提高运算可靠性，计算机中的各种信息均采用了二进制数的表示形式。在二进制数中，每位只有"0"和"1"两个状态，计数规则是"逢二进一"。例如用此计数规则计算式子"1+1+1+1+1"可得到 3 位二进制数"101"，即十进制数的 5。在计算机科学研究中把 8 位（bit）二进制数称为一字节（Byte），简记为"B"，1024B 称为 1KB，1024KB 称为 1MB，1024MB 称为 1GB，1024GB 称为 1TB 等。若不加说明时，本书所写的"位"就是指二进制位。

2．冯·诺依曼计算机的基本部件和工作过程

在计算机的 5 大基本部件中，运算器（Arithmeticlogic Unit，ALU）的主要功能是进行算术及逻辑运算，是计算机的核心部件，运算器每次能处理的最大的二进制数长度称为该计算机的字长（一般为 8 的整倍数）；控制器（Controller）是计算机的"神经中枢"，用于分析指令，根据指令要求产生各种协调各部件工作的控制信号；存储器（Memory）用来存放控制计算机工作过程的指令序列（程序）和数据（包括计算过程中的中间结果和最终结果）；输入设备（Input Equipment）用来输入程序和数据；输出设备（Output Equipment）用来输出计算结果，即将其显示或打印出来。

根据计算机工作过程中的关联程度和相对的物理安装位置，通常将运算器和控制器合称为中央处理器（Central Processing Unit，CPU）。表示 CPU 能力的主要技术指标有字长和主频等。字长代表了每次操作能完成的任务量，主频则代表了在单位时间内能完成操作的次数。一般情况下，CPU 的工作速度要远高于其他部件的工作速度，为了尽可能地发挥 CPU 的工作潜力，解决好运算速度和成本之间的矛盾，将存储器分为主存和辅存两部分。主存成本高，速度快，容量小，能直接和 CPU 交换信息，并安装于机器内部，也称其为内存；辅存成本低，速度慢，容量大，要通过接口电路经由主存才能和 CPU 交换信息，是特殊的外部设备，也称为外存。

计算机工作时，操作人员首先通过输入设备将程序和数据送入到存储器中。启动运行后，计算机从存储器顺序取出指令，送往控制器进行分析并根据指令的功能向各有关部件发出各种操作控制信号，最终的运算结果要送到输出设备输出。

1.1.2.2　现代计算机系统的构成

一个完整的现代计算机系统包括硬件系统和软件系统两大部分，微机系统也是如此。硬件包括了计算机的基本部件和各种具有实体的计算机相关设备；软件则包括了用各种计算机语言编写的计算机程序、数据和应用说明文档等。本小节仅以微机系统为例说明现代计算机系统的构成。

1．软件系统

在计算机系统中硬件是软件运行的物质基础，软件是硬件功能的扩充与完善，没有软件的支

持，硬件的功能不可能得到充分的发挥，因此软件是使用者与计算机之间的桥梁。软件可分为系统软件和应用软件两大部分。

系统软件是为使用者能方便地使用、维护、管理计算机而编制的程序的集合，它与计算机硬件相配套，也称之为软设备。系统软件主要包括对计算机系统资源进行管理的操作系统（Operating System，OS）软件、对各种汇编语言和高级语言程序进行编译的语言处理（Language Processor，LP）软件和对计算机进行日常维护的系统服务程序（System Support Program）或工具软件等。

应用软件则主要面向各种专业应用和某一特定问题的解决，一般指操作者在各自的专业领域中为解决各类实际问题而编制的程序，如文字处理软件、仓库管理软件、工资核算软件等。

2. 硬件系统

在计算机科学中将连接各部件的信息通道称为系统总线（BUS，简称总线），并把通过总线连接各部件的形式称为计算机系统的总线结构，分为单总线结构和多总线结构两大类。为使成本低廉，设备扩充方便，微机系统基本上采用了如图 1.4 所示的单总线结构。根据所传送信号的性质，总线由地址总线（Address BUS，AB）、数据总线（Data BUS，DB）和控制总线（Control BUS，CB）3 部分组成。根据部件作用，总线一般由总线控制器、总线信号发送/接收器和导线等所构成。

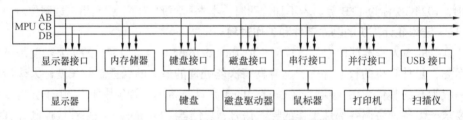

图 1.4　微型计算机的硬件系统结构示意图

在微机系统中，主板（见图 1.5）由微处理器、存储器、输入/输出（I/O）接口、总线电路和基板组成，主板上安装了基本硬件系统，形成了主机部分。其中的微处理器是采用超大规模集成电路工艺将运算器和控制器制作于同一芯片之中的 CPU，其他的外部设备均通过相应的接口电路与主机总线相连，即不同的设备只要配接合适的接口电路（一般称为适配卡或接口卡）就能以相同的方式挂接在总线上。一般在微机的主板上设有数个标准的插座槽，将一块接口板插入到任一个插槽里，再用信号线将其和外部设备连接起来就完成了一台设备的硬件扩充，非常方便。

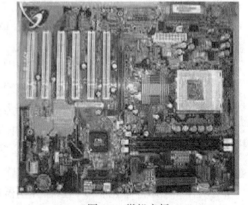

图 1.5　微机主板

把主机和接口电路装配在一块电路板上，就构成单板计算机（Single Board Computer），简称单板机；若把主机和接口电路制造在一个芯片上，就构成单片计算机（Single Chip Computer），简称单片机。单板机和单片机在工农业生产、汽车、通信、家用电器等领域都得到了广泛的应用。

1.1.3　计算机的主要部件

1.1.3.1　微处理器产品简介

当前可选用的微处理器产品较多，主要有 Intel 公司的 Pentium 系列、DEC 公司的 Alpha 系列、

IBM 和 Apple 公司的 PowerPC 系列等。在中国，Intel 公司的产品占有较大的优势，主要的应用已经从 80486，Pentium，Pentium PRO、Pentium 4，Intel Pentium D（即奔腾系列），Intel Core 2 Duo 处理器，到目前的 Intel Core i7，i5，i3 等处理器。CPU 也从单核、双核，到目前常见的 4 核，6 核的 CPU 也即将面世。图 1.6 所示为 Intel 微处理器。由于 Intel 公司的技术优势，其他一些公司采用了和 Intel 公司的产品相兼容的策略，如 AMD 公司、Cyrix 公司和 TI 公司等，他们都有和相应 Pentium 系列产品性能接近甚至超出的廉价产品。

图 1.6　Intel 微处理器

微处理器中除了包括运算器和控制器外，还集成有寄存器组和高速缓冲存储器，其基本结构简介如下。

① 一个 CPU 可有几个乃至几十个内部寄存器，包括用来暂存操作数或运算结果以提高运算速度的数据寄存器；支持控制器工作的地址寄存器、状态标志寄存器等。

② 执行算术逻辑运算的运算器。它以加法器为核心，能按照二进制法则进行补码的加法运算，可进行数据的直接传送、移位和比较操作。其中的累加器是一个专用寄存器，在运算器操作时用于存放供加法器使用的一个操作数，在运算器操作完成时存放本次操作运算的结果，并不具有运算功能。

③ 控制器，由程序计数器、指令寄存器、指令译码器和定时控制逻辑电路组成，用于分析和执行指令、统一指挥微机各部分按时序协调操作。

④ 在新型的微处理器中普遍集成了超高速缓冲存储器，其工作速度和运算器的工作速度相一致，是提高 MPU 处理能力的重要技术措施之一，其容量达到 8MB 以上。

1.1.3.2　存储器的组织结构和产品分类

1. 存储器的组织结构

存储器是存放程序和数据的装置，存储器的容量越大越好，工作速度越快越好，但二者和价格是互相矛盾的。为了协调这种矛盾，目前的微机系统均采用了分层次的存储器结构，一般将存储器分为 3 层：主存储器（Memory）、辅助存储器（Storage）和高速缓冲存储器（Cache）。现在一些微机系统又将高速缓冲存储器设计为 MPU 芯片内部的高速缓冲存储器和 MPU 芯片外部的高速缓冲存储器两级，以满足高速和容量的需要。

2. 主存储器

主存储器又称内存，CPU 可以直接访问它，其容量一般为 2～4GB，新产品的存取速度可达 6ns（1ns 为 10 亿分之一秒），主要存放要运行的程序和数据。

微机的主存采用半导体存储器（见图 1.7），其体积小，功耗低，工作可靠，扩充灵活。

图 1.7　微机内存条

半导体存储器按功能可分为随机存取存储器（Random Access Memory，RAM）和只读存储器（Read Only Memory，ROM）。

RAM 是一种既能读出也能写入的存储器，适合于存放经常变化的用户程序和数据。RAM 只能在电源电压正常时工作，一旦电源断电，里面的信息将全部丢失。ROM 是一种只能读出而不能写入的存储器，用来存放固定不变的程序和常数，如监控程序，操作系统中的 BIOS（基本输入/输出系统）等。ROM 必须在电源电压正常时才能工作，但断电后信息不会丢失。

3. 辅助存储器

辅助存储器属外部设备，又称为外存，常用的有磁盘、光盘、磁带等。通过更换盘片，容量可视作无限，主要用来存放后备程序、数据和各种软件资源。但因其速度低，CPU 必须要先将其信息调入内存，再通过内存使用其资源。

磁盘分为软磁盘和硬磁盘两种（简称软盘和硬盘）。软盘容量较小，一般为 1.2 MB～1.44MB。硬盘的容量目前已达 4TB，常用的也在 500GB 以上。为了在磁盘上快速地存取信息，在磁盘使用前要先进行初级格式化操作（目前基本上由生产厂家完成），即在磁盘上用磁信号划分出如图 1.8 所示的若干个有编号的磁道和扇区，以便计算机通过磁道号和扇区号直接寻找到要写数据的位置或要读取的数据。为了提高磁盘存取操作的效率，计算机每次要读完或写完一个扇区的内容。在 IBM 格式中，每个扇区存有 512B 的信息。所以从外部看，计算机对磁盘执行的是随机读写操作，但这仅是对扇区操作而言的，而具体读写扇区中的内容却是一位一位顺序进行的。

只有磁盘片是无法进行读写操作的，还需要将其放入磁盘驱动器中。磁盘驱动器由驱动电机、可移动寻道的读写磁头部件、壳体和读写信息处理电路所构成，如图 1.9 所示。在进行磁盘读写操作时，通过磁头的移动寻找磁道，在磁头移动到指定磁道位置后，就等待指定的扇区转动到磁头之下（通过读取扇区标识信息判别），称为寻区，然后读写一个扇区的内容。目前硬盘的寻道和寻区的平均时间为 8～15ms，读取一个扇区则仅需 0.16ms（当驱动器转速为 6 000r/min）。

图 1.8　磁盘格式化示意图　　　　　　　　　图 1.9　硬盘示意图

光盘的读写过程和磁盘的读写过程相似，不同之处在于它是利用激光束在盘面上烧出斑点进行数据的写入，通过辨识反射激光束的角度来读取数据。光盘和光盘驱动器都有只读和可读写之分。目前 5 英寸光盘的标准容量为 640MB，DVD 光盘的标准容量为 4.7GB。

1.1.3.3　常用总线标准和主板产品

要考察一台主机板的性能，除了要看 MPU 的性能和存储器的容量和速度外，采用的总线标准和高速缓存的配置情况也是重要的因素。

由于存储器是由一个个的存储单元组成的，为了快速地从指定的存储单元中读取或写入数据，就必须为每个存储单元分配一个编号，并称为该存储单元的地址。利用地址标号查找指定存

储单元的过程称为寻址，所以地址总线的位数就确定了计算机管理内存的范围。比如 20 根地址线
（20 位的二进制数），共有 1M 个编号，即可以直接寻址 1MB 的内存空间；若有 32 根地址线，则
寻址范围扩大 4096 倍，达 4GB。

数据总线的位数决定了计算机一次能传送的数据量。在相同的时钟频率下，64 位数据总线的
数据传送能力将是 8 位数据总线的 8 倍以上。

控制总线的位数和所采用的 MPU 与总线标准有关。其传送的信息一般为 MPU 向内存和外设
发出的控制信息、外设向 MPU 发送的应答和请求服务信号两种。

为了产品的互换性，各计算机厂商和国际标准化组织统一把数据总线、地址总线和控制总线
组织起来形成产品的技术规范，并称为总线标准。目前在通用微机系统中常用的总线标准有 ISA、
EISA、VESA、PCI 和 PCMCIA 等。

（1）ISA 总线。ISA（Industrial Standard Architecture）总线最早安排了 8 位数据总线，共 62
个引脚，主要满足 8088CPU 的要求。后来又增加了 36 个引脚，数据总线扩充到 16 位，总线传输
率达到 8MB/s，适应了 80286CPU 的需求，成为 AT 系列微机的标准总线。

（2）EISA 总线。EISA（Extend ISA）总线的数据线和地址线均为 32 位，总线数据传输率达
到 33MB/s，满足了 80386 和 80486CPU 的要求，并采用双层插座和相应的电路技术保持了和 ISA
总线的兼容。

（3）VESA 总线。VESA（也称 VL-BUS）该总线的数据线为 32 位，留有扩充到 64 位的物理
空间。采用局部总线技术使总线数据传输率达到 133MB/s，支持高速视频控制器和其他高速设备
接口，满足了 80386 和 80486 CPU 的要求，并采用双层插座和相应的电路技术保持了和 ISA 总线
的兼容。VEST 总线支持 Intel、AMD、Cyrix 等公司的 CPU 产品。

（4）PCI 总线。PCI（Peripheral Controller Interface）总线采用局部总线技术，在 33MHz 下工
作时数据传输率为 132MB/s，不受制于处理器且保持了和 ISA、EISA 总线的兼容。同时 PCI 还留
有向 64 位扩充的余地，最高数据传输率为 264MB/s，支持 Intel80486、Pentium 以及更新的微处
理器产品。

1.1.3.4 常用的输入/输出设备

输入/输出（I/O）设备又称外部设备或外围设备，简称外设。输入设备用来将数据、程序、
控制命令等转换成二进制信息，存入计算机内存；输出设备将经计算机处理后的结果显示或打印
输出。外设种类繁多，常用的外部设备有键盘、显示器、打印机、鼠标、绘图机、打描仪、光学
字符识别装置、传真机、智能书写终端设备等。其中键盘、显示器、打印机是目前用得最多的常
规设备。

（1）键盘

尽管目前人工的语音输入法、手写输入法、触摸输入法以及自动的扫描识别输入法等的研究
已经有了巨大的进展，相应的各类软硬件产品也已开始推广应用，但近期内键盘仍然是最主要的
输入设备。依据键的结构形式，键盘分为有触点和无触点两类。有触点键盘采用机械触点按键，
价廉，但易损坏。无触点键盘采用霍尔磁敏电子开关或电容感应开关，操作无噪声，手感好，寿
命长，但价格较贵。键盘的外部结构一直在不断更新，现今常用的是标准 101、102、103 键盘（即
键盘上共有 101 个键或 103 个键）。最近又有可分式的键盘、带鼠标和声音控制选钮的键盘等新产
品问世。键盘的接口电路已经集成在主机板上，可以直接插入使用。

（2）显示器

CRT 显示器（见图 1.10）是当前应用最普遍的基本输出设备。它由监视器（Monitor）和装在

主机内的显示控制适配器（Adapter）两部分组成。

监视器显像管所能显示的光点的最小直径（也称为点距）决定了它的物理显示分辨率，常见的有 0.33mm、0.28mm 和 0.20mm 等。显示扫描频率则决定了它的闪烁性，目前的显示扫描频率均不低于 50Hz，并支持节能控制。

显示控制适配器（见图 1.11）是监视器和主机的接口电路，也称显示卡。监视器在显示卡和显示卡驱动软件的支持下可实现多种显示模式，如分辨率为 640×480、800×600、1024×768 等，乘积越大分辨率越高，但不会超过监视器的最高物理分辨率。显示卡有多种型号，如 VGA、TVGA、VEGA、MCGA 等，不但要看它所支持的显示模式，还要知道它所使用的总线标准和显示缓冲存储器的容量，如要在 VGA640×480 模式下进行真彩色显示，应有 1MB 以上的显示缓冲存储器。目前的显示卡常配有 4～8MB 的显示缓存，高档产品还提供三维动画的加速显示功能。

图 1.10　CRT 显示器

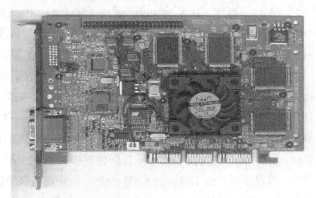

图 1.11　显示控制适配器

液晶显示器（LCD）以前只在笔记本计算机中使用，目前在台式机系统中已逐渐开始替代 CRT 显示器。它省电且薄，但成本较高，只能借助于其他光源工作，亮度较低。发展中的气体等离子体显示器将带来显示技术的一次飞跃，它能做成较大的显示面积（如数平方米），但厚度将保持在 10cm，目前已经有产品进入市场应用。厚度更薄的场致发光平板显示器产品也已经在工业控制机中应用，其亮度高，色彩鲜艳，但价格约为同等显示面积 CRT 显示器价格的 10 倍。

（3）鼠标

鼠标（见图 1.12）目前已经成为最常用的输入设备之一。它通过串行接口或 USB 接口和计算机相连，其上有两个或 3 个按键，称为两键鼠标或三键鼠标。鼠标上的按键分别称为左键、右键和中键。鼠标的基本操作为移动、单击、双击和拖动。当鼠标正常连接到计算机，其驱动软件被正确安装并启动运行后屏幕上就会出现一个箭头形状的符号，这时移动鼠标此箭头形符号即随之移动。当鼠标指针处于某确定位置时点按一下鼠标按键称为单击鼠标；迅速地连续两次点按鼠标按键称为双击鼠标；若按下鼠标按键不放并移动鼠标就称为拖动鼠标。显然单击和双击鼠标有左右之分，后文中的"单击"或"双击"若不加说明即指单击或双击鼠标左键。

（4）打印机

打印机也经历了数次更新，目前已进入了激光打印机（Laser Printer）的时代，但针式点阵击打式打印机（Dot Matrix Impact Printer）仍在广泛的应用着。点阵打印机是利用电磁铁高速地击打 24 根打印针而把色带上的墨汁转印到打印纸上，工作噪声较大，速度较慢，1～2ppm（即 1min 打印 1～2 页 B5 纸），分辨率也只有 120～180dpi（即每英寸上 120～180 点）；激光打印机利用激光产生静电吸附效应，通过硒鼓将碳粉转印并定影到打印纸上，工作噪声小，普及型的输出速度也在 6ppm，分辨率高达 600dpi 以上。另一种打印机是喷墨打印机（见图 1.13），各项指标都处于前两种打印机之间。

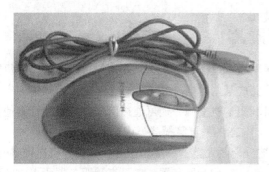

图 1.12　鼠标器

图 1.13　喷墨打印机

（5）标准并行和串行接口

为了方便外接设备，微机系统都提供了一个用于连接打印机的 8 位并行接口和两个标准 RS232 串行接口。并行接口也可用来直接连接外置硬盘、软件加密狗和数据采集 A/D 转换器等并行设备。串行接口可用来连接鼠标、绘图仪、调制解调器（Modem）等低速（小于 115KB/s，即每秒小于 115KB）串行设备。

（6）通用串行接口

目前微机系统还备有通用串行接口（Universal　Serial　BUS，USB），通过它可连接多达 256 个外部设备，通信速度高达 12MB/s，它是一种新的接口标准。目前带 USB 接口的设备有扫描仪、键盘、鼠标、声卡、调制解调器、摄像头等。

1.2　计算机应用系统的计算模式

计算机应用系统中数据与应用程序的分布方式称为计算机应用系统的计算模式。自世界上第一台计算机诞生以来，计算机作为人类信息处理的工具已有半个多世纪，在这一发展过程中，计算机应用系统的模式发生了几次变革，它们分别是：单主机计算模式、分布式客户/服务器计算模式（Client/Server，C/S）和浏览器/服务器计算模式（Browser/Server，B/S）。随着计算机和相关技术的进一步发展，会产生新的计算模式。

1.2.1　单主机计算模式

1985 年以前，计算机应用一般是单台计算机构成的单主机计算模式，在这个计算模式下，主机不需要通过网络获得服务，全部利用自己本机的软、硬件资源（CPU，内存等）完成计算任务。单主机计算模式又可细分为两个阶段：①单主机计算模式的早期阶段，系统所用的操作系统为单用户操作系统。系统一般只有一个控制台（单主机—单终端），限单独应用，如劳资报表统计等；②分时多用户操作系统的研制成功及计算机终端的普及，使早期的单机计算模式发展成为单主机--多终端的计算模式。在单主机-多终端的计算模式中，用户通过终端使用计算机，每个用户都感觉好像是在独自享用计算机的资源。

单主机-多终端的计算模式在我国当时一般被称为"计算中心"，在单主机模式的阶段，计算机应用系统中已可实现多个应用（如物资管理和财务管理）的联系，但由于硬件结构的限制，只能将数据和应用程序集中放在主机上。因此，单主机—多终端计算模式有时也被称为"集中式的企业计算模式"。

1.2.2　分布式客户/服务器计算模式

20 世纪 80 年代，个人计算机的发展和局域网技术逐渐趋于成熟，使用户可以通过计算机网络共享计算机资源，计算机之间通过网络可协同完成某些数据处理工作。虽然个人计算机的资源有限，但在网络技术的支持下，应用程序不仅可利用本机资源，还可通过网络方便地共享其他计算机的资源，在这种背景下分布式客户机/服务器（C/S）的计算模式形成了。

在客户机/服务器模式中，网络中的计算机被分为两大类：一是用于向其他计算机提供各 种服务（主要有数据库服务、打印服务等）的计算机，统称为服务器；二是享受服务器所提供的服务的计算机，称为客户机。

客户机一般由微机承担，运行客户应用程序。应用程序被分散地安装在每台客户机上，这是 C/S 模式应用系统的重要特征：部门级和企业级的计算机作为服务器运行服务器系统软件（如数据库服务器系统、文件服务器系统等），向客户机提供相应的服务。

在 C/S 模式中，数据库服务是最主要的服务，客户机将用户的数据处理请求通过客户机的应用程序发送到数据库服务器，数据库服务器分析用户请求，实施对数据库的访问与控制，并将处理结果返回给客户机。在这种模式下，网络上传送的只是数据处理请求和少量的结果数据，网络负担较小。

C/S 模式是一种较成熟且应用广泛的企业计算模式，其客户端应用程序的开发工具也较多，这些开发工具分为两类：一类是针对某一种数据库管理系统的开发工具（如针对 Oracle 的 Developer2000），另一类是对大部分数据库系统都适用的前端开发工具（如 PowerBuilder、Visual Basic、Visua lC++、Delphi、C++ Builder、Java 等）。

C/S 结构是松散的耦合系统，通过消息传递机制进行对话，由客户端发出请求给服务器，服务器进行相应处理后经传递机制送回客户端。其优点是能充分发挥客户端的处理能力，很多工作可以在客户端处理后再提交给服务器。但它存在以下缺点：①只适用于局域网。随着互联网的飞速发展，这种方式远程访问需要专门的技术，同时要对系统进行专门的设计来处理分布式的数据；②客户端需要安装专用的客户端软件，其维护和升级成本非常高，后来被 B/S 结构所代替。

1.2.3　浏览器/服务器计算模式

B/S 最大的优点就是可以在任何地方进行操作而不用安装任何专门的软件。只要有一台能上网的计算机就能使用，客户端零维护。系统的扩展非常容易，只要能上网，再由系统管理员分配一个用户名和密码，就可以使用了。

B/S 模式采用三层架构，在这个架构中，将 C/S 架构中的服务器端进一步深化，分解成应用服务器（Web 服务器）和多个数据库服务器，同时简化 C/S 中的客户端，将客户端的计算功能移至 Web 服务器，仅保留其表示功能，从而成为一种由表示层（Browser）、功能层（Web 服务器）与数据库服务层（Database Server）构成的三层结构。在表示层，负责处理用户的输入和输出；功能层负责建立数据库的连接，根据用户的请求生成访问数据库的 SQL 语句，并把结果返回给客户端。数据库服务层负责实际的数据库存储和检索，响应功能层的数据处理请求，并将结果返回给功能层。

三层架构比二层的结构有更大的优势。三层架构适合群体开发，每人可以有不同的分工，协同工作使效率倍增。三层架构属于瘦客户的模式，用户端只需一个较小的硬盘、较小的内存和较慢的 CPU 就可以获得不错的性能。另外，三层架构的最大优点是安全性，用户端只能通过逻辑层来访问数据层，减少了入口点，把更多的危险的系统功能都屏蔽了。

从技术发展趋势看，B/S 最终将取代 C/S 计算模式。但目前来看，在很多网络计算的模式中，出现了 B/S 和 C/S 同时存在的混合计算模式。

1.2.4　新的计算模式

从 20 世纪 80 年代开始，美国、日本等国家投入了大量的人力物力研究新一代计算机（日本也曾称第五代计算机），目的是要使计算机像人一样有看、说、听和思考的能力，即智能计算机，涉及很多高新科技领域，如微电子学、高级信息处理、知识工程和知识库、计算机体系结构、人工智能和人机界面等。在硬件方面，已经或将出现一系列新技术，如先进的微细加工和封装测试技术、砷化镓器件、约瑟夫森器件、光学器件、光纤通信技术以及智能辅助设计系统等。

如今，几乎所有人都看到了一个新的计算时代的到来，如同朝阳喷薄而出，光华万丈。人们不禁会问：计算机产业将会怎么发展?未来的计算会是什么样?下面就介绍几种新的计算模式。

1. 普适计算

早在 1979 年，美国著名的计算机专家魏泽尔就已经开始思考新的计算模式，他把他的思想整理成一篇文章《The Computer for the 21st Century》(21 世纪的计算机)，发表在《科学美国人》上。他说，文字是人类社会最古老，也是最好的信息技术。文字的传奇特性在于，既可以存储信息，也可以传播信息。最关键的是，文字非常易于使用。当你使用时，不会意识到在使用它。因此，这个世界到处充满文字。因而，他大胆预言：未来的计算技术也将具有文字的上述特征——为人使用，但不为人所知，且无处不在。为了描述这一前景，他还专门创造了一个当时看起来有些生僻的词语：Ubiquitous Computing，即普适计算。这篇文章开创了普适计算这个研究领域，也奠定了魏泽尔在计算机科学史上的地位，作为"普适计算之父"，他的名字已被永远载入史册。

所谓普适计算，指的是无所不在的、随时随地可以进行计算的一种方式——无论何时何地，只要需要，就可以通过某种设备访问到所需的信息。

普适计算（又叫普及计算）的概念早在 1999 年就由 IBM 公司提出，它有两个特征，即间断连接、轻量计算（即计算资源相对有限），同时具有如下特性：①无所不在特性（pervasive）：用户可以随地以各种接入手段进入同一信息世界；②嵌入特性（embedded）：计算和通信能力存在于我们生活的世界中，用户能够感觉到它和作用于它；③游牧特性（nomadic）：用户和计算均可按需自由移动；④自适应特性（adaptable）：计算和通信服务可按用户需要和运行条件提供充分的灵活性和自主性；⑤永恒特性（eternal）：系统在开启以后再也不会死机或需要重启。

普适计算所涉及的技术是：移动通信技术、小型计算设备制造技术、小型计算设备上的操作系统技术及软件技术等。普适计算技术的主要应用方向是：嵌入式技术（除笔记本电脑和台式计算机外的具有 CPU 且能进行一定的数据计算的电器，如手机、MP3 等都是嵌入式技术研究的方向）、网络连接技术（包括 3G、4G、ADSL 等网络连接技术）、基于 Web 的软件服务构架（即通过传统的 B/S 构架，提供各种服务）。

普适计算把计算和信息融入人们的生活空间，使人们生活的物理世界与在信息空间中的虚拟世界融合成为一个整体。人们生活在其中，可随时、随地得到信息访问和计算服务，从根本上改变了人们对信息技术的思考，也改变了人们整个生活和工作的方式。

普适计算是对计算模式的革新，对它的研究虽然才刚刚开始，但它已显示了巨大的生命力，并带来了深远的影响。普适计算的新思维极大地活跃了学术思想，推动了对新型计算模式的研究。在此方向上已出现了许多诸如平静计算（Calm Computing）、日常计算（Everyday Computing）、主动计算（Proactive Computing）等的新研究方向。

2. 网格计算

欧洲核子研究组织（European Organization for Nuclear Research，CERN）对网格计算是这样定义的："网格计算就是通过互联网来共享强大的计算能力和数据储存能力"。它利用互联网把分散在不同地理位置的计算机组织成一个"虚拟的超级计算机"，其中每一台参与计算的计算机就是一个"节点"，而整个计算是由成千上万个"节点"组成的"一张网格"，所以这种计算方式叫网格计算。这样组织起来的"虚拟的超级计算机"有两个优势，一个是数据处理能力超强，另一个是能充分利用网上的闲置处理能力。

网格计算是伴随着互联网而迅速发展起来的，专门针对复杂科学计算的新型计算模式。网格计算最近作为一种分布式计算体系结构日益流行，它非常适合企业计算的需求。很多领域都正在采用网格计算解决方案来解决自己关键的业务需求。例如，金融服务已经广泛地采用网格计算技术来解决风险管理和规避问题，自动化制造业使用网格解决方案来加速产品的开发和协作，石油公司大规模采用网格技术来加速石油勘探并提高成功采掘的概率。随着网格计算的不断成熟，该技术在其他领域的应用也会不断增加。

实际上，网格计算是分布式计算（Distributed Computing）的一种，如果说某项工作是分布式的，那么，参与这项工作的一定不只是一台计算机，而是一个计算机网络，显然这种方式将具有很强的数据处理能力。

充分利用网上的闲置处理能力则是网格计算的又一个优势，网格计算模式首先把要计算的数据分割成若干"小片"，而计算这些"小片"的软件通常是一个预先编制好的屏幕保护程序，然后不同节点的计算机可以根据自己的处理能力下载一个或多个数据片断和这个屏幕保护程序。于是，只要节点的计算机的用户不使用计算机时，屏保程序就会工作，这样这台计算机的闲置计算能力就被充分地调动起来了。

网格提供了增强的可扩展性。物理邻近和网络延时限制了集群地域分布的能力，由于这些动态特性，网格可以提供很好的高可扩展性。

例如，最近 IBM、United Devices 和多个生命科学合作者完成了一个设计用来研究治疗天花的药品的网格项目，这个网格包括大约 200 万台个人计算机。使用常用的方法，这个项目很可能需要几年的时间才能完成——但是在网格上它只需要 6 个月。设想一下如果网格上已经有 2000 万台 PC 会是什么情况。极端地说，天大的项目可以在分钟级内完成。

通常，人们都会混淆网格计算与基于集群的计算这两个概念，但实际上这两个概念之间有一些重要的区别。需要说明的是，集群计算实际上不能真正地被视为一种分布式计算解决方案，但对于理解网格计算与集群计算之间的关系是很有用的。

网格是由异构资源组成的。集群计算主要关注的是计算资源，网格计算则对存储、网络和计算资源进行了集成。集群通常包含同种处理器和操作系统，网格则可以包含不同供应商提供的运行不同操作系统的机器。

网格本质上就是动态的。集群包含的处理器和资源的数量通常都是静态的，而在网格上，资源则可以动态出现。资源可以根据需要添加到网格中，或从网格中删除。网格天生就是在本地网、城域网或广域网上进行分布的。通常，集群物理上都包含在一个位置的相同地方，而网格可以分布在任何地方。集群互连技术可以产生非常低的网络延时，如果集群距离很远，这可能会导致产生很多问题。

集群和网格计算是相互补充的。很多网格都在自己管理的资源中采用了集群。实际上，网格用户可能并不清楚他的工作负载是在一个远程的集群上执行的。尽管网格与集群之间　存在很多区别，但是这些区别使它们构成了一个非常重要的关系，因为集群在网格中总有一席之地——特定的问题通常都需要一些紧耦合的处理器来解决。然而，随着网络功能和带宽的发展，以前采用集群计算很难解决的问题现在可以使用网格计算技术解决。理解网格固有的可扩展性和集群提供的紧耦合互连机制所带来的性能优势之间的平衡是非常重要的。

3. 云计算

云计算仍是一个不断发展的词汇。它的定义、用例、基本技术、问题、风险和收益，将在公众和企业参与的激烈辩论中不断发展。这些定义，属性和特征都将随时间发展和改变。目前被广泛使用的定义是：云计算是一种按使用量付费的模式，这种模式提供可用的、便捷的、按需的网络访问，进入可配置的计算资源共享池（资源包括网络、服务器、存储、应用软件、服务），这些资源能够被快速提供，只需投入很少的管理工作，或与服务供应商进行很少的交互。详细的内容参见本书的第 11 章。

网格计算和云计算有相似之处，特别是计算的并行与合作的特点，但它们的区别也是明显的，具体如下。

① 网格计算的思路是聚合分布资源，支持虚拟组织，提供高层次的服务，如分布协同科学研究等。而云计算的资源相对集中，主要以数据中心的形式提供底层资源的使用，并不强调虚拟组织（VO）的概念。

② 网格计算用聚合资源来支持挑战性的应用，这是初衷，因为高性能计算的资源不够用，要把分散的资源聚合起来。后来到了 2004 年以后，逐渐强调适应普遍的信息化应用，特别是在中国，做的网格跟国外不太一样，即强调支持信息化的应用。但云计算从一开始就支持广泛企业计算、Web 应用，普适性更强。

③ 在对待异构性方面，二者理念上有所不同。网格计算用中间件屏蔽异构系统，力图使用户面向同样的环境，把困难留给中间件，让中间件完成任务。而云计算实际上承认异构，用镜像执行，或者提供服务的机制来解决异构性的问题。当然，不同的云计算系统还不太一样，像 Google 一般使用比较专用的自己的内部平台来支持。

④ 网格计算以作业形式使用，在一个阶段内完成作业产生数据。而云计算支持持久服务，用户可以利用云计算作为其部分 IT 基础设施，实现业务的托管和外包。

⑤ 网格计算更多地面向科研应用，商业模型不清晰。而云计算从诞生开始就是针对企业商业应用，商业模型比较清晰。

⑥ 云计算是以相对集中的资源，运行分散的应用（大量分散的应用在若干较大的中心执行）。而网格计算则是聚合分散的资源，支持大型集中式应用（一个大的应用分到多处执行）。但从根本上说，从应对 Internet 应用的特征而言，它们是一致的，即 Internet 情况下支持应用，解决异构性、资源共享等问题。

此外，与云计算相对应的是海计算（Sea Computing）。海计算是 2009 年 8 月 18 日，molina 在 2009 技术创新大会上所提出的全新技术概念。海计算为用户提供基于互联网的一站式服务，是一种最简单可依赖的互联网需求交互模式。用户只要在海计算输入服务需求，系统就能明确识别这种需求，并将该需求分配给最优的应用或内容资源提供商处理，最终返回给用户相匹配的结果。

海计算是一种新型物联网计算模式，通过在物理世界的物体中融入计算、存储、通信能力和智能算法，实现物物互联，通过多层次组网、多层次处理将原始信息尽量留在前端，提高信息处理的实时性，缓解网络和平台压力。海计算把"智能"推向前端的计算。与云计算相比，"云"在天上，在服务端提供计算能力；"海"在地上，在客户前端汇聚计算能力。

此外，新的计算模式还有人工智能、物联网等。具体内容参见本书的第 11 章。

更引人向往的是，"连接一切"的社会，虽然瞬息万变，但一切也将趋于结构化、数据化、可管理化，这必将推动着人类文明取得前所未有的巨大进步。

1.3　计算思维概述

思维是人类所具有的高级认识活动。按照信息论的观点，思维是对新输入信息与脑内储存知识经验进行一系列复杂的心智操作过程。伴随着社会的发展与技术的进步，人类的思维方式从原来简单的思维模式到现在的计算思维模式，这些思维模式与人类的社会生活息息相关。

1.3.1　科学思维

1. 思维

思维最初是人脑借助于语言对客观事物的概括和间接的反应过程。思维以感知为基础又超越感知的界限。它探索与发现事物的内部本质联系和规律性，是认识过程的高级阶段。

思维对事物的间接反映，是指它通过其他媒介作用认识客观事物，及借助于已有的知识和经验，已知的条件推测未知的事物。思维的概括性表现在它对一类事物非本质属性的摒弃和对其共同本质特征的反映。

思维的基本形式有两种。

① 抽象思维：人们把以概念为基本单元进行的思维，称为抽象思维。

② 形象思维：如果思维抽象、概括的是事物的形象特征，并以感性形象作为思维运行的基本单元，就属于形象思维。

依据思维主体是个人还是群体，可以将思维分为个体思维和群体思维。群体思维又称为社会思维或集体思维，它是集合众人的认识能力、思维智慧共同认识同一事物的思维活动。

思维具有以下特征。

① 思维具有间接性。人们不可能对所要认识的每一个事物都去直接感知，事物的本质和规律也不可能直接感知到，但思维能够凭借获得的感性材料、已有的经验和知识，透过事物的现象，揭示事物的本质和规律，从而实现对未知事物的认识。

② 思维具有概括性。思维能够从多种事物各种各样的属性中，舍去表面的、非本质的属性，抓住内在的、共同的、本质的属性，把握一类事物的共同本质。

2. 科学思维

在《马克思主义哲学原理》中，卡尔·马克思和恩格斯对科学思维的定义是：形成并运用于科学认识活动、对感性认识材料进行加工处理的方式与途径的理论体系；是真理在认识的统一过程中，对各种科学的思维方法的有机整合，是人类实践活动的产物。在科学认识活动中，科学思维必须遵守 3 个基本原则是：在逻辑上要求严密的逻辑性，达到归纳和演绎的统一；在方法上要求辩证地分析和综合两种思维方法；在体系上，实现逻辑与历史的一致，达到理论与实践的具体的历史的统一。一般来说，科学思维泛指符合认识规律的思维、遵循逻辑规则的思维、能够达到正确认识结果的思维。

科学思维具有客观性、精确性、可检验性、预见性和普适性特点。通过学习科学思维，有利于我们正确运用辩证思维的方法，把握事物的本质和发展规律；有利于我们综合运用各种思维方法，面对新情况，解决新问题，从而有所发现、有所发明、有所创造。可以提升我们的思维品质，提高我们的创新能力。

1.3.2　计算科学

计算的渊源可以深入扩展到数学和工程。计算作为数学的主要对象已有几千年了。自然现象的许多模型被用来导出方程，它的解就导致那些自然现象的预言，如轨道的弹道计算、天气预报和流体的流动等。解这些方程的许多方法已经给出，如线性方程组的解法、微分方程的解法和求函数的积分。几乎同时，机械系统设计中所需要的计算成为工程主要关注的对象，如计算静态物体压力的算法、计算运动物体惯量的算法和测量比我们直觉要大得多或小得多的距离的方法。

计算科学，又称为科学计算，是一个与数学模型构建、定量分析方法并利用计算机来分析和解决科学问题相关的研究领域。在实际应用中，计算科学主要应用于对各学科中的问题进行计算机模拟和其他形式的计算。

计算科学应用程序常常创建真实世界变化情况的模型，包括天气、飞机周围的气流、事故中的汽车车身变形、星系中恒星的运动、爆炸装置等。这类程序会在计算机内存中创建一个"逻辑网格"，网格中的每一项在空间上都对应一个区域，并包含与模型相关的那一空间的信息。例如在天气模型中，每一项都可以是一平方千米，并包含了地面海拔、当前风向、温度、压力等。程序在模拟该过程时会基于当前状态计算出可能的下一状态，解出描述系统运转方式的方程，然后重复上述过程计算出下一状态。

计算科学常被认为是科学的第三种方法，是实验/观察和理论这两种方法的补充和发展。计算科学的本质是数值算法和计算数学。在发展科学计算算法、程序设计语言的有效实现以及计算结果确认上，人们已经做出了实质性的努力。计算科学的一系列问题和解决方法可以在相关文献中找到。

科学计算即数值计算，指应用计算机处理科学研究和工程技术中所遇到的数学计算。在现代科学和工程技术中，经常会遇到大量复杂的数学计算问题，这些问题用一般的计算工具来解决非常困难，而用计算机处理却非常容易。

自然科学规律通常用各种类型的数学方程式表达，科学计算的目的就是寻找这些方程式的数值解。这种计算涉及庞大的运算量，简单的计算工具难以胜任。在计算机出现之前，科学研究和工程设计主要依靠实验或试验提供数据，计算仅处于辅助地位。计算机的迅速发展使越来越多的复杂计算成为可能。利用计算机进行科学计算带来了巨大的经济效益，同时使科学技术本身发生了根本变化：传统的科学技术只包括理论和试验两个组成部分，使用计算机后，计算已成为同等重要的第三个组成部分。计算过程主要包括建立数学模型、建立求解的计算方法和计算机实现 3 个阶段。

建立数学模型就是依据有关学科理论对所研究的对象确立一系列数量关系，即一套数学公式或方程式。复杂模型的合理简化是避免运算量过大的重要措施。数学模型一般包含连续变量，如微分方程、积分方程。它们不能在数字计算机上直接处理。为此，先把问题离散化，即把问题化为包含有限个未知数的离散形式（如有限代数方程组），然后寻求求解方法。计算机实现包括编制程序、调试、运算和分析结果等一系列步骤。软件技术的发展为科学计算提供了合适的程序语言（如 FORTRAN）和其他软件工具，使工作效率和可靠性大为提高。

计算机科学是指研究计算机及其周围各种现象和规律的科学，亦即研究计算机系统结构、程序系统（即软件）、人工智能以及计算本身的性质和问题的学科。计算机科学是一门包含各种各样与计算和信息处理相关主题的系统学科，从抽象的算法分析、形式化语法等，到更具体的主题（如编程语言、程序设计、软件和硬件等）。

计算机科学包含很多分支领域：有些强调特定结果的计算，如计算机图形学；有些探讨计算问题的性质，如计算复杂性理论；还有一些专注于怎样实现计算，如编程语言理论是研究描述计算的方法，而程序设计是应用特定的编程语言解决特定的计算问题，人机交互则是专注于怎样使计算机和计算变得有用、好用，以及随时随地为人所用。

尽管计算机只有短暂的历史，但它的本质引发了人们的热烈讨论，人们关于计算机科学的身份问题一直争论不休，认为它属于工程学和数学，而不属于科学。瑞典斯德哥尔摩大学计算机与系统科学系副教授马蒂·特特雷（Matti Tedre）在自己近期出版的新书《计算机科学：一门科学的形成》（The Science of Computing：Shaping a Discipline）中，通过分享计算机领域的权威人士、教育工作者和从业人员学术文章和观点的方式，探讨了计算机科学的本质，证明了科学和实验方法都是计算机科学的一部分。

1989 年，ACM 和 IEEE/CS 攻关组提交了著名的《计算作为一门学科》（Computing as a discipline）报告。报告认为，计算机科学与计算机工程没有什么区别，建议使用"计算科学"一词来涵盖这一领域的所有工作。因而，计算科学围绕什么能（有效地）自动进行、什么不能（有效地）自动运行展开，不但覆盖了计算机科学与技术的研究范畴，而且包含更多的内涵。

近年来，不少学者对计算和计算科学都有自己的看法和见解。

著名计算机教育家 PeterJ. Denning 说，计算是一种原理，计算机只是（实现原理的）工具。计算科学将成为科学的第四大范畴，与物质科学、生命科学和社会科学并列。

在算法理论和 NP 完全理论方面做出突出贡献的图灵奖获得者 Richard M.Karp 说，计算不仅是一门关于人工现象（artificial）的科学，还是一门关于自然现象（natural）的科学。

中国科学院计算技术研究所总工程师徐志伟对计算科学的发展进行了预测：计算科学的研究对象从单一计算变成人机共生的"人—机—物"三元计算；图灵的算法科学变为网络计算科学；摩尔定律变为网络效应，即 Gilder's Law（互联网带宽每 6 个月增长 1 倍）和 Metcalfe's Law（网络价值与网络用户数平方方成正比）。

可以说，计算的演变是人们的广泛需求来驱动的。而计算学科以及产生的众多的细小的研究方向和分支都是伴随计算的发展而形成，是学科发展中年轻但是又最具活力最有挑战性的一支，它的发展和壮大不以人的意志为转移，是学科发展的大趋势。

1.3.3　计算思维

1972 年图灵奖得主 Edsger Dijkstra 说，"我们所使用的工具影响着我们的思维方式和思维习惯，从而也将深刻地影响着我们的思维能力。"是的，计算工具的发展，计算环境的演变，计算科学的形成，计算文明的迭代中到处蕴含着思维的火花。这种思维活动在这个发展、演化、形成的过程中不断闪现，在人类科学思维中早已存在，并非一个全新概念。

比如，计算理论之父图灵提出用机器来模拟人们用纸笔进行数学运算的过程，他把这样的过程看成两个简单的动作：①在纸上写上或擦除某个符号；②把注意力从纸的一个位置移动到另一个位置。图灵构造出这台假想的、被后人称为"图灵机"的机器，可用十分简单的装置模拟人类所能进行的任何计算过程。

这些思维活动虽然在人类科学思维中早已存在，但其研究却比较缓慢，电子计算机的出现带来了根本性的改变，计算机把人的科学思维和物质的计算工具合二为一，反过来又大大拓展了人类认知世界和解决问题的能力和范围。或者说，计算思维帮助人们发明、改造、优化、延伸了计算机，同时，计算思维借助于计算机，其意义和作用进一步浮现。

美国卡内基·梅隆大学的周以真（Jeannette M.Wing）教授于 2006 年在《Communications of the ACM》杂志提出："Computational thinking involves solving problems, designing systems, and understanding human behavior, by drawing on the concepts fundamental to computer science. Computational thinking includes a range of mental tools that reflect the breadth of the field of computerscience." 计算思维是（包括、涉及）运用计算机科学的基础概念进行问题求解、系统设计以及人类行为理解等涵盖计算机科学之广度的一系列思维活动（智力工具、技能、手段）。

周教授为了让人们更易于理解，又将它更进一步地定义为：通过约简、嵌入、转化和仿真等方法，把一个看来困难的问题重新阐释成一个我们知道怎样解决的问题。该方法是一种递归思维，是一种并行处理，是一种把代码译成数据又能把数据译成代码，是一种多维分析推广的类型检查方法；是一种采用抽象和分解来控制庞杂的任务或进行巨大复杂系统设计的方法，是基于关注分离的方法（SoC 方法）；是一种选择合适的方式去陈述一个问题，或对一个问题的相关方面建模使其易于处理的思维方法；是按照预防、保护及通过冗余、容错、纠错的方式，并从最坏情况进行系统恢复的一种思维方法；是利用启发式推理寻求解答，也即在不确定情况下的规划、学习和调度的思维方法；是利用海量数据来加快计算，在时间和空间之间，在处理能力和存储容量之间进行折衷的思维方法。

周以真教授尽管没有明确地定义计算思维，但从以下 6 个方面来界定计算思维是什么和不是什么。

① 计算思维是概念化思维，不是程序化思维。计算机科学不等于计算机编程，计算思维应该像计算机科学家那样去思维，远远不止是为计算机编写程序，能够在抽象的多个层次上思考问题。计算机科学不只是关于计算机，就像通信科学不只是关于手机，音乐产业不只是关于麦克风一样。

② 计算思维是基础的技能，而不是机械的技能。基础的技能是每个人为了在现代社会中发挥应有的职能所必须掌握的。生搬硬套的机械技能意味着机械的重复。计算思维不是一种简单、机械的重复。

③ 计算思维是人的思维，不是计算机的思维。计算思维是人类求解问题的方法和途径，但决非试图使人类像计算机那样去思考。计算机枯燥且沉闷，人类聪颖且富有想象力。计算思维是人类基于计算或为了计算的问题求解的方法论，而计算机思维是刻板的、教条的、枯燥的、沉闷的。以语言和程序为例，必须严格按照语言的语法编写程序，错一个标点符号都会出问题。程序流程毫无灵活性可言。配置了计算设备，我们就能用自己的智慧去解决那些之前不敢尝试的问题，就能建造那些其功能仅仅受制于我们想象力的系统。

④ 计算思维是思想，不是人造品。计算思维不只是将我们生产的软硬件等人造物到处呈现，更重要的是计算的概念，被人们用来求解问题、管理日常生活，以及与他人进行交流和活动。

⑤ 计算思维是数学和工程互补融合的思维，不是数学性的思维。人类试图制造的能代替人完成计算任务的自动计算工具都是在工程和数学结合下完成的。这种结合形成的思维才是计算思维。具体来说，计算思维是与形式化问题及其解决方案相关的一个思维过程。这样其解决问题的表达

形式才能有效地转换为信息处理；而这个表达形式是可表述的、确定的、机械的（不因人而异的），解析基础构建于数学之上，所以数学思维是计算思维的基础。此外，计算思维不仅仅是为了问题解决和问题解决的效率、速度、成本压缩等，它面向所有领域，对现实世界中巨大复杂系统来进行设计与评估，甚至解决行业、社会、国民经济等宏观世界中的问题，因而工程思维（如合理建模）的高效实施也是计算思维不可或缺的部分。

⑥ 计算思维面向所有的人，所有的领域。计算思维是面向所有人的思维，而不只是计算机科学家的思维。如同所有人都具备"读、写、算"（简称3R）能力一样，计算思维是必须具备的思维能力。因而，计算思维不仅仅是计算要专业的学生要掌握的能力，也是所有受教育者应该掌握的能力。

周以真教授同时提出，计算思维的本质是抽象（Abstraction）和自动化（Automation）。那么，什么是抽象与自动化呢？Karp提出自己的观点：任何自然系统和社会系统都可视为一个动态演化系统，演化伴随着物质、能量和信息的交换，这种交换可映射（也就是抽象）为符号变换，使之能利用计算机进行离散的符号处理。当动态演化系统抽象为离散符号系统之后，就可采用形式化的规范描述，建立模型、设计算法、开发软件，揭示演化的规律，并实时控制系统的演化，使之自动执行，这就是计算思维中的自动化。

谭浩强教授在"研究计算思维，坚持面向应用"的文章中指出：思维属于哲学范畴。计算思维是一种科学思维方法，显然所有人都应学习和培养。但是学习的内容和要求是相对的，对不同的人群应该有不同的要求。计算思维不是悬空的、不可捉摸的抽象概念，是体现在各个环节中的。

不要把计算思维想象得高不可攀，难以捉摸。其实，计算思维并非现在才有，自古已有萌芽，随着计算工具的发展而发展。如算盘就是一种没有存储设备的计算机（人脑作为存储设备），提供了一种用计算方法来解决问题的思想和能力；图灵机是现代数字计算机的数学模型，是有存储设备和控制器的；现代计算机的出现强化了计算思维的意义和作用。

事实上，人们在学习和应用计算机过程中不断地培养着计算思维。正如学习数学的过程就是培养理论思维的过程，学物理的过程就是培养实证思维的过程。学生学习程序设计，其中的算法思维就是计算思维。培养和推进计算思维包含两个方面：

① 深入掌握计算机解决问题的思路，总结规律，更好更自觉地应用信息技术；

② 把计算机处理问题的方法用于各个领域，推动在各个领域中运用计算思维，使各学科更好地与信息技术相结合。计算思维不是孤立的，它是科学思维的一部分，其他如形象思维、抽象思维、系统思维、设计思维、创造性思维、批判性思维等都很重要。

不要脱离其他科学思维孤立地提计算思维。在学习和应用计算机的过程中，在培养计算思维的同时，也培养了其他的科学思维（如逻辑思维、实证思维）。

1.3.4　计算思维的应用

计算思维建立在计算过程的能力和限制之上，由人和机器执行。计算方法和模型使我们敢于去处理那些原本无法由任何个人独自完成的问题求解和系统设计。计算思维直面机器智能的不解之谜：什么事情人类比计算机做得好？什么事情计算机比人类做得好？最基本的问题是：什么是可计算的？迄今为止我们对这些问题仍是一知半解。

计算思维是每个人的基本技能，不仅仅属于计算机科学家。我们应当使每个孩子在培养解析能力时不仅掌握阅读、写作和算术（Reading，wRiting，and Arithmetic——3R），还要学会计算思维。正如印刷出版促进了3R的普及，计算和计算机也以类似地正反馈促进了计算思维的传播。

计算思维是运用计算机科学的基础概念去求解问题、设计系统和理解人类的行为。它包括了涵盖计算机科学之广度的一系列思维活动。当我们必须求解一个特定的问题时，首先会问：解决这个问题有多么困难？怎样才是最佳的解决方法？计算机科学根据坚实的理论基础来准确地回答这些问题。表述问题的难度就是工具的基本能力，必须考虑的因素包括机器的指令系统、资源约束和操作环境。

为了有效地求解一个问题，我们可能要进一步问：一个近似解是否就够了，是否可以利用一下随机化，以及是否允许误报（false positive）和漏报（false negative）？计算思维就是通过约简、嵌入、转化和仿真等方法，把一个看来困难的问题重新阐释成一个我们知道怎样解决的问题。

计算思维将渗透到我们每个人的生活之中，到那时诸如算法和前提条件这些词汇将成为每个人日常语言的一部分，对"非确定论"和"垃圾收集"这些词的理解会和计算机科学里的含义驱近，而树已常常被倒过来画了。

考虑下面日常生活中的事例：当你女儿早晨去学校时，她把当天需要的东西放进背包，这就是预置和缓存；当你儿子弄丢他的手套时，你建议他沿走过的路寻找，这就是回推；在什么时候停止租用滑雪板而为自己买一付呢？这就是在线算法；在超市付账时，你应当去排哪个队呢？这就是多服务器系统的性能模型；为什么停电时你的电话仍然可用？这就是失败的无关性和设计的冗余性；完全自动的大众图灵测试如何区分计算机和人类，即 CAPTCHA 程序是怎样鉴别人类的？这就是充分利用求解人工智能难题之艰难来挫败计算代理程序。

我们已见证了计算思维在其他学科中的影响。例如，机器学习已经改变了统计学。就数学尺度和维数而言，统计学习用于各类问题的规模仅在几年前还是不可想象的。各种组织的统计部门都聘请了计算机科学家，计算机学院（系）正在与已有或新开设的统计学系联姻。

计算机学家们对生物科学越来越感兴趣，因为他们坚信生物学家能够从计算思维中获益。计算机科学对生物学的贡献决不限于其能够在海量序列数据中搜索寻找模式规律的本领。最终希望是数据结构和算法（我们自身的计算抽象和方法）能够以其体现自身功能的方式来表示蛋白质的结构。计算生物学正在改变着生物学家的思考方式。类似地，计算博弈理论正改变着经济学家的思考方式，纳米计算改变着化学家的思考方式，量子计算改变着物理学家的思考方式。

这种思维将成为每一个人的技能组合成分，而不仅仅限于科学家。普适计算之于今天就如计算思维之于明天。普适计算是已成为今日现实的昨日之梦，而计算思维就是明日现实。

习 题 1

1. 微型计算机系统由哪几部分组成？其中硬件包括哪几部分？软件包括哪几部分？各部分的功能如何？
2. 微型计算机的存储体系如何？内存和外存各有什么特点？
3. 计算机更新换代的主要技术指标是什么？
4. 什么是计算模式？计算模式分哪几种？
5. 新的计算模式有哪几种？各有什么特点？
6. 什么是思维、科学思维？
7. 什么是计算科学？
8. 什么是计算思维？有什么用途？

第2章
信息技术基础

本章首先介绍计算机的硬件基础，其中涉及布尔逻辑和门电路、计算机的基本结构、工作原理，并对指令、指令系统以及程序做了简要的介绍。之后介绍常用的几种数制，并详细讲述不同数制之间的转换以及二进制的运算。最后讲述基于计算机的信息处理以及不同类型信息在计算机中的表示。通过学习本章，读者可以从整体上了解计算机的基本功能和基本原理，并具备一定的信息处理基础和硬件基础。

【知识要点】
1. 布尔逻辑与门电路；
2. 计算机的基本结构及工作原理；
3. 指令、指令系统与程序；
4. 数制及数制的转换；
5. 信息的表示及处理。

2.1 计算机硬件基础

2.1.1 布尔逻辑与门电路

1. 布尔逻辑

布尔逻辑得名于英国数学家乔治·布尔，他在19世纪中叶首次定义了逻辑的代数系统。现在，布尔逻辑在电子学、计算机硬件和软件中有很多应用。1937年，美国数学家克劳德·艾尔伍德·香农把逻辑代数用于开关和继电器网络的分析、化简，率先将逻辑代数用于解决实际问题。经过几十年的发展，逻辑代数已成为分析和设计逻辑电路不可缺少的数学工具。

（1）逻辑常量与变量

逻辑常量只有两个，即0和1，用来表示两个对立的逻辑状态。逻辑变量与普通代数一样，也可以用字母、符号、数字及其组合来表示，但它们之间有着本质区别，因为逻辑变量的取值只有两个，即0和1，而没有中间值。

（2）逻辑运算

逻辑变量之间的运算称为逻辑运算，逻辑运算和算术运算的主要区别是：逻辑运算是按位进行的，位与位之间不像加减运算那样有进位或借位的联系，并且运算的结果也只有两种，即0和1。逻辑运算主要包括3种基本运算：逻辑与运算、逻辑或运算与逻辑非运算。表示逻辑运算的方法有多种，如语句描述、逻辑代数式、真值表、卡诺图等。

① 逻辑与运算。逻辑与运算又称逻辑乘，通常用符号"×"或"∧"或"·"来表示。在进行逻辑与运算时，只有当参与运算的逻辑变量都同时取值为 1 时，其逻辑乘积才等于 1。用 0 和 1 来表示参与运算的逻辑变量，可以得出逻辑与运算的运算规则如表 2.1 所示。

表 2.1　　　　　　　　　　　　　　逻辑与运算运算规则表

A	B	A·B
0	0	0
0	1	0
1	0	0
1	1	1

② 逻辑或运算。逻辑或运算又称逻辑加法，通常用符号"+"或"∨"来表示。在进行逻辑或运算时，参与运算的逻辑变量只要有一个为 1，其逻辑加的结果就为 1。用 0 和 1 来表示参与运算的逻辑变量，可以得出逻辑或运算规则如表 2.2 所示。

表 2.2　　　　　　　　　　　　　　逻辑或运算运算规则表

A	B	A+B
0	0	0
0	1	1
1	0	1
1	1	1

③ 逻辑非运算。逻辑非运算又称逻辑否运算，通常用"¬"表示。逻辑非运算仅需要一个参与运算的逻辑变量，其运算结果取与逻辑变量相反的值，若逻辑变量值为 1，则逻辑非运算结果为 0，否则为 1。用 0 和 1 来表示参与运算的逻辑变量，可以得出逻辑非运算运算规则如表 2.3 所示。

表 2.3　　　　　　　　　　　　　　逻辑非运算运算规则表

A	¬A
0	1
1	0

（3）逻辑函数

逻辑函数是由逻辑变量、逻辑常量通过运算符连接起来的代数式，每个函数根据一个或者多个输入，用一个逻辑算法来计算输出值，该算法根据输入值来决定什么时候输出真值。每个逻辑函数类似于一个现实世界的逻辑运算，可以用来定义各种逻辑的情况。同样，逻辑函数也可以用表格和图形的形式表示。

（4）逻辑代数

逻辑代数又称布尔代数，是按一定的逻辑关系进行运算的代数，是分析和设计数字电路的数学工具。在逻辑代数中，只有 0 和 1 两种逻辑值，有与、或、非 3 种基本逻辑运算，还有与或、与非、与或非、异或几种导出逻辑运算。

参与逻辑运算的变量叫逻辑变量，用大写字母表示。每个变量的取值只有两种，即 0 和 1，也就是前面介绍到的逻辑常量。0 和 1 不表示数的大小，而是代表两种对立的逻辑状态。在逻辑代数中，有正、负逻辑规定，即正逻辑体制规定高电平为逻辑 1，低电平为逻辑 0，而负逻辑体制规定低电平为逻辑 1，高电平为逻辑 0。

逻辑代数是研究逻辑函数运算和化简的一种数学系统，逻辑函数的运算和化简是数字电路课程的基础，也是数字电路分析和设计的关键。

（5）布尔逻辑的应用

现在，布尔逻辑在电子学、计算机检索、数据库查询等方面有诸多应用。在电路设计时，0 和 1 表示在数字电路中某一个位的不同状态，典型的是高电压和低电压。3 种基本的逻辑运算对应于基本的逻辑门，即与门、或门和非门。在使用搜索引擎进行信息检索时，可以利用布尔逻辑运算符连接各个检索词，然后由计算机进行相应逻辑运算，以找出所需信息。布尔逻辑运算符的作用是把检索词连接起来，构成一个逻辑检索式。关系数据库在使用 SQL 语言进行查询时也可以包含布尔逻辑。

2. 门电路

用以实现基本逻辑运算和复合逻辑运算的单元电路称为门电路。"门"是这样的一种电路：它规定各个输入信号之间满足某种逻辑关系时，才有信号输出。门电路可以有一个或多个输入端，但只有一个输出端。门电路的各输入端所加的脉冲信号只有满足一定的条件时，"门"才打开，即才有脉冲信号输出。从逻辑学上讲，输入端满足一定的条件是"原因"，有信号输出是"结果"，门电路的作用是实现某种因果关系，即逻辑关系，所以门电路是一种逻辑电路。基本的逻辑关系有 3 种：与逻辑、或逻辑、非逻辑。与此相对应，基本的门电路有与门、或门、非门。

从逻辑关系看，门电路的输入端或输出端只有两种状态，即 0 和 1，无信号以"0"表示，有信号以"1"表示。正逻辑规定高电平为"1"，低电平为"0"；负逻辑规定高电平为"0"，低电平为"1"。然而，高与低是相对的，所以在实际电路中要先说明采用什么逻辑，才有实际意义。本书中均采用正逻辑。

（1）与门

与门又称与电路，是执行与运算的基本逻辑门电路。与门有多个输入端，一个输出端。当所有的输入同时为高电平（逻辑 1）时，输出才为高电平，否则输出为低电平（逻辑 0）。具有两个输入端的与门电路的逻辑图如图 2.1 所示，图中所采用的是形状特征型符号（ANSI/IEEEStd 91-1984）。

两个输入端的与门电路工作原理是：只有输入端 A 和 B 都为 1 时，输出端 Y 为 1，否则输出端 Y 为 0。与门电路的逻辑功能相当于逻辑代数中的与运算，其所对应的真值表也与逻辑与运算的运算规则一致。

（2）或门

或门又称或电路，是执行或运算的基本逻辑门电路。我们有多个输入端，一个输出端。只要输入端中有一个为高电平，输出端就为高电平，只有当所有输入端均为低电平时，输出端才为低电平。具有两个输入端的或门电路的逻辑图如图 2.2 所示。

图 2.1　与门电路逻辑图　　　　　　　图 2.2　或门电路逻辑图

两个输入端的或门电路工作原理是：如果输入端 A 为 1 或 B 为 1，或者 A、B 均为 1，则输出端 Y 为 1。或门电路的逻辑功能相当于逻辑代数中的或运算，其所对应的真值表也与逻辑或运算的运算规则一致。

（3）非门

非门又称非电路，是执行非运算的基本逻辑门电路。非门只有一个输入端，一个输出端。当输入端为高电平时输出端为低电平，当输入端为低电平时输出端为高电平。也就是说，输入端和输出端的电平状态总是反相的。非门电路的逻辑图如图 2.3 所示。

A ▷o— Y

图 2.3　非门电路逻辑图

非门电路工作原理比较简单，当输入端 A 为 1 时，输出端 Y 为 0；当输入端 A 为 0 时，输出端 Y 为 1。非门电路的逻辑功能相当于逻辑代数中的非运算，其所对应的真值表也与逻辑非运算的运算规则一致。

2.1.2　计算机基本结构和工作原理

1. 计算机基本结构

一个完整的计算机系统可以分为硬件系统和软件系统。硬件一般指的是实际的物理设备，主要包括运算器、控制器、存储器、输入设备和输出设备 5 部分。软件则包括了为解决特定问题而编制的程序、数据和应用说明文档等。计算机是依靠硬件系统和软件系统的协同工作来执行给定任务的，硬件是软件运行的物质基础，软件是硬件功能的扩充与完善，还起到了管理和维护计算机的作用。

计算机基本结构如图 2.4 所示。

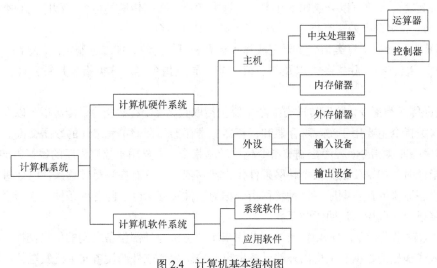

图 2.4　计算机基本结构图

2. 计算机工作原理

现在的计算机系统从性能指标、运算速度、应用领域等方面与早期的计算机已经有了很大的差别，但基本体系结构没有发生改变，都属于冯·诺依曼计算机。工作原理也与冯·诺依曼计算机相同，简单概括起来就是存储程序和程序控制。

计算机通电之后就开始执行程序。首先，中央处理器执行启动程序（Basic Input and Output System，BIOS）将存放在磁盘中的操作系统调入内存执行，之后计算机就由操作系统管理和控制。计算机在执行程序前，先把程序和原始数据通过输入设备送到内存储器中。启动运算后，计算机将从内存储器中取出第一条指令，通过控制器的译码后按指令的要求，从存储器中取出数据进行指定的运算，然后再按地址把结果送到内存中去。接下来，再取出第二条指令，在控制器的指挥下完成规定操作。计算机将会按照程序编排的顺序，一步一步地取出指令，自动地完成指令规定的操作，最后将最终的运算结果送到输出设备输出。

2.1.3 指令与指令系统

1. 指令

指令是能被计算机识别并执行的二进制代码，它规定了计算机能完成的某一种操作。一个基本操作，可以用一条指令来实现。计算机硬件只能够识别并执行机器指令，用高级语言编写的源程序必须由程序语言翻译系统把它们翻译为机器指令后，计算机才能执行。

（1）指令格式

一条指令通常可分为3部分，格式如下：

操作码	地址码	下一条指令的地址

其中，操作码规定了该指令进行的操作种类，如加、减、存数、取数等；地址码指定参与操作的操作数或操作数的地址；下一条指令的地址指定到哪里去取下一条指令。

每一条指令都有一个操作码，它表示该指令应进行什么性质的操作，不同的指令用操作码字段的不同编码来表示，每一种编码代表一种指令。

（2）指令分类

指令按其功能大致可以分成如下几类：运算类指令、数据传送类指令、程序控制类指令、输入/输出类指令、字符串处理类指令、特权指令以及其他指令。

① 运算类指令。运算类指令主要完成算术运算和逻辑运算，如二进制定点加、减、乘、除指令，浮点加、减、乘、除指令，以及与、或、非、异或指令等。这类指令是每台计算机必须要有的。

② 数据传送类指令。数据传送类指令主要包括取数指令、存数指令、传送指令以及堆栈操作指令等。这类指令主要用于实现寄存器和寄存器、寄存器和存储单元之间的数据交换。

③ 程序控制类指令。程序控制类指令也称转移指令，主要用于控制程序的执行方向。在执行某条转移指令时，如果要根据某个转移条件作为转移依据，只有在满足转移条件时才进行转移，从而改变程序原来的执行顺序。这种转移指令称为条件转移指令。除各种条件转移指令外，还有无条件转移指令、调用与返回指令等。

④ 输入/输出类指令。输入/输出类指令用来实现主机与外部设备之间的信息交换，交换的信息包括输入或输出的数据、主机向外部设备发出的控制命令或外部设备向主机发送的信息等。

⑤ 字符串处理类指令。字符串是在计算机中经常使用到的非常重要和有用的数据类型。字符串处理类指令是一组用于处理字符串的指令，一般包括字符串传送、字符串转换（把一种编码的字符串转换成另一种编码的字符串）、字符串替换（把某一字符串用另一字符串替换）等。

⑥ 特权指令。特权指令是指具有特殊权限的指令。这类指令只用于操作系统或其他系统软件，一般不直接提供给用户使用。

⑦ 其他指令。除以上各类指令外，还有状态寄存器复位指令、测试指令、暂停指令，空操作指令以及其他一些系统控制用的特殊指令。

（3）指令执行过程

指令的执行过程可以分成两个主要阶段：取指和执行。取指是从内存储器中取出所要执行的指令的过程。执行是将指令代码翻译成它代表的功能，通常称为指令译码，并发出有关控制信号实现这个功能的过程。程序执行时，大多数指令按顺序依次从内存储器中取出执行，只有在遇到转移指令时，程序的执行顺序才会改变。

2. 指令系统

一台计算机所能执行的所有指令的集合称为该台计算机的指令系统，也称计算机的指令集。计算机的指令系统反映了该计算机的全部功能，机器类型不同，指令系统也不相同，因而功能也不相同。

指令系统是表征一台计算机性能的重要因素，它的格式与功能不仅直接影响到机器的硬件结构，而且也直接影响到系统软件，影响到机器的适用范围。一个完善的指令系统应具有指令丰富、功能齐全、占用空间小、执行速度快等优点，并具有很好的兼容性。

3. 程序

程序是为解决一个具体问题而预先编制的工作执行方案，是由一串 CPU 能够执行的基本指令组成的序列，每一条指令规定了计算机应进行什么操作以及操作需要的有关数据。简单来说，程序就是一组计算机指令的有序集合。这里说的有序，实际就是解决问题的步骤，和算法的概念类似。算法是独立于语言的解题方法的通用描述，而程序通常是与具体语言结合的。在有些书籍中，也将程序理解为算法加语言。

现在的程序多使用高级语言编写，一般将其称为源程序。源程序要通过转换才能被计算机识别并执行，转换的方式有两种，即编译和解释。编译方式是把源程序整个地翻译成用机器语言表示的目标程序，然后计算机再执行该目标程序，以完成源程序要处理的运算。解释方式是将源程序一边翻译一边交由计算机执行，并不产生目标程序。关于程序的详细介绍请参考第 5 章。

2.2 数制及数制转换

2.2.1 进位计数制

按进位的方法进行计数，称为进位计数制，是用一组固定的符号和统一的规则来表示数值的方法。一种进位计数制包含一组数码符号和 3 个基本要素，即数位、基数和位权。我们把数码在数中的位置称为数位，把某种进位计数制所能使用的数码个数称为基数，把计算每个数码在其所在位上代表的数值时所乘的常数称为位权。位权是一个指数，以基数为底，其幂是该数码的数位。某位数码的数位以小数点为界，其左边的数位序号为 0，向左每移一位序号加一，右边的数位序号为-1，向右每移一位序号减一。

在计算机中，为了电路设计的方便，使用的是二进制计数制。但人们日常使用的是十进制，所以计算机的输入/输出也要使用十进制数据。此外，为了编制程序的方便，还常常使用到八进制和十六进制。下面介绍这几种进位制和它们相互之间的转换。

1. 十进制（Decimal）

十进制有两个特点：其一是采用 0~9 共 10 个阿拉伯数字符号；其二是相邻两位之间为"逢十进一"或"借一当十"的关系。根据进位计数制的定义，同一数码在不同的数位上代表不同的数值。任何一个十进制数都可以表示为一个按位权展开的多项式之和的形式，如十进制数 5678.4 可表示为：

$$5678.4 = 5 \times 10^3 + 6 \times 10^2 + 7 \times 10^1 + 8 \times 10^0 + 4 \times 10^{-1}$$

其中，10^3、10^2、10^1、10^0、10^{-1} 分别是千位、百位、十位、个位和十分位的位权。

2. 二进制（Binary）

二进制也有两个特点：一是计数数码仅有两个，即 0 和 1；二是相邻两位之间为"逢二进一"或"借一当二"的关系。由于二进制仅有两个计数数码，所以其基数是 2，位权就表示成"2^i"，2 为其基数，i 为数位序号，取值法和十进制相同。由此任何一个二进制数都可以表示为按位权展开的多项式之和的形式，如二进制数 1100.1 可表示为：

$$1100.1 = 1 \times 2^3 + 1 \times 2^2 + 0 \times 2^1 + 0 \times 2^0 + 1 \times 2^{-1}$$

3. 八进制（Octal）

和十进制与二进制类似，八进制用的计数数码共有 8 个，即 0～7，则基数是 8；相邻两位之间为"逢八进一"和"借一当八"的关系，它的位权可表示成"8^i"。任何一个八进制数都可以表示为按位权展开的多项式之和的形式，如八进制数 1537.6 可表示为：

$$1537.6 = 1 \times 8^3 + 5 \times 8^2 + 3 \times 8^1 + 7 \times 8^0 + 6 \times 8^{-1}$$

4. 十六进制（Hexadecimal）

和十进制与二进制类似，十六进制用的计数数码共有 16 个，除了 0～9 外又增加了 6 个字母符号 A、B、C、D、E、F，分别对应了 10、11、12、13、14、15，其基数是 16；相邻两位之间为"逢十六进一"和"借一当十六"的关系，它的位权可表示成"16^i"。任何一个十六进制数都可以表示为按位权展开的多项式之和的形式，如十六进制数 3AC7.D 可表示为：

$$3AC7.D = 3 \times 16^3 + 10 \times 16^2 + 12 \times 16^1 + 7 \times 16^0 + 13 \times 16^{-1}$$

5. 任意的 K 进制

K 进制用的数码共有 K 个，其基数是 K，相邻两位之间为"逢 K 进一"和"借一当 K"的关系，它的"位权"可表示成"K^i"，i 为数位序号。任何一个 K 进制数 D 都可以表示为按位权展开的多项式之和的形式，该表达式就是数的一般展开表达式：

$$(D)_k = \sum_{i=-m}^{n} A_i K^i$$

其中，K 为基数，A_i 为第 i 位上的数码，K^i 为第 i 位上的位权。

2.2.2 不同数制之间的相互转换

1. 二进制数、八进制数、十六进制数转换成十进制数

将二进制数、八进制数、十六进制数转换成十进制数的转换方法就是将数值表示为按照位权展开的多项式之和的形式，所得的和值即为转换结果。

例如，二进制数 111.101 的转换过程如下：

$$(111.101)_2 = 1 \times 2^2 + 1 \times 2^1 + 1 \times 2^0 + 1 \times 2^{-1} + 1 \times 2^{-3}$$
$$= 4 + 2 + 1 + 0.5 + 0.125$$
$$= (7.625)_{10}$$

其中利用括号加脚码来表示转换前后的不同进制，以下例中不再加以说明。

八进制数 774 的转换过程如下：

$$(774)_8 = 7 \times 8^2 + 7 \times 8^1 + 4 \times 8^0$$
$$= (508)_{10}$$

十六进制数 AF2.8C 的转换过程如下：

$$(AF2.8C)_{16} = A \times 16^2 + F \times 16^1 + 2 \times 16^0 + 8 \times 16^{-1} + C \times 16^{-2}$$

$$= 10 \times 16^2 + 15 \times 16^1 \times 2 \times 16^0 + 8 \times 16^{-1} + 12 \times 16^{-2}$$
$$= 2560 + 240 + 2 + 0.5 + 0.046875$$
$$= (2802.546875)_{10}$$

2. 十进制数转换成二进制数

将十进制数转换成等值的二进制数，需要对整数和小数部分分别进行转换。

整数部分转换法是连续除以 2，直到商数为零，然后将每次除法运算所得的余数按相除过程反向排列，所得的结果就是对应的二进制数。简单来说整数部分的转换方法就是：连续除 2，逆序取余。例如，十进制数 65 转换为二进制数的转换过程如下：

$$65 \div 2 = 32 \text{----------- 余数 1}$$
$$32 \div 2 = 16 \text{----------- 余数 0}$$
$$16 \div 2 = 8 \text{----------- 余数 0}$$
$$8 \div 2 = 4 \text{----------- 余数 0}$$
$$4 \div 2 = 2 \text{----------- 余数 0}$$
$$2 \div 2 = 1 \text{----------- 余数 0}$$
$$1 \div 2 = 0 \text{----------- 余数 1}$$

逆向取余数（后得的余数为结果的高位）得：$(65)_{10} = (1000001)_2$

小数部分转换法是连续乘以 2，直到小数部分为零或已得到足够多个数位，正向取每次乘法运算所得积的整数位，所得的结果即为对应的二进制数。简单来说小数部分的转换方法就是：连续乘 2，正序取整。例如，十进制小数 0.7 转换为二进制数的转换过程如下：

$$0.7 \times 2 = 1.4 \text{----------- 整数部分为 1}$$
$$0.4 \times 2 = 0.8 \text{----------- 整数部分为 0}$$
$$0.8 \times 2 = 1.6 \text{----------- 整数部分为 1}$$
$$0.6 \times 2 = 1.2 \text{----------- 整数部分为 1}$$
$$0.2 \times 2 = 0.4 \text{----------- 整数部分为 0（进入循环过程）}$$

若要求 4 位小数，则算到第 5 位，以便舍入。

正向取整数位（后得的整数位为结果的低位）得：$(0.7)_{10} = (0.1011)_2$

可见有限位的十进制小数所对应的二进制小数可能是无限位的循环或不循环小数，这就必然导致转换误差。

仅将上述转换方法简单证明如下。

若有一个十进制整数 A，必然对应有一个 n 位的二进制整数 B，将 B 展开表示就得下式：

$$(A)_{10} = b_{n-1} \times 2^{n-1} + b_{n-2} \times 2^{n-2} + \cdots + b_2 \times 2^2 + b_1 \times 2^1 + b_0 \times 2^0$$

当式子两端同除以 2，则两端的结果和余数都应当相等，分析式子右端，除了最末项外各项都含有因子 2，所以其余数就是 b_0。同时 b_1 项的因子 2 没有了。当再次除以 2，b_1 就是余数。依此类推，就逐次得到了 b_2、b_3、b_4、$\cdots$，直到式子左端的商为 0。

小数部分转换方法的证明同样是利用转换结果的展开表达式，写出下式：

$$(A)_{10} = b_{-1} \times 2^{-1} + b_{-2} \times 2^{-2} + \cdots + b_{-(m-1)} \times 2^{-m+1} + b_{-m} \times 2^{-m}$$

显然当式子两端乘以 2，其左端的整数位就等于右端的 b_{-1}。当式子两端再次乘以 2，其左端的整数位就等于右端的 b_{-2}。依此类推，直到左端的小数部分为 0，或得到了满足要求的二进制小数位数。

如果需要转换的十进制数既包含整数位也包含小数位，则需将整数位、小数位分别进行转换，最后将小数部分和整数部分的转换结果合并，并用小数点隔开就得到最终转换结果。

3. 十进制数转换为八进制数和十六进制数

将十进制数转换为二进制数时，整数部分和小数部分在转换时都是对于数值 2 进行运算，其实也就是对于二进制的基数进行运算，将此方法推广开来，即可得到十进制数到任意进制数的转换方法，即对整数部分"连除基数，逆序取余"，对小数部分"连乘基数，正序取整"。所以用"除 8 逆序取余"和"乘 8 正序取整"的方法可以实现由十进制向八进制的转换；用"除 16 逆序取余"和"乘 16 正序取整"可实现由十进制向十六进制的转换。

例如，将十进制数 269.25 转换为八进制的计算过程如下。

整数部分：

$$269 \div 8 = 33 ----------- 余数 5$$
$$33 \div 8 = 4 ---------- 余数 1$$
$$4 \div 8 = 0 ---------- 余数 4$$

逆向取余数后得：$(269)_{10}=(415)_8$

小数部分：

$$0.25 \times 8 = 2.0 ------------ 整数部分为 2$$

正向取整数位后得：$(0.25)_{10}=(0.2)_8$

将整数部分和小数部分所得的结果合并，得到最终结果，即$(269.25)_{10}=(415.2)_8$

例如：将十进制数 100.625 转换为十六进制数的计算过程如下：

整数部分：

$$100 \div 16 = 6 ----------- 余数 4$$
$$6 \div 16 = 0 ---------- 余数 6$$

逆向取余数后得：$(100)_{10}=(64)_{16}$

小数部分：

$$0.625 \times 16 = 10.0 ------------ 整数部分为 10$$

正向取整数位后得：$(0.625)_{10}=(0.A)_{16}$

将整数部分和小数部分所得的结果合并，得到最终结果，即$(100.625)_{10}=(64.A)_{16}$

4. 八进制数和十六进制数与二进制数之间的转换

（1）二进制数和八进制数之间的转换

由于 3 位二进制数所能表示的是 8 个状态，而八进制数有 8 个计数数码，因此一位八进制数与 3 位二进制数之间就有着一一对应的关系，转换就十分简单，即将八进制数转换成二进制数时，只需要将每一位八进制数码用 3 位二进制数码代替即可，例如：

$$(367.12)_8 = (011\ 110\ 111.001\ 010)_2$$

为了便于阅读，这里在数字之间特意添加了空格。若要将二进制数转换成八进制，只需从小数点开始，分别向左和向右每 3 位分成一组，用一位八进制数码代替即可，例如：

$$(10100101.00111101)_2 = (010\ 100\ 101.001\ 111\ 010)_2 = (245.172)_8$$

这里要注意的是：如果在分组过程中剩余的数位不足 3 位，则采取对于小数点左侧的整数部分高位补零，小数点右侧小数部分低位补零的方法将其补足 3 位，然后再进行转换。

（2）二进制数和十六进制数之间的转换

4 位二进制数所能表示的是 16 个状态，而十六进制数有 16 个计数数码，因此一位十六进制数与 4 位二进制数之间就有着一一对应的关系。将十六进制数转换成二进制数时，只需将每一位十六进制数码用 4 位二进制数码代替即可，例如：

$$(CF.5)_{16} = (1100\ 1111.0101)_2$$

将二进制数转换成十六进制数时，只需从小数点开始，分别向左和向右每 4 位分为一组，用一位十六进制数码代替即可。与转换为八进制数类似，当分组时不足 4 位，采取对于小数点左侧的整数部分高位补零，小数点右侧小数部分低位补零的方法将其补足 4 位，然后再进行转换。例如：

$$(10110111.10011)_2 = (1011\ 0111.1001\ 1000)_2 = (B7.98)_{16}$$

通常，十进制数到八进制数、十六进制数转换时，可以先将其转换为二进制数，之后可直接根据二进制数写出到目的数制的转换结果，反之亦然。表 2.4 所示为 4 种常用数制之间的转换。

表 2.4　　　　　　　　　　　　　　　常用数制转换表

十进制数	二进制数	八进制数	十六进制数
0	0	0	0
1	1	1	1
2	10	2	2
3	11	3	3
4	100	4	4
5	101	5	5
6	110	6	6
7	111	7	7
8	1000	10	8
9	1001	11	9
10	1010	12	A
11	1011	13	B
12	1100	14	C
13	1101	15	D
14	1110	16	E
15	1111	17	F

2.2.3　二进制数的算术运算

二进制数只有 0 和 1 两个数码，它的算术运算规则比十进制数的运算规则简单得多。

1．二进制数的加法运算

二进制加法规则共 4 条：0＋0=0；0＋1=1；1＋0=1；1＋1=0（向高位进位 1）。

如将两个二进制数 1001 与 1011 相加，加法过程的竖式表示如下：

```
      1 0 0 1    被加数
  +   1 0 1 1    加数

  1 0 1 0 0      和
```

2．二进制数的减法运算

二进制减法规则也是 4 条：0－0=0；1－0=1；1－1=0；0－1=1（向相邻的高位借 1 当 2）。

如将两个数 1010 与 0111 相减，减法过程的竖式表示如下：

$$
\begin{array}{rl}
1\ 0\ 1\ 0 & \text{被减数} \\
-\ 0\ 1\ 1\ 1 & \text{减数} \\
\hline
0\ 0\ 1\ 1 & \text{差}
\end{array}
$$

3. 二进制数的乘法运算

二进制乘法规则也是 4 条：$0 \times 0 = 0$；$0 \times 1 = 0$；$1 \times 0 = 0$；$1 \times 1 = 1$。

如求二进制数 1101 和 1010 相乘的乘积，竖式计算如下：

$$
\begin{array}{rl}
1\ 1\ 0\ 1 & \text{被乘数} \\
\times\ 1\ 0\ 1\ 0 & \text{乘数} \\
\hline
0\ 0\ 0\ 0 & \\
1\ 1\ 0\ 1 & \\
0\ 0\ 0\ 0 & \text{部分乘积} \\
+\ 1\ 1\ 0\ 1 & \\
\hline
1\ 0\ 0\ 0\ 0\ 0\ 1\ 0 & \text{乘积}
\end{array}
$$

从该例可知其乘法运算过程和十进制的乘法运算过程非常一致，仅仅是换用了二进制的加法和乘法规则，计算更为简洁。

4. 二进制数的除法运算

二进制的除法是乘法的逆运算，也与十进制除法类似，仅仅是换用了二进制的减法和乘法规则。

如求二进制数 11001 和 101 相除的商，计算如下：

$$
\begin{array}{r}
\text{商}\quad 1\ 0\ 1 \\
\text{除数}\ 101\ \overline{)\ 1\ 1\ 0\ 0\ 1}\quad \text{被除数} \\
1\ 0\ 1 \\
\overline{1\ 0} \\
1\ 0\ 1 \\
1\ 0\ 1 \\
\overline{0\quad \text{余数}}
\end{array}
$$

2.3 信 息 编 码

2.3.1 基于计算机的信息处理

1. 信息

首先要明确什么是"信息"。广义上讲，信息就是消息。人们通过获得、识别自然界和社会的不同信息来区别不同事物，得以认识和改造世界。1948 年，香农在题为"通信的数学理论"的论文中指出"信息是用来消除随机不定性的东西"，第一次将信息作为一门学科提出。

信息是依附于载体而存在的，并具有一定的时效性，而且可以对信息进行处理和传递。人们可以将所获得的信息作为提供决策的依据。信息一般表现为 5 种形态：数据、文本、声音、图形、图像。早期人们获取信息主要是通过读书、看报或相互间的交流等。随着计算机技术与互联网技术的不断发展，人们更习惯于使用计算机来获得信息、处理信息。

2．信息技术

信息技术是对管理和处理信息所使用的各种技术的总称。由于目前把计算机作为主要的信息处理工具，所以，现代信息技术就是在计算机技术和通信技术的支持下用以获取信息、加工信息、存储信息以及显示信息等的方法和手段的总称。

其实，人类从早期就开始了对信息的记录、存储及传输，并且在处理信息过程中，也在不断寻求改善和提高信息处理的技术。大致来说，可将信息技术分为如下 3 个时期。

（1）手工信息处理时期。手工信息处理时期是用人工通过视觉、听觉等方式来收集信息，并用书写的方式将信息记录下来。在进行信息处理时完全是依靠经验和手工运算，基本没有使用到其他技术手段。在这一时期，主要是使用报纸、书籍等完成信息的传输，信息传递的时效性很差，有些重要的信息往往不能及时地传递给使用者。

（2）机械信息处理时期。随着科学技术的发展，逐渐出现了机械式和电动式的处理工具，在信息处理时不再完全依赖于手工运算，在一定程度上减轻了计算者的负担。之后又出现了一些较复杂的电动机械装置，可把数据在卡片上穿孔并进行成批处理和自动打印结果。同时，由于电报、电话、广播、电视等新的信息传播方式的出现及广泛应用，极大地改善了信息的传输手段，提高了信息传输的效率，但没有本质的进步。

（3）计算机信息处理时期。随着世界上第一台电子计算机的产生，逐渐开辟了信息技术的新时代。计算机以其所特有的高运算速度、大存储容量以及随着通信技术的发展而展现出来的高速的传输速率等优点，成为了现今信息处理过程中所使用的主要工具。在这一时期，逐渐将人从繁琐的重复性劳动中解放出来，极大地提高了信息的利用价值，能够快速、高效地将有用的信息传递给使用者。现在，以计算机为核心的信息技术几乎涉及到人类社会的各个方面，正逐步影响并改变着人类的学习、生活以及交流方式，进而推动着社会文明的进步。

信息技术作为一种技术手段的总称，要具有科学性、先进性以及高效性等基本特征。由于信息技术的处理对象是信息，决定了它同时要具有不同于其他技术的特有特征。只要有信息的地方就能使用到信息技术，所以其具有很广泛的应用范围，并且，信息的特有特点以及信息社会的发展趋势决定了信息技术也要具有网络化、多媒体化、智能化等特征。

信息技术应用于信息传递的各个过程，最终目标是要提高信息在各个处理过程的效率，最大限度地为人们利用信息提供方便。

3．信息处理

信息的表现形式是多种多样的，随着计算机信息技术的不断发展，计算机信息处理的范围不仅限于算术运算处理，在文字、声音、图像等信息的处理方面也有了更多的涉及。计算机已经从初期的以计算为主的一种计算工具，发展成为以信息处理为主的、集计算和信息处理于一体的、与人们的工作、学习和生活密不可分的一个工具。信息处理也逐渐成为了计算机应用领域的一个重要分支。

信息处理就是对信息的接收、存储、转化、传送和发布等。计算机作为信息处理工具，在信息存储、信息处理以及信息传输等方面是当今任何其他技术无法比拟的。计算机能够按照人们事先编好的程序自动、高速地进行信息处理。

利用计算机进行信息处理的过程主要可以归纳为：信息收集、信息筛选、信息加工、信息存储与信息输出。

（1）信息收集。信息收集是指通过各种方式获取所需要的信息，也就是对信息的接收和汇集。在收集信息时，要保证信息的可靠性、正确性、完整性，同时也要保证信息具有很好的时效性。

（2）信息筛选。信息筛选是将收集过来的分散、凌乱的信息加以甄别、提炼、整理，以选留出信息含量大、有实用价值的信息。信息筛选对提高信息的利用率起着至关重要的作用。

（3）信息加工。信息加工是指利用判别、筛选、排序、分析和研究等方法将经过筛选的信息加工成更具有使用价值的信息，方便用户的使用。

（4）信息存储。信息存储是将经过加工整理后的信息按照一定的格式和顺序存储在特定的载体中（通常是计算机的外存中，如硬盘、光盘、优盘等）的一种信息活动。其目的是为了便于信息管理者和信息用户快速准确地识别信息、定位信息和检索信息，有利于信息的后继使用。

（5）信息输出。信息输出是指将使用者所需要的信息以某种方式进行传递或展现的过程。

在上述所描述的处理过程中，信息收集是信息得以利用的第一步，也是关键的一步。信息收集工作的好坏，直接关系到整个信息管理工作的质量。简单来说，信息处理过程可以总结为：输入——处理——输出。

4. 信息的表示单位

信息可以存储在计算机的物理存储介质上，如硬盘、光盘等，在计算机中信息的常用存储单位有位、字节和字。

（1）位（bit）。计算机中最小的数据单位是二进制的一个数位，简称为位。一个二进制位可以表示两种状态，即0或1。位数越多，所表示的状态就越多。

（2）字节（Byte）。字节是计算机中用来表示存储空间大小的最基本单位，一个字节由8个二进制位组成。除了用字节为单位表示存储容量外，还可以用千字节（KB）、兆字节（MB）、吉字节（GB）以及太字节（TB）等表示存储容量。它们之间存在下列换算关系：

1B=8bit

$1KB=2^{10}B$

$1MB=2^{10}KB=2^{20}B$

$1GB=2^{10}MB=2^{30}B$

$1TB=2^{10}GB=2^{40}B$

（3）字（Word）。字通常取字节的整数倍，是计算机进行数据存储和处理的运算单位。字的长度用位数来表示，称为字长。不同的计算机系统的字长是不同的，常见的有8位、16位、32位和64位等。字长越长，计算机的处理能力就越强，运算精度也越高。

2.3.2 信息在计算机内的表示

信息一般表现为5种形态：数据、文本、声音、图形、图像，本节主要讲述数据和文本的计算机表示和处理。

1. 数值信息的表示

（1）数的定点和浮点表示

在计算机中，一个带小数点的数据通常有两种表示方法：定点表示法和浮点表示法。在计算过程中小数点位置固定的数据称为定点数，小数点位置浮动的数据称为浮点数。

计算机中常用的定点数有两种，即定点纯整数和定点纯小数。

将小数点固定在数的最低位之后，就是定点纯整数。格式如下：

将小数点固定在符号位之后、最高数值位之前，就是定点纯小数。格式如下：

我们知道一个十进制数可以表示成一个纯小数与一个以 10 为底的整数次幂的乘积。如 135.45 可表示为 0.13545×10^3。同理，一个任意二进制数 N 可以表示为下式：

$$N = 2^J \times S$$

其中，S 称为尾数，是二进制纯小数，表示 N 的有效数位；J 称为 N 的阶码，是二进制整数，指明了小数点的实际位置，改变 J 的值也就改变了数 N 的小数点的位置。该式也就是数的浮点表示形式，而其中的尾数和阶码分别是定点纯小数和定点纯整数，例如，二进制数 11101.11 的浮点数表示形式可为：0.1110111×2^{101}。

（2）数的编码表示

一般的数都有正负之分，计算机只能记忆 0 和 1，为了将数在计算机中存放和处理就要将数的符号进行编码。基本方法是在数中增加一位符号位（一般将其安排在数的最高位之前），并用"0"表示数的正号，用"1"表示数的负号，如：

数+1110011 在计算机中可存为 01110011；

数−1110011 在计算机中可存为 11110011。

这种数值位部分不变，仅用 0 和 1 表示其符号得到的数的编码，称为原码。并将原来的数称为真值，将其编码形式称为机器数。

按上述原码的定义和编码方法，数 0 就有两种编码形式：0000…0 和 100…0。对于带符号的整数来说，n 位二进制原码表示的数值范围是：

$$-(2^{n-1}-1) \sim +(2^{n-1}-1)$$

例如，8 位原码的表示范围为：−127～+127，16 位原码的表示范围为：−32 767～+32 767。

用原码作乘法，计算机的控制较为简单，两符号位单独相乘得结果的符号位，数值部分相乘就得结果的数值。但用其作加减法就较为困难，主要难在结果符号的判定，并且实际进行加法还是进行减法操作还要依据操作对象具体判定。为了简化运算操作，也为了把加法和减法统一起来以简化运算器的设计，计算机中也用到了其他的编码形式，主要有补码和反码。

为了说明补码的原理，先介绍数学中的"同余"概念。对于 a、b 两个数，若用一个正整数 K 去除，所得的余数相同，则称 a、b 对于模 K 是同余的（或称互补）。就是说，a 和 b 在模 K 的意义下相等，记作 $a = b(\text{MOD } K)$。

例如，$a=13$，$b=25$，$K=12$，用 K 去除 a 和 b 余数都是 1，记作 $13 = 25(\text{MOD } 12)$。

实际上，在时针钟表校对时间时若顺时针方向拨 7h 与反时针方向拨 5h 其效果是相同的，即加 7 和减 5 是一样的。就是因为在表盘上只有 12 个计数状态，即其模为 12，则 $7 = -5(\text{MOD}12)$。

对于计算机，其运算器的位数（字长）总是有限的，即它也有"模"的存在，可以利用"补数"实现加减法之间的相互转换。下面仅给出求补码和反码的算法和应用举例。

① 求反码的算法。对于正数，其反码和原码同形；对于负数，则将其原码的符号位保持不变，而将其他位按位求反（即将 0 换为 1，将 1 换为 0）。例如，+1100100 的反码为 01100100，−1100100 的反码为 10011011。

② 求补码的算法。

对于正数，其补码和原码同形；对于负数，先求其反码，再在最低位加"1"（称为末位加 1）。例如，+1100100 的补码为 01100100，−1100100 的补码为 10011100。

表 2.5 所示为 4 个数值的常用数制表示及其原码、反码和补码的 3 种编码表示（仅以 8 位编码为例）。

表 2.5　　　　　　　　　　　　　　真值、原码、反码、补码对照举例

十 进 制 数	二 进 制 数	十六进制数	原　码	反　码	补　码	说　明
69	1000101	45	01000101	01000101	01000101	定点正整数
−92	−1011100	−5C	11011100	10100011	10100100	定点负整数
0.82	0.1101	0.D	01101000	01101000	01101000	定点正小数
−0.6	−0.10011	−0.98	11001100	10110011	10110100	定点负小数

表中的数据如果是正数则其 3 种编码同形；如果是负数，按照原码、反码、补码的计算顺序可以得出最终的补码表示形式。其实，反过来计算也一样。对一个负数的补码再次求补就又得到了对应的原码。

（3）补码运算

在计算机中，补码是一种重要的编码形式。采用补码后，可以方便地将减法运算转化成加法运算，使运算过程得到简化。

补码运算的基本规则是 $[X]_补 + [Y]_补 = [X + Y]_补$，采用补码进行运算，所得结果仍为补码。

例如，由此规律进行补码计算。

① 18 − 13 = 5。

计算过程如下：

首先将十进制数 18 和 13 利用十进制整数"连除基数 2，逆序取余"的方法转换为二进制数，结果为：

$(18)_{10} = (10010)_2$，$(−13)_{10} = (−1101)_2$

由于正数的补码与原码同形，则十进制数 18 的 8 位二进制补码表示形式为：00010010。负数的补码要先求反码再求补码，根据此计算方法可得十进制数−13 的 8 位二进制补码表示形式为：11110011。

由式 18 − 13 = 18 + （−13），则 8 位补码计算的竖式如下：

$$\begin{array}{r} 00010010 \\ + \quad 11110011 \\ \hline 100000101 \end{array}$$

最高位进位自动丢失后，结果的符号位为 0，即为正数，补码原码同形。转换为十进制数即为+5，运算结果正确。

② 25−36 = −11。

计算过程如下：

首先将十进制数 25 和 36 利用十进制整数"连除基数 2，逆序取余"的方法转换为二进制数，

结果为：

$$(25)_{10}=(11001)_2，\quad(-36)_{10}=(-100100)_2$$

根据正负数的补码计算方法，可得十进制数 25 的 8 位二进制补码表示形式为：00011001，十进制数-36 的 8 位二进制补码表示形式为：11011100。

由式 25-36 = 25 + (-36)，则 8 位补码计算的竖式如下：

$$
\begin{array}{r}
00011001\\
+\ \ 11011100\\
\hline
11110101
\end{array}
$$

结果的符号位为 1，即为负数。由于负数的补码原码不同形，所以再将其求补得到其原码为 10001011，再转换为十进制数即为-11，运算结果正确。

（4）计算机中数的浮点表示

前面已经了解了数的浮点表示形式，即阶码和尾数的表示形式。原则上讲，阶码和尾数都可以任意选用原码、补码或反码，这里仅简单举例说明采用补码表示的定点纯整数表示阶码、采用补码表示的定点纯小数表示尾数的浮点数表示方法。格式如下：

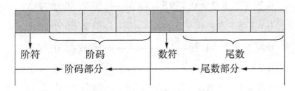

例如，在 IBM PC 系列微机中，采用 4 个字节存放一个实型数据，其中阶码占 1 个字节，尾数占 3 个字节。阶码的符号（简称阶符）和数值的符号（简称数符）各占一位，且阶码和尾数均为补码形式。

【例 2.1】　计算十进制数 256.8125 的浮点表示形式，并写出其浮点表示格式。

计算过程如下。

① 计算十进制数的二进制表示形式。

整数部分：

$$
\begin{aligned}
256\div 2 &= 128\text{----------余数 } 0\\
128\div 2 &= 64\text{-----------余数 } 0\\
64\div 2 &= 32\text{------------余数 } 0\\
32\div 2 &= 16\text{------------余数 } 0\\
16\div 2 &= 8\text{------------余数 } 0\\
8\div 2 &= 4\text{-----------余数 } 0\\
4\div 2 &= 2\text{------------余数 } 0\\
2\div 2 &= 1\text{------------余数 } 0\\
1\div 2 &= 0\text{-----------余数 } 1
\end{aligned}
$$

逆序取余后的结果为：100000000。

小数部分：

$$
\begin{aligned}
0.8125\times 2 &= 1.625\text{------------ 整数部分为 } 1\\
0.625\times 2 &= 1.25\text{--------------- 整数部分为 } 1\\
0.25\times 2 &= 0.5\text{------------------ 整数部分为 } 0
\end{aligned}
$$

$$0.5 \times 2 = 1.0\text{-------------------- 整数部分为 1}$$

正序取整后的结果为：1101。

将整数部分和小数部分合并，得到十进制数 256.8125 的二进制表示形式，即

$$(256.8125)_{10} = (100000000.1101)_2。$$

② 将二进制表示形式通过小数点的移位转换为尾数加阶码的浮点数表示形式，即

$$(256.8125)_{10} = (100000000.1101)_2 = (0.1000000001101 \times 2^{1001})_2$$

③ 由于阶码和尾数均为正数，则可直接写出其浮点表示格式为：

0 000 100 1	0 1000000 00110100 00000000
阶符 阶码	数符 尾数

【例 2.2】 计算十进制数 −0.21875 的浮点表示形式，并写出其浮点表示格式。

计算过程如下：

① 计算十进制数的二进制表示形式。

由于该数值只有小数部分，所以只用完成小数部分的转化：

$$0.21875 \times 2 = 0.4375\text{------------ 整数部分为 0}$$
$$0.4375 \times 2 = 0.875\text{-------------- 整数部分为 0}$$
$$0.875 \times 2 = 1.75\text{------------------ 整数部分为 1}$$
$$0.75 \times 2 = 1.5\text{-------------------- 整数部分为 1}$$
$$0.5 \times 2 = 1.0\text{--------------------- 整数部分为 1}$$

根据转化结果，可得出十进制数−0.21875 的二进制表示形式，即

$$(-0.21875)_{10} = (-0.00111)_2$$

② 将二进制表示形式通过小数点的移位转换为尾数加阶码的浮点表示形式，即

$$(-0.21875)_{10} = (-0.00111)_2 = (-0.111 \times 2^{-10})_2$$

③ 由于阶码和尾数均为负数，还需求出其补码表示形式。

尾数的原码表示形式为：1 1110000 00000000 00000000

根据补码计算规则，先求反码，表示形式为：1 0001111 11111111 11111111

再求得补码表示形式为：1 0010000 00000000 00000000

阶码的原码表示形式为：1 0000010

根据补码计算规则，先求反码，表示形式为：1 1111101

再求得补码表示形式为：1 1111110

④ 根据尾数和阶码的补码表示形式，可直接写出其浮点表示格式为：

1 111 1110	1 0010000 00000000 00000000
阶符 阶码	数符 尾数

由上面的例子可以看到，当写一个编码时必须按规定写足位数，必要时可补写 0 或 1。另外，为了充分利用编码表示高的数据精度，计算机中采用了"规格化"的浮点数的概念，即尾数小数点的后一位必须是非"0"。对于用补码形式表示的尾数来说，正数小数点的后一位必须是"1"，负数小数点的后一位必须是"0"。否则就左移一次尾数，阶码减一，直到符合规格化要求。

2. 非数值数据的编码

由于计算机只能识别二进制代码，数字、字母、符号等必须以特定的二进制代码来表示，称

为它们的二进制编码。

（1）十进制数字的编码

前面的学习中提到当十进制小数转换为二进制数时将会产生误差，为了精确地存储和运算十进制数，可用若干位二进制数码来表示一位十进制数，称为二进制编码的十进制数，简称二—十进制代码（Binary Code Decimal，BCD）。由于十进制数有 10 个数码，起码要用 4 位二进制数才能表示 1 位十进制数，而 4 位二进制数能表示 16 个编码，所以就存在有多种编码方法。其中 8421 码是常用的一种，它利用了二进制数的展开表达式形式，即各位的位权由高位到低位分别是 8、4、2、1，方便了编码和解码的运算操作。十进制数与 8421BCD 码的对应关系如表 2.6 所示。

表 2.6　　　　　　　　　　　　十进制数与 8421BCD 码对应表

十进制数	8421BCD 码	十进制数	8421BCD 码
0	0000	5	0101
1	0001	6	0110
2	0010	7	0111
3	0011	8	1000
4	0100	9	1001

用 8421BCD 码表示十进制数 2365 就可以直接写出结果：0010　0011　0110　0101。

（2）字母和常用符号的编码

在英语书中用到的字母为 52 个（大、小写字母各 26 个），数码 10 个，数学运算符号和其他标点符号等约 32 个，再加上用于打字机控制的无图形符号等，共计近 128 个符号。对 128 个符号编码需要 7 位二进制数，且可以有不同的排列方式，即不同的编码方案。其中美国标准信息交换码（American Standard Code for Information Interchange，ASCII）是使用最广泛的字符编码方案。ASCII 编码表如表 2.7 所示。

表 2.7　　　　　　　　　　　　ASCII 编码表（$b_7b_6b_5b_4b_3b_2b_1$）

$b_4b_3b_2b_1$ ＼ $b_7b_6b_5$	000	001	010	011	100	101	110	111
0000	NUL	DLE	SP	0	@	P	`	p
0001	SOH	DC1	!	1	A	Q	a	q
0010	STX	DC2	"	2	B	R	b	r
0011	ETX	DC3	#	3	C	S	c	s
0100	EOT	DV4	$	4	D	T	d	t
0101	ENQ	NAK	%	5	E	U	e	u
0110	ACK	SYN	&	6	F	V	f	v
0111	BEL	ETB	'	7	G	W	g	w
1000	BS	CAN	(	8	H	X	h	x
1001	HT	EM	)	9	I	Y	i	y
1010	LF	SUB	*	:	J	Z	j	z
1011	VT	ESC	+	;	K	[	k	{
1100	FF	FS	,	<	L	\	l	|
1101	CR	GS	-	=	M	]	m	}
1110	SO	RS	.	>	N	^	n	~
1111	SI	US	/	?	O	_	o	DEL

ASCII 代码在初期主要用于远距离的有线或无线电通信中，为了及时发现在传输过程中因电磁干扰引起的代码出错，设计了各种校验方法，其中奇偶校验是采用最多的一种。即在 7 位 ASCII 代码之前再增加一位用作校验位，形成 8 位编码。若采用偶校验，即选择校验位的状态使包括校验位在内的编码内所有为"1"的位数之和为偶数。例如大写字母"C"的 7 位编码是"1000011"，共有 3 个"1"，则使校验位置"1"，即得到字母"C"的带校验位的 8 位编码"11000011"；若原 7 位编码中已有偶数位"1"，则校验位置"0"。在数据接收端则对接受的每一个 8 位编码进行奇偶性检验，若不符合偶数个（或奇数个）"1"的约定就认为是一个错码，并通知对方重复发送一次。由于 8 位编码的广泛应用，8 位二进制数也被定义为一个字节，成为计算机中的一个重要单位。

（3）汉字编码

汉字是世界上使用最多的文字，是联合国的工作语言之一，汉字处理的研究对计算机在我国的推广应用和加强国际交流都是十分的重要。但汉字属于图形符号，结构复杂，多音字和多义字比例较大，数量太多（字形各异的汉字据统计有 50 000 个左右，常用的也在 7 000 个左右）。这些导致汉字编码处理和西文有很大的区别，在键盘上难于表现，输入和处理都难得多。依据汉字处理阶段的不同，汉字编码可分为输入码、显示字形码、机内码和交换码。

① 在键盘输入汉字用到的汉字输入码现在已经有数百种，商品化的也有数十种，广泛应用的有五笔字型码、全/双拼音码、自然码等。但归纳起来可分为数字码、拼音码、字形码和音形混合码。数字码以区位码、电报码为代表，一般用 4 位十进制数表示一个汉字，每个汉字编码唯一，记忆困难。拼音码又分全拼和双拼，基本上无须记忆，但重音字太多。为此又提出双拼双音、智能拼音和联想等方案，推进了拼音汉字编码的普及使用。字形码以五笔字形为代表，优点是重码率低，适用于专业打字人员应用，缺点是记忆量大。自然码则将汉字的音、形、义都反映在其编码中，是混合编码的代表。

② 要在屏幕或在打印机上输出汉字，就需要用到汉字的字形信息。目前表示汉字字形常用点阵字形法和矢量法。

点阵字形是将汉字写在一个方格纸上，用一位二进制数表示一个方格的状态，有笔画经过记为"1"，否则记为"0"，并称其为点阵。把点阵上的状态代码记录下来就得到一个汉字的字形码。显然，同一汉字用不同的字体或不同大小的点阵将得到不同的字形码。由于汉字笔画多，至少要用 16×16 的点阵（简称 16 点阵）才能描述一个汉字，这就需要 256 个二进制位，即要用 32 字节的存储空间来存放它。若要更精密地描述一个汉字就需要更大的点阵，比如 24×24 点阵（简称 24 点阵）或更大。将字形信息有组织地存放起来就形成汉字字形库。一般 16 点阵字形用于显示，相应的字形库也称为显示字库。

矢量字形则是通过抽取并存放汉字中每个笔画的特征坐标值，即汉字的字形矢量信息，在输出时依据这些信息经过运算恢复原来的字形。所以矢量字形信息可适应显示和打印各种字号的汉字。其缺点是每个汉字需存储的字形矢量信息量有较大的差异，存储长度不一样，查找较难，在输出时需要占用较多的运算时间。

③ 有了字形库，要快速地找到要找的信息，必须知道其存放单元的地址。当输入一个汉字并要把它显示出来时，就要将其输入码转换成为能表示其字形码存储地址的机内码。根据字库的选择和字库存放位置的不同，同一汉字在同一计算机内的内码也将是不同的。

④ 汉字的输入码、字形码和机内码都不是唯一的，不便于不同计算机系统之间的汉字信息交换。为此我国制订了《信息交换用汉字编码字符集·基本集》，即 GB 2312—80，提供了统一的国

家信息交换用汉字编码，称为国标码。该标准集中规定了 682 个西文字符和图形符号、6 763 个常用汉字。6 763 个汉字被分为一级汉字 3 755 个和二级汉字 3 008 个。每个汉字或符号的编码为两字节，每个字节的低 7 位为汉字编码，共计 14 位，最多可编码 16 384 个汉字和符号。国标码规定了 94×94 的矩阵，即 94 个可容纳 94 个汉字的"区"，并将汉字在区中的位置称为"位号"。一个汉字所在的区号和位号合并起来就组成了该汉字的区位码。利用区位码可方便地换算为机内码：

高位内码 = 区号 + 20H + 80H

低位内码 = 位号 + 20H + 80H

其中，+20H 是为了避开 ASCII 码的控制码（在 0～31 之间）；+80H 是把每字节的最高位置"1"以便于与基本的 ASCII 码区分开来。

除 GB 2312—80 外，GB 7589—87 和 GB 7590—87 两个辅助集也对非常用汉字作出了规定，三者定义汉字共 21 039 个。

习　题　2

1. 简述 3 种基本逻辑运算的运算规则。

2. 什么是指令？指令是如何执行的？

3. 什么是进位计数制？简述进位计数制的 3 个基本要素。

4. 简述十进制数到 K 进制数的转换规则。

5. 已知 X 的补码为 11110110，求其真值。

6. 将十进制数 2 746.125 转换为二进制数、八进制数和十六进制数。

7. 分别用原码、补码、反码表示有符号数+102 和–103。

8. 采用 4 个字节存放一个实型数据，其中阶码（包括 1 位符号位）占 1 个字节，尾数（包括 1 位符号位）占 3 个字节，且阶码和尾数均为补码形式。请写出十进制数–123.625 的浮点数形式。

9. 假设浮点数形式为：阶码（包括 1 位符号位）取 4 位补码，尾数（包括 1 位符号位）取 8 位原码。请写出二进制数–0.001011001 的浮点数形式。

10. 计算 100 个 24×24 点阵表示的汉字需要占用的存储空间。

第3章
操作系统基础

本章首先详细讲述操作系统的定义、功能、分类和发展进程，然后以 Windows 7 为例，讲述操作系统的功能和使用方法，最后简要介绍 Windows 8、Windows 10 操作系统的特点。

【知识要点】

1. 操作系统的定义、功能和分类；
2. 操作系统的演化过程；
3. Windows 7 的基本操作；
4. 操作系统 Windows 8、Windows 10 简介。

3.1 操作系统概述

3.1.1 操作系统的含义

为了使计算机系统中所有软硬件资源协调一致，有条不紊地工作，就必须有一套软件来进行统一的管理和调度，这种软件就是操作系统。操作系统是管理软硬件资源、控制程序执行、改善人机界面、合理组织计算机工作流程和为用户使用计算机提供良好运行环境的一种系统软件。计算机系统不能缺少操作系统，正如人不能没有大脑一样，而且操作系统的性能在很大程度上直接决定了整个计算机系统的性能。操作系统直接运行在裸机上，是对计算机硬件系统的第一次扩充。在操作系统的支持下，计算机才能运行其他的软件。从用户的角度看，操作系统加上计算机硬件系统形成一台虚拟机（通常广义上的计算机），它为用户构成了一个方便、有效、友好的使用环境。因此可以说，操作系统不但是计算机硬件与其他软件的接口，而且也是用户和计算机的接口。操作系统在计算机系统中的位置如图 3.1 所示。

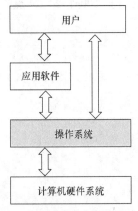

图 3.1 操作系统在计算机系统中的位置

3.1.2 操作系统的基本功能

操作系统作为计算机系统的管理者，它的主要功能是对系统所有的软硬件资源进行合理而有效的管理和调度，提高计算机系统的整体性能。一般而言，引入操作系统有两个目的：第一，从用户角度来看，操作系统将裸机改造成一台功能更强、服务质量更高、用户使用起来更加灵活方便、更加安全可靠的虚拟机，使用户无须了解更多有关硬件和软件的细节就能使用计算机，从而提高用户的工作效率；第二，为了合理地使用系统包含的各种软硬件资源，提高整个系统的使用效率。具体地说，操作系统具有处理器管理、存储管理、设备管理、文件管理和作业管理等功能。

1. 处理器管理

处理器管理也称进程管理。进程是一个动态的过程，是执行起来的程序，是系统进行资源调度和分配的独立单位。把存放在磁盘上的程序看成是一个静止状态，当程序被选中后进入内存，它就成为了进程。

现代操作系统支持多任务处理，也就是说，能够对多个进程进行管理。成为进程的程序已经被调入内存，但 CPU 在某一个时间段只能执行一个进程，那么其他进程就必须处于等待状态。在一般情况下，CPU 给每个进程分配时间片并轮流去执行它们。在多数情况下，如果有两个（及以上）进程处于"就绪"状态，要决定哪一个进程被 CPU 执行，就需要进行选择。一种算法是给每个进程设定优先级，CPU 响应优先级高的进程，在同级别的情况下顺序执行；还有一种算法是使得处理器和外设处于同时"忙"的状态，尽可能使系统"并行"，以提高系统的效率；也有的算法使得每个进程都得到"公平"的响应。

进程在其生存周期内，由于受资源制约，其执行过程是间断的，因此进程状态也是不断变化的。一般来说，进程有 3 种基本状态，如图 3.2 所示。

①就绪状态。进程已经获取了除 CPU 之外所必需的一切资源，一旦分配到 CPU，就可以立即执行。

②运行状态。进程获得了 CPU 及其他一切所需的资源，正在运行。

③等待状态。由于某种资源得不到满足，进程运行受阻，处于暂停状态，等待分配到所需资源后，再投入运行。

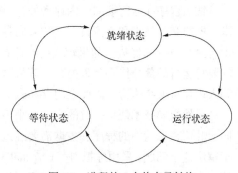

图 3.2　进程的 3 个状态及转换

进程管理的另一个主要问题是同步，要保证不同的进程使用不同的资源。如果某个进程占有另一个进程需要的资源而同时请求对方的资源，并且在得到所需资源前不释放其已占有的资源，就会导致死锁发生。现代操作系统尽管在设计上已经考虑防止死锁的发生，但并不能完全避免。发生死锁会导致系统处于无效的等待状态，因此必须终止其中的一个进程。例如，在 Windows 中，用户可以使用"任务管理器"终止没有响应（也就是无效）的进程。

进程与程序的区别有以下 4 点。

① 程序是"静止"的，它描述的是静态指令集合及相关的数据结构，所以程序是无生命的；进程是"活动"的，它描述的是程序执行起来的动态行为，所以进程是有生命周期的。

② 程序可以脱离机器长期保存，即使不执行的程序也是存在的；而进程是执行着的程序，当程序执行完毕，进程也就不存在了。进程的生命是暂时的。

③ 程序不具有并发特征，不占用 CPU、存储器及输入/输出设备等系统资源，因此不会受到其他程序的制约和影响。进程具有并发性，在并发执行时，由于需要使用 CPU、存储器及输入/输出设备等系统资源，因此受到其他进程的制约和影响。

④ 进程与程序不是一一对应的。一个程序多次执行，可以产生多个不同的进程。一个进程也可以对应多个程序。

操作系统对进程的管理主要体现在调度和管理进程从"创生"到"消亡"整个生存周期过程中的所有活动，包括创建进程、转变进程的状态、执行进程和撤销进程等操作。

2. 存储管理

此处讲的存储主要是指内存。存储器是计算机系统中存放各种信息的主要场所，因而是系统的关键资源之一，能否合理、有效地使用这种资源，在很大程度上影响到整个计算机系统的性能。操作系统的存储管理主要是对内存的管理。除了为各个作业及进程分配互不发生冲突的内存空间，保护放在内存中的程序和数据不被破坏外，还要组织最大限度的共享内存空间，甚至将内存和外存结合起来，为用户提供一个容量比实际内存大得多的虚拟存储空间。

操作系统的一个重要任务就是合理管理内存，避免出现"内存不足"的情况。存储管理器（Memory Manage Unit，MMU）一般可以分为单道程序和多道程序。

早期的计算机基本上都是单道程序。在单道程序中，除了操作系统空间外，内存大部分是被单个应用程序所使用。在这个配置下，要运行的程序被整体装入内存运行，运行结束后再由一个新的程序使用内存。如果内存不足以存放程序，程序将无法运行。

在多道程序结构中，MMU 需要给每个程序分配内存空间，并将各个程序的内存地址传给进程管理器的进程表。

按照程序在运行期间，内存和外存是否交换程序和数据进行划分，有两种实现多道程序的技术，即非交换技术和交换技术。如果内存大到能够满足要运行程序所需的全部空间，则非交换技术有执行效率的优势。如果较大的程序在有限的内存空间中运行，就需要用到交换技术：MMU就要将运行的部分代码装入内存，等待这部分代码运行完成后，返回磁盘将程序的下一部分代码调入内存再继续执行，因此在内存和磁盘之间不停地进行程序和数据的交换。

虽然交换技术使得执行的程序大小不再受内存的限制，但存储模式和磁盘的数据模式并不相同，驻留在磁盘中的程序和数据需要经过交换再装载到内存，这将大大影响程序的运行效率。为了解决这个问题，采用虚拟内存（Virtual Memory）技术，即在硬盘上开辟一个比内存要大的空间，按照内存的结构进行组织，把被执行的程序装载到这个区域。当需要调入内存时，直接进行映射操作，减少了数据交换过程，提高了程序执行效率。

虽然虚拟内存支持并发程序，但外存和内存的速度相差甚远，使用过多的虚拟内存，运行效率只会下降而不会提高。真正要提高运行效率，只能扩展内存。

3. 设备管理

外部设备是计算机系统中完成和人及其他系统间进行信息交流的重要资源，也是系统中最具多样性和变化性的部分。设备管理是负责对接入本计算机系统的所有外部设备进行管理，主要功能有设备分配、设备驱动、缓冲管理、数据传输控制、中断控制、故障处理等。常采用缓冲、中断、通道和虚拟设备等技术尽可能地使外部设备和主机并行工作，解决快速 CPU 与慢速外部设备的矛盾，使用户不必去涉及具体设备的物理特性和具体控制命令就能方便、灵活地使用这些设备。

连到计算机的设备成千上万，要为每一个设备建立一套管理策略是不现实的。为了有效地降低这种复杂性，操作系统为应用程序使用设备提供了统一的接口，这种接口不是电路，而是操控设备的程序代码。操作系统从纷繁复杂的设备中抽象出一些通用类型，每种通用类型都可以通过一组标准的接口程序来访问。设备的差别被内核中的设备驱动程序所封装，这些设备驱动程序被定制以适合特定的设备，另一方面也提供了一组使用设备的标准接口。

操作系统中的 I/O 子系统提供了许多与 I/O 相关的服务，如设备调度、缓冲区、假脱机、设备预留及错误处理等，这些服务建立在硬件和设备驱动程序之上。

设备调度是确定一个好的顺序来执行 I/O 请求，以改善系统整体性能，能在进程之间公平地共享设备访问，减少 I/O 完成所需要的平均等待时间。

缓冲区即缓冲存储区，它在两个设备之间，或在设备和应用程序之间缓存数据以弥补速度差异，也可以协调传输数据大小不一致的设备。

假脱机（spooling）是用来保存设备输出的缓冲，最常见的就是打印设备。打印机一次只能打印一个任务，但是可能有多个程序希望并发打印而又不将其输出混在一起，操作系统将应用程序的输出先"假脱机"输出到一个独立的磁盘文件上，假脱机系统将相应的待送打印机的假脱机文件进行排队打印，系统一次拷贝一个已排队的假脱机文件到打印机上，从而实现并发打印功能。

4. 文件管理

计算机中存放着成千上万的文件，这些文件保存在外存中，但其处理却是在内存中进行的。对文件的组织管理和操作都是由被称为文件系统的软件来完成的。文件系统由文件、管理文件的软件和相应的数据结构组成。文件管理支持文件的建立、存储、检索、调用和修改等操作，解决文件的共享、保密和保护等问题，并提供方便的用户使用界面，使用户能实现对文件的按名存取，而不必关心文件在磁盘上的存放细节。文件系统是基于操作系统来实现的。下面以微软系统为例来介绍文件和文件系统。

（1）文件

文件是存储在外部存储器上的一组有序数据的集合，通过一个名字来标记。这个名字就叫文件名。文件是一种抽象机制，它提供了在外存上保存数据信息以方便用户读取的方法，通过本机制，用户不必关心数据信息的物理存储方法、存储位置和所使用的存储介质。

文件名是用来标记一个文件的，由主名和扩展名两部分组成，其命名规则也随着操作系统的不同而不同。表 3.1 所示为微软不同操作系统对文件的命名规则。

表 3.1　　　　　　　　微软不同版本操作系统文件名的命名

	DOS/Windows 3.1	Windows 9x 及以后版本
文件的主名长度	1～8 个字符	1～255 个字符
文件的扩展名长度	0～3 个字符	0～255 个字符（但是在系统层面，仍然保留 3 个字母的命名方式，这对很多用户来说都是不可见的）
是否可以含有空格	否	是
不允许使用的字符	/ [ ] = "\ : , | * ? > <	< > / \ | : " * ?

不允许使用的文件名有：Aux，Com1，Com2，Com3，Com4，Lpt1，Lpt2，Lpt3，Lpt4，Prn，Nul，Con。因为这些名字在微软系统中已有特定的含义，如 AUX 表示音频输入接口，Com 表示串行通信端口，LPT 表示打印机或其他设备，Con 表示键盘或屏幕。

文件的主名主要是用来标识文件的，而扩展名则是表示文件的类型，不同类型的文件其用途也是不同的。操作系统根据扩展名对文件建立和程序的关联。大多数程序在创建数据文件时，会自动给出数据文件的扩展名。例如，使用 Word 创建文档，在保存文件时，会自动提示加上 .doc（或 .docx）扩展名。常用文件的扩展名如表 3.2 所示。

表 3.2   常用文件的扩展名

扩展名	文件类型	扩展名	文件类型
.com	命令文件	.sys	系统文件
.bat	批处理文件	.dll	动态链接库文件
.exe	可执行文件	.pdf	可移植文档格式
.xls(.xlsx)	Excel 电子表格	.txt	纯文本文件
.doc(.docx)	Word 文档	.rar	WinRAR 压缩文件
.jpg	普通图形文件	.bak	备份文件
.c	C 语言的源程序文件	.db	数据库文件
swf	Adobe FLASH 影片	.png	图形文件
ppt(pptx):	Powerpoint 演示文稿	.ini	初始化文件

要在成千上万个文件中查找其中的一个或者一部分特定的文件，需要使用两个通配符 "*" 和 "?"。其中 "*" 代表在其位置上连续且合法的零个到多个字符，"?" 代表它所在位置上的任意一个合法字符。

    例：A*.txt   表示主名以 A 开头的 txt 文件；

          ab??.*   表示主名以 ab 开头、最多 4 个字符，扩展名不限的文件；

          ???.exe   表示主名最多 3 个字符的 exe 文件；

          .   表示所有文件。

在大多数操作系统中都支持这两个通配符，但在不同的操作系统中，使用方法和含义可能略有不同。

（2）文件系统

文件系统的功能是如何命名文件并把外存上的文件按照一个特定规则组织起来。从用户的角度，文件系统最重要的是它的展示形式，以及如何给文件命名、如何读取文件、如何保存文件、能够对文件进行何种操作。具体来说，文件系统应具备以下功能。

① 对计算机的文件空间进行统一管理，以便合理组织和存放文件。文件系统要为新创建的文件分配空间，当文件删除后，要回收原文件所占用的空间。

② 建立用户能够看见的文件的逻辑结构。微软系统的文件夹结构，就是用户能够看到的文件在磁盘上存放的情况，是将文件在磁盘上存放的物理结构以一种特定的形式展示给用户，这种展示形式就是文件的逻辑结构。建立文件逻辑结构的主要目的是为了实现文件的 "按名存取"。图 3.3 所示为微软系统的文件夹结构。

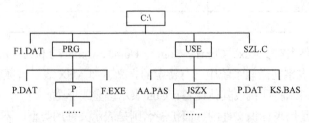

图 3.3   DOS 的树形结构

在图 3.3 中，文件的逻辑结构看起来很像一个倒立的树，树根在上，树叶（表示文件）在下，中间是树枝（表示文件夹）。用户会把不同用途的文件互相区分，分别存放在不同的文件夹中，以方便管理和使用。

树的节点分为3类：根节点表示根目录；枝节点表示子目录；叶节点表示文件。在目录下可以存放文件，也可以创建不同名字的子目录，子目录下又可以建立子目录并存放一些文件。上级子目录和下级子目录之间的关系是父子关系，即父目录下可以有子目录，子目录下又可以有自己的子目录，呈现出明显的层次关系。

要指定一个文件，必须知道3条信息：文件所在的驱动器（即盘符）、文件所在的文件夹和文件名。路径即为文件所在的位置，包括盘符和目录名。格式如下：盘符\文件夹\文件名。

例如：C:\Windows\System32\calc.exe，表示 Windows 自带的计算器程序。

③ 支持对存储设备上的文件进行检索、查找和提供文件的访问控制，如支持文件共享和文件保护。

总之，一个文件系统就是管理计算机中所存储的程序和数据，它负责为用户建立文件、删除文件、读/写文件、修改文件、复制文件、移动文件，负责完成对文件的按名存取并进行存取控制。

（3）文件的存取

对用户而言，文件操作就是打开、编辑、保存。但对于操作系统中的文件系统设计而言，文件存取首先要解决的问题是如何在众多文件系统中找到所需要的文件，即文件检索。文件系统的检索策略分为顺序检索和随机检索，因此文件存取也分为顺序存取和随机存取。

① 顺序存取。文件顺序存取是指只能按照一个接一个信息单位进行存取。图3.4所示为一个顺序文件的存取示意图，在存取文件时，必须从文件的第1个数据开始，然后存取第2个、第3个、……、最后1个，直到遇到 EOF。

图 3.4　顺序文件存取示意图

顺序文件适合需要从头到尾存储数据信息的应用。若要存取的数据在最后一个，那么系统需要从头到尾把整个数据都检索一遍。同样，若需要在顺序文件中插入一个数据，也需要把整个文件重新组织一遍。

② 随机存取。在存取随机文件时，需要先确定数据的地址信息，然后直接到文件的相应地址存取数据。本节前面讲的按文件名存取文件的方式就是随机方式。随机查找有许多方法，也就是有多种方法将关键字和数据记录关联，主要有索引法、二分法、哈希法等。图3.5所示为采用索引文件实现随机存取的逻辑示意图，把文件的关键信息（如文件名和该文件存放的地址）组织在一起，组成一个索引文件，以后在存取文件时，通过索引文件中的关键信息及对应的地址可以随机地找到该文件。

（4）文件系统的安全

文件系统安全是所有用户关心而又容易被忽视的问题。与计算机硬件相比，文件和数据受到损坏造成的后果更严重。无论什么原因导致文件系统损坏，要恢复全部信息不但困难而且费时，最要命的是在大多数情况下是不可能的。

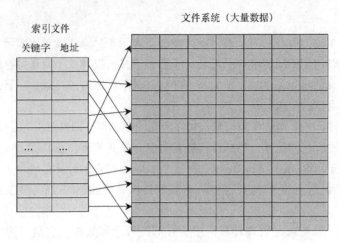

图 3.5　索引文件的逻辑示意图

有许多有关文件系统安全的建议和方法，包括各种文件系统的推介，如"一键恢复"或还原，实际上，这些操作没有多大意义。首先，作为保存文件的介质，无论是硬盘或 CD，它们的可靠性是需要考虑的。硬盘通常一开始就有坏道，几乎无法使得它们完美无缺，而在使用的过程中也会不断产生坏道，而且是物理性的，也就是说，这些根本是无法修复的。其次，文件系统本身也存在不安全因素，号称最好的操作系统 UNIX 也发生过安全问题。

为了更好地保护文件系统，采用的技术多是使用密码、设置存取权限以及建立更复杂的保护模型等。但出于更高安全的考虑，备份（特别是异机备份）是最佳方法，也是目前最经常用的方法。最简单的备份方法是复制，也就是把重要的文件复制到另外的存储介质中。使用操作系统提供的备份功能可以备份整个系统。使用多硬盘结构的备份系统可以大大提高系统的安全性和可靠性，如采用 RAID（Redundant Array of Independent Disks，独立磁盘冗余阵列）技术。

5. 作业管理

作业管理是为处理器管理做准备的，包括对作业的组织、调度和运行控制。我们将一次算题过程中或一个事务处理过程中要求计算机系统所完成的工作的集合，包括要执行的全部程序模块和需要处理的全部数据，称为一个作业（Job）。

作业有 3 个状态：当作业被输入到系统的后备存储器中，并建立了作业控制模块（Job Control Block，JCB）时，即称其处于后备态；作业被作业调度程序选中并为它分配了必要的资源，建立了一组相应的进程时，则称其处于运行态；作业正常完成或因程序出错等而被终止运行时，则称其进入完成态。

CPU 是整个计算机系统中较昂贵的资源，它的速度要比其他硬件快得多，所以操作系统要采用各种方式充分利用它的处理能力，组织多个作业同时运行，主要解决对处理器的调度、冲突处理和资源回收等问题。

3.1.3　操作系统的分类

经过了 50 多年的迅速发展，操作系统多种多样，功能也相差很大，已经发展到能够适应各种不同的应用环境和各种不同的硬件配置。按不同的分类标准可分为不同类型的操作系统，如图 3.6 所示。

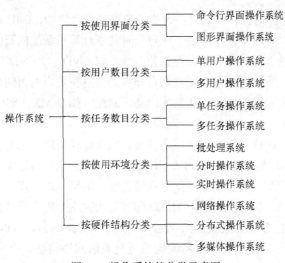

图 3.6　操作系统的分类示意图

1. 按与用户交互的界面分类

（1）命令行界面操作系统。在命令行界面操作系统中，用户只能在命令提示符后（如 C:\>）输入命令才能操作计算机。其界面不友好，用户需要记忆各种命令，否则无法使用系统，如 MS DOS、Novell 等系统。

（2）图形界面操作系统。图形界面操作系统交互性好，用户不须记忆命令，可根据界面的提示进行操作，简单易学，如 Windows 系统。

2. 按能够支持的用户数目分类

（1）单用户操作系统。单用户操作系统只允许一个用户使用操作系统，该用户独占计算机系统的全部软硬件资源。目前在微型计算机上使用的 MS-DOS、Windows 3.x 和 OS/2 等属于单用户操作系统。

单用户操作系统可分为单任务操作系统和多任务操作系统。其区别是一台计算机能否同时执行两项（含两项）以上的任务，比如在数据统计的同时能否播放音乐等。

（2）多用户操作系统。多用户操作系统是在一台主机上连接有若干台终端，能够支持多个用户同时通过这些终端机使用该主机进行工作。根据各用户占用该主机资源的方式，多用户操作系统又分为分时操作系统和实时操作系统。典型的多用户操作系统有 UNIX、Linux 和 VAX-VMS 等。

3. 按是否能够运行多个任务分类

（1）单任务操作系统。单任务操作系统的主要特征是系统每次只能执行一个程序。例如，打印机在打印时，微机就不能再进行其他工作了，如 DOS 操作系统。

（2）多任务操作系统。多任务操作系统允许同时运行两个以上的程序，比如在打印时，可以同时执行另一个程序，如 Windows NT、Windows 2000/XP、Windows Vista/7、UNIX 等系统。

4. 按使用环境分类

（1）批处理操作系统。将若干作业按一定的顺序统一交给计算机系统，由计算机自动地、顺序完成这些作业，这样的系统称为批处理系统。批处理系统的主要特点是用户脱机使用计算机和成批处理，从而大大提高了系统资源的利用率和系统的吞吐量，如 MVX、DOS/VSE、AOS/V 等操作系统。

（2）分时操作系统。分时操作系统是一台主机带有若干台终端，CPU 按照预先分配给各个终端的时间片，轮流为各个终端服务，即各个用户分时共享计算机系统的资源。它是一种多用户系统，其特点是具有交互性、即时性、同时性和独占性，如 UNIX、XENIX 等操作系统。

（3）实时操作系统。实时操作系统是对来自外界的信息在规定的时间内即时响应并进行处理的系统。它的两大特点是响应的即时性和系统的高可靠性，如 IRMX、VRTX 等操作系统。

5. 按硬件结构分类

（1）网络操作系统。网络操作系统是用来管理连接在计算机网络上的多个独立的计算机系统（包括微机、无盘工作站、大型机和中小型机系统等），使它们在各自原来操作系统的基础上实现相互之间的数据交换、资源共享、相互操作等网络管理和网络应用的操作系统。连接在网络上的计算机被称为网络工作站，简称工作站。工作站和终端的区别是前者具有自己的操作系统和数据处理能力，后者要通过主机实现运算操作，如 Netware、Windows NT、OS/2Warp 操作系统。

（2）分布式操作系统。分布式操作系统也是通过通信网络将物理上分布存在的、具有独立运算功能的数据处理系统或计算机系统连接起来，实现信息交换、资源共享和协作完成任务的系统。分布式操作系统管理系统中的全部资源，为用户提供一个统一的界面，强调分布式计算和处理，更强调系统的坚强性、重构性、容错性、可靠性和快速性。从物理连接上看它与网络系统十分相似，它与一般网络系统的主要区别表现在：当操作人员向系统发出命令后能迅速得到处理结果，但运算处理是在系统中的哪台计算机上完成的操作人员并不知道，如 Amoeba 操作系统。

（3）多媒体操作系统。多媒体计算机是近几年发展起来的集文字、图形、声音、活动图像于一身的计算机。多媒体操作系统对上述各种信息和资源进行管理，包括数据压缩、声像同步、文件格式管理、设备管理和提供用户接口等。

3.2 微机操作系统的演化过程

3.2.1 DOS

磁盘操作系统（Disk Operating System，DOS）是早期配置在 PC 上的单用户命令行界面操作系统。因为当时这个操作系统主要是存放在磁盘上，操作的文件也主要是存放在磁盘上，所以通常称为磁盘操作系统。它曾经最广泛地应用在 PC 上，对于计算机的应用普及可以说是功不可没的。其功能主要是进行文件管理和设备管理。

DOS 是人与机器的一座桥梁，是罩在机器硬件外面的一层"外壳"，有了 DOS，我们就不必去深入了解机器的硬件结构，也不必去死记硬背那些枯燥的机器命令，只需通过一些接近于自然语言的 DOS 命令，就可以轻松地完成绝大多数的日常操作。另外，DOS 还能有效地管理各种软硬件资源，对它们进行合理的调度，所有的软件和硬件都在 DOS 的监控和管理之下，有条不紊地进行着自己的工作。

在使用 DOS 时，用户虽然不必死记机器命令，但要记住 DOS 命令及使用方法。常用的 DOS 命令如 dir（查看当前所在目录的文件和文件夹）、copy（文件复制）、del（文件删除）、md（建文件夹）、type（显示文件的内容）、cd（进入特定的目录）等，这些命令对初学者来说，也是比较难以掌握的。

3.2.2　Windows 操作系统

从 1983 年到 1998 年，美国微软公司陆续推出了 Windows 1.0、Windows 2.0、Windows 3.0、Windows3.1、Windows NT、Windows 95、Windows 98 等系列操作系统。Windows 98 以前版本的操作系统都由于存在某些缺点而很快被淘汰。而 Windows 98 提供了更强大的多媒体和网络通信功能，以及更加安全可靠的系统保护措施和控制机制，从而使 Windows 98 系统的功能趋于完善。1998 年 8 月，微软公司推出了 Windows 98 中文版，这个版本当时应用非常广泛。

2000 年，微软公司推出了 Windows 2000 的英文版。Windows 2000 也就是改名后的 Windows NT5，Windows 2000 具有许多意义深远的新特性。同年，又发行了 Windows Me 操作系统。

2001 年，微软公司推出了 Windows XP。Windows XP 整合了 Windows 2000 的强大功能特性，并植入了新的网络单元和安全技术，具有界面时尚、使用便捷、集成度高、安全性好等优点。

2005 年，微软公司又在 Windows XP 的基础上推出了 Windows Vista。Windows Vista 仍然保留了 Windows XP 整体优良的特性，通过进一步完善，在安全性、可靠性及互动体验等方面更为突出和完善。

Windows 7 第一次在操作系统中引入 Life Immersion 概念，即在系统中集成许多人性因素，一切以人为本，同时沿用了 Vista 的 Aero（Authentic 真实，Energetic 动感，Reflective 反射性，Open 开阔）界面，提供了高质量的视觉感受，使得桌面更加流畅、稳定。为了满足不同用户群体的需要，Windows 7 提供了 5 个不同版本：家庭普通版（Home Basic 版）、家庭高级版（Home Premium 版）、商用版（Business 版）、企业版（Enterprise 版）和旗舰版（Ultimate 版）。2009 年 10 月 22 日微软于美国正式发布 Windows 7 作为微软新的操作系统。

2011 年 9 月 14 日，Windows 8 开发者预览版发布，宣布兼容移动终端。2012 年 2 月，微软发布"视窗 8"消费者预览版。

2014 年 9 月 30 日微软公司发布 Windows 10 技术预览版，该系统是新一代跨平台及设备应用的操作系统。

3.3　网络操作系统

计算机网络可以定义为互联的自主计算机系统的集合。所谓自主计算机是指计算机具有独立处理能力，而互联则是表示计算机之间能够实现通信和相互合作。可见，计算机网络是在计算机技术和通信技术高度发展的基础上相互结合的产物。

网络操作系统（NOS）是网络的心脏和灵魂，是向网络计算机提供服务的特殊的操作系统。它在计算机操作系统下工作，使计算机操作系统增加了网络操作所需要的能力。

通常可以把网络操作系统定义为：实现网络通信的有关协议以及为网络中各类用户提供网络服务的软件的集合，其主要目标是使用户能通过网络上各个计算机站点去方便而高效地享用和管理网络上的各类资源（数据与信息资源，软件和硬件资源）。

网络操作系统按控制模式可以分为集中模式、客户机/服务器模式、对等模式。集中式网络操作系统是由分时操作系统加上网络功能演变的，系统的基本单元是由一台主机和若干台与主机相连的终端构成，信息的处理和控制是集中的。客户机/服务器模式是最流行的网络工作模式，服务器是网络的控制中心，并向客户提供服务，客户是用于本地处理和访问服务器的站点。对等模式中的站点都是对等的，既可以作为客户访问其他站点，又可以作为服务器向其他站点提供服务，这种模式具有分布处理和分布控制的功能。

目前流行的网络操作系统有 UNIX、Linux、Windows XP/2000/2003/Vista/7/8/10 等。

3.4　常见的操作系统

除了前面讲过的 DOS 和 Windows 外，还有其他常见的操作系统，用户根据自己的需要可以使用不同的操作系统，但有时需要根据硬件来使用相应的操作系统。若用户选择的是 PC，多数人要使用 Windows；若用户选用了 Apple 公司的 iMAC 计算机，那就要使用 Mac OS 了。

3.4.1　UNIX/Linux

UNIX 是使用最早、影响也较大的操作系统，一般用于较大规模的计算机。它是 20 世纪 60 年代由美国的伯克利大学和电话电报公司（AT&T）贝尔实验室联合研制的。UNIX 不仅是一个运行可靠、稳定的系统，而且由其开创的操作系统技术一直为其他操作系统所遵循，它成了事实上的标准。

Linux 是一种免费的 UNIX 系统，它由芬兰赫尔辛基大学的学生 Linus Torvalds 在 1991 年开发，其源代码在 Internet 上公开后，世界各地的编程爱好者自发组织起来完善而形成的。正因为这个特点，Linux 被认为是一种高性能、低开支的、可以替代其他昂贵操作系统的软件。Linux 通过 Web 发布，但是与商业软件的操作系统相比，它的劣势在于需要更多的修补，且其应用程序的数量远没有 Windows 的多。另外，由 IBM 等大公司发起的支持 Linux，其应用软件许多都是面向大企业和专业用户的。

目前 Linux 流行的版本有 Red Hat Linux、Turbo Linux。在我国有红旗 Linux、蓝点 Linux 等版本。

3.4.2　Mac OS

Mac OS 是 Apple 公司为其 Macintosh 系列计算机设计的操作系统。它早于微软的 Windows，且是基于 GUI 的，它有很强的图形处理能力，被公认为是最好的图形处理系统。

2001 年，Mac OS 被重写为可以运行在 IBM 的 Power PC 处理器的 Mac 机上，新的 Mac OS 叫作 Mac OS X，具有更好的内存管理和多任务处理。2006 年，Apple 开始将 Intel 公司的处理器用于 Mac 机，因此 Mac OS 的内核是基于 UNIX 的，系统稳定性、可靠性都很高。过去一直特立独行的 Apple 公司，从使用 Intel 处理架构的 Mac 系统开始有了较大的改变。

尽管 Mac 机和 Mac OS 有公认的高性能，但是其用户群却远比 Windows 要小。使 Apple 公司声名鹊起的不是它的 Mac 机，而是它的数码产品，如平板电脑 iPad、智能手机 iPhone、手持式音乐播放器 iPod 等。

3.4.3　移动设备操作系统

在无线通信技术和硬件设施的支持下，智能手机的用户数量激增。所谓智能手机，就是嵌入有处理器、运行操作系统的掌上电脑，并附加了无线通信功能。

早期称为掌上电脑的就是个人数据处理（Personal Digital Assistant，PDA），主要是提供记事、通信录、行程安排等个人事务，还不具备无线通信功能，目前已被智能手机所取代。世界上主要的计算机生产商无一例外地涉足了智能手机领域，因此也有多种移动设备的操作系统。

① Android。这是 Google 公司收购了原开发商 Android 后，联合多家制造商推出的面向平板电脑、移动设备、智能手机的操作系统，它是基于 Linux 开放的源代码开发的，且仍然是免费使用的系统。

② iOS。这是 Apple 公司为其生产的移动电话 iPhone 开发的操作系统。它主要用于 Apple 的 i 系统数码产品，包括 iPhone、iPod touch、iPad 以及 Apple TV。

③ Windows Mobile。这是微软公司开发的适用于移动设备的 Windows 系统。此处的移动设备，如智能手机，也叫袖珍 PC，即 PPC（Packet PC），通常专指使用 Windows Mobile 操作系统的移动设备。

④ Symbian OS（塞班操作系统）。这是 Nokia 和 Sony Ericsson 等手机生产商联合开发的智能手机操作系统，常用于 Nokia 和 Sony Ericsson 的手机上。Symbian OS 支持使用流行的计算机程序设计语言，曾在智能手机中占据很大的市场。

3.5　中文 Windows 7 使用基础

虽然 Windows 8 已发布 3 年有余，但由于存在安全隐患，不能在政府部门使用。Windows 10 的正式版还没有发布，所以 Windows 7 目前还被广泛使用。本章以 Windows 7 为例，简要阐述 Windows 的使用。

3.5.1　Windows 7 的桌面

在第一次启动 Windows 7 时，首先看到桌面，即整个屏幕区域（用来显示信息的有效范围）。为了简洁，桌面只保留了"回收站"图标。我们在 Windows XP 中熟悉的"我的电脑""Internet Explorer""我的文档""网上邻居"等图标被整理到了"开始"菜单中。"开始"菜单带有用户的个人特色，它由两个部分组成，左边是常用程序的快捷列表，右边为系统工具和文件管理工具列表，如图 3.7 所示。

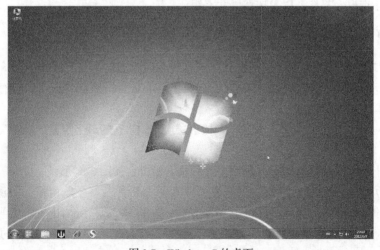

图 3.7　Windows 7 的桌面

桌面由桌面背景、图标、任务栏、"开始"菜单、语言栏和通知区域组成。下面简单介绍图标、任务栏和"开始"菜单。

（1）图标。每个图标由两部分组成：一是图标的图案，二是图标的标题。图案部分是图标的图形标识，为了便于区别，不同的图标一般使用不同的图案。标题是说明图标的文字信息。图标的图案和标题都可以修改。

（2）任务栏。在桌面的底部有一个长条，称为"任务栏"。"任务栏"的左端是"开始"按钮，右边是窗口区域、语言栏、工具栏，通知区域和时钟区等，最右端为显示桌面按钮，中间是应用程序按钮分布区。工具栏默认不显示，它的显示与否可以通过"任务栏和「开始」菜单属性"里的"工具栏"进行设置。

（3）"开始"按钮 。"开始"按钮是 Windows 7 进行工作的起点，在这里不仅可以使用 Windows 7 提供的附件和各种应用程序，而且还可以安装各种应用程序以及对计算机进行各项设置等。

3.5.2　Windows 7 窗口

窗口在屏幕上呈一个矩形，是用户和计算机进行信息交换的界面。窗口一般分为应用程序窗口、文档窗口和对话框窗口。

- 应用程序窗口：表示一个正在运行的应用程序。
- 文档窗口：在应用程序中用来显示文档信息的窗口。文档窗口顶部有自己的名字，但没有自己的菜单栏，它共享应用程序的菜单栏。当文档窗口最大化时，它的标题栏将与应用程序的标题栏合为一行。文档窗口总是位于某一应用程序的窗口内。
- 对话框窗口：它是在程序运行期间，用来向用户显示信息或者让用户输入信息的窗口。

每一个窗口都有一些共同的组成元素，但并不是所有的窗口都具有每种元素，如对话框无菜单栏。窗口一般包括 3 种状态：正常、最大化和最小化。正常窗口是 Windows 系统的默认大小；最大化窗口充满整个屏幕；最小化窗口则缩小为一个图标和按钮。当工作窗口处于正常或最大化状态时，都有边界、工作区、标题栏、状态控制按钮等组成部分。

对话框是人机进行信息交换的特殊窗口。有的对话框一旦打开，就不能在程序中进行其他操作，必须把对话框处理完毕并关闭后才能进行其他操作。对话框由选项卡（也叫标签）、下拉列表框、编辑框、单选框、复选框以及按钮等元素组成。

3.5.3　中文 Windows 7 的基本资源与操作

Windows 7 的基本资源主要包括磁盘以及存放在磁盘上的文件，下面首先介绍如何对资源进行浏览，然后介绍如何对文件和文件夹进行操作，最后介绍磁盘的操作以及有关系统设置等内容。

在 Windows 中，系统的整个资源呈一个树形层次结构。它的最上层是"桌面"，第二层是"计算机""网络"等。

双击桌面上的"计算机"图标，出现"计算机"窗口，如图 3.8 所示。

Windows 7 的资源管理器主要由地址栏、搜索栏、工具栏、导航窗格、资源管理器窗格、预览窗格以及细节窗格 7 部分组成。其中的预览空格默认不显示。用户可以通过"组织"菜单中的"布局"来设置"菜单栏""细节窗格""预览窗格"和"导航窗格"的选择来控制是否显示。

图 3.8 "计算机"窗口

3.5.4 文件的类型

在计算机中储存的文件类型有多种，如图片文件、音乐文件、视频文件、可执行文件等。 不同类型的文件在存储时的扩展名是不同的，如音乐文件有.MP3、.WMA 等，视频文件有.AVI、.RMVB、.RM 等，图片文件有.JPG、.BMP 等。不同类型的文件在显示时的图标也不同，如图 3.9 所示。Windows 7 默认会将已知的文件扩展名隐藏。

图 3.9 不同的文件类型示意图

3.5.5 文件夹

文件夹是用来存放文件或文件夹的，在文件夹中还可以再存储文件夹。相对于当前文件夹来说，它里面的文件夹称为子文件夹。文件夹在显示时，也用图标显示，包含内容不同的文件夹，在显示时的图标是不太一样的，如图 3.10 所示。

图 3.10 不同文件夹的图标示意图

3.5.6　库

库在前面已经提到，有视频库、图片库、文档库、音乐库等。"库（Libraries）"是 Windows 7 中新一代文件管理系统，也是 Windows 7 系统最大的亮点之一，它彻底改变了我们的文件管理方式，从死板的文件夹方式变得更为灵活和方便。

库可以集中管理视频、文档、音乐、图片和其他文件。在某些方面，库类似传统的文件夹，如在库中查看文件的方式与文件夹完全一致。但与文件夹不同的是，库可以收集存储在任意位置的文件，这是一个细微但重要的差异。库实际上并没有真实存储数据，它只是采用索引文件的管理方式，监视其包含项目的文件夹，并允许用户以不同的方式访问和排列这些项目。库中的文件都会随着原始文件的变化而自动更新，并且可以以同名的形式存在于文件库中。

不同类型的库，库中项目的排列方式也不尽相同，如图片库有月、日、分级、标记几个选项，文档库中有作者、修改日期、标记、类型、名称几大选项。

以视频库为例，可以通过单击"视频库"下面的"包括"的位置打开"视频库位置"对话框，如图 3.11 所示，在此对话框中，可以查看到库所包含的文件夹信息，也可通过右边的"添加""删除"按钮向库中添加文件夹和从库中删除文件夹。

图 3.11　库操作示意图

库仅是文件（夹）的一种映射，库中的文件并不位于库中。用户需要向库中添加文件夹位置（或者是向库包含的文件夹中添加文件），才能在库中组织文件和文件夹。

若想在库中不显示某些文件，不能直接在库中将其删除，因为这样会删除计算机中的原文件。正确的做法是：调整库所包含的文件夹的内容，调整后库显示的信息会自动更新。

3.6　Windows 7 提供的若干附件

Windows 7 的改变不仅体现在一些重要功能上，例如安全性、系统运行速度等，而且系统自带的附件也发生了非常大的变化，相比以前版本的附件，功能更强大、界面更友好，操作也更简单。

3.6.1　Windows 桌面小工具

Windows 桌面小工具是 Windows 7 中非常不错的桌面组件,通过它可以改善用户的桌面体验。用户不仅可以改变桌面小工具的尺寸, 还可以改变位置, 并且可以通过网络更新、下载各种小工具。

通过"开始"|"所有程序"|"桌面小工具库"命令可以打开桌面小工具, 如图 3.12 所示。

图 3.12　Windows 桌面小工具

整个面板看起来非常简单。左上角的页数按钮可以切换小工具的页码；右上角的搜索框可以用来快速查找小工具；中间显示的是每个小工具, 当左下角的"显示详细信息"展开时, 每选中一个小工具, 窗口下部会显示该工具的相关信息；右下角的"联机获取更多小工具"表示连到互联网上可下载更多的小工具。

3.6.2　画图

画图工具是 Windows 中基本的作图工具。在 Windows7 中, 画图工具发生了非常大的变化, 它采用"Ribbon"界面, 使得界面更加美观, 同时内置的功能也更加丰富、细致。

在"画图"窗口顶端是标题栏, 它包含两部分内容:"自定义快速访问工具栏"和"标题"。在标题栏的左边可以看到一些按钮, 这些按钮称为自定义快速访问工具栏, 通过此工具栏, 可以进行一些常用的操作, 如存储、撤销、重做等。按钮的多少可以通过单击右边向下的三角, 在弹出的快捷菜单中设置。

标题栏下方是菜单和画图工具的功能区, 这也是画图工具的主体, 它用来控制画图工具的功能及以工具等。菜单栏包含"画图"按钮和两个菜单项:主页和查看。

单击"画图"按钮, 出现的菜单项可以进行文件的新建、保存、打开、打印等操作。

当选择"主页"菜单项时, 会现出相应的功能区, 包含剪贴板、图像、工具、形状、粗细和颜色功能模块, 提供给用户对图片进行编辑和绘制的功能。

3.6.3　写字板

写字板是 Windows 自带的另一个编辑、排版工具, 可以完成简单的 Microsoft Office Word 的功能, 其界面也是基于"Ribbon"的。

写字板的界面与画图软件的界面非常相似。菜单左端的"写字板"按钮可以实现"新建""打开""保存""打印""页面设置"等操作。

"主页"工具栏可以实现剪贴板、字体、段落、插入、编辑等操作。"查看"工具栏可以实现缩放、显示或隐藏标尺和状态栏以及设置自动换行和度量单位。

在写字板中，可以为不同的文本设置不同的字体和段落样式，也可以插入图形和其他对象，具备了编辑复杂文档的基本功能。写字板保存文件的默认格式为 RTF 文件。

3.6.4　记事本

记事本是 Windows 自带的一个文本编辑程序，可以创建并编辑文本文件（后缀名为.txt）。由于.txt 格式的文件格式简单，可以被很多程序调用，因此在实际中经常得到使用。选择"开始"|"所有程序"|"附件"|"记事本"命令，会打开记事本窗口。

如果希望对记事本显示的所有文本的格式进行设置，可以选择"格式"|"字体"命令，会出现"字体"对话框，可以在对话框中设置字体、字形和大小。单击"确定"按钮后，记事本窗口中显示的所有文字都会显示为所设置的格式。

只能对所有文本进行设置，而不能对一部分文本进行设置。

记事本的编辑、排版功能是很弱的。

若在记事本文档的第一行输入".LOG"，那么以后每次打开此文档，系统会自动地在文档的最后一行插入当前的日期和时间，以方便用户用作时间戳。

3.6.5　计算器

Windows 7 中的计算器已焕然一新，它拥有多种模式，并且拥有非常专业的换算、日期计算、工作表计算等功能，还具有编程计算、统计计算等高级功能，完全能够与专业的计算器相媲美。

在"查看"菜单中，还有以下功能。

① 单位换算：可以实现角度、功率、面积、能量、时间等常用单位的换算。

② 日期计算：可以计算两个日期之间相关的月数、天数以及一个日期加（减）某天数得到另外一个日期。

③ 工作表：可以计算抵押、汽车租赁、油耗等。

3.6.6　命令提示符

为了方便熟悉 DOS 命令的用户通过 DOS 命令使用计算机，在 Windows 中通过"命令提示符"功能模块保留了 DOS 的使用方法。

选择"开始"|"所有程序"|"附件"|"命令提示符"命令，进入"命令提示符"窗口。也可以在"开始"菜单的"搜索框"中输入"cmd"命令进入"命令提示符"窗口。在此窗口中，用户只能使用 DOS 命令操作计算机。

3.6.7　便笺

在日常工作中，用户可能需要临时记下地址或者电话号码以及邮箱等信息，但手头没有笔时如何记录？在家中使用计算机时，如果有一个事情事先约定，应将约定放到哪里才不会忘记呢？便笺就是这样一种方便的实用程序，用户可以随意地创建便笺来记录要提醒的事情，并把它放在桌面上，以让用户随时能注意到。

选择"开始"|"所有程序"|"附件"|"便笺"命令，即可将便笺添加到桌面上。

单击便笺，可以编辑便笺，添加文字、时间等。单击便笺外的地方，便笺即为"只读"状态。单击便笺左上角的"+"号，可以在桌面上增加一个新的便笺；单击右上角的"×"号，可以删除当前的便笺。

右键单击便笺，可以通过弹出菜单，实现对便笺的剪切、复制、粘贴等操作，也可以实现对便笺颜色的设置。

3.6.8　截图工具

在 Windows 7 以前的版本中，截图工具只有非常简单的功能，如<Print Screen>键是截取整个屏幕的，<Alt>+<Print Screen>组合键是截取当前窗口的。但在 Windows 7 中，截图工具的功能变得非常强大，可以与专业的屏幕截取软件相媲美。

选择"开始"|"所有程序"|"附件"|"截图工具"命令，打开如图 3.13 所示的截图工具示意图。单击"新建"按钮右边的下拉按钮，选择一种截图方法（默认是窗口截图），如图 3.14 所示，即可移动（或拖动）鼠标进行相应的截图，截图之后，截图工具窗口会自动显示所截取的图片。可以通过工具栏对所截取的图片进行处理，如进行复制、粘贴等操作，也可以把它保存为一个文件（默认是.PNG 文件）。

图 3.13　"截图工具"窗口

图 3.14 "新建"选项

3.7　Windows 7 控制面板

在 Windows 7 系统中，几乎所有的硬件和软件资源都可设置和调整，用户可以根据自身的需要对其进行设定。Windows 7 中的相关软硬件设置以及功能的启用等管理工作都可以在控制面板中进行，控制面板是普通计算机用户使用较多的系统设置工具。在 Windows 7 中有多种启动控制面板的方法，方便用户在不同操作状态下使用。在"控制面板"窗口中，包括两种视图效果：类别视图和图标视图。在分类视图方式中，控制面板有 8 个大项目，如图 3.15 所示。

单击窗口中查看方式的下拉箭头，选择"大图标"或"小图标"，可将控制面板窗口切换为 Windows 传统方式的效果，如图 3.16 所示。在经典"控制面板"窗口中集成了若干个小项目的设置工具，这些工具的功能几乎涵盖了 Windows 系统的所有方面。

图 3.15 类别"控制面板"对话框   图 3.16 经典"控制面板"窗口

3.8 Windows 7 的网络功能

随着计算机的发展，网络技术的应用也越来越广泛。网络是连接个人计算机的一种手段，通过联网，能够彼此共享应用程序、文档和一些外部设备，如磁盘、打印机、通信设备等。利用电子邮件（E-Mail）系统，还能让网上的用户互相交流和通信，使得物理上分散的微机在逻辑上紧密地联系起来。有关网络的基本概念，在第 7 章进行阐述，在此主要介绍 Windows 7 的网络功能。

3.8.1 网络软硬件的安装

任何网络，除了需要安装一定的硬件外（如网卡），还必须安装和配置相应的驱动程序。如果在安装 Windows 7 前已经完成了网络硬件的物理连接，Windows 7 安装程序一般都能帮助用户完成所有必要的网络配置工作。但有些时候，仍然需要进行网络的手工配置。

1. 网卡的安装与配置

网卡的安装很简单，打开机箱，只要将它插入到计算机主板上相应的扩展槽内即可。如果安装的是专为 Windows 7 设计的"即插即用"型网卡，Windows 7 在启动时，会自动检测并进行配置。Windows 7 在进行自动配置的过程中，如果没有找到对应的驱动程序，会提示用户插入包含该网卡驱动程序的盘片。

2. IP 地址的配置

执行"控制面板"|"网络和 Internet"|"网络和共享中心"|"查看网络状态和任务"|"本地连接"命令，打开"本地连接状态"对话框，单击"属性"按钮，在弹出的"本地连接属性"对话框中，选中"Internet 协议版本 4（TCP/IPv4）"选项，然后单击"属性"按钮，出现如图 3.17 所示的"Internet 协议版本

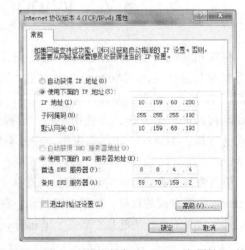

图 3.17 "Internet 协议版本（TCP/IPv4）属性"对话框

（TCP/IPv4）属性"对话框，在对话框中输入相应的 IP 地址，同时配置 DNS 服务器。

3.8.2 Windows 7 选择网络位置

初次连接网络时，需要设置网络位置，如图 3.18 所示，系统为所连接的网络自动设置适当的防火墙和安全选项。在家庭、本地咖啡店或者办公室等不同位置连接网络时，选择一个合适的网络位置，可以确保将计算机设置为适当的安全级别。选择网络位置时，可以根据实际情况选择下列之一：家庭网络、工作网络、公用网络。

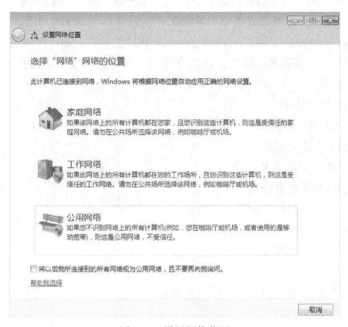

图 3.18　设置网络位置

域类型的网路位置由网络管理员控制，因此无法选择或更改。

3.8.3 资源共享

计算机中的资源共享可分为以下 3 类。

① 存储资源共享：共享计算机系统中的软盘、硬盘、光盘等存储介质，以提高存储效率，方便数据的提取和分析。

② 硬件资源共享：共享打印机或扫描仪等外部设备，以提高外部设备的使用效率。

③ 程序资源共享：网络上的各种程序资源。

共享资源可以采用以下 3 种类型访问权限进行保护。

① 完全控制：可以对共享资源进行任何操作，就像是使用自己的资源一样。

② 更改：允许对共享资源进行修改操作。

③ 读取：对共享资源只能进行复制、打开或查看等操作，不能对它们进行移动、删除、修改、重命名及添加文件等操作。

在 Windows 7 中，用户主要通过配置家庭组、工作组中的高级共享设置实现资源共享，共享存储在计算机、网络以及 Web 上的文件和文件夹。

3.9 新的操作系统简介

3.9.1 Windows 8 简介

Windows 8 是由微软公司开发的，具有革命性变化的操作系统。该系统旨在让人们日常的计算机操作更加简单和快捷，为人们提供高效易行的工作环境。Windows 8 支持来自 Intel、AMD 和 ARM 的芯片架构。微软公司表示，这一决策意味着 Windows 系统开始向更多平台迈进，包括平板电脑和 PC。Windows Phone 8 将采用和 Windows 8 相同的内容。2011 年 9 月 14 日，Windows 8 开发者预览版发布，宣布兼容移动终端。2012 年 2 月，微软公司发布"视窗 8"消费者预览版，可以在平板电脑上使用。

Windows 8 的优点主要有：

① 采用 Metro UI 的主界面；

② 兼容 Windows 7 应用程序；

③ 启动更快、硬件配置要求更低；

④ 支持智能手机和平板电脑；

⑤ 支持触控、键盘和鼠标 3 种输入方式；

⑥ Windows 8 支持 ARM 和 x86 架构；

⑦ 内置 Windows 应用商店；

⑧ IE10 浏览器；

⑨ 分屏多任务处理界面，右侧边框中是正在运行的应用；

⑩ 结合云服务和社交网络。

Windows 8 的版本主要有：

① Windows 8 普通版；

② Windows 8 Professional 专业版；

③ Windows 8 RT；

④ Windows 8 Enterprise 企业版。

3.9.2 Windows 10 简介

Windows 10 是微软公司新一代操作系统，该系统于 2014 年 9 月 30 日发布技术预览版。Windows 10 正式版将于 2015 年发布，它是 Windows 成熟蜕变的登峰制作，Windows 10 正式版拥有崭新的触控界面为用户呈现最新体验，将成为现代操作系统的潮流。全新的微软 Windows 10 覆盖全平台，可以运行在手机、平板电脑、台式机、服务器以及 Xbox One 等设备中，芯片类型将涵盖 x86 和 ARM。该系统拥有相同的操作界面和同一个应用商店，能够跨设备进行搜索、购买和升级。

1. Windows 10 正式版最新功能

Windows 10 增加了许多新功能，主要体现在操作界面和云功能方面。具体有以下 6 点。

① 操作界面的拨动、滑动及缩放。Windows 10 系统中拥有完整的触控功能，自然、直接的受控操作方式让用户尽享快意流畅的运作步调。

② 网络世界、无所不在。在 Windows 10 系统中的 Internet Explorer 11 能让用户在大大小小

的装置荧幕上尽享引人入胜的网络体验。

③ 与云端保持连线。用户专属的 Windows 随处可得，设定一次，随时使用。当用户登入任何执行 Windows 的设备时，用户的个人化设定和应用程序将随时、供使用；人际交流好帮手，与亲友的畅快沟通能力，让用户的应用程式用起来更顺手，用户将可以在邮件、信息中心联络人等应用程序中掌握来自各种联络渠道的资讯，包括 hotmail、messenger、facebook、twitter、flickr 和更多其他服务。用户可能拥有多部电脑和电话，现在可以透过这些装置连线到 skydrive、facebook、flickr 和其他服务中，随时随地轻松取得相片和档案。

④ 人性化设置。以有趣崭新的布景主题、投影片放映或者便利小工具重新装饰用户的桌面。

⑤ Directx12 助阵、色彩更炫目。Directx12 是今日许多电脑游戏中炫目的 3D 视觉效果和令人惊叹的音效的幕后软件，它包含多项改进，经过全新设计它已经变得更具效率，利用多核心处理器的能力。Directx12 可以提供多种复杂的阴影及材质技术，因此 3D 动画更流畅、图形比以前更生动更细致。

⑥ Office 2015 加入。在 Windows 10 正式版系统中加入了 Office 2015，它提供灵活且强大的崭新方式，可以在公司、家庭、学校等方面协助您呈现最完美的成果。

2. Windows 10 正式版系统简介

（1）全平台操作系统。全新的微软 Windows 10 是目前硬件设备兼容性最高的系统，具备全新的使用体验，允许用户边玩边工作，同时还与互联网相连。此外，新系统更加强调企业用户的应用，企业用户可以自主定制应用商店，可以将所有类型设备中的企业和个人信息区分开来。

（2）开始按钮真正回归。在 Windows 8 发布之后，各方面糟糕的体验成为了全球用户的共识。而在其中，"开始"按钮的取消更成为了吐槽的焦点。虽然随后的 Windows 8.1 再次提出了"开始"按钮的概念，但"名存实亡"的形式一直并未能让广大用户接受。显然，微软公司已经深刻地认识到了这一点，在 Windows 10 中，虽然整体界面依旧延续了此前 Windows 8/8.1 的风格，但是"开始"按钮得到了真正的回归。回归后的"开始"按钮将传统的 Windows 7 风格和磁贴相结合，用户不仅可以像以前一样在屏幕的左下角单击"开始"按钮进行应用程序的选择，而且菜单的右侧还会延展出一个小型的 Metro 磁贴界面，支持图标的自定义、搜索等功能。当然，也可以通过选择回到 Windows 8.1 "开始"按钮的操作模式。

（3）全新多任务处理方式。在系统界面上，Windows 10 采用了全新的多任务处理方式，任务栏中出现了一个全新的按键：任务查看。当用户单击任务查看功能按钮时即可在屏幕下方启动多个桌面，可以更加轻松地查看当前正在打开的应用程序。这个多桌面功能可以让用户在独立的区域内展示多个应用程序，这对于提高商务用户的工作效率来说还是非常实用的。

习 题 3

1. 什么是操作系统？它的基本功能有哪些？
2. 什么是程序？什么是进程？两者有何区别。
3. 虚拟内存技术的含义是什么？
4. 文件的存取方式有哪两种？它们有什么区别？
5. 简述操作系统的发展过程。
6. 常见的操作系统有哪些？
7. Windows7 中库的含义是什么？如何使用？

第4章
算法分析与设计

本章将从算法的定义开始，详细介绍算法的有关问题，包括算法设计、算法描述等。按照问题求解的策略，介绍求解问题中常用的算法；对每一类算法，介绍算法思想，给出典型实例，并使用C++实现算法。

【知识要点】

1. 算法的概念和描述方法；
2. 算法设计的原则和过程；
3. 算法描述；
4. 常用的算法策略；
5. 常用的基本算法；
6. 排序和查找算法。

4.1 算法的基本概念

4.1.1 算法定义与性质

人们使用计算机，就是要利用计算机处理各种不同的问题，而要做到这一点，就必须事先对各类问题进行分析，确定解决问题的具体方法和步骤，再编制好一组让计算机执行的指令即程序交给计算机，让计算机按人们指定的步骤有效地工作。这些让计算机工作的具体方法和步骤，其实就是解决一个问题的算法。

算法是一组明确步骤的有序集合，它产生结果并在有限时间内终止。

广义地讲，算法就是为解决问题而采取的方法和步骤。随着计算机的出现，算法被广泛地应用于计算机的问题求解中，被认为是程序设计的精髓。

在计算机科学中，算法是指问题求解的方法及求解过程的描述，是一个经过精心设计、用以解决一类特定问题的计算序列。

一个算法必须具备以下特征。

① 确定性。算法中每一个步骤都必须是确切定义的，不能产生二义性。

② 可行性。算法必须是由一系列具体步骤组成的，并且每一步都能被计算机所理解和执行。

③ 有穷性。一个算法必须在执行有穷步后结束，每一步必须在有穷的时间内完成。

④ 输入。一个算法可以有零个或多个输入，这取决于算法要实现的功能。

⑤ 输出。一个算法有一个或多个输出，以反映对输入数据加工后的结果。没有输出的算法是毫无意义的。

对算法的学习包括 5 个方面的内容。

① 设计算法。算法设计工作是不可能完全自动化的，应学习和了解已经被实践证明有用的一些基本的算法设计方法，这些基本的设计方法不仅适用于计算机科学，而且适用于电气工程、运筹学等领域。

② 表示算法。描述算法的方法有多种形式，如自然语言和算法语言，各自有适用的环境和特点。

③ 确认算法。算法确认的目的是使人们确信这一算法能够正确无误地工作，即该算法具有可计算性。正确的算法用计算机算法语言描述得到计算机程序，计算机程序在计算机上运行，得到算法运算的结果。

④ 分析算法。算法分析是对一个算法需要多少计算时间和存储空间作定量的分析。分析算法可以预测这一算法适合在什么样的环境中有效地运行，对解决同一问题的不同算法的有效性做出比较。

⑤ 验证算法。用计算机语言描述的算法是否可计算、有效合理，须对程序进行测试，测试程序的工作由调试和做出时空分布图组成。

4.1.2　设计算法原则和过程

对于一个特定问题的算法，在大部分情况下都不是唯一的。也就是说，同一个问题，可以有多种解决问题的算法，而对于特定的问题、特定的约束条件，相对好的算法还是存在的。因此，在特定问题、特定的条件下，选择合适的算法，会对解决问题有很大帮助；否则前人的智慧我们不能借鉴，凡事就都得自己从头研究了，这就是所谓的要去"发明轮子（Invent the wheel）"。

在设计算法时，通常应考虑以下原则。

1. 正确性

算法的正确性是指算法至少应该具有输入、输出和加工处理无歧义性，能正确反映问题的需求，能够得到问题的正确答案。

但是算法的"正确"通常在用法上有很大的差别，大体分为以下 4 个层次。

① 算法程序没有语法错误。

② 算法程序能够根据正确的输入的值得到满足要求的输出结果。

③ 算法程序能够根据错误的输入的值得到满足规格说明的输出结果。

④ 算法程序对于精心设计的、极其刁难的测试数据都能满足要求的输出结果。

对于这 4 层含义，第①层次要求最低，因为仅仅没有语法错误实在谈不上是好算法。而第④层次是最困难的，我们几乎不可能逐一验证所有的输入都得到正确的结果。

因此，算法的正确性在大部分情况下都不可能用程序来证明，而是用数学方法证明的。证明一个复杂算法在所有层次上都是正确的，代价非常昂贵。所以一般情况下，我们把层次③作为一个算法是否正确的标准。

2. 可读性

设计算法的目的，一方面是为了让计算机执行，但还有一个重要的目的是为了便于他人阅读，让人理解和交流，自己将来也可能阅读。如果可读性不好，时间长了自己都不知道写了些什么。可读性是评判算法（也包括实现它的程序代码）好坏很重要的标志。可读性不好不仅无助于人们理解算法，晦涩难懂的算法往往隐含错误，不易被发现并且难于调试和修改。

3. 健壮性

当输入的数据非法时，算法应当恰当地做出反应或进行相应处理，而不是产生莫名其妙的输出结果。并且处理出错的方法不应是中断程序的执行，而应是返回一个表示错误或错误性质的值，以便在更高的抽象层次上进行处理。

4. 高效率与低存储量

通常，算法的效率指的是算法的执行时间；算法的存储量指的是算法执行过程中所需的最大存储空间，两者的复杂度都与问题的规模有关。算法分析的任务是对设计出的每一个具体的算法，利用数学工具，讨论其复杂度，探讨具体算法对问题的适应性。

在满足以上几点以后，我们还可以考虑对算法程序进一步优化，尽量满足时间效率高和空间存储量低的需求。

4.1.3　算法的基本表达

算法是对问题求解过程的清晰表述，通常可以采用自然语言、流程图、伪代码等多种不同的方法来描述，目的是要清晰地展示问题求解的基本思想和具体步骤。

1. 算法的自然语言描述

自然语言就是人们日常使用的语言，可以使用汉语、英语或其他语言等。用自然语言表示通俗易懂，但文字冗长，表示的含义往往不太严格，要根据上下文才能判断其正确含义，容易出现歧义性。

此外，用自然语言来描述包含分支和循环的算法，不很方便，因此除了那些简单的问题以外，一般不用自然语言描述算法。

2. 算法的流程图描述

流程图使用一些图框来表示各种操作。用流程图来描述问题的解题步骤，可使算法十分明确、具体直观、易于理解。美国国家标准化协会（American National Standard Institute，ANSI）规定了一些常用的流程图符号，如图 4.1 所示。

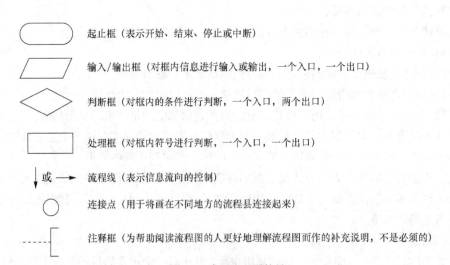

图 4.1　常用流程图符号

流程图将解决问题的详细步骤用特定的图形符号表示，中间再画线连接以表示处理的流程，流程图比文字方式更能直观地说明解决问题的步骤，可使人快速准确地理解并解决问题。

【例 4.1】　用流程图描述求 1+2+3+…+n 的算法。

对 1～n，n 个自然数求和，数学上有直接的计算公式，然而在计算机科学中，常常采用的策略是逐次近似的方法。设 s 表示和，初始 $s=0$，逐次加 1，2，3，…，直到加到 n，n 是确定的值。其算法流程图如图 4.2 所示。

【例 4.2】　求两个正整数的最大公约数。

利用欧几里得算法求两个正整数的最大公约数。设两个正整数分别用 p 和 q 表示，余数用 r 表示。其算法流程图如图 4.3 所示。

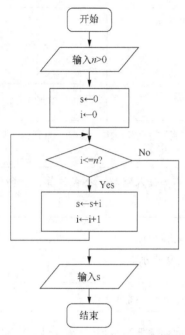

图 4.2　计算 1+2+3+…+n 的算法流程图

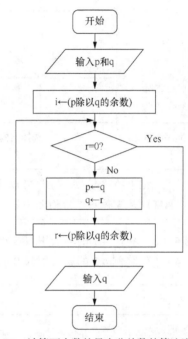

图 4.3　计算两个数的最大公约数的算法流程图

用流程图表示算法直观形象，比较清楚地显示出各个框之间的逻辑关系。但这种流程图占用篇幅较多，尤其当算法比较复杂时，画流程图既费时又不方便。在结构化程序设计方法推广之后，经常采用 N-S 结构化流程图代替传统的流程图。

N-S 流程图是一种适于结构化程序设计的流程图。在 N-S 流程图中，完全去掉了带箭头的流程线，全部算法写在一个矩形框内，在该框内可以包含其他从属于它的框，或者说，由一些基本的框组成一个大的框。

针对结构化程序设计方法中的 3 种基本控制结构（顺序结构、选择结构和循环结构），用 N-S 流程图来表示它们的流程图符号如下。

① 顺序结构。顺序结构如图 4.4 所示。顺序结构是最简单的程序结构，也是最常用的程序结构，只要按照解决问题的顺序写出相应的语句就行，它的执行顺序是自上而下，依次执行。

例如，$a = 3$，$b = 5$，现交换 a，b 的值，这个问题就好像交换两个杯子中的水，这当然要用到第三个杯子，假如第三个杯子是 c，那么正确的程序为：$c = a$；$a = b$；$b = c$；执行结果是 $a = 5$，$b = c = 3$。如果改变其顺序，写成：$a = b$；$c = a$；$b = c$；则执行结果就变成 $a = b = c = 5$，不能达到预期的目的，这是初学者最容易犯的错误。

② 选择结构。选择结构如图 4.5 所示。选择结构的程序设计方法的关键在于构造合适的分支

条件以及分析程序的流程，根据不同的程序流程选择适当的分支语句。选择结构适合于带有逻辑或关系比较等条件判断的计算，设计这类程序时往往都要先绘制其程序流程图，然后根据程序流程写出源程序，这样做把程序设计分析与语言分开，使得问题简单化，易于理解。

③ 循环结构。循环结构又分"当型"循环结构（见图4.6）和"直到型"循环结构（见图4.7）。循环结构在程序框图中是利用判断框来表示的，判断框内写上条件，两个出口分别对应着条件成立和条件不成立时所执行的不同指令，其中一个要指向循环体，然后再从循环体回到判断框的入口处；另一个则是从循环体中出去，即终止循环。

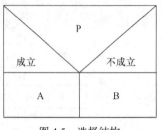

图4.4　顺序结构　　　图4.5　选择结构　　　图4.6 "当型"循环结构　图4.7 "直到型"循环结构

　　框中的"A"或"B"可以是一个简单的操作（如读入数据、公式计算或打印输出），也可以是3种基本结构之一。

【例4.3】　将例4.1的算法用N-S流程图表示，如图4.8所示。

【例4.4】　将例4.2的算法用N-S流程图表示，如图4.9所示。

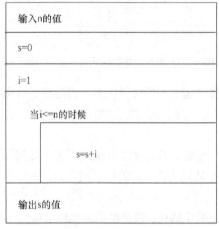

图4.8　计算 1+2+3+…+n 的 N-S 图　　　图4.9　计算两个数的最大公约数的 N-S 图

3. 算法的伪代码描述

用传统的流程图和N-S流程图表示算法直观易懂，但画起来都比较费事。在设计一个算法的过程中，因为涉及需要对算法反复修改，所以用流程图表示算法不是很理想（每修改一次算法，就要重新画流程图）。为了设计算法时的方便，常用一种称为伪代码的工具。

伪代码是用介于自然语言和程序设计语言之间的文字和符号来描述算法。伪代码不使用图形，在书写上方便，格式紧凑，比较好懂，不仅适宜设计算法过程，也便于向计算机语言算法（即程序）过渡。

【例 4.5】　计算 6!。

用伪代码表示的算法如下：

```
Begin            （算法开始）
    1→t
    1→f
    While i≤6
    { f*t→f
      t+1→t
    }
    输出 f
End              （算法结束）
```

4. 用计算机语言表示算法

设计算法的目的是为了实现算法。因为是用计算机解题，也就是要用计算机实现算法，因此在用流程图或伪代码描述一个算法后，还要将它转换成计算机语言编写的程序才能被计算机执行。用计算机语言表示的算法是计算机能够执行的算法。

用计算机语言表示算法必须严格遵循所用的语言的语法规则，这是和伪代码不同的。

【例 4.6】　将例 4.5 表示的算法（计算 6!）用计算机语言表示。

使用 C++ 表示算法的程序代码如下：

```cpp
#include<iostream>
using namespace std;
void main()
{
  int f,t;
  f=1;
  t=1;
  while(t<=6)
  {
      f=f*t;
      t++;
  }
  cout<<"6!="<<f<<endl;
}
```

使用 VB.NET 表示算法的程序代码如下：

```vbnet
Private Sub Button1_Click() Handles Button1.Click
   Dim f%, t%
   f = 1
   t = 1
   For t = 1 To 6
       f = f * t
   Next
   MsgBox("6!=" & f)
End Sub
```

4.2　算 法 策 略

算法策略就是在问题空间中随机搜索所有可能的解决问题的方法，直至选择一种有效的方法解决问题。所有算法策略的中心思想就是用算法的基本工具（循环机制和递归机制）实现算法。

按照问题求解策略来分，算法有枚举法、递归法、分治法、回溯法等。

4.2.1 枚举法

枚举法也叫穷举法、列举法、蛮力法，它既是一个策略，也是一个算法，还是一个分析问题的手段。枚举法算法的实现依赖于循环，通过循环嵌套，枚举问题中各种可能的情况。

枚举法的求解思路很简单，就是对所有可能的解逐一尝试，从而找出问题的真正解。这就要求所求解的问题可能有的解是有限的、固定的、容易枚举的、不会产生组合爆炸的。

枚举法的解题思路常常直接基于问题的描述，所以它是一种简单而直接的问题求解的方法，多用于决策类问题，这类问题都不易进行问题的分解，只能整体来求解。

枚举法的基本思想是依题目的部分条件确定答案的大致范围，在此范围内对所有可能的情况逐一验证，直到全部情况验证完。若某个情况经过验证符合题目的全部条件，则为本题的一个答案。若全部情况经过验证后都不符合题目的全部条件，则本题无解。

用枚举法解题时，答案所在范围总要求是有限的，关键是怎样才能不重复、一个不漏、一个不增地逐个列举答案所在范围的所有情况。由于计算机的运算速度快，擅长重复操作，很容易完成大量的枚举。

枚举法是计算机算法中的一个基础算法，所设计出来的算法其时间性能往往是最低的。

【例 4.7】 百钱买百鸡问题。

有一个人有一百块钱，打算买一百只鸡（同时买有公鸡、母鸡和小鸡）。到市场一看，公鸡五块钱一只，母鸡三块钱一只，小鸡一块钱三只。编写一个算法，算出怎么样的买法，才能刚好用一百块钱买一百只鸡，而且同时买有公鸡、母鸡和小鸡。

这是一个求解不定方程问题，设 x, y, z 分别为公鸡、母鸡和小鸡的只数，可列出下面的代数方程：

$$\begin{cases} x+y+z=100（百鸡）\\ 5x+3y+z/3=100（百钱）\end{cases}$$

像这样两个方程 3 个未知数的求解问题，只能将各种可能的取值代入，其中能满足两个方程的就是所需的解。遍历 x, y, z 的所有可能组合，因为解必在其中，而且不止一个解，只要某种组合符合上述两个方程，这种组合就是我们要找的解，当遍历完所有可能的组合，也就找到了问题的所有解。在计算机科学中这是典型的枚举法问题。

这里 x, y, z 为正整数，由于鸡的总数是 100，可以确定 x, y, z 的取值范围。

① x 的取值范围为 1～99；

② y 的取值范围为 1～99；

③ z 的取值范围为 1～99。

鸡数为枚举对象（x, y, z），以 3 种鸡的总数（$x+y+z$）和买鸡用去的钱的总数（$5x+3y+z/3$）为判定条件，枚举各种鸡的个数。

算法描述如下：

//把 x, y, z 可能的取值（1～99）逐一列举

循环（使 x 从 1 到 99）

    循环（使 y 从 1 到 99）

        循环（使 z 从 1 到 99）

            //判断 x, y, z 的取值是否满足两个约束条件

若（$x+y+z=100$ 且 $5x+3y+z/3=100$），则

输出 x，y，z 的值　　　　　//找到一个解，即一种买法

在枚举算法中，枚举对象的选择是非常重要的，选择适当的枚举对象可以获得更高的效率，如本例中由于 3 种鸡的和是固定的，总价也是固定的，因此只要枚举公鸡 x 和母鸡 y，小鸡 z 根据约束条件求得，这样就缩小了枚举范围，优化了算法过程，即：

① x 的取值范围为（1～19）；

② y 的取值范围为（1～33）；

③ $z=100-x-y$。

使用 C++实现算法的程序代码如下：

```cpp
#include<iostream>
using namespace std;
void main()
{
    int x,y,z;
    for(x=1;x<=19;x++)
        for(y=1;y<=33;y++)
        {
            z=100-x-y;
            if(5*x+3*y+z/3==100 && z%3==0)
                cout<<x<<"  "<<y<<"  "<<z<<endl;
        }
}
```

4.2.2　递归法

直接或间接地调用自身的算法称为递归算法。

递归法是利用大问题与其子问题间的递归关系来解决问题的。能采用递归描述的算法通常有这样的特征：为了求解规模为 N 的问题，设法将它分解成规模较小的问题，然后从这些小问题的解很方便地构造出大问题的解，并且这些规模较小的问题也能采用同样的分解和综合方法，分解成规模更小的问题，并从这些更小问题的解构造出规模较大问题的解。特别地，当规模 $N=1$ 时，能直接得解。

【例 4.8】　编写计算斐波那契（Fibonacci）数列的第 n 项函数 fib（n）。

斐波那契数列为：0、1、1、2、3、…，即

fib（0）=0

fib(1)=1

fib（n）=fib（n-1）+fib（n-2）　　　　　　　　（当 $n>1$ 时）

写成递归函数，其算法描述如下：

```
fib(n)
{
    如果(n=0)          return 0;
    否则，如果(n=1)     return 1;
    否则，如果(n>1)     return fib(n-1)+fib(n-2);
    否则              return -1;
}
```

递归算法的执行过程分递推和回归两个阶段。在递推阶段，把较复杂的问题（规模为 n）的求解推到比原问题简单一些的问题（规模小于 n）的求解。例如上例中，求解 fib（n），把它推到

求解 fib（n-1）和 fib（n-2）。也就是说，为计算 fib（n），必须先计算 fib（n-1）和 fib（n-2），而计算 fib（n-1）和 fib（n-2），又必须先计算 fib（n-3）和 fib（n-4），依此类推，直至计算 fib（1）和 fib（0），分别能立即得到结果 1 和 0。在递推阶段，必须要有终止递归的情况，如在函数 fib 中，当 n 为 1 和 0 的情况。

在回归阶段，当获得最简单情况的解后，逐级返回，依次得到稍复杂问题的解，如得到 fib（1）和 fib（0）后，返回得到 fib（2）的结果……在得到了 fib（n-1）和 fib（n-2）的结果后，返回得到 fib（n）的结果。

在编写递归函数时要注意，函数中的局部变量和参数只是局限于当前调用层，当递推进入"简单问题"层时，原来层次上的参数和局部变量便被隐蔽起来。在一系列"简单问题"层，它们各自有自己的参数和局部变量。

使用 C++实现算法的程序代码如下：

```cpp
#include<iostream>
using namespace std;
int fib(int);
void main()
{
    int num,t;
    do
    {
        cout<<"请输入一个不小于 0 的整数：";
        cin>>num;
    }while(num<0);
    for(t=0;t<=num;t++)
        cout<<fib(t)<<"  ";
    cout<<endl;
}
int fib(int n)                //计算斐波那契（Fibonacci）数列的第 n 项的函数 fib（n）
{
    if(n==0)
        return 0;
    else if(n==1)
        return 1;
    else if(n>1)
        return fib(n-1)+fib(n-2);
    else
        return -1;
}
```

由于递归引起一系列的函数调用，并且可能会有一系列的重复计算，递归算法的执行效率相对较低。当某个递归算法能较方便地转换成递推算法时，通常按递推算法编写程序。例如，上例计算斐波那契数列的第 n 项的函数 fib（n）应采用递推算法，即从斐波那契数列的前两项出发，逐次由前两项计算出下一项，直至计算出要求的第 n 项。

【例 4.9】 Hanoi（汉诺）塔。

汉诺塔（又称河内塔）问题是源于印度一个古老传说的益智玩具。大梵天创造世界的时候做了 3 个金刚石柱子 A、B、C，在柱子 A 上从下往上按照大小顺序摞着 64 片黄金圆盘。大梵天命令婆罗门把圆盘从下面开始按大小顺序重新摆放在柱子 C 上，并且规定，在小圆盘上不能放大圆盘，在 3 个柱子之间一次只能移动一个圆盘。

不管这个传说的可信度有多大，现只考虑把 64 片金片，从柱子 A 上移到另一个柱子上，并且始终保持上小下大的顺序，需要移动的次数有多少。

先考虑 3 个圆盘的移动，如图 4.10 所示。

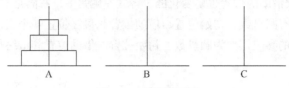

图 4.10　汉诺塔问题

设 3 个圆盘从小到大依次称呼为盘 1、盘 2、盘 3，移动方法如下：

① 盘 1 从柱子 A 移动到柱子 C；

② 盘 2 从柱子 A 移动到柱子 B；

③ 盘 1 从柱子 C 移动到柱子 B；

④ 盘 3 从柱子 A 移动到柱子 C；

⑤ 盘 1 从柱子 B 移动到柱子 A；

⑥ 盘 2 从柱子 B 移动到柱子 C；

⑦ 盘 1 从柱子 A 移动到柱子 C。

共计移动 7 次完成任务。

把问题抽象出来，就是把那个圆盘借助于柱子 B 从柱子 A 移到柱子 C，移动的过程可以分解为 3 个步骤：

① 把 A 上的 $n-1$ 个圆盘移到 B 上；

② 把 A 上的 1 个圆盘移到 C 上；

③ 把 B 上的 $n-1$ 个圆盘移到 C 上。

至于①或③中如何把 A 上的 $n-1$ 个圆盘移到 B 上，那就又回到问题本身，同样也要 3 个步骤：

① 把 A 上的 $n-2$ 个圆盘移到 C 上；

② 把 A 上的 1 个圆盘移到 B 上；

③ 把 C 上的 $n-2$ 个圆盘移到 B 上。

……

如此继续，n 值不断减小，直到圆盘 $n=2$，则：

① 把 A 上的一个圆盘移到 B 上；

② 把 A 上的一个圆盘移到 C 上；

③ 把 B 上的一个圆盘移到 C 上。

根据以上的分析，可以写出下面的递归表达式：

$$借助B将n个圆盘从A移到C\langle供助B\rangle = \begin{cases} 将一个圆盘从A移到C & n=1 \\ 借助C将n个圆盘从A移到B\langle借助C\rangle & \\ 将一个圆盘从A移到C & n>1 \\ 供助A将n-1个圆盘从B移到C\langle借助A\rangle & \end{cases}$$

为了编写一个递归函数实现"借助 B 将 n 个圆盘从 A 移到 C"，比较等式左右两边相似操作，会发现：

① 圆盘的数量从 n 变化到 $n-1$，问题规模缩小了，显然，n 是一个可变的参数；

② 等式两侧圆盘的初始位置是不同的，等式左侧是 A，右侧是 A 或 B；

③ 等式两侧圆盘的最终位置是不同的，等式左侧是 C，右侧是 B 或 C；

④ 同样等式两侧被借助的位置也是变化的，等式左侧是 B，右侧是 C 或 A。

综上，递归函数共有圆盘数、初始位置、借助位置和最终位置 4 个变量，所以，函数有 4 个参数。假定函数 Hanoi 的参数依次为圆盘数、初始位置、借助位置和最终位置，则可以写出这个函数的算法描述。

```
Hanoi(n,sA,sB,sC)
    如果(n=1)                  //圆盘数量为1，打印输出结果后，退回上一层函数
        输出 sA,"->"sC;       //移动一个圆盘从 sA 到 sC
    否则                        //圆盘数量大于1，继续进行递归过程
        Hanoi(n-1,sA,sC,sB);
        输出 sA,"->"sC;       //移动一个圆盘从 sA 到 sC
        Hanoi(n-1,sB,sA,sC);
```

使用 C++实现算法，通过调用 Hanoi 函数观察：当柱子 A 上有 3 个盘子的时候，需要移动盘子的次数以及盘子是如何被移动的。

```
#include<iostream>
using namespace std;
void Hanoi(int n,char sA,char sB,char sC);
int m=0;
void main()
{
  int x;
  char a,b,c;
  x=64;   a='A';   b='B';   c='C';
  cout<<""<<endl;
  Hanoi(x,a,b,c);
  cout<<x<<"个盘，共移动"<<m<<"次"<<endl;
}
void Hanoi(int n,char sA,char sB,char sC)
{
  m=m+1;
  if(n==1)
      cout<<"  从柱"<<sA<<" -> "<<"柱"<<sC<<endl;
  else
  {
      Hanoi(n-1,sA,sC,sB);
      cout<<"  从柱"<<sA<<" -> "<<"柱"<<sC<<endl;
      Hanoi(n-1,sB,sA,sC);
  }
}
```

4.2.3 分治法

分治法的基本思想是将一个规模为 N 的问题分解为 K 个规模较小的子问题，这些子问题相互独立且与原问题性质相同，求出子问题的解，就可得到原问题的解。在设计上，就是将一个难以直接解决的大问题，分割成一些规模较小的相同问题，以便各个击破，分而治之。

当 K=2 时的分治法又称二分法。

利用分治法求解的问题，应同时满足以下 4 个要求。

① 原问题在规模缩小到一定程度时可以很容易地求解。

绝大多数问题都可以满足这一点，因为问题的计算复杂性一般是随着问题规模的减少而减少。

② 原问题可以分解为若干个规模较小的同构子问题。

这一点是应用分治法的前提，此特征反映了递归思想。满足该要求的问题通常称该问题具有最优子结构性质。

③ 各子问题的解可以合并为原问题的解。

它决定了问题的求解可否利用分治法。如果这一点得不到保证，通常会考虑使用贪心法或动态规划法。

④ 原问题所分解出的各个子问题之间是相互独立的。

这一条涉及分治法的效率，如果各自问题是不独立的，则分治法要做许多不必要的工作，对公共的子问题进行重复操作，通常考虑使用动态规划法。

1. 分治法求解步骤

利用分治法求解问题的算法，通常包含以下几个步骤。

（1）分解。将原问题分解为若干个相互独立、规模小且与原问题形式相同的一系列子问题，最好使各子问题的规模大致相同。

（2）解决。如果子问题规模小到可以直接被解决则直接求解，否则需要递归地求解各个子问题。

（3）合并。将各个子问题的结果合并成原问题的解。有些问题的合并方法比较明显，有些问题的合并方法比较复杂，或者存在多种合并方案；也有些问题的合并方案不明显。究竟应该怎样合并，没有统一的模式，需要具体问题具体分析。

2. 分治策略的解题思路

```
if(问题不可分) {
    直接求解；
    返回问题的解；
}
Else {
    对原问题进行分治；
    递归对每一个分治的部分求解；
    归并整个问题，得出全问题的解；
}
```

【例 4.10】　求一元三次方程 $ax^3+bx^2+cx+d=0$ 的解，假设该方程中各项的系数 a、b、c、d 均为实数，并约定该方程存在 3 个不同实根（根的范围在-100 到 100 之间），且根与根之差的绝对值≥1。要求：由小到大依次在同一行输出这 3 个实根（根与根之间留有空格），并精确到小数点后 4 位。

记方程 $f(x) = ax^3+bx^2+cx+d=0$，若存在 2 个数 x_1 和 x_2，且 $x_1<x_2$，$f(x_1)*f(x_2)<0$，则在 (x_1, x_2) 之间一定有一个根。

假定，输入：1　-5　-4　20

　　　　输出：-2.00　2.00　5.00

如果精确到小数点后两位，可用简单的枚举法，将 x 从-100.00 到 100.00（步长 0.01）逐一枚举，得到 20 000 个 $f(x)$，取其值与 0 最接近的 3 个 $f(x)$，对应的 x 即为答案。但由于本题的精度要求为小数点后 4 位，枚举算法时间复杂度达不到要求，如果直接使用求根公式，在处理上极为复杂，效果也不佳。可以考虑逐个段落采用二分法逐渐缩小根的范围，得到根的某精度的数值。

用二分法求根，若区间（m，n）内有根，则必有 $f(m)*f(n)<0$。重复执行如下的过程：

① 若 $f((m+n)/2)=0$，则可确定根为（$m+n$）/2 并退出过程；

② 若 $f(m)*f((m+n)/2)<0$，则可知根在区间（m，（$m+n$）/2）中，故对区间重复该过程；

③ 若 $f(m)*f((m+n)/2)>0$，则必然有 $f((m+n)/2)*f(n)<0$，根在（（$m+n$）/2，n）中，对此区间重复该过程。

使用 C++实现算法的程序代码如下选用 C++表示算法的程序代码如下：

```cpp
#include<iostream>
#include<iomanip>
using namespace std;
void main()
{
  float a,b,c,d,fm,ft,m,n,t;
  int num=0,k;
  a=1;b=-5;c=-4;d=20;m=-100;k=-100;
  do
  {
      n=k+1;
      do
      {
          t=(m+n)/2;
          fm=a*m*m*m+b*m*m+c*m+d;
          ft=a*t*t*t+b*t*t+c*t+d;
          if(ft==0)
          {
              num++;
              cout<<setw(6)<<setprecision(2)<<t;
              break;
          }
          else if(fm*ft<0)
              n=t;
          else
              m=t;
      }while(m<n);
      k++;
      m=k+0.0001;
  }while(k<100);
  cout<<endl;
}
```

4.2.4　回溯法

回溯法（探索与回溯法）是一种选优搜索法，又称为试探法，按选优条件向前搜索，以达到目标。当搜索到某一步时，发现原先选择并不优或达不到目标，就退回一步重新选择，这种走不通就退回再走的技术称为回溯法，而满足回溯条件的某个状态的点称为"回溯点"。

回溯法通过递归尝试走完问题的各个可能解的通路，发现此路不通时回溯到上一步继续尝试别的通路，是一个既带有系统性又带有跳跃性的搜索算法。它在包含问题的所有解的解空间树中，按照深度优先的策略，从根结点出发搜索解空间树。

算法搜索至解空间树的任一结点时，总是先判断该结点是否肯定不包含问题的解。如果肯定不包含，则跳过对以该结点为根的子树的系统搜索，逐层向其祖先结点回溯。否则，进入该子树，继续按深度优先的策略进行搜索。直到根结点的所有子树都已被搜索遍才结束。

1. 回溯法解题

用回溯法解题的一般步骤如下：

① 针对所给问题，定义问题的解空间，它至少包含问题的一个（最优）解；

② 确定易于搜索的解空间结构，使得能用回溯法方便地搜索整个解空间；

③ 以深度优先方式搜索解空间，并在搜索过程中用剪枝函数避免无效搜索。

问题的解空间通常是在搜索问题的解的过程中动态产生的，这是回溯算法的一个重要特性。在确定了解空间的组织结构后，就可以从开始结点（根结点）出发，以深度优先的方式搜索整个解空间。这个开始结点就成为一个活结点（通过与约束函数的对照，结点本身和其父结点均满足约束函数要求的结点），同时也成为当前的扩展结点（就是当前正在求出它的子结点的结点，只允许有一个）。在当前的扩展结点处，搜索向纵深方向移至一个新结点。这个新结点就成为一个新的活结点，并成为当前扩展结点。如果在当前的扩展结点处不能再向纵深方向移动，则当前扩展结点就成为死结点（不满足约束函数要求的结点，以这个结点延伸的"枝条"可以被剪掉）。此时，应往回移动（回溯）至最近的一个活结点处，并使这个活结点成为当前的扩展结点。始终以这种工作方式递归地在解空间中搜索，直至找到所要求的解或解空间中已没有活结点时为止。

在回溯法中构造约束函数（具有约束条件的函数），可以提升程序效率。因为在深度优先搜索的过程中，不断的将每个解（并不一定是完整的，事实上这也就是构造约束函数的意义所在）与约束函数进行对照从而删除一些不可能的解，这样就不必继续把解的剩余部分列出从而节省部分时间。

2. 完成回溯的过程

通过深度优先搜索思想完成回溯的完整过程如下：

① 设置初始化的方案（给变量赋初值，读入已知数据等）；

② 变换方式去试探，若全部试完则转⑦；

③ 判断此法是否成功（通过约束函数），不成功则转②；

④ 试探成功则前进一步再试探；

⑤ 正确方案还未找到则转②；

⑥ 已找到一种方案则记录并打印；

⑦ 退回一步（回溯），若未退到头则转②；

⑧ 已退到头则结束，或打印无解。

3. 迷宫求解

回溯法的典型应用是迷宫问题的求解。

迷宫问题中包括很多路口，但是每一个路口上最多有 3 个分支，所以算法可以设计为这样的一个搜索过程：

① 把整个搜索过程分解为向左、向右、向前 3 个方向上的子问题的搜索；

② 当搜索到某一路口时，发现该路口没有可搜索的方向，就让搜索过程回溯到该路口的前一路口，然后搜索回溯后路口其他尚未被搜索的方向；如果发现该路口也无搜索方向，则回溯至这个路口的前一方向继续这样的过程；

③ 直到找到出口或者搜索完毕全部可连通的路口的可能的搜索方向没有找到出口为止。

下面以"八皇后问题"为例，看看怎样利用回溯法进行问题求解。

【例 4.11】 八皇后问题是一个古老而著名的问题。该问题是 19 世纪著名的数学家高斯在 1850

年提出：在 8×8 格的国际象棋上摆放八个皇后，使其不能互相攻击，即任意两个皇后都不能处于同一行、同一列或同一对角线上，问有多少种摆法。

首先构建出一棵解空间树，通过探索这棵解空间树，可以得到八皇后问题的一种或几种解。该解空间树的根结点为第 1 个皇后的一种摆法，它还有另外 7 种摆法，因此一共可以构造出 8 棵解空间数。依次探索 8 棵解空间树，就可以得到八皇后问题的所有解。

第一步按照顺序放 1 个皇后，然后第二步按照要求放第 2 个皇后，如果没有符合要求的位置，即该皇后的摆法不符合八皇后问题的要求，于是停止向下探索，回溯到根结点，继续探索根结点的下一个孩子结点，这就是所谓的剪枝操作，这样可以减少搜索的步数，以尽快找到问题的答案。如果在这个解空间树中根结点的所有孩子结点均探索完毕，那么就要探索第 2 棵解空间树。改变第 1 个皇后的位置，重新放第 2 个皇后的位置……直到探索完所有的解空间树。

设棋盘的横坐标为 i，纵坐标为 j。当某个皇后占了位置 (i, j) 时，在这个位置的垂直方向、水平方向和对角线方向都不能再有其他皇后。

棋盘中同一反斜线上的方格的行号与列号相同；同一正斜线上的方格的行号与列号之差均相同，这是判断斜线的依据。

八皇后问题在每一行上都有 8 个可选的位置，在位置的试探过程中，每行的原则是一样的，因此也可以用递归的方法实现。

定义 1 个含 8 个元素的一维整型数组 a[8]，数组元素 a[i] 表示第 i 行的皇后位于第 a[i] 列。求 8 皇后问题的一个解，即寻求 a 数组的一组取值，该组取值中每一元素的值互不相同（即没有任何两个皇后在同一列），且第 i 个元素与第 k 个元素相差不为 $|i-k|$（即任两个皇后不在同一 45° 角的斜线上）。

首先 a[1] 从 1 开始取值，然后从小到大选择一个不同于前 a[1] 且与 a[1] 相差不为 1 的整数赋给 a[2]；再从小到大选择一个不同于 a[1]、a[2] 且与 a[1] 相差不为 2，与 a[2] 相差不为 1 的整数赋给 a[3]；依此类推，把 a[8] 也作了满足要求的赋值，输出该数组即为找到的一个 8 皇后解。

为了检验所找 a[i] 的数是否满足上述要求，设置标志变量 g，g 赋初值 1。若不满足上述要求，使 g=0，按以下步骤操作：

令 $x=|a[i]-a[k]|$，k=1，2，…，I-1

判别：若 $x=0$ 或 $x=I-k$，则 g=0。

若出现 g=0，则表明现所找的 a[i] 不满足要求，a[i] 调整增 1 后再试，依此类推。

若 $i=n$ 且 g=1，表明满足要求，用 s 统计解的个数后，输出这组解。

若 $i<n$ 且 g=1 时，表明还不到 n 个数，则下一个 a[i] 从 1 开始赋值继续。

若 a[8]=8，则返回前一个数组元素 a[8-1] 增 1 赋值（此时，a[8] 又从 1 开始）再试。若 a[8-1]=8，则返回前一个数组元素 a[8-2] 增 1 赋值再试。一般地，若 a[i]=8（$i>1$）则回溯到前一个数组元素 a[i-1] 增 1 赋值再试，直到 a[1]=8 时，已无法返回，这意味着已经全部试完，求解结束。

综合以上过程，可以形象地概括成一句话："向前走，碰壁回头"。这种方法也称为深度优先搜索（Depth First Search，DFS）技术。

使用 C++ 实现算法的程序代码如下：

```cpp
#include<iostream>
using namespace std;
void main()
{
    int i,g,k,j,n,s,x,a[8+1];
```

```
    n=8;
    cout<<n<<"皇后问题的解为："<<endl;
    i=1; s=0; a[1]=1;
    while(1)
    {
        g=1;
        for(k=i-1;k>=1;k--)
        {
            x=a[i]-a[k];if(x<0) x=-x;
            if(x==0||x==i-k) g=0;
        }
        if(i==n&&g==1)
        {
            for(j=1;j<=n;j++) cout<<a[j];
            cout<<"  ";
            s++;
            if(s%7==0) cout<<endl;
        }
        if(i<n&&g==1)
        {
            i++;
            a[i]=1;
            continue;
        }
        while(a[i]==n&&i>1)    i--;
        if(a[i]==n&&i==1)
            break;
        else
            a[i]=a[i]+1;
    }
    cout<<"\n 共 "<<s<<" 个解"<<endl;
}
```

4.3 基 本 算 法

4.3.1 基础知识

算法实际上就是用计算机解决某个问题的方法和步骤。对某一类问题的解决，有很多解决的方法，因此，同一个问题的程序设计，针对不同的算法可能编写出不同的程序，本小节中介绍的只是对某类问题的通用算法思想。另外，算法的设计不针对某一个具体的问题，希望大家在学习时，不要仅满足掌握相关例题的程序设计，而要学习算法的基本思想，学会以后遇到类似的问题时能运用该思想来解决问题。

1. 累加算法

累加是程序设计中最常遇见的问题，比如求某单位职工的所有工资总和、某门课程的所有学生成绩总和等。

累加算法的一般做法是定义一个变量 s，作为累加器使用，往往初值为 0，再定义一个变量用来保存加数。一般在累加算法中的加数都是有规律可循，可结合循环程序来实现。

由前面可知，一个循环程序的算法设计，如果以下三方面确定下来：变量的赋初值、循环体的内容、循环结束条件，那么根据循环语句的格式，就很容易写出相应的循环算法。

【例 4.12】 求 1+2+3+···+100 的累加和。

设累加器 s 专门存放累加的结果，初值为 0，加数用变量 t 表示。

当 $t=1$ 时，s 的值应为 0+1=1，即 $s=0+1=s+t$（执行语句 $s=s+t$）；

当 $t=2$ 时，s 的值应为 1+2=3，即 $s=1+2=s+t$（执行语句 $s=s+t$）；

当 $t=3$ 时，s 的值应为 3+3=6，即 $s=3+3=s+t$（执行语句 $s=s+t$）；

当 $t=4$ 时，s 的值应为 6+4=10，即 $s=6+4=s+t$（执行语句 $s=s+t$）。

……

当 $t=100$ 时，累加器 $s=s+100=1+2+3+···+99+100=5050$（执行语句 $s=s+t$）。

不难看出，t 的值从 1 变化到 100 的过程中，累加器均执行同一个操作：$s=s+t$，$s=s+t$ 的操作执行了 100 次。

从上述的计算过程可以归纳出如下规律：

所有累加程序的基本思想都是定义累加器 s，初值为 0 或根据情况赋一个特定值，定义一个变量 t 存放加数，只不过在不同情况下，加数 t 的值不同，在循环体中，每次产生指定的加数 t，执行 $s=s+t$，直到循环结束为止。

求解此类问题的基本步骤，可以概括如下：

① 定义代表和的变量 s，定义代表第 n 项的变量 t；

② 令 $s=0$；

③ 构建循环体，一般情况下为 $s=s+t$；

④ 构建循环条件，根据问题的具体要求，选用相应的循环语句；

⑤ 输出累加和 s 的值。

说明 上述算法对数值型数据，执行的是累加操作，但如果用于字符串型数据，完成的则是字符串的连接。

如果需要实现字符串的连接，定义一个字符串型变量 s 作为字符连接器，一般赋初值为""（空串），变量 t 作为被连接的字符，则在循环体中执行 $s=s+t$ 时完成的就是字符串的顺序连接。

如果需要实现字符的逆序连接，则只需将循环体中 $s=s+t$ 改为 $s=t+s$。

使用 C++ 实现算法的程序代码如下：

```
#include<iostream>
using namespace std;
void main()
{
  int s,t;
  s=0;
  for(t=1;t<=100;t++)
      s=s+t;
  cout<<"1+2+3+……+99+100="<<s<<endl;
}
```

2. 连乘算法

连乘算法和累加算法的思想类似，只不过一个做乘法，一个做加法。

连乘算法的一般做法是设一个变量 p，作为累乘器使用，初值一般为 1，设一个变量 k 用来保存每次需要乘的乘数，在循环体中执行 $p=p*k$ 的语句即可。

【例 4.13】 求 10! $=1*2*3*\cdots*10$ 的结果。

设乘法器 p，初值为 1，设变量 k 存放乘数。

当 $k=1$ 时，$p=p*k=1*1=1$；

当 $k=2$ 时，$p=p*k=1*2=2$；

当 $k=3$ 时，$p=p*k=2*3=6$。

……

当 $k=10$ 时，$p=p*k=1*2*3*\cdots\cdots*9*10$。

所以当 k 的值从 1 变化到 10 的过程中，乘法器均执行同一个操作：$p=p*k$。

综上，求解此类问题的基本步骤，可以概括如下：

① 定义代表乘积的变量 p，定义代表第 n 项的变量 k；

② 令 $p=1$；

③ 构建循环体，一般情况下为 $p=p*k$；

④ 构建循环条件，根据问题的具体要求，选用相应的循环语句；

⑤ 输出乘积 p 的值。

选用 C++表示算法的程序代码如下：

```
#include<iostream>
using namespace std;
void main()
{
  int p,k;
  p=1;
  for(k=1;k<=10;k++)
        p=p*k;
  cout<<"10!="<<p<<endl;
}
```

3. 统计算法

统计问题在程序设计中也是经常遇到的。

【例 4.14】 输入一串字符，统计其中的字母个数、数字个数和其他字符的个数。

要统计满足指定要求的字符个数，应定义相应变量作为计数器，初值为 0，每找到符合条件的字符，将指定计数器的值加 1。

本题需要定义 3 个计数器 n1、n2、n3，分别统计字母、数字和其他字符的个数，初值均为 0。对字符串中的字符逐个判断，如果是字母，n1 执行加 1 操作，如果是数字，n2 加 1，否则 n3 加 1。

从上述的计算过程可以归纳出求解此类问题的基本步骤，概括如下：

① 定义代表所有统计要求的计数器变量（有几项统计要求，就有几个计数器变量）；

② 令所有计数器变量的初值为 0；

③ 构建循环体，当满足指定的计数要求时，就将相应的计数器的值加 1（执行类似于 $n=n+1$ 的操作）；

④ 构建循环条件，根据问题的具体要求，选用相应的循环语句；

⑤ 输出所有计数器的值。

使用 C++实现算法的程序代码如下：

```
#include<iostream>
using namespace std;
```

```
void main()
{
    int n1,n2,n3;
    char ch;
    n1=0,n2=0,n3=0;
    while((ch=getchar())!='\n')
    {
        if('a'<=ch && ch<='z' || 'A'<=ch && ch<='Z')
            n1++;
        else if('0'<=ch && ch<='9')
            n2++;
        else
            n3++;
    }
    cout<<"n1="<<n1<<endl;
    cout<<"n2="<<n2<<endl;
    cout<<"n3="<<n3<<endl;
}
```

4. 求最大值和最小值算法

求最大值和最小值的问题，属于比较问题，是我们在生活中经常做的事情。比如，找出班上同学中个子最高的同学、年龄最大的同学，找出若干件商品中价格最低的商品等，我们通常采用的方法是两两比较。

在 N 个数中求最大值和最小值的思路是：定义一个变量，假设为 max，用来存放最大值，再定义一个变量，假设为 min，用来存放最小值。

一般先将 N 个数中的第 1 个数赋予 max 和 min 作为初始值，然后将剩下的每个数分别和 max、min 比较，如果比 max 大，将该数赋予 max，如果比 min 小，将该数赋予 min，即让 max 中总是放当前的最大数，让 min 中总是放当前的最小值，这样当所有数都比较完时，在 max 中放的就是最大数，在 min 中放的就是最小数。

求解此类问题的基本步骤，可以概括如下：

① 定义 x 代表 N 个数中的 1 个数；

② 定义一个存放最大值的变量 max，定义一个存放最小值的变量 min；

③ 分别令 max=所有数据中的第 1 个数，min=所有数据中的第 1 个数；

④ 构建循环体，

A. 将 x 与 max 比较，如果 x 比 max 大，令 max=x；

B. 将 x 与 min 比较，如果 x 比 min 小，令 min=x。

⑤ 构建循环条件，根据问题的具体要求，选用相应的循环语句；

⑥ 输出 max 和 min 的值。

使用 C++实现算法的程序代码如下：

```
#include<iostream>
using namespace std;
void main()
{
    int x,max,min,n=1;
    char ans='Y';
    cout<<"请输入第 1 个数"; cin>>x;
    max=min=x;
    while(ans=='Y'||ans=='y')
    {
```

```
        n++;
        cout<<"请输入第"<<n<<"个数"; cin>>x;
        if(max<x)  max=x;
        if(min>x)  min=x;
        cout<<"是否还有数据（y/n）? "; cin>>ans;
    }
    cout<<"最大值="<<max<<endl<<"最小值="<<min<<endl;
}
```

4.3.2 排序

排序是程序设计中很重要的算法。所谓排序，就是将一组相同类型的记录序列调整为按照元素关键字有序（递增或递减）的记录序列。例如，将学生记录按学号排序，上体育课时按照身高从高到低排队，考试成绩从高分到低分排列，电话簿中的联系人姓名按照字母顺序排列，电子邮件列表按照日期排序等。

排序算法就是如何使得记录按照要求进行排列的方法。当数据不多时，排序比较简单，有时手工可以处理。但若排序对象的数据量庞大，排序就成为一件非常重要且费时的事情。考虑到在各个领域中数据的各种限制和规范，要得到一个符合实际的优秀算法，得经过大量的推理和分析，在大量数据的处理方面，一个优秀的排序算法可以节省大量的资源。

排序的算法有很多，对空间的要求及其时间效率也不尽相同。下面介绍 3 种常见的排序算法：选择法排序、冒泡法排序和插入排序。

1. 选择法排序

选择排序（Selection Sort）是一种简单的容易实现的排序方法。

选择排序的基本思想：每一次从待排序的数据元素中选出最小（或最大）的一个元素，存放在已排好序的序列的最后(也可以视为待排序序列的起始位置)，直到全部待排序的数据元素排完。

假设已将 n 个数存放在数组 R 中，要求将这 n 个数按从小到大的顺序排序。

选择排序法的算法描述如下。

① 将第一个数依次与后面的 n-1 个数进行比较，如果有一个数比它小，就执行交换操作，经过这一趟比较，产生的最小数放在了第一个数的位置中。

② 将第二个数再依次与后面的 n-2 个数进行比较，如果有一个数比它小，就执行交换操作，经过这一趟比较，产生的第二小的数放在了第二个数的位置中。

③ 重复执行以上操作，最后是第 n-1 个数和第 n 个数进行比较，如果后者小于前者，执行交换，否则保持原值。

从以上的排序过程可以看出：n 个元素排序要进行 n-1 趟的比较，每一趟中要进行若干次比较，所以排序的算法是一个双重循环。若用循环变量 i 表示比较的趟数，则 i 的值从 1 变化到 n-1，当 i=1 时，R[1]分别与 R[2]到 R[n]之间的每一个元素进行比较，一旦有元素比 R[1]小就执行交换；当 i=2 时，R[2]分别与 R[3]到 R[n]之间的每一个元素进行比较，一旦有元素比 R[2]小就执行交换；所以在第 i 趟的比较中，R[i]分别与 R[i+1]到 R[n]之间的每一个元素进行比较，一旦有元素比 R[i]小就执行交换。若用 j 表示内循环的控制变量，则 j 的值是从 i+1 变化到 n。因为涉及交换，所以还需定义变量 temp 作交换时的临时变量。

下面以一个例子来看一下选择排序法的执行过程。

【例 4.15】 假设有一个数组 R[6]，下标从 1 开始，现将其按选择法由小到大进行排序。

排序的执行过程如下：

（下画线部分表示要执行比较交换的两个数组元素，如果出现逆序，则交换）

原始数据	18、13、15、12、14、11
第 1 趟	<u>18</u>、<u>13</u>、15、12、14、11
	<u>13</u>、18、<u>15</u>、12、14、11
	<u>13</u>、18、15、<u>12</u>、14、11
	<u>12</u>、18、15、13、<u>14</u>、11
	<u>12</u>、18、15、13、14、<u>11</u>
	11、18、15、13、14、12
第 2 趟	11、<u>18</u>、<u>15</u>、13、14、12
	11、<u>15</u>、18、<u>13</u>、14、12
	11、<u>13</u>、18、15、<u>14</u>、12
	11、<u>13</u>、18、15、14、<u>12</u>
	11、12、18、15、14、13
第 3 趟	11、12、<u>18</u>、<u>15</u>、14、13
	11、12、<u>15</u>、18、<u>14</u>、13
	11、12、<u>14</u>、18、15、<u>13</u>
	11、12、13、18、15、14
第 4 趟	11、12、13、<u>18</u>、<u>15</u>、14
	11、12、13、<u>15</u>、18、<u>14</u>
	11、12、13、14、18、15
第 5 趟	11、12、13、14、<u>18</u>、<u>15</u>
	11、12、13、14、15、18
排序后的数据	11、12、13、14、15、18

下面给出利用选择法排序的求解步骤：

① 定义数组 R 存放待排序的 n 个数；

② 定义变量 i 表示比较的趟数，定义变量 j 表示每一趟比较的次数，定义变量 temp 作交换时的临时变量；

③ 利用循环把 n 个数送给数组元素；

④ $i=1$；

⑤ 构建循环体（控制趟数，共 n-1 趟），

A. $j=i+1$；

B. 构建循环体（控制每一趟比较的次数，每趟从 $i+1$ 变化到 n），

C. 将 R[i]与 R[j]比较，如果 R[i]比 R[j]大，令 R[i]与 R[j]互换值，即 temp= R[i]，R[i]= R[j]，R[j]=temp；

D．构建循环条件，根据问题的具体要求，选用相应的循环语句。

⑥ 构建循环条件，根据问题的具体要求，选用相应的循环语句；

⑦ 利用循环输出排序后的数组元素。

使用 C++实现算法的程序代码如下：

```cpp
#include<iostream>
using namespace std;
void main()
{
  int r[6]={18,13,15,12,14,11},temp,i,j,n=6;
  for(i=0;i<n-1;i++)
      for(j=i+1;j<n;j++)
          if(r[i]>r[j])
              temp=r[i],r[i]=r[j],r[j]=temp;
  for(i=0;i<n;i++)
      cout<<r[i]<<" ";
  cout<<endl;
}
```

2. 冒泡法排序

冒泡排序（bubble sort），是一种计算机科学领域的较简单的排序算法。

通过序列中相邻元素之间的交换，使较小的元素逐步从序列的后端移到序列的前端，使较大的元素从序列的前端移到后端。它的执行过程有点像在水中气泡的运动，轻的往上浮，重的往下沉，因此人们形象地称这种排序方法为"冒泡排序"。

冒泡排序法主要是比较相邻两个元素的值，如果前面的数比后面的数大，就执行一次交换，这样就可以在每一趟的比较中都产生了本趟的最大值。

冒泡排序方法的算法描述：第一趟排序对全部 n 个记录 R_1，R_2，…，R_n 自左向右顺次两两比较，若 R_k 大于 R_{k+1}（其中，k=1，2，…，n-1），则交换两者内容，第一趟排序完成后 R_n 成为序列中最大记录。第二趟排序对序列前 n-1 个记录采用同样的比较和交换方法，第二趟排序完成后 R_{n-1} 成为序列中仅比 R_n 小的次大的记录。第三趟排序对序列前 n-2 个记录采用同样处理方法。如此做下去，最多做 n-1 趟排序，整个序列就排序完成。

下面以一个例子来看一下冒泡排序法的执行过程。

【例 4.16】　假设有一个数组 R[4]，下标从 1 开始，现将其按冒泡法进行由小到大的排序。

排序的执行过程如下：

（下画线部分表示要执行交换的两个数组元素，每次都是相邻两个元素之间进行比较）

原始数据		44、33、25、19
R[1] R[2] R[3] R[4]	第 1 趟	<u>44</u>、<u>33</u>、25、19
		33、<u>44</u>、<u>25</u>、19
		33、25、<u>44</u>、<u>19</u>
		33、25、19、44
R[1] R[2] R[3]	第 2 趟	<u>33</u>、<u>25</u>、19
		25、<u>33</u>、<u>19</u>
		25、19、33
R[1] R[2]	第 3 趟	<u>25</u>、<u>19</u>
		19、25
排序后的数据		19、25、33、44

由上述的排序过程可以看出，n 个数按冒泡法排序需要 n-1 趟比较，每一趟中也要进行若干次比较，所以冒泡排序也是一个双重循环。

若用循环变量 i 表示比较的趟数，则 i 的值从 1 变化到 n-1，在每趟中是相邻两个数进行比较，如果前面的数比后面的大，就执行交换，每次产生本趟的最大数。

当 i=1 时，R[1]与 R[2]、R[2]与 R[3]、……、R[n-1]与 R[n]进行两两比较，最后产生的最大数放在 R[n]中；当 i=2 时，R[1]与 R[2]、R[2]与 R[3]、……、R[n-2]与 R[n-1]进行两两比较，最后产生的最大数放在 R[n-1]中；依此类推，在第 i 轮循环中，R[1]与 R[2]、R[2]与 R[3]、……、R[n-i+2]与 R[n-i+1]进行两两比较，最后产生的最大数放在 R[n-i+1]中。所以若用 j 表示内循环变量，每次比较应为 R[j]和 R[j+1]相邻两个元素进行比较，则 j 的值应从 1 变化到 n-i。

下面给出利用冒泡法排序的求解步骤：

① 定义数组 R 存放待排序的 n 个数；

② 定义变量 i 表示比较的趟数，定义变量 j 表示每一趟比较的次数，定义变量 temp 作交换时的临时变量；

③ 利用循环把 n 个数送给数组元素；

④ i=1；

⑤ 构建循环体（控制趟数，共 n-1 趟），

A. j=1

B. 构建循环体（控制每一趟比较的次数，从 1 变化到 n-i）

C. 将 R[j]与 R[j+1]比较，如果 R[j]比 R[j+1]大，令 R[j]与 R[j+1]互换值，即 temp= R[j]，R[j]=R[j+1]，R[j+1]=temp

D. 构建循环条件，根据问题的具体要求，选用相应的循环语句。

⑥ 构建循环条件，根据问题的具体要求，选用相应的循环语句

⑦ 利用循环输出排序后的数组元素。

使用 C++实现算法的程序代码如下：

```
#include<iostream>
using namespace std;
void main()
{
  int r[4]={44,33,25,19},temp,i,j,n=4;
  for(i=0;i<n-1;i++)
      for(j=0;j<=n-i;j++)
          if(r[j]>r[j+1])
              temp=r[j],r[j]=r[j+1],r[j+1]=temp;
  for(i=0;i<n;i++)
      cout<<r[i]<<" ";
  cout<<endl;
}
```

3. 插入排序

插入排序（Insertion Sort）是一种简单直观的排序算法。适用于少量数据的排序，是一种稳定的排序方法。

插入排序的基本思想是：将记录分为有序和无序两个序列，假定当插入第 k 个记录时，前面的 R_1，R_2，…，R_{k-1} 已经排好序，而后面的 R_k，R_{k+1}，…，R_n 仍然无序，这时用 R_k 的关键字与

R_{k-1} 的关键字进行比较，若 R_k 小于 R_{k-1}，则将 R_{k-1} 向后移动一个单元；再用 R_k 的关键字与 R_{k-2} 的关键字进行比较，若 R_k 小于 R_{k-2}，则将 R_{k-2} 向后移动一个单元；依次比较下去，直到找到插入位置将 R_k 插入。初始状态认为有序序列为 $\{R_1\}$。

插入排序的操作步骤描述如下：

① 对于待排序的一个序列，先把它的第 1 个记录按顺序排好（实际上是直接取第 1 个记录作为已经排好的序列，因为一个记录的顺序总是正确的）；

② 取出下一个记录，在已经有序的序列中从后向前扫描；

③ 如果有序序列中的记录大于新记录，则将有序序列中的记录移到下一个位置；

④ 重复步骤③，直到找到有序序列中的记录小于新记录的位置 j；

⑤ 将新记录插入到 $j+1$ 位置上；

⑥ 重复步骤②。

插入排序的操作方式类似于按序整理扑克牌。大家在打扑克牌的时候，通常是一边拿牌一边排序，假设拿到 6 张牌的顺序依次是 6、3、5、10、8、4，则具体的插入过程为：拿到第一张牌 6 后，即建立了只有一张牌 6 的有序队列，拿到牌 3，只需把牌 3 插入到牌 6 之前，拿到牌 5，只需把牌 5 插入到牌 6 之前，拿到牌 10，直接插入到牌 6 之后，拿到牌 8，只需把牌 8 插入到牌 10 之前，拿到牌 4，只需把牌 4 插入到牌 5 之前。也就是，每拿到一张新牌，都在已有的有序序列中找到正确位置并插入。

拿牌后按序摆放的过程，也即直接插入排序的过程，如下所示：

```
初始状态        {6、3、5、10、8、4}
第 1 次    6              {3、5、10、8、4}
第 2 次    3   6              {5、10、8、4}
第 3 次    3   5   6              {10、8、4}
第 4 次    3   5   6   10              {8、4}
第 5 次    3   5   6   8   10              {4}
第 6 次    3   4   5   6   8   10              {}
```

插入排序的算法描述：

```
InsertSort(R[],n)
    i←2                                //从第 2 个记录开始
    当 i≤n 时
        将 R[i]临时存放在 temp 中；
        j←i-1;
        当（j≥1 且 temp＜R[j]）时      //寻找插入的位置
            R[j+1]←R[j];
            j←j-1;
        R[j+1]←temp;                   //插入元素
        i←i+1;
```

使用 C++实现算法的程序代码如下：

```cpp
#include<iostream>
using namespace std;
void InsertSort(int r[],int n);
#define N 6
void main()
```

```
{
    int a[6]={6,3,5,10,8,4},i;
    InsertSort(a,N);
    for(i=0;i<N;i++)
        cout<<a[i]<<"  ";
    cout<<endl;
}
void InsertSort(int r[],int n)
{
    int i=1,temp,j;
    while(i<n)
    {
        temp=r[i]; j=i-1;
        while(j>=0 && temp<r[j])
        {
            r[j+1]=r[j];j=j-1;
        }
        r[j+1]=temp;
        i++;
    }
}
```

4.3.3 查找

查找也称为检索，它是在较大的数据集中找出或定位某些数据的过程，即在大量的信息中寻找一个特定的信息元素，在计算机中进行查找的方法是根据表中的记录的组织结构确定的，被用于查找的数据元素的属性一般称为关键字。

日常生活中随处可见查找的实例，如查找某人的地址、电话号码；查找某单位 45 岁以上职工的信息；在网上购书中，要搜索需购买的图书等。由于参与运算的数据量往往十分庞大，即便是运行速度非常快的计算机，其缓慢的处理速度也会让人望而却步，因此，查找算法是十分常用且重要的算法。

查找表即查找集合，是为了进行查找而建立起来的数据结构，集合中元素的存储结构可以是顺序结构，也可以是树状结构或图结构。

在查找的时候，若随着查找的进行，查找表的长度是固定的，即保持初始元素个数不变，就是静态查找。静态查找的查找表以顺序存储结构为主，这样的查找表称为静态查找表，所对应的查找算法属于静态查找技术。

若随着查找的进行，查找表的内容会动态地扩张或缩小，那就是动态查找。动态查找以树状结构居多，这样的查找表称为动态查找表，所对应的查找算法属于动态查找技术。例如，统计一篇英文文章中用到了哪些单词及每个单词的使用次数，就需要先建立一个空的查找表，以后每读到一个单词就在查找表中查询一次，如果该单词存在，则将其使用次数加 1，否则将新单词插入到查找表中并设其使用次数为 1。显然，这个查找表是不断扩张的，是典型的动态查找。

下面介绍基于顺序结构的两种常用查找方法。

1. 顺序查找

顺序查找也称为线性查找，是一种最简单的查找方法，可用于有序列表，也可用于无序列表。其基本思想是：从查找表（数据结构线性表）的一端开始，顺序扫描线性表，依次将扫描到的结点关键字与给定值 key 相比较，若当前扫描到的结点关键字与 key 相等，则表示查找成功；若扫描结束后，没有找到关键字等于 key 的结点，表示查找失败。

　　假设顺序查找表存储在一维数组，目标数据有 100 个，这些数据是无序的（不需要刻意地排序），分别存放在一维数组 R[1]，…，R[100]中，现要求查找这些数据里面有没有值为 key 的数据元素，若找到就给出其所在的位置，若没有找到，则给出相应提示信息。

　　算法描述如下：

```
SqSearch(key)
     设初始查找位置 k 为 1;
     当 k≤100 且 R[k]≠key 时          //位置向后移动，直到找到或 k 越界
          k=k+1;
     若 k≤100 时
          return k;                    //返回数据元素所在位置
     否则
          return 0;                    //没有找到，返回 0
```

　　该算法若查找成功，则函数返回值为目标元素在表中的位置，否则返回 0。这里元素位置从 1 开始。

　　使用 C++实现算法的程序代码如下：

```cpp
#include<iostream>
using namespace std;
#define N 6
void main()
{
  int a[N]={6,3,5,10,8,4},m,key,f=0;
  cout<<"请输入要查找的数: ";  cin>>key;
  for(m=0;m<N;m++)
      if(key==a[m]) {f=1; break;}
  if(f)
      cout<<"找到了"<<endl;
  else
      cout<<"没有找到"<<endl;
}
```

　　上述算法的基本操作是比较 R[k]和 key，为了避免操作超出数组上界，同时需要做 k≤100 的判断，这使算法的执行时间几乎增加一倍。为提高效率，对查找表的结构改动如下：假设数组从 0 开始，即数组元素分别为 R[0]，…，R[100]，将查找表中的元素分别存于 R[1]，…，R[100]之中，R[0]作为"监视哨"存放待查找数据 key，在查找过程中，即使没有找到 key，也将会在位置 0 处停止查找，这样就不必在每一次循环中都判断 k 是否超出数组界限。

　　改进的顺序查找算法描述如下：

```
SqSearch0(key)
     设 R[0]为 key;
     设初始查找位置 k 为 100;
     当 R[k]≠key 时
          k=k-1;                       //从后往前找
     return k;                         //当找不到时，k 为 0
```

　　顺序查找的优点是算法简单，既适用于线性表的顺序存储结构，也适应于线性表的链式存储结构，无论结点之间是否按关键字有序，都同样适用。它的缺点是查找效率低，当数据量较大时不宜采用顺序查找。

2. 折半查找

折半查找又称二分查找，是在一个有序的元素列表中查找特定值的一种方法，该顺序可能是升序，也可能是降序，是一种效率较高的查找方法。

算法思想：假设表中元素是按升序排列的，将表中间位置记录的关键字与要查找的关键字比较，如果两者相等，则查找成功；否则利用中间位置记录将表分成前、后两个子表，如果中间位置记录的关键字大于查找关键字，则进一步查找前一子表，否则进一步查找后一子表。重复以上过程，直到找到满足条件的记录使查找成功，或直到子表不存在为止（即表中不存在这个关键字），此时查找不成功。

算法步骤描述如下：

假定数据按升序分别放置在 R[low]，…，R[high]中。

第 1 步：首先确定整个查找区间的中间位置 mid=（low+high）/2。

第 2 步：用待查关键字值 key 与中间位置的关键字值 R[mid]进行比较。

- 若相等，即 key=R[mid]，则查找成功；
- 若大于，即 key>R[mid]，则在后（右）半个区域[mid+1，high]中继续折半查找，此时，low=mid+1；
- 若小于，即 key<R[mid]，则在前（左）半个区域[low，mid-1]中继续折半查找，此时，high=mid-1；

第 3 步：对确定的缩小区域再按折半查找方式，重复上述步骤。

最后得到的结果：要么查找成功，要么查找失败。

【例 4.17】 如果要从（18，28，37，52，57，60，66，78，95，99）这 10 个数中查找 99，具体的比较步骤如下：

第 1 次，利用 mid=（1+10）/2=5，找到第 1 个数（18）和第 10 个数（99）中间的那个数（57），用第 5 个数（57）和 99 比较；

第 2 次，由于 99>57，所以第 2 次的查找范围就缩小为从第 6 个数（60）到第 10 个数（99）之间，利用 mid=（6+10）/2=8，找到这 2 个数中间的数（78），用第 8 个数 78 和 99 比较；

第 3 次，由于 99>78，所以第 3 次的查找范围就缩小为从第 9 个数（95）到第 10 个数（99）之间，利用 mid=（9+10）/2=9，找到这 2 个数中间的数（95），用第 9 个数 95 和 99 比较；

第 4 次，由于 99>95，所以第 4 次的查找范围就缩小为从第 10 个数（99）到第 10 个数（99）之间，利用 mid=（10+10）/2=10，找到这 2 个数中间的数（99），用第 10 个数 99 和 99 比较，结果相等，所以查找成功。

使用 C++实现算法的程序代码如下：

```
#include<iostream>
using namespace std;
void main()
{
  int a[10]={18,28,37,52,57,60,66,78,95,99},m,n,mid,key,f;
  m=0;n=9;key=9;f=0;
  while(!f && m<=n)
  {
        mid=(m+n)/2;
        if(key==a[mid])
              f=1;
        else if(key<a[mid])
```

```
            n=mid-1;
        else
            m=mid+1;
    }
    if(f)
        cout<<"找到了"<<endl;
    else
        cout<<"没有找到"<<endl;
}
```

折半查找要求：①必须采用顺序存储结构（往往采用一维数组存放数据）；②必须按关键字大小有序排列。

折半查找的优点是比较次数少，查找速度快——只要检查有序列表的中间项就可以锁定搜索关键字的较小范围，这样每检查一次相当于将待查的目标数量减少一半，适合于不经常变动而查找频繁的有序列表。它的缺点是要求待查列表必须为有序表，不利于频繁插入或删除元素。

习　题　4

1. 算法的定义和特性是什么？
2. 算法设计原则是什么？
3. 算法常用的表示方法有哪些？
4. 顺序查找和二分查找有什么不同？
5. 简述选择排序、冒泡排序和插入排序的相同点与不同点。
6. 单选题。
（1）算法可以没有（　　　）。

    A. 输入　　　　　　B. 输出　　　　　　C. 输入和输出　　　D. 结束

（2）用来描述算法的方法，没有下面的（　　　）。

    A. 自然语言　　　B. 流程图　　　　　C. 伪代码　　　　　D. 方程式

（3）人们利用计算机解决问题的基本过程一般由如下步骤（①~⑥），请按个步骤的先后顺序在下列选项中选择正确答案（　　　）。

    ①调试程序　②分析问题　③设计算法　④提出算法　⑤编写程序　⑥得到结果

    A. ①②③④⑤⑥　　　　　　　　　B. ④②③⑤①⑥

    C. ④②⑥③⑤①　　　　　　　　　D. ②③④①⑤⑥

（4）任何复杂算法都可以用 3 种基本结构组成，下列不属于基本结构的是（　　　）。

    A. 顺序结构　　　B. 层次结构　　　　C. 选择结构　　　　D. 循环结构

（5）算法是解决问题的（　　　）。

    A. 程序代码　　　B. 方法与步骤　　　C. 计算公式　　　　D. 最终结果

（6）下列关于算法的描述，正确的是（　　　）。

    A. 一个算法的执行步骤可以是无限的

    B. 一个完整的算法必须有输出

    C. 算法只能用流程图表示

    D. 一个完整的算法至少有一个输入

（7）用计算机无法解决"打印所有素数"的问题，其原因是解决该问题的算法违背了算法特征中的（   ）。

    A．唯一性　　　　　　　　　　B．有穷性

    C．有 0 个或多个输入　　　　　D．有输出

（8）目前，能够通过计算机实现算法得到结果的是（   ）。

    A．自然语言　　　　　　　　　B．N-S 图

    C．伪代码　　　　　　　　　　D．计算机语言编写的程序

（9）回溯法在问题的解空间树中，按（   ）策略，从根结点出发搜索解空间树。

    A．广度优先　　　　　　　　　B．活结点优先

    C．扩展结点优先　　　　　　　D．深度优先

（10）二分搜索算法是利用（   ）实现的算法。

    A．分治策略　　　B．动态规划法　　　C．贪心法　　　　D．回溯法

第5章
程序设计基础

　　本章将从程序设计的基本概念开始，由浅入深地介绍程序、程序设计的基本概念以及程序设计的基本控制结构、常用程序设计语言等基础知识，通过程序设计的实例介绍，让读者了解程序设计的基本方法和步骤。通过本章的学习，读者可以了解程序设计的基本控制结构，对程序设计的基本方法和步骤有一个初步的认识。

【知识要点】

1. 程序设计的概念；
2. 结构化程序设计的基本原则；
3. 程序设计的基本控制结构；
4. 程序设计的基本方法；
5. 常用程序设计语言。

5.1　程序设计的概念

5.1.1　什么是程序

程序的概念非常普遍。简单地说，程序可以看作是对一系列动作的执行过程的描述。

【例5.1】　教师节表彰大会议程。

1. 介绍出席会议的领导，宣布大会开始；
2. 校长致辞；
3. 学生代表发言；
4. 宣布获奖教师名单；
5. 颁奖；
6. 获奖代表发言；
7. 宣布大会结束。

【例5.2】　新生报到流程。

1. 到达自己所在院系的新生接待处；
2. 出示"录取通知书"和一并邮寄的"校园卡"以及身份证、准考证、相关的纸质档案材料，审核新生资格，进行新生注册；

3. 到宿舍楼大门口凭校园卡办理住宿手续并领取宿舍钥匙；

4. 到军训服装发放点（迎新现场）凭校园卡领取军训服装；

5. 到教材领取点（迎新现场）凭校园卡领取教材；

注：3～5 项不分先后顺序。

例 5.1 是一个会议议程，例 5.2 是一个工作流程。从上面的两个例子可以看出，无论是会议议程还是工作流程，它们都为进行某个活动或过程规定了必要的步骤。或者说它们都是为进行某个活动或过程设计的必要"程序"。

实际上，程序就是完成或解决某一问题的方法和步骤。它是为完成某个任务而设计的，由有限步骤所组成的一个有机的序列。它应该包括两方面的内容：做什么和怎么做。

随着计算机的出现和普及，"程序"已经成了计算机领域的专有名词。计算机程序，是指为了得到某种结果而由计算机等具有信息处理能力的装置执行的代码化指令序列。也可以这样说，程序就是由一条条代码组成的，这样的一条条代码各自代表着不同的命令，这些命令结合起来，组成了一个完整的工作系统。

由于程序为计算机规定了计算的步骤，因此为了更好地使用计算机，就必须了解程序的几个性质。

① 目的性：程序必须有一个明确的目的。

② 分步性：程序给出了解决问题的步骤。

③ 有限性：解决问题的步骤必须是有限的。如果有无穷多个步骤，那么在计算机上就无法实现。

④ 可操作性：程序总是实施各种操作于某些对象的，它必须是可操作的。

⑤ 有序性：解题步骤不是杂乱无章地堆积在一起，而是要按一定顺序排列的。这是最重要的一点。

5.1.2 文档

文档是软件开发、使用和维护过程中必不可少的资料。通过文档人们可以清楚地了解程序的功能、结构、运行环境、使用方法。尤其在软件的后期维护中，文档更是不可或缺的重要资料。

5.1.3 程序设计

1. 为什么要学习程序设计

计算机系统由可以看见的硬件系统和看不见的软件系统组成。要使计算机能够正常的工作，仅仅有硬件系统是不行的，没有软件系统（即没有程序）的计算机可以说只是一堆废铁，什么事情都干不了。

当我们要撰写一篇文章的时候，需要在"操作系统"的平台上用"文字编辑"软件来实现文字的输入和文章的编辑排版等操作。这些软件其实就是通常所说的计算机程序。但是，如果没有这些软件的话，如何向计算机中输入文字，又如何让计算机来对你的文章进行编辑排版呢？

对于使用计算机的大多数人来讲，当希望计算机来完成某一项工作时，将面临两种情况：一是可以借助现成的应用软件完成。例如，设计一个网页可以使用 Dreamweaver，写一份报告可以使用 Word，做一个产品介绍可以使用 PowerPoint，处理一幅图片可以使用 Photoshop 等；二是没有完全适合你的应用软件或者有相应的软件但需要大量重复地进行某项固定的操作。这时就必须将要解决问题的步骤编写成一条条指令，而且这些指令还必须被计算机间接或直接地接受并能够执行。换句话说，为了使计算机达到预期目的，就要先得到解决问题的步骤，并依据对该步骤的数学描述编写计算机能够接受和执行的指令序列——程序，然后运行程序得到所要的结果，这就是程序设计。

学习程序设计，需要进一步了解计算机的工作原理和工作过程。例如，知道数据是怎样存储和输入/输出的，知道如何解决含有逻辑判断和循环的复杂问题，知道图形是用什么方法画出来以及怎样画出来的等。这样在使用计算机时，不但知其然而且还知其所以然，能够更好地理解计算机的工作流程和程序的运行状况，为以后维护或修改应用程序以适应新的需要打下良好的基础。

学习程序设计，还要养成一种严谨的软件开发习惯，熟悉软件工程的基本原则。

程序设计是计算机应用人员的基本功。一个有一定经验和水平的计算机应用人员不应当和一般的计算机用户一样，只满足于能使用某些现成的软件，而且还应当具有自己开发应用程序的能力。现成的软件不可能满足一切领域的多方面的需求，即使是现在有满足需要的软件产品，但是随着时间的推移和条件的变化它也会变得不适应。因此，计算机应用人员应当具备能够根据本领域的需要进行必要的程序开发工作的能力。

2. 程序设计的步骤

目前的冯·诺依曼型计算机，还不能直接接受任务，而只能按人们事先确定的方案，执行人们规定好的操作步骤。那么要让计算机处理一个问题（程序设计），需要经过哪些步骤呢？

（1）分析问题，确定解决方案

当一个实际问题提出后，应首先对以下问题做详细的分析：需要提供哪些原始数据，需要对其进行什么处理，在处理时需要有什么样的硬件和软件环境，需要以什么样的格式输出哪些结果等。在以上分析的基础上，确定相应的处理方案。一般情况下，处理问题的方法会有很多，这时就需要根据实际问题选择其中较为优化的处理方法。

（2）建立数学模型

在对问题全面理解后，需要建立数学模型，这是把问题向计算机处理方式转化的第一步骤。建立数学模型是把要处理的问题数学化、公式化，有些问题比较直观，可不去讨论数学模型问题；有些问题符合某些公式或有现成的数学模型可以直接利用；但是多数问题都没有对应的数学模型可以直接利用，这就需要创建新的数学模型，如果有可能还应对数学模型做进一步的优化处理。

（3）确定算法（算法设计）

建立数学模型以后，许多情况下还不能直接进行程序设计，需要确定符合计算机运算的算法。计算机的算法比较灵活，一般要优选逻辑简单、运算速度快、精度高的算法用于程序设计；此外，还要考虑内存空间是否占用合理、编程是否容易等特点。

算法可以使用伪码或流程图等方法进行描述。

（4）编写源程序

要让计算机完成某项工作，必须将已设计好的操作步骤以由若干条指令组成的程序的形式书写出来，让计算机按程序的要求一步一步地执行。

（5）程序调试

程序调试就是为了纠正程序中可能出现的错误，它是程序设计中非常重要的一步。没有经过调试的程序，很难保证没有错误，即使是非常熟练的程序员也不能保证这一点，因此，程序调试是不可缺少的重要步骤。

在程序的编写过程中，尤其是在一些大型复杂的计算和处理过程中，由于对语言语法的忽视或书写上的问题，难免会出现一些错误，致使程序不能运行。这类错误被称为语法错误。

有时程序虽然可以运行，但得不到正确的结果，这是由于程序描述上的错误或是对算法的理解错误造成的。有时对特定的算法对象是正确的，而对大量运算对象进行运算时就会产生错误，造成这类错误的主要原因是数学模型上的问题，这类错误被称为逻辑错误。为了使程序正确地解决实际问题，在程序正式投入使用前，必须反复多次的进行调试，仔细分析和修改程序中的每一个错误。对于语法错误，一般可以根据编译程序提供的语法错误提示信息逐个修改。逻辑错误的情况比较复杂，必须针对测试数据对程序运行的结果认真分析，排查错误，然后进行修改。在查找逻辑错误时，还可以采用分段调试、逐层分析等有效的调试手段对程序进行分析和排查。

（6）整理资料

程序编写、调试结束以后，为了使用户能够了解程序的具体功能，掌握程序的运行操作，有利于程序的修改、阅读和交流，必须将程序设计的各个阶段形成的资料和有关说明加以整理，写成程序说明书。其内容应该包括：程序名称、完成任务的具体要求、给定的原始数据、使用的算法、程序的流程图、源程序清单、程序的调试及运行结果、程序的操作说明、程序的运行环境要求等。程序说明书是整个程序设计的技术报告，用户应该按照程序说明书的要求将程序投入运行，并依据程序说明书对程序的技术性能和质量做出评价。

在程序开发过程中，上述步骤可能有反复，如果发现程序有错，就要逐步向前排查错误，修改程序。情况严重时可能会要求重新认识问题和重新设计算法。

以上介绍的是对一个简单问题的程序设计步骤，若处理的是一个很复杂的问题，则需要采用"软件工程"的方法来处理，其步骤要复杂得多。在此就不详细介绍了。

5.2 结构化程序设计的基本原则

早期的非结构化语言中都有 Go To 语句，它允许程序从一个地方直接跳转到另一个地方。执行这个语句的好处是程序设计十分方便灵活，减少了人工复杂度，但其缺点也是十分突出的，大量的跳转语句会使程序的流程十分复杂紊乱，难以看懂也难以验证程序的正确性，如果有错，排起错来更是十分困难。这种流程图所表达的混乱与复杂，正是软件危机中程序人员处境的一个生动写照。

人们从多年来的软件开发经验中发现，任何复杂的算法，都可以由顺序结构、选择（分支）结构和循环结构这 3 种基本结构组成，因此，构造一个解决问题的具体方法和步骤的时候，也仅以这 3 种基本结构作为"建筑单元"，遵守 3 种基本结构的规范，基本结构之间可以相互包含，但不允许交叉，不允许从一个结构直接转到另一个结构的内部。正因为整个算法都是由 3 种基本结构组成的，就像用模块构建的一样，所以结构清晰，易于正确性验证，易于纠错。这种方法就是结构化方法。遵循这种方法的程序设计，就是结构化程序设计。

5.2.1 模块化程序设计概念

采用模块化设计方法是实现结构化程序设计的一种基本思路或设计策略。事实上，模块本身也是结构化程序设计的必然产物。当今，模块化方法也为其他软件开发的工程化方法所采用，并不为结构化程序设计所独家占有。

（1）模块。当把要开发的一个较大规模的软件，依照功能需要，采用一定的方法（例如，结构化方法）划分成一些较小的部分时，这些较小的部分就称为模块，也叫作功能模块。

（2）模块化设计。通常把以功能模块为设计对象，用适当的方法和工具对模块的外部（各有关模块之间）与模块内部（各成分之间）的逻辑关系进行确切的描述称为模块化设计。

5.2.2　程序设计的风格

程序设计是一门技术，需要相应的理论、技能、方法和工具来支持。程序设计的最终产品是程序，但仅设计和编制出一个运行结果正确的程序是不够的，还应养成良好的程序设计风格。因为程序设计风格会深刻地影响软件的质量和可维护性，良好的程序设计风格可以使程序结构清晰合理，使程序代码便于维护。

良好的程序设计风格，是在程序设计的全过程中逐步养成的，它主要表现在：程序设计的风格、程序设计语言运用的风格、程序文本的风格以及输入/输出的风格 4 个方面。

（1）程序设计的风格

程序设计的风格主要体现在以下 3 个方面。

• 结构要清晰。为了达到这个目标，要求程序是模块化结构的，并且是按层次组织各模块的，每个模块内部都是由顺序、选择、循环 3 种基本结构组成的。

• 思路要清晰。为了达到这个目标，要求在设计的过程中遵循"自顶向下、逐步细化"的原则。

• 在设计程序时应遵循"简短朴实"的原则，切忌卖弄所谓的"技巧"。

例如，为了实现两个变量"X"与"Y"的内容互换，可以使用以下 3 条语句：

Let　T = X

Let　X = Y

Let　Y = T

其中 T 为工作单元。不要为了省略一个工作单元采用下列 3 条语句：

Let　X = X–Y

Let　Y = Y + X

Let　X = Y–X

两个程序段都可以实现两个变量 X 与 Y 的内容互换，但是前者简单、清晰，而后者虽然也只有 3 个语句，并且还少用了一个工作单元，但是易读性差，难以理解。

（2）程序设计语言运用的风格

程序设计语言运用的风格主要体现在以下两个方面。

① 选择合适的程序设计语言。

选择程序设计语言的原则有三点：

• 符合软件工程的要求；

• 符合结构化程序设计的思想；

• 使用要方便。

② 不要滥用程序设计语言中的某些特色。

特别要注意，程序设计时，尽量不要用灵活性大、不容易理解的语句成分。

（3）程序文本的风格

程序文本的风格主要体现在 4 个方面。

① 注意程序文本的易读性；

② 符号要规范化；

③ 在程序中加必要的注释；

④ 在程序中要合理地使用分隔符。

（4）输入/输出的风格

输入/输出的风格主要体现在 3 个方面；

① 对输出的数据应该加上必要的说明；

② 在需要输入数据时，应该给出必要的提示，提示的内容主要有数据的范围和意义、输入的结束标志等；

③ 以适当的方式对输入数据进行检查，以确保其有效性。

5.2.3　结构化程序设计的原则

结构化程序设计由迪克特拉在 1969 年提出，是以模块化设计为中心，将待开发的软件系统划分为若干个相互独立的模块，这样使完成每一个模块的工作变得单纯而明确，为设计一些较大的软件打下了良好的基础。

这种方法要求程序设计者不能随心所欲地编写程序，而要按照一定的结构形式来设计和编写程序。它的一个重要目的是使程序具有良好的结构，使程序易于设计，易于理解，易于调试，易于修改，以提高设计和维护程序工作的效率。

结构化程序设计方法的主要原则可以概括为"自顶向下，逐步求精，模块化和限制使用 Go To 语句"。

（1）自顶向下。程序设计时，应先考虑总体，后考虑细节；先考虑全局目标，后考虑局部目标。即首先把一个复杂的大问题分解为若干相对独立的小问题。如果小问题仍较复杂，则可以把这些小问题又继续分解成若干子问题，这样不断地分解，使得小问题或子问题简单到能够直接用程序的 3 种基本结构表达为止。

（2）逐步求精。对复杂问题，应设计一些子目标作过渡，逐步细化。

（3）模块化。一个复杂问题，肯定是由若干个简单的问题构成的。模块化就是把程序要解决的总目标分解为子目标，再进一步分解为具体的小目标。把每一个小目标叫作一个模块。对应每一个小问题或子问题编写出一个功能上相对独立的程序块来，最后再统一组装，这样，对一个复杂问题的解决就变成了对若干个简单问题的求解。

（4）限制使用 Go To 语句。Go To 语句是有害的，程序的质量与 Go To 语句的数量成反比，应该在所有的高级程序设计语言中限制 Go To 语句的使用。

5.2.4　面向对象的程序设计

面向对象的程序设计（Object Oriented Programming，OOP）是 20 世纪 80 年代提出的，它汲取了结构化程序设计中好的思想，引入了新的概念和思维方式，从而给程序设计工作提供了一种全新的方法。通常，在面向对象的程序设计风格中，会将一个问题分解为一些相互关联的子集，每个子集内部都包含了相关的数据和函数。同时，会以某种方式将这些子集分为不同等级，而一个对象就是已定义的某个类型的变量。

1. 面向对象技术的基本概念

面向对象实现的主要任务是实现软件功能，实现各个对象所应完成的任务，包括实现每个对象的内部功能、系统的界面设计、输出格式等。在面向对象技术中，主要用到以下一些基本概念。

（1）对象。对象是指具有某些特性的具体事物的抽象。在一个面向对象的系统中，对象是一件事、一个实体、一个名词、一个可以想象有标识的任何东西。对象也可以用来表示用户定义的数据。例如，这辆汽车、这个人、这间房子、这张桌子、这棵植物、这张支票、这件雨衣，或者其他什么需要被程序处理的东西等。可以说"万物皆对象"。在面向对象程序设计中，问题的分析一般以对象及对象间的自然联系为依据。客观世界由实体及其实体之间的联系所组成。其中客观世界中的实体称为问题域的对象。对象具有以下一些基本特征。

- 模块性。一个对象是一个可以独立存在的实体。各个对象之间相对独立，相互依赖性较小。

- 继承性和类比性。我们把具有相同属性的一些不同的对象归类，称为对象类。还可以划分类的子类，构成层次系统，下一层次的对象继承上一层次对象的某些属性。

- 动态连接性：对象与对象之间可以相互连接构成各种不同的系统。对象与对象之间所具有的统一、方便、动态的连接和传送消息的能力与机制称为动态连接性。

- 易维护性：任何一个对象是一个独立的模块，无论是改善其功能还是改变其细节均局限于该对象内部，不会影响到其他的对象。

（2）类。类是指具有相似性质的一组对象，是用户定义的数据类型。例如，香蕉、苹果和橘子都是水果类的对象。一个具体对象称为类的"实例"。

（3）方法。方法是指允许作用于某个对象上的各种操作。面向对象的程序设计语言，为程序设计人员提供了一种特殊的过程和函数，然后将一些通用的过程和函数封装起来，作为方法供用户直接调用，这给用户的编程带来了很大的方便。

（4）消息。消息是指用来请求对象执行某一操作或回答某些问题的要求。对象之间通过收发消息相互沟通，这一点类似于人与人之间的信息传递。消息的接收对象会调用一个函数（过程），以产生预期的结果。传递消息的内容包括接收消息的对象名字，需要调用的函数名字，以及必要的信息。对象有一个生命周期。它们可以被创建和销毁。只要对象正处于其生存期，就可以与其进行通信。

（5）继承。继承是指可以让某个类型的对象获得另一个类型的对象的属性的方法。它支持按级分类的概念。如果类 X 继承类 Y，则 X 为 Y 的子类，Y 为 X 的父类（超类）。例如，"汽车"是一类对象，"轿车""卡车"等都继承了"汽车"类的性质，因而是"汽车"的子类。

（6）封装。封装是指将数据和代码捆绑到一起，避免了外界的干扰和不确定性。目的在于将对象的使用者和对象的设计者分开。用户只能见到对象封装界面上的信息，不必知道实现的细节。封装一方面通过数据抽象，把相关的信息结合在一起，另一方面也简化了接口。

在一个对象内部，某些代码和某些数据可以是私有的，不能被外界访问。通过这种方式，对象对内部数据提供了不同级别的保护，以防止程序中无关的部分意外地改变或错误地使用了对象的私有部分。

2. 面向对象技术的特点

与传统的结构化分析与设计技术相比，面向对象技术具有许多明显的优点，主要体现在以下 3 个方面。

（1）可重用性。继承是面向对象技术的一个重要机制。用面向对象方法设计的系统的基本对象类可以被其他新系统重用。这通常是通过一个包含类和子类层次结构的类库来实现的。因此，面向对象方法可以从一个项目向另一个项目提供一些重用类，从而能显著提高工作效率。

（2）可维护性。由于面向对象方法所构造的系统是建立在系统对象基础上的，结构比较稳定，因此，当系统的功能要求扩充或改善时，可以在保持系统结构不变的情况下进行维护。

（3）表示方法的一致性。面向对象方法要求在从面向对象分析、面向对象设计到面向对象实现的系统整个开发过程中，采用一致的表示方法，从而加强了分析、设计和实现之间的内在一致性，并且改善了用户、分析员以及程序员之间的信息交流。此外，这种一致的表示方法，使得分析、设计的结果很容易向编程转换，从而有利于计算机辅助软件工程的发展。

5.3　程序设计的基本控制结构

结构化程序设计提出了顺序结构、选择（分支）结构和循环结构 3 种基本程序结构。一个程序无论大小都可以由 3 种基本结构搭建而成。

5.3.1　顺序结构

顺序结构要求程序中的各个操作按照它们出现的先后顺序执行。这种结构的特点是：程序从入口点开始，按顺序执行所有操作，直到出口点处。顺序结构是一种简单的程序设计结构，它是最基本、最常用的结构，是任何从简单到复杂的程序的主体基本结构，其流程图如图 5.1 所示。

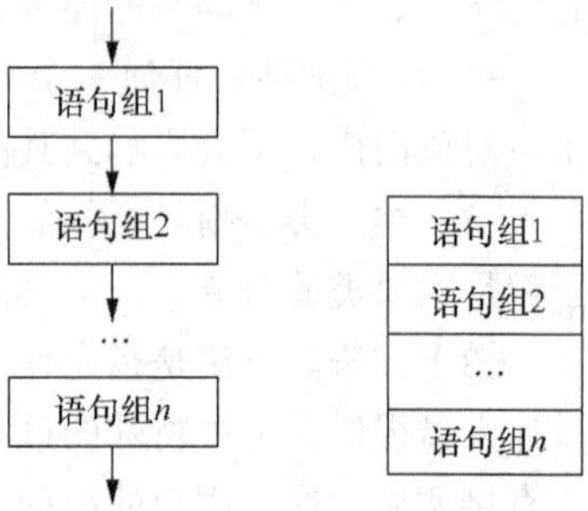

(a) 流程图　　(b) N-S结构图

图 5.1　顺序结构的流程图

5.3.2　选择（分支）结构

选择结构（也叫分支结构）是指程序的处理步骤出现了分支，它需要根据某一特定的条件选择其中的一个分支执行。它包括两路分支选择结构和多路分支选择结构。其特点是：根据所给定的选择条件的真（分支条件成立，常用 Y 或 True 表示）与假（分支条件不成立，常用 N 或 False 表示），来决定从不同的分支中执行某一分支的相应操作，并且任何情况下都有"无论分支多寡，必择其一；纵然分支众多，仅选其一"的特性。

1. 两路分支选择结构

两路分支选择结构是指根据判断结构入口点处的条件来决定下一步的程序流向。如果条件为真则执行语句组 1，否则执行语句组 2。值得注意的是，在这两个分支中只能选择一条且必须选择一条执行，但不论选择了哪一条分支执行，最后流程都一定到达结构的出口点处，其流程图如图 5.2 所示（实际使用过程中可能会遇到只有一条有执行的两分支，此时最好将这些语句放在条件为真的执行语句中，如图 5.2 右侧图所示）。

2. 多路分支选择结构

多路分支选择结构是指程序流程中遇到了多个分支，程序执行方向将根据条件确定。如果条件 1 为真，则执行语句组 1，如果条件 2 为真，则执行语句组 2，如果条件 n 为真，则执行语句组 n。如果所有分支的条件都不满足，则执行语句组 n+1（该分支可以缺省）。总之要根据判断条件选择多个分支的其中之一执行。不论选择了哪一条分支，最后流程要到达同一个出口处。多路分支选择结构的流程图如图 5.3 所示。

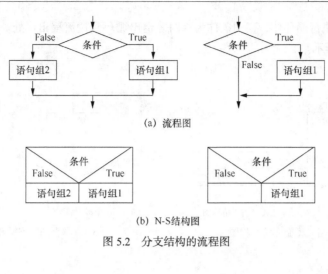

(a) 流程图

(b) N-S结构图

图 5.2　分支结构的流程图

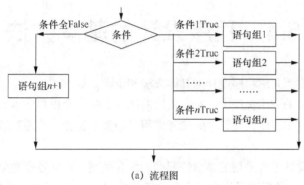

(a) 流程图

(b) N-S结构图

图 5.3　多路分支结构的流程图

5.3.3　循环结构

所谓循环，是指一个客观事物在其发展过程中，从某一环节开始有规律地反复经历相似的若干环节的现象。循环的主要环节具有"同处同构"的性质，即它们"出现位置相同，构造本质相同"。

程序设计中的循环，是指在程序设计中，从某处开始有规律地反复执行某一操作块（或程序块）的现象，并称重复执行的该操作块（或程序块）为它的循环体。

在此介绍两种循环结构："当"型循环和"直到"型循环。

"当"型循环结构是指先判断条件，当满足给定的条件时执行循环体，并且在循环终端处流程自动返回到循环入口；如果条件不满足，则退出循环体直接到达流程出口处。"当"型循环结构的流程图如图 5.4 所示。

"直到"型循环是指从结构入口处直接执行循环体，在循环终端处判断条件，如果条件不满足，则返回入口处继续执行循环体，直到条件为真时才退出循环到达流程出口处。"直到"型循环结构的流程图如图 5.5 所示。

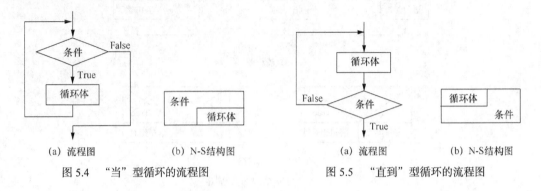

(a) 流程图　　(b) N-S结构图　　　　　　　　(a) 流程图　　(b) N-S结构图

图 5.4 "当"型循环的流程图　　　　　　　图 5.5 "直到"型循环的流程图

5.4　程序设计的基本方法

本节将通过几个实例介绍程序设计的具体方法和步骤。

在传统的面向过程的应用程序中，指令代码的执行次序完全由程序本身控制。换句话说，对于传统的面向过程的应用程序，在设计时要考虑程序的整个流程，并通过指令代码的控制实现这个流程。

面向对象的程序设计方法采用的是事件驱动的编程机制，即对各个对象需要响应的事件分别编写出程序代码。这些事件可以是用户鼠标和键盘的操作，也可以是系统内部通过时钟计时产生，甚至由程序运行或窗口操作触发产生，因此，它们产生的次序是无法事先预测的。所以在编写面向对象的事件过程时，没有先后关系，不必像传统的面向过程的应用程序那样，要考虑对整个程序运行过程的控制。完成应用程序的设计后，在其中增加或减少一些对象不会对整个程序的结构造成影响。例如，在一个窗体中增加或删除一个控件对象，对整个窗体的运行不会带来影响。

由于面向对象的应用程序是事件驱动模式，是通过执行响应不同事件的程序代码进行运行的，因此，就每个事件过程的程序代码来说，一般比较短小简单，调试维护也比较容易。

【例 5.3】　鸡兔同笼问题：鸡和兔子被放在同一个笼中，现在已知鸡和兔子的总头数和总脚数。编程序，计算笼子中鸡和兔子各有多少只？

【分析】　假如我们用 Head 表示总头数，用 Foot 表示总脚数，用 Cock 表示鸡的个数，用 Rabbit 表示兔子的个数，则有：

$$Cock + Rabbit = Head \qquad ①$$
$$2Cock + 4Rabbit = Foot \qquad ②$$

计算机不会直接处理这样的二元一次方程组，必须经过变形：

②－①×2　得：

$$Rabbit = (Foot - 2Head)/2 \qquad ③$$

① 以等价的变形为：

$$Cock = Head - Rabbit \qquad ④$$

这时我们就可以利用已知的 Foot 和 Head 通过③、④两个式子分别求得 Rabbit 和 Cock 了。

【伪码】

```
Begin:
    Input("总头数"); Head              //输入原始数据
    Input("总脚数"); Foot              //输入原始数据
    Rabbit← (Foot - 2 * Head) / 2     //计算兔子的个数
    Cock←Head-Rabbit                  //计算鸡的个数
    Print  Cock                       //输出计算结果
    Print  Rabbit                     //输出计算结果
End
```

我们只是通过伪码给出了处理的步骤，对于其中的"输入原始数据"和"输出计算结果"我们并没有做详细的说明。但是，在开始编程前，一定要对这两个重要环节提出明确的要求。

在对实际问题的处理中，我们还要对输入的原始数据进行控制，不能由使用者随意输入。例如，在本例中，如果输入的原始数据 Head 为 10，Foot 为 12 的话，那么就会出现 14 只鸡、-4 只兔子的结果了！

【例 5.4】 编程序，计算输入数据的算术平方根。

【分析】 假如我们用 Number 表示这个数。当我们输入一个数给 Number 以后，就可以用系统提供的函数 Sqr 计算 Number 的算术平方根了。

【伪码】

```
Begin:
    Input("一个数"); Number           //输入原始数据
    Print Sqr(Number)                 //输出计算结果
End
```

当我们输入的数据为负数时，程序就会报错。为了避免由于输入的数据不在有效范围内（本例中要求输入的数据应该大于等于 0）而导致程序出错的问题，我们可以在输入数据后对输入的数据加以过滤。

```
Begin:
Re:                                   //标记 Re
    Input("一个数"); Number           //输入原始数据
    If (Number< 0)                    //判断输入的是负数吗
    {                                 //条件为 True
        Print  "输入的是负数! 请重做"  //给出提示信息
        GoTo Re                       //转到 Re 重新输入
    }
    Print Sqr(Number)                 //输出计算结果
End
```

在进行程序设计时，对于在程序运行时需要随时提供数据的情况，为了避免出现由于输入的数据不在有效范围内而导致程序出错的问题，都要对输入的数据做有效性检测！

【例 5.5】 有一张面积足够大的纸，如果可能，你将它不断的对折。编写程序，计算对折多少次以后可以超过珠穆朗玛峰的高度（珠穆朗玛峰的高度为 8844430mm）？

【分析】 假设程序中我们用 H 表示纸张的厚度，用 N 记录对折的次数。纸被对折一次后其厚度就扩大一倍，即 $H=H*2$，用条件控制循环，判断对折多少次以后可以超过 8844430。

【伪码】

```
Begin:
```

```
    Input("输入纸的厚度（mm）"); H          //输入原始数据
    While (H <= 8844430)                    //用循环控制纸的厚度，若超过指定的高度，则跳出循环
    {
        N←N + 1                             //纸被对折一次并记录到N中
        H←H * 2                             //纸的厚度扩大一倍
    }
    Print  H, N                             //输出计算结果
End
```

【例 5.6】 相传古代印度国王舍罕要褒奖他聪明能干的宰相（国际象棋发明者）达依尔。国王问达依尔需要什么，达依尔说：国王只要在国际象棋棋盘上的第一格放一粒麦子，第二格放两粒麦子，第三格放四粒麦子，以后都按此比例每一格都是前一格的两倍，一直放到第 64 格为止，我将感激不尽！国王一听马上便答应下来。结果，他让扛过来的麦子，不一会儿就用完了。国王很纳闷，这到底是怎么回事呢？我们下面编写程序，让计算机来算一算这笔账，假定 $1.42×10^8$ 粒小麦/m^3，计算一下这么多小麦有多大的体积。

【分析】 根据题目的描述，我们知道：

第一格放 1 粒麦子， $1=2^0$

第二格是第一格的两倍， $2×1=2=2^1$

第三格是第二格的两倍， $2×2=4=2^2$

第四格是第三格的两倍， $2×4=8=2^3$

......

第 64 格是第 63 格的两倍，$2×2^{62}=2^{63}$

假设我们用 S 表示所求的结果，那么 $S = \sum_{i=0}^{63} 2^i$

这样一来，这个问题就可以通过一个固定次数的循环来解决了。

【伪码】

```
Begin:
    For (i = 0 To 63)          //0~63 计数
    {
        S←S + 2 ^ i            //对每一格中的麦子数向 S 求和
    }
    Print  S                   //输出麦子的总数
    Print  S/1.42E8            //输出所占的体积
End
```

计算机在进行幂指数的运算时，相对于连乘运算要慢很多。因此在计算时我们常常用连乘替代幂指数！

【伪码】

```
Begin:
    K←1                        //设置第 1 格中的麦子数
    S←S + K                    //对第 1 格中的麦子数向 S 求和
    For (i = 1 To 63)          //1~63 计数（第 1 格已经累加过了）
    {
        K←2 * K                //用累乘的方法计算当前格中的麦子数
        S←S + K                //对当前格中的麦子数向 S 求和
    }
```

```
    Print   S                    //输出麦子的总数
    Print   S/1.42E8             //输出所占的体积
End
```

【例 5.7】　一个长长的阶梯，如果一次上两阶，最后剩一阶；如果一次上三阶，最后剩两阶；如果一次上五阶，最后剩四阶；如果一次上六阶，最后剩五阶；如果一次上七阶，刚好上完。编写程序，计算这个阶梯至少有多少阶？

【分析】　解法 1

假设阶梯有 X 阶，则根据题目的描述有：

$$X \ \text{Mod} \ 2 \ = 1 \qquad ①$$
$$X \ \text{Mod} \ 3 \ = 2 \qquad ②$$
$$X \ \text{Mod} \ 5 \ = 4 \qquad ③$$
$$X \ \text{Mod} \ 6 \ = 5 \qquad ④$$
$$X \ \text{Mod} \ 7 \ = 0 \qquad ⑤$$

由①知 X 为奇数；

由⑤知 X 为 7 的倍数；

因此，我们设定循环由 7 开始，每次增加 14 （如果增加的值为 7，那么初值 7，是奇数，增加的值是 7 也是奇数，而"奇数 + 奇数 = 偶数"。由条件①可知，偶数肯定不是该问题的解，所以增加的值应为 14）。循环体中比较 X 是否同时满足条件②、③、④，如果满足，则找到了满足条件的 X。

【伪码】

```
Begin:
    X←7                          // X 的初值为 7
    Do
    {
        If (X Mod 3 = 2 And X Mod 5 = 4 And X Mod 6 = 5)   //比较条件
        {                        //条件为 True
            Print  X             //条件满足，输出 X 的值
            Exit Do              //得出结果，退出循环
        Else                     //条件为 False
            X←X + 14             //条件不满足，X 累加一个步长值 14
        }
    }
End
```

【分析】　解法 2

假设阶梯有 X 阶，则：

$$X \quad \text{Mod} \quad 2 \ = 1 \qquad ①$$
$$X \quad \text{Mod} \quad 3 \ = 2 \qquad ②$$
$$X \quad \text{Mod} \quad 5 \ = 4 \qquad ③$$
$$X \quad \text{Mod} \quad 6 \ = 5 \qquad ④$$
$$X \quad \text{Mod} \quad 7 \ = 0 \qquad ⑤$$

由①、②、③、④知 $X + 1$ 是 2、3、5、6 的倍数，也就是 $X + 1$ 能同时整除 2、3、5、6，换句话说就是（$X+1$）可整除 2，3，5，6 的最小公倍数 30，可用表达式表示为：

$$(X+1) \ \text{Mod} \quad 30 \ = 0 \qquad ⑥$$

现在条件减少到⑤和⑥两个，由条件⑥知道 X 由 29 开始，每次增加 30，循环体中比较 X 是否满足条件⑤，如果满足，则找到了满足条件的 X。

【伪码】

```
Begin:
    X←29                    // X 的初值为 29
    Do
    {
        If (X Mod 7 = 0)    //比较条件
        {                   //条件为 True
            Print X         //条件满足，输出 X 的值
            Exit Do         //得出结果，退出循环
        Else                //条件为 False
            X←X + 30        //条件不满足，X 累加一个步长值 30
        }
    }
End
```

本题的计算结果是 119。解法 1 需要执行 9 次循环，而解法 2 只需 4 次即可得到结果。因此，在对实际问题的处理中，对算法进行优化是很有必要的。

【例 5.8】 一个猴子摘了一堆桃子。第一天吃了一半，又多吃一个。第二天还是吃了一半，又多吃一个。它每天如此，到第 5 天时只剩一个桃子了。编写程序，计算猴子第一天共摘了多少个桃子?

【分析】 假如我们用 T_i 表示第 i 天的桃子数

根据题目描述，第 5 天剩 1 个桃子， $T_5=1$

第 4 天剩下的桃子数，$T_4=2 \times (T_5+1)$

第 3 天剩下的桃子数，$T_3=2 \times (T_4+1)$

第 2 天剩下的桃子数，$T_2=2 \times (T_3+1)$

第 1 天剩下的桃子数，$T_1=2 \times (T_2+1)$

因此我们得到：$T_n=2 \times (T_{n+1}+1)$ （n=4，3，2，1）

假设程序中我们用 T 表示每天的桃子数。

用循环控制执行 4 次 T=2*（T+1），即可得到要求的结果。

【伪码】

```
Begin:
    T←1                     //T 的初值为 1（第 5 天时只剩一个桃子了）
    For (i = 4 To 1, -1)
    {
        T←2*(T+1)           //迭代计算
    }
    Print T                 //输出计算结果
End
```

【例 5.9】 有数据：3，7，2，9，5，1，6。编写程序，将其按升序排列。

【分析】 解法 1：直接排序法

直接排序法的具体方法是，先用第 1 个数据与剩下第 2 到第 N 这 N-1 个数据分别比较：用第

1 个数据与第 2 个数据比较，如果它们之间的关系不符合升序要求，就交换它们的值。接下来，第 1 个数据与第 3 个数据比较……直到第 1 个数据与第 N 数据比较完为止。这时，第 1 个数据就是该序列中最小的一个数据。然后再用第 2 个数据与剩下第 3 到第 N 这 N–2 个数据分别比较。一直下去，直到用第 N–1 个数据与第 N 个数据比较完为止。

具体排序过程如下：

假定将数据 3，7，2，9，5，1，6 存放到 D 数组：

D（1）	D（2）	D（3）	D（4）	D（5）	D（6）	D（7）
3	7	2	9	5	1	6

第 1 轮：用 D（1）与 D（2）～D（7）分别比较：

D（1）>D（2）为假，继续往下比较，D（1）>D（3）为真，则 D（1）、D（3）交换。数组中的数据变为：

D（1）	D（2）	D（3）	D（4）	D（5）	D（6）	D（7）
2	7	3	9	5	1	6

继续往下比较，D（1）>D（4）为假，继续往下比较，D（1）>D（5）为假，继续往下比较，D（1）>D（6）为真，则 D（1）、D（6）交换。数组中的数据变为：

D（1）	D（2）	D（3）	D（4）	D（5）	D（6）	D（7）
1	7	3	9	5	2	6

继续往下比较，D（1）>D（7）为假。

第 1 轮操作完成，数组中的第 1 个数据就是全部数据中最小的。

第 2 轮：用 D（2）与 D（3）～D（7）分别比较：

D（2）>D（3）为真，则 D（2）、D（3）交换。数组中的数据变为：

D（1）	D（2）	D（3）	D（4）	D（5）	D（6）	D（7）
1	3	7	9	5	2	6

继续往下比较，D（2）>D（4）为假，继续往下比较，D（2）>D（5）为假，继续往下比较，D（2）>D（6）为真，则 D（2）、D（6）交换。数组中的数据变为：

D（1）	D（2）	D（3）	D（4）	D（5）	D（6）	D（7）
1	2	7	9	5	3	6

继续往下比较，D（2）>D（7）为假。

第 2 轮操作完成，数组中的第 2 个数据就是全部数据中的第 2 小的。

依此类推，一直到第 6 轮：用 D（6）与 D（7）比较完成，此时全部数据也就排序完成了。

D（1）	D（2）	D（3）	D（4）	D（5）	D（6）	D（7）
1	2	3	5	6	7	9

【伪码】

在此，我们只给出排序的伪码：

……

```
(假设 N 个数据已经存放在 D 数组中)
For (i = 1 To N-1)                    //外循环
{
    For (j = i + 1 To N)              //内循环
    {
        If (D(i) > D(j))              //i 数据与 j 数据比较
        {                            //条件为 True
            D(i)与 D(j)数据交换
        }
    }
}
For (i = 1 To N)
{
    Print  D(i)                       //输出已经排好的序列
}
```

……

【分析】 解法 2：选择排序法

选择排序法的具体方法是：在 D（1）与 D（n）中选择一个最小的元素，放在 D（1）中；再在 D（2）与 D（n）中选择一个最小的元素，放在 D（2）中；一直下去，直到在 D（n-1）与 D（n）中选择最小的元素，放在 D（n-1）中为止。

程序中，外循环用 i 控制，内循环用 j 控制，循环比较时都先记下最小数据的序号（假设用 W 表示），在 j 循环结束后，再让第 i 个数据与第 W 个数据交换。

具体排序过程如下：

假定将数据 3，7，2，9，5，1，6 存放到 D 数组：

D（1）	D（2）	D（3）	D（4）	D（5）	D（6）	D（7）
3	7	2	9	5	1	6

第 1 轮：将 1 记入最小位置号 W，用 D（W）与 D（2）～D（7）分别比较：

最小位置号 W	D（1）	D（2）	D（3）	D（4）	D（5）	D（6）	D（7）
1	3	7	2	9	5	1	6

D（W）>D（2）为假，继续往下比较，D（W）>D（3）为真，则将 3 记入最小位置号 W：

最小位置号 W	D（1）	D（2）	D（3）	D（4）	D（5）	D（6）	D（7）
3	3	7	2	9	5	1	6

继续往下比较，D（W）>D（4）为假，继续往下比较，D（W）>D（5）为假，继续往下比较，D（W）>D（6）为真，则将 6 记入最小位置号 W：

最小位置号 W	D（1）	D（2）	D（3）	D（4）	D（5）	D（6）	D（7）
6	3	7	2	9	5	1	6

继续往下比较，D（W）>D（7）为假。

第 1 轮操作完成，数组中最小的数据在第 W 个位置上（此时 W 的值为 6），令第 W 个数据与第 1 个数据交换，数组中的数据变为：

最小位置号 W	D（1）	D（2）	D（3）	D（4）	D（5）	D（6）	D（7）
6	1	7	2	9	5	3	6

第 2 轮：将 2 记入最小位置号 W，用 D（W）与 D（3）～D（7）分别比较：

最小位置号 W	D（1）	D（2）	D（3）	D（4）	D（5）	D（6）	D（7）
2	1	7	2	9	5	3	6

D（W）>D（3）为真，则将 3 记入最小位置号 W：

最小位置号 W	D（1）	D（2）	D（3）	D（4）	D（5）	D（6）	D（7）
3	1	7	2	9	5	3	6

继续往下比较，D（W）>D（4）为假，继续往下比较，D（W）>D（5）为假，继续往下比较，D（W）>D（6）为假，继续往下比较，D（2）>D（7）为假。

第 2 轮操作完成，数组中最小的数据在第 W 个位置上（此时 W 的值为 3），令第 W 个数据与第 2 个数据交换，数组中的数据变为：

最小位置号 W	D（1）	D（2）	D（3）	D（4）	D（5）	D（6）	D（7）
3	1	2	7	9	5	3	6

依此类推，一直到第 6 轮比较完成，此时全部数据也就排序完成了。

D（1）	D（2）	D（3）	D（4）	D（5）	D（6）	D（7）
1	2	3	5	6	7	9

【伪码】

在此，我们只给出排序的伪码：

……

```
(假设 N 个数据已经存放在 D 数组中)
For (i = 1 To N-1)              //外循环
{
    W←i                        //i 为当前最小位置号
    For (j = i + 1 To N)        //内循环
    {
        If (D(W) > D(j))        //W 数据与 j 数据比较
        {                       //条件为 True
            W←j                 //j 为当前最小位置号
        }
    }
    D(i)与 D(W)数据交换
}
For (i = 1 To N)
{
    Print  D(i)                //输出已经排好的序列
}
……
```

【分析】　解法 3：冒泡排序法

冒泡排序法的具体方法是：比较 D（1）与 D（2），若 D（1）>D（2），则 D（1）与 D（2）交换，否则继续比较 D（2）与 D（3），若 D（2）>D（3），则 D（2）与 D（3）交换，一直下去，比较 D（n-1）与 D（n），若 D（n-1）>D（n），则 D（n-1）与 D（n）交换。到此为止第一轮比较结束，最大值（泡泡）就"浮出来了"（排在最后）。

重复执行前面的操作（每次都比前一次提前一个数结束），直到将只剩下的 D（1）与 D（2）比较完为止。

程序中，由于重复执行时每次都比前一次提前一个数结束，因此内循环 j 的终值应该为 N-i。

具体排序过程如下：

假定将数据 3，7，2，9，5，1，6 存放到 D 数组：

D（1）	D（2）	D（3）	D（4）	D（5）	D（6）	D（7）
3	7	2	9	5	1	6

第 1 轮：D（1）>D（2）为假，继续往下比较，D（2）>D（3）为真，则 D（2）、D（3）交换。数组中的数据变为：

D（1）	D（2）	D（3）	D（4）	D（5）	D（6）	D（7）
3	2	7	9	5	1	6

继续往下比较，D（3）>D（4）为假，继续往下比较，D（4）>D（5）为真，则 D（4）、D（5）交换。数组中的数据变为：

D（1）	D（2）	D（3）	D（4）	D（5）	D（6）	D（7）
3	2	7	5	9	1	6

继续往下比较，D（5）>D（6）为真，则 D（5）、D（6）交换。数组中的数据变为：

D（1）	D（2）	D（3）	D（4）	D（5）	D（6）	D（7）
3	2	7	5	1	9	6

继续往下比较，D（6）>D（7）为真，则 D（6）、D（7）交换。数组中的数据变为：

D（1）	D（2）	D（3）	D（4）	D（5）	D（6）	D（7）
3	2	7	5	1	6	9

第 1 轮操作完成，数组中的最后一个数据就是全部数据中的最大的数据。

第 2 轮：D（1）>D（2）为真，则 D（1）、D（2）交换。数组中的数据变为：

D（1）	D（2）	D（3）	D（4）	D（5）	D（6）	D（7）
2	3	7	5	1	6	9

继续往下比较，D（2）>D（3）为假，继续往下比较，D（3）>D（4）为真，则 D（3）、D（4）交换。数组中的数据变为：

D（1）	D（2）	D（3）	D（4）	D（5）	D（6）	D（7）
2	3	5	7	1	6	9

继续往下比较，D（4）>D（5）为真，则 D（4）、D（5）交换。数组中的数据变为：

D（1）	D（2）	D（3）	D（4）	D（5）	D（6）	D（7）
2	3	5	1	7	6	9

继续往下比较，D（5）>D（6）为真，则 D（5）、D（6）交换。数组中的数据变为：

D（1）	D（2）	D（3）	D（4）	D（5）	D（6）	D（7）
2	3	5	1	6	7	9

第 2 轮操作完成，数组中的倒数第 2 个数据就是全部数据中的倒数第 3 大的数据。

依此类推，一直到第 6 轮比较完成，此时全部数据也就排序完成了。

D（1）	D（2）	D（3）	D（4）	D（5）	D（6）	D（7）
1	2	3	5	6	7	9

【伪码】

在此，我们只给出排序的伪码：

```
……
(假设 N 个数据已经存放在 D 数组中)
For (i = 1 To N-1)                //外循环
{
    For (j = 1 To N-i)            //内循环
    {
        If (D(j) > D(j+1))        //j 数据与 j+1 数据比较
        {                         //条件为 True
            D(i)与 D(j+1)数据交换
        }
    }
}
For (i = 1 To N)
{
    Print  D(i)                   //输出已经排好的序列
}
……
```

【例 5.10】　编写程序，查找某个关键值是否在指定数组中。

【分析】　解法 1：顺序检索

顺序检索就是从第一个数据开始一个一个的比较，直到找到输入的数据或找完全部数据为止。检索过程中我们设置一个"检索标记变量" Sign（逻辑类型）记录检索的结果。初值设定为"False"，在检索过程中，如果存在一个值与关键值相匹配，那么我们就修改"检索标记变量"的值为"True"，同时退出循环。最后通过对"检索标记变量"的判断查看关键值是否在指定数组中。

由此可以看出"顺序检索"可以对无序序列进行处理。

【伪码】

在此，我们只给出检索的伪码：

```
……
(假设 N 个数据已经存放在 D 数组中)
Input("一个数"); Key           //输入要检索的关键值
```

```
Sign←False                      //给出检索标记变量（逻辑类型）的初值
For (i = 1 To N)
{
    If (Key = D(i))             //逐一比较关键值
    {                           //存在一个值与关键值相匹配
        Sign←True               //修改检索标记变量的值为 True
        Exit For                //退出循环
    }
}
If (Sign)                       //判断检索标记变量的值
{                               //条件为 True
    Print  "关键值在第 " &i& " 个位置上。"
Else                            //条件为 False
    Print  "关键值不在序列中。"
}
……
```

【分析】 解法 2：对分检索

对分检索只能用于有序序列。

对分检索的算法思想是：每次都取数据区间的中间值，并且通过这个中间值与关键值比较，来判断是否找到。如果没有找到，再比较这个中间值与关键值的大小，从而决定关键值可能存在的新区间。由于这个新区间是由原区间"对分"得到的，因此这种方法被叫作"对分检索"。

"对分检索"的具体方法如下。

① 假设查找区间的左边界值 LeftData，右边界值 RightData，中间项下标 MidData。MidData=（LeftData+RightData）/2。要检索的关键值为 Key。N 个有序数据已经存放在 D 数组中。

② 取数据序列中间的数 D（MidData）与 Key 比较，如果相等，则说明关键值在数列中；如果不等，则比较 D（MidData）与 Key 的大小，如果 D（MidData）大于 Key，则说明如果 Key 在该数据序列中的话，应该在左半区间，因此原数据区间右边界值左移到 MidData-1，即 LeftData=MidData-1；相反，原数据区间左边界值右移到 MidData+1，即 RightData=MidData+1。

③ 在新的区间重复比较，直到找到该数据或比较完全部数据为止。

类似解法 1，程序中，我们设置一个标志变量 Sign，通过 Sign 的值判断关键值是否在序列中。

【伪码】

在此，我们只给出检索的伪码：

```
……
(假设 N 个有序数据已经存放在 D 数组中)
Input("一个数")；Key                         //输入要检索的关键值
Sign←False                                   //给出检索标记变量（逻辑类型）的初值
LeftData←1                                   //给出检索区间的左边界值初值
RightData←N                                  //给出检索区间的右边界值初值
Do While (RightData >= LeftData And Not Sign)    //判断检索是否结束
{
    MidData←(LeftData + RightData) / 2           //计算中间项下标
    If (D(MidData) = Key)                        //比较关键值
    {                                            //存在一个值与关键值相匹配
        Sign←True                                //修改检索标记变量的值
        Exit Do                                  //退出循环
```

```
        Else                            //当前值与关键值不匹配
            If (D(MidData) > Key)        //判断关键值可能的区间
            {
                RightData←MidData-1      //右边界值左移
            Else
                LeftData←MidData + 1     //左边界值右移
            }
        }
    }
    If (Sign)                            //判断检索标记变量的值
    {                                    //条件为 True
        Print  "关键值在第 " & i & " 个位置上。"
    Else                                 //条件为 False
        Print  "关键值不在序列中。"
    }
    ......
```

【例 5.11】　编写程序，统计学生成绩在 5 个分数段的人数。

　　　　　　5 个分数段具体划分为：

　　　　　　90～100：优秀

　　　　　　80～89：良好

　　　　　　70～79：中等

　　　　　　60～69：及格

　　　　　　0～59：不及格

（假定学生成绩存放在顺序文件 stu.dat 中，）

【分析】　　假设我们用 S 表示读入的百分制成绩，用 K 表示相应的等次：

　　　　　　"优秀" 为 4

　　　　　　"良好" 为 3

　　　　　　"中等" 为 2

　　　　　　"及格" 为 1

　　　　　　"不及格" 为 0

用 G 数组（下标：0～4）表示第 K 类的总数。

则类别 K 的计算为：

　　　　　　$K \leftarrow \text{Int}(S / 10) - 5$

　　　　　　如果 S< 60 那么 K←0

　　　　　　如果 S = 100 那么 K←4

【伪码】

```
Begin:
    Open("stu.dat",As #1)        //打开存放学生信息的文件
    Do While Not EOF(1)
    {
        Num←Input(1,学号)         //从文件中读出学生学号
        S←Input(1,成绩)           //从文件中读出学生成绩
        N←N + 1
        K←Int(S / 10) - 5
```

```
        If (S< 60)
        {
            K←0
        }
        If (S = 100)
        {
            K←4
        }
        G(K) ←G(K) + 1
    }
    Close(1)                        //关闭存放学生信息的文件
    Print "共有 " & N & " 名学生"    //输出学生总数
    For (i = 0 To 4)
    {
        Print G(i)                  //输出计算结果
    }
End
```

如果题目中计算类别 K 的 3 个语句的位置调换一下：

如果 S< 60 那么 K←0

如果 S = 100 那么 K←4

K←Int（S / 10）- 5

可以吗？为什么？

5.5　常用程序设计语言

5.5.1　程序设计语言

要让计算机完成某项任务，就必须通过某种工具（方式）告诉计算机工作的每一步内容和方法，这就是前面说过的"代码序列"，或者说它就是"程序"。所使用的这种"工具"就是程序设计语言。

程序设计语言包含 3 个方面的作用，即语法、语义和语用。语法表示程序的结构或形式，也就是表示构成程序的各个符号之间的组合规则，但不涉及这些符号的特定含义，也不涉及使用者。语义表示程序的含义，也就是表示按照各种方法所表示的各个符号的特定含义，但也不涉及使用者。语用表示程序与使用的关系。

一般来说，程序设计语言还包含 4 种基本成分。

① 数据成分：用于描述程序所涉及的数据。

② 运算成分：用于描述程序中所包含的运算。

③ 控制成分：用于描述程序中所包含的控制。

④ 传输成分：用于表达程序中数据的传输。

1. 机器语言

微型计算机的大脑是一块被称为中央处理单元（CPU）的集成电路。而被称为 CPU 的这个集成电路，只能够识别由 0 和 1 两个数字组成的二进制数码。因此早期人们使用计算机时，就使用这种以二进制代码形式表示机器指令的基本集合，也就是说要写出一串串由"0"和"1"组成的指令序列交由计算机执行。由二进制代码形式组成的规定计算机动作的符号叫作计算机指令，这样一些指令的集合就是机器语言。

机器语言与计算机硬件关系密切。由于机器语言是计算机硬件唯一可以直接识别和执行的语言，因而机器语言执行速度最快。同时使用机器语言又是十分痛苦的，因为组成机器语言的符号全部都是"0"和"1"，所以在使用时特别烦琐、费时，特别是在程序有错需要修改时，更是如此。而且，由于每台计算机的指令系统往往各不相同，所以在一台计算机上执行的程序，要想在另一台计算机上执行，必须另编程序，造成了工作的重复。

2. 汇编语言

为了减轻使用机器语言编程的痛苦，20 世纪 50 年代初，人们发明了汇编语言：用一些简洁的英文字母、符号串来替代一个特定含义的二进制串。例如，用"ADD"代表"加"操作，"MOV"代表数据"移动"等。这样一来，人们就很容易读懂并理解程序在干什么，纠错及维护都变得方便了。由于在汇编语言中，用"助记符"代替操作码，用"地址符号"或"标号"代替地址码，也就是用"符号"代替了机器语言的二进制码，所以汇编语言也被称为符号语言。汇编语言在形式上用了人们熟悉的英文符号和十进制数代替二进制码，因而方便了人们的记忆和使用。

但是，由于计算机只能识别"0"和"1"，而汇编语言中使用的是助记符号，因此用汇编语言编制的程序输入计算机后，计算机不能依用机器语言编写的程序一样直接被识别和执行，必须通过预先放入计算机中的"汇编程序"的加工和翻译，才能变成能够被计算机识别和处理的二进制代码程序。这种起翻译作用的程序叫作汇编程序。

汇编语言由于采用了助记符号来编写程序，比用机器语言的二进制代码编程要方便些，在一定程度上简化了编程过程。汇编语言的特点是用符号代替机器指令代码，而且助记符与指令代码一一对应，基本保留了机器语言的灵活性。使用汇编语言能面向机器并较好地发挥机器的特性，得到质量较高的程序。

汇编语言像机器指令一样，是硬件操作的控制信息，因而仍然是面向机器的语言，在编写复杂程序时还是比较烦琐、费时，具有明显的局限性。同时，汇编语言仍然依赖于具体的机型，不能通用，也不能在不同机型之间移植。但是汇编语言的优点还是很明显的，例如，它比机器语言易于读写、易于调试和修改，执行速度快，占内存空间少，能准确发挥计算机硬件的功能和特长，程序精炼而质量高等，因此它至今仍是一种常用而强有力的软件开发工具。

3. 高级语言

从最初与计算机交流的痛苦经历中，人们意识到，应该设计一种接近数学语言或自然语言，同时又不依赖于计算机硬件，编出的程序能在所有机器上通用的语言。经过努力，1954 年，第一个完全脱离机器硬件的高级语言——FORTRAN 问世了，50 多年来，共有几百种高级语言出现，有重要意义的有几十种，影响较大、使用较普遍的有 C、C#、Visual C++、Visual Basic、.NET、Delphi、Java、ASP 等。

高级语言的发展也经历了从早期语言到结构化程序设计语言，从面向过程到非过程化程序语言的过程。相应地，软件的开发也由最初的个体手工作坊式的封闭式生产，发展为产业化、流水线式的工业化生产。

20 世纪 60 年代中后期，软件的需求越来越多，规模越来越大，而软件的生产基本上是各自为战，缺乏科学规范的系统规划与测试、评估标准，其恶果是大批耗费巨资建立起来的软件系统，由于含有错误而无法使用，甚至带来巨大损失，软件给人的感觉是越来越不可靠，以致几乎没有不出大错的软件。这一切，极大地震动了计算机界，计算机发展史上将其称为"软件危机"。人们认识到：大型程序的编制不同于写小程序，它应该是一项新的技术，应该像处理工程一样处理软件研制的全过程。程序的设计应易于保证正确性，也便于验证正确性。1969 年，人们提出了结构化程序设计方法，1970 年，第一个结构化程序设计语言——Pascal 语言出现，它标志着结构化程序设计时期的开始。

20 世纪 80 年代初，人们在软件设计思想上，又产生了一次革命，其成果就是面向对象的程序设计。在此之前的高级语言，几乎都是面向过程的，程序的执行是流水线似的，在一个模块被执行完成前，人们不能干别的事，也无法动态地改变程序的执行方向。这和人们日常处理事物的方式是不一致的，对人而言是希望发生一件事就处理一件事，也就是说，不能面向过程，而应是面向具体的应用功能，也就是对象。其方法就是软件的集成化，如同硬件的集成电路一样，生产一些通用的、封装紧密的功能模块，称之为软件集成块，它与具体应用无关，但能相互组合，完成具体的应用功能，同时又能重复使用。对使用者来说，只关心它的接口（输入量、输出量）及能实现的功能，至于如何实现的，那是它内部的事，使用者完全不用关心，C++、Visual Basic、Delphi 等就是典型代表。

高级语言最主要特点是不依赖于机器的指令系统，与具体计算机无关，是一种能方便描述算法过程的计算机程序设计语言。因此使用者可以不必过问计算机硬件的逻辑结构，而直接使用便于人们理解的英文、运算符号和实际数字来编写程序。用高级语言设计的程序比低级语言设计的程序简短、易修改、编写程序的效率高。这主要是因为高级语言的一条语句对应多条机器指令。这些优点使得很多非计算机专业的人员都乐于使用高级语言设计程序，解决具体问题。

类似汇编语言，用程序语言输入的程序指令如果不经过转换，也就是不被翻译为计算机可执行的机器语言指令，那么它就不能被计算机识别并执行。这时就要用由另一个程序来完成高级语言到机器语言的翻译，这种翻译程序也叫汇编程序或编译程序。

用高级语言编写程序的过程称为编码，编写出来的这些程序叫源代码（或源程序）。再次强调，编码必须遵守所使用编程语言的规则，否则很难翻译。例如，有 3 个人，一个是中国人，一个是法国人，而另一个是能将标准的普通话中文翻译成法文的翻译，假设那个中国人说的普通话不太标准，那么这个翻译将会花很多时间去努力纠正，直至最终能听懂并翻译给那个法国人，但假设那个中国人说的是翻译根本无法听懂的地方话，那么翻译也就束手无策了。

通常将高级语言翻译为机器语言的方式有两种：解释方式和编译方式。

解释方式，即让计算机运行解释程序，解释程序逐句取出源程序中的语句，对它作解释执行，输入数据，产生结果。

解释方式的主要优点是计算机与人的交互性好，调试程序时，能一边执行一边直接改错，能较快得到一个正确的程序。缺点是逐句解释执行，整体运行速度慢。

编译方式，即先运行编译程序，将源程序全部翻译为计算机可直接执行的二进制程序（称为目标程序）；然后让计算机执行目标程序，输入数据，产生结果。

编译方式的主要优点是计算机运行目标程序快，缺点是修改源程序后必须重新编译以产生新的目标程序。

现在也有将上述两种方式结合起来的，即先编译源程序，产生计算机还是不能直接执行的中间代码，然后让解释程序解释执行中间代码。这样做的好处首先是比直接解释执行快；更大的好处是中间代码独立于计算机，只要有相应的解释程序，就可在任何计算机上运行。

一旦程序翻译为机器语言，计算机就能执行该指令了。购买的或在网上下载的软件都是由编程语言编写的，这些程序一般都已经翻译为了机器语言，以文件形式存在，这些程序的扩展名一般为.exe，这样的文件称为可执行文件。计算机可以脱离编程环境运行可执行文件。

当前计算机语言上百种，最常用的也有十几种，到底选择哪一门语言作为自己的程序设计语言呢？因每种语言都有其自己的特点和应用领域，因此不能孤立地说哪种语言绝对地好，哪种语言绝对地不好。只能说哪种语言适用于哪个领域。正如商店里各种款式、质地、用途、价格迥异的衣服一样，不同年龄、气质、消费水平的人群分别会购买适合自己的那一款服装。计算机语言只是一种工具，使用它的目的是为了解决实际问题。不论学习哪种语言，只要能学得快、用得好、能解决问题就行。

事实上，几乎所有语言都在发展，如果一种语言长期停滞不前，它就会落伍，就会被淘汰。Visual Basic 从最早的面向 DOS 的 Basic 到现在的 Visual Basic 6.0 直至 Visual Basic.NET，正是在不断的发展中保持了自己的优势，始终吸引着千百万计算机爱好者和计算机应用人员。

其实各种高级程序设计语言都有一些共同的规律，只是语法规则会有所不同。因此，无论学习哪一种语言，重要的是掌握基本的程序设计方法和技巧，并且能够做到举一反三，同时也为后续学习和掌握其他语言打下良好的基础。

5.5.2　C 和 C++

1. C

C 语言是在 20 世纪 70 年代初问世的。它是一种结构化语言，层次清晰，便于按模块化方式组织程序，易于调试和维护。C 语言的表现能力和处理能力极强。它不仅具有丰富的运算符和数据类型，便于实现各类复杂的数据结构。它还可以直接访问内存的物理地址，进行位（bit）一级的操作。由于 C 语言实现了对硬件的编程操作，因此 C 语言集高级语言和低级语言的功能于一体，既可用于系统软件的开发，也适合于应用软件的开发。此外，C 语言还具有效率高，可移植性强等特点，因此被广泛地移植到了各种类型的计算机上，从而形成了多种版本的 C 语言。

C 语言的发展颇为有趣，它的原型为 ALGOL 60 语言（也称为 A 语言）。1963 年，剑桥大学将 ALGOL 60 语言发展成为 CPL（Combined Programming Language）语言。1967 年，剑桥大学的 Matin Richards 对 CPL 语言进行了简化，于是产生了 BCPL 语言。1970 年，美国贝尔实验室的 Ken Thompson 将 BCPL 进行了修改，并为它起了一个有趣的名字"B 语言"，意思是将 CPL 语言煮干，提炼出它的精华。并且他用 B 语言写了第一个 UNIX 操作系统。而在 1973 年，B 语言也给人"煮"了一下，美国贝尔实验室的 Dennis M Ritchie 在 B 语言的基础上最终设计出了一种新的语言，他取了 BCPL 的第二个字母作为这种语言的名字，这就是 C 语言。

为了使 UNIX 操作系统推广，1977 年 Dennis M Ritchie 发表了不依赖于具体机器系统的 C 语言编译文本《可移植的 C 语言编译程序》。1978 年 Brian W Kernighian 和 Dennis M Ritchie 出版了名著《The C Programming Language》，该书的发行，使 C 语言成为当时世界上最流行、使用最广泛的高级程序设计语言之一。1988 年，随着微型计算机的日益普及，出现了许多 C 语言版本。由于没有统一的标准，使得这些 C 语言之间出现了一些不一致的地方。为了改变这种情况，美国国家标准学会（ANSI）为 C 语言制定了一套 ANSI 标准，成为现行的 C 语言标准。

C 语言发展迅速，而且成为最受欢迎的语言之一，主要因为它具有强大的功能。许多著名的系统软件，如 dBaseⅢPlus、dBaseⅣ都是由 C 语言编写的。

2. C++

美国 AT&T 贝尔实验室的 Bjarne Stroustrup 博士在 20 世纪 80 年代初期发明并实现了 C++（最

初这种语言被称作"C with Classes"）。一开始 C++是作为 C 语言的增强版出现的，从给 C 语言增加类开始，不断的增加新特性。

C++是当今最流行的高级程序设计语言之一，应用十分广泛。它也是一门复杂的语言，与 C 语言兼容，既支持结构化的程序设计方法，也支持面向对象的程序设计方法。

5.5.3 .NET

为了适应网络开发的需要，2000 年微软公司提出了"任何人可以从任何地方、在任何时间、使用任何设备存取互联网上的服务"的战略思想，同时发布了 Mirosoft.NET 开发平台。.NET 将对象技术和组件技术有机的结合在一起。.NET 平台包括.NET 框架（.NET Framework）、.NET 开发技术和.NET 开发语言等。.NET 平台中支持多种语言，提供了在一个应用系统的开发过程中多种语言间的无缝交互和集成。.NET 平台上最为常用的就是 Visual Basic 和 C#语言。

1．Visual Basic

Visual Basic，简称 VB，是微软公司推出的 Windows 环境下的软件开发工具。"BASIC"是 Beginners All-purpose Symbolic Instruction Code 的缩写，这是一种在计算技术发展史上应用最为广泛的语言。Visual Basic 在原有 Basic 语言的基础上进一步发展，至今包含了数百条语句、函数及关键词，其中很多和 Windows GUI 有直接关系。Visual Basic 具有 BASIC 语言简单而不贫乏的优点，同时增加了结构化和可视化程序设计语言的功能，使用更加方便。

Visual Basic 是一种可视化的、面向对象和采用事件驱动方式的结构化高级程序设计语言，可用于开发 Windows 环境下的各类应用程序。它简单易学、效率高，且功能强大，可以与 Windows 的专业开发工具 SDK（Software Development Kit）相媲美。在 Visual Basic 环境下，利用事件驱动的编程机制、新颖易用的可视化设计工具，使用 Windows 内部的应用程序接口函数（API），以及动态链接库（DLL）、动态数据交换（DDE）、对象的链接与嵌入（OLE）、开放式数据库连接（ODBC）等技术，可以高效、快速地开发出 Windows 环境下功能强大、图形界面丰富的应用软件系统。

Visual Basic 中的"Visual"是指开发图形用户界面（Graphical User Interface，GUI）的方法，意思是"可视的"，也就是直观的编程方法。在 Visual Basic 中引入了控件的概念，还有各种各样的按钮、文本框、选择框等。Visual Basic 把这些控件模式化，并且每个控件都由若干属性来控制其外观、工作方法。这样，采用 Visual 方法无须编写大量代码去描述界面元素的外观和位置，而只要把预先建立的控件加到屏幕上即可。就像使用画图之类的绘图程序，通过选择画图工具来画图一样。

2．C#

C#（读作 C sharp）是微软公司开发的一种面向对象的编程语言，是微软.NET 开发环境的重要组成部分。而 Microsoft Visual C# 2005 是微软公司开发的 C#编程集成开发环境（同种产品还有 Borland 公司的 C# Builder），它是为生成在 .NET Framework 上运行的多种应用程序而设计的。C# 简单、功能强大、类型安全，而且是面向对象的。C# 凭借它的许多创新，在保持 C 样式语言的表示形式和优美的同时，实现了应用程序的快速开发。

Visual Studio 包含 Visual C#，这是通过功能齐全的代码编辑器、项目模板、设计器、代码向导、功能强大且易于使用的调试器以及其他工具实现的。通过 .NET Framework 类库，可以访问多种操作系统服务和其他有用的精心设计的类，这些类可显著加快开发周期。

5.5.4　Java

当 1995 年 SUN 推出 Java 语言之后，全世界的目光都被这个神奇的语言所吸引。那么 Java 到底有何神奇之处呢？

Java 语言其实最早诞生于 1991 年，起初被称为 OAK 语言，是 SUN 公司为一些消费性电子产品而设计的一个通用环境。他们最初的目的只是为了开发一种独立于平台的软件技术，而且在网络出现之前，OAK 可以说是默默无闻，甚至差点夭折。但是，网络的出现改变了 OAK 的命运。

在 Java 出现以前，Internet 上的信息内容都是一些乏味死板的 HTML 文档。这对于那些迷恋于 Web 浏览的人们来说简直不可容忍。他们迫切希望能在 Web 中看到一些交互式的内容，开发人员也极希望能够在 Web 上创建一类无须考虑软硬件平台就可以执行的应用程序，当然这些程序还要有极大的安全保障。对于用户的这种要求，传统的编程语言显得无能为力，而 SUN 工程师敏锐地察觉到了这一点，从 1994 年起，他们开始将 OAK 技术应用于 Web 上，并且开发出了 Hot Java 的第一个版本。

Java 是一种简单的、面向对象的、分布式的、解释的、健壮的、安全的、结构的、中立的、可移植的、性能很优异的、多线程的、动态的语言。

5.5.5　Raptor

Raptor 是一款基于流程图的高级程序语言算法工具。它是一种可视化的程序设计环境，为程序和算法设计的基础课程的教学提供实验环境。该快速算法原型工具使用 RAPTOR 设计的程序和算法可以直接转换成为 C++、C#、Java 等高级程序语言，为程序和算法的初学者提供了良好的学习环境。

5.5.6　Python

Python 是一种面向对象、直译式计算机程序设计语言，由 Guido van Rossum 于 1989 年底发明，第一个公开发行版发行于 1991 年。Python 语法简捷而清晰，具有丰富和强大的类库。它常被昵称为胶水语言，它能够很轻松的把用其他语言制作的各种模块（尤其是 C/C++）轻松地联结在一起。常见的一种应用情形是，使用 Python 快速生成程序的原型(有时甚至是程序的最终界面)，然后对其中有特别要求的部分，用更合适的语言改写，比如 3D 游戏中的图形渲染模块，速度要求非常高，就可以用 C++重写。

习　题　5

一、选择题

1. 对计算机进行程序控制的最小单位是（　　）。
   A. 语句　　　　　B. 字节　　　　　C. 指令　　　　　D. 程序
2. 为解决某一特定问题而设计的指令序列称为（　　）。
   A. 文档　　　　　B. 语言　　　　　C. 程序　　　　　D. 系统
3. 结构化程序设计中的 3 种基本控制结构是（　　）。
   A. 选择结构、循环结构和嵌套结构
   B. 顺序结构、选择结构和循环结构

C. 选择结构、循环结构和模块结构

D. 顺序结构、递归结构和循环结构

4. 编制一个好的程序首先要确保它的正确性和可靠性，除此以外，通常更注重源程序的（　　）。

A. 易使用性、易维护性和效率

B. 易使用性、易维护性和易移植性

C. 易理解性、易测试性和易修改性

D. 易理解性、安全性和效率

5. 编制好的程序时，应强调良好的编程风格，如选择标识符的名字时应考虑（　　）。

A. 名字长度越短越好，以减少源程序的输入量

B. 多个变量共用一个名字，以减少变量名的数目

C. 选择含义明确的名字，以正确提示所代表的实体

D. 尽量用关键字作名字，以使名字标准化

6. 与高级语言相比，用低级语言（如机器语言等）开发的程序，其结果是（　　）。

A. 运行效率低，开发效率低　　　　B. 运行效率低，开发效率高

C. 运行效率高，开发效率低　　　　D. 运行效率高，开发效率高

7. 程序设计语言的语言处理程序是一种（　　）。

A. 系统软件　　　B. 应用软件　　　C. 办公软件　　　D. 工具软件

8. 计算机只能直接运行（　　）。

A. 高级语言源程序　　　　　　　　B. 汇编语言源程序

C. 机器语言程序　　　　　　　　　D. 任何源程序

9. 将高级语言的源程序转换成可在机器上独立运行的程序的过程称为（　　）。

A. 解释　　　　B. 编译　　　　C. 连接　　　　D. 汇编

10. 下列各种高级语言中，（　　）是面向对象的程序设计语言。

A. BASIC　　　B. PASCAL　　　C. C++　　　D. C

二、简答题

1. 什么是程序？什么是程序设计？程序设计包含哪几个方面？

2. 在程序设计中应该注意哪些基本原则？

3. 什么是面向对象程序设计中的"对象""类"？

4. 程序的基本控制结构有几个？分别是什么？

5. 机器语言、汇编语言、高级语言有什么不同？

6. Visual Basic 程序设计语言的特点有哪些？

三、试写出以下问题的算法描述

1. A、B、C三人上街买糖果。三人买好后，A对B、C说："我可以按你们现有的数量再送你们每人一份。"之后，B对A、C；C对A、B也说了同样的话。互相赠送后，每人各有64块糖果。A、B、C原来各买了多少块糖果？

2. 在实数范围内求解一元二次方程：$ax^2+bx+c=0$（当输入的系数使得一元二次方程没有实数解时，给出提示信息）。

3. 判断输入的整数是否是素数。

第6章
多媒体技术及应用

本章主要介绍多媒体技术的基本概念，多媒体计算机的组成和多媒体信息的数字化，多媒体信息的处理和制作技术。通过本章学习，读者可以了解多媒体技术的基本概念和基本知识，掌握多媒体的相关技术。

【知识要点】

1. 多媒体技术基本概念；
2. 多媒体系统组成；
3. 音频处理技术；
4. 图像处理技术；
5. 视频处理技术；
6. 多媒体数据压缩技术。

6.1 多媒体技术的基本概念

计算机技术的飞速发展，以计算机为基础的多媒体技术被广泛应用并渗透到社会生活的各个方面。多媒体技术是现代信息技术领域发展最快、应用最广、变化最快的技术，是电子技术发展和竞争的热点。多媒体技术融智能、声音、图像、数据、视频和通信等多种功能于一体，借助日益普及的高速信息网，可实现计算机全球联网和信息资源共享，因此被广泛应用于工业、农业、服务、教育、通信、军事、金融等各行各业。

6.1.1 多媒体概述

所谓媒体（Media）就是信息表示、传输和存储的载体。例如，文本、声音、图像等都是媒体，它们向人们传递各种信息。媒体原有两重含义，一是指存储信息的实体，如磁盘、光盘、磁带、半导体存储器等；二是指传递信息的载体，如文本、声音、图形、图像等。

媒体的概念范围相当广泛，按照国际电话电报咨询委员会（CCITT）的定义，媒体可以进行如下分类。

（1）感觉媒体（Perception Medium）：直接作用于人的感官，产生感觉（视、听、嗅、味、触觉）的媒体称为感觉媒体。例如，语言、音乐、音响、图形、动画、数据、文字、文件等都是感觉媒体。而我们通常所说的多媒体就是感觉媒体的多种组合。

（2）表示媒体（Presentation Medium）：为了对感觉媒体进行有效的传输，以便于进行加工和处理，而人为地构造出的一种媒体称为表示媒体。例如，语言编码、静止和活动图像编码以及文本编码等都称为表示媒体。

（3）显示媒体（Display Medium）：显示媒体是显示感觉媒体的设备。显示媒体又分为两类：一类是输入显示媒体，如话筒、摄像机、光笔以及键盘等，另一种为输出显示媒体，如扬声器、显示器以及打印机等。

（4）传输媒体（Transmission Medium）：传输媒体是指传输信号的物理载体。例如，同轴电缆、双绞线、光纤以及电磁波等都是传输媒体。

（5）存储媒体（Storage Medium）：用于存储表示媒体，即用于存放感觉媒体数字化代码的媒体称为存储媒体。例如，磁盘、磁带、光盘、纸张等都是存储媒体。

多媒体（Multimedia）是融合两种或两种以上感觉媒体的人机交互信息或传播的媒体，是多种媒体信息的综合。它可以包括各种信息元素，主要有文本、图形、图像、音频、视频、动画等。

6.1.2　多媒体技术概述

1. 多媒体技术的定义

多媒体技术是以计算机为主体，结合通信、微电子、激光、广播电视等多种技术而形成的，用来综合处理多种媒体信息的交互性信息处理技术。具体来讲，就是以计算机为中心，将文本、图形、图像、音频、视频和动画等多种媒体信息通过计算机进行数字化处理，使之建立起逻辑连接，并集成为一个具有交互性的系统。这里所讲的处理，是指对这些媒体进行的采集、压缩、存储、控制、编辑、变换、播放、传输等。

2. 多媒体技术的特点

（1）多样性。多样性一方面是指媒体信息表现类型的多样性，另一方面也指媒体输入、传播、再现和展示手段的多样性。以输入数据的手段为例，可以使用键盘，也可以用鼠标、触摸屏、扫描、语音、手势、表情等较为自然的多种输入方式。

（2）集成性。集成性包括3个方面的含义：一是指各种信息形式的集成，即文本、声音、图像、视频信息形式的一体化；二是多媒体将各种单一的技术和设备集成在一个系统中，如图像处理技术、音频处理技术、电视技术、通信技术等，通过多媒体技术集成为一个综合系统，实现更高的应用目标；三是对各种信息源的数字化集成，如可以将摄像机获取的视频图像、存储在硬盘中的照片、文本、图形、动画等，经过编辑后向屏幕、音响、打印机等设备输出，也可以通过网络向远程输出。

（3）交互性。交互性是指实现媒体信息的双向处理，即用户与计算机的多种媒体进行交互式操作，从而为用户提供更有效控制和使用信息的手段，同时也为应用开辟了更加广阔的领域。早期的计算机与人之间通过键盘、屏幕等进行信息的交互，用户要让计算机运行某个程序，必须通过键盘输入文件名，而计算机将计算结果以数据和字符在屏幕上显示。后来计算机引入鼠标和Windows图形界面，用户要让计算机实现某个问题，只要用鼠标单击就可以了，大大方便了输入，计算机交互有了长足的发展。当今随着多媒体技术的飞速发展，信息的输入/输出也由单一媒体转变为多媒体，人与计算机之间的交互手段多样化，除键盘、鼠标等传统输入手段外，还可以用语音输入、手势输入等。

（4）实时性。实时性是指媒体信息的表现过程在时间上具有连续性、同步性和高效性。声音、视频图像、动画等媒体是强实时的，多媒体系统提供了对这些时基媒体实时处理的能力。

（5）数字化。数字化是指对各种媒体信息的记录、传输均采用计算机系统可识别的数字或流的方式进行，而不使用模拟量的表示方式。用数字的方式表示，便于进行精确运算、编程，以实现灵活的处理。

6.1.3　多媒体的相关技术

多媒体技术是多学科、多技术交叉的综合性技术，主要涉及多媒体数据压缩技术、多媒体信息存储技术、多媒体网络通信技术、多媒体软件技术以及虚拟现实技术等。

1.　多媒体数据压缩技术

多媒体数据压缩技术是多媒体技术中最为关键的技术。数字化后的多媒体信息数据量非常庞大，例如，对于彩色电视信号的动态视频图像，数字化处理后的 1s 数据量达十多兆字节，650MB 容量的 CD-ROM 仅能存 1min 的原始电视数据。超大数据量给存储器的存储、带宽及计算机的处理速度都带来极大的压力，因此，需要通过多媒体数据压缩技术来解决数据存储与信息传输的问题。

2.　多媒体信息存储技术

多媒体数据有两个显著的特点：一是数据表现有多种形式，且数据量很大，尤其对动态的声音和视频图像更为明显；二是多媒体数据传输具有实时性，声音和视频必须严格地同步。这就要求存储设备的存储容量必须足够大，存取速度快，以便高速传输数据，使得多媒体数据能够实时地传输和显示。

多媒体信息存储技术主要研究多媒体信息的逻辑组织，存储体的物理特性，逻辑组织到物理组织的映射关系，多媒体信息的存取访问方法、访问速度、存储可靠性等问题，具体技术包括磁盘存储技术、光存储技术以及其他存储技术。

3.　多媒体网络通信技术

多媒体网络通信技术是指通过对多媒体信息特点和网络技术的研究，建立适合传输文本、图形、图像、声音、视频、动画等多媒体信息的信道、通信协议和交换方式等，解决多媒体信息传输中的实时与媒体同步等问题。

现有的通信网络大体上可分为 3 类：电信网络（包括移动多媒体网络）、计算机网络和有线电视网络。多媒体通信网络技术主要解决网络吞吐量、传输可靠性、传输实时性和提高服务质量等问题，实现多媒体通信和多媒体数据及资源的共享。

4.　多媒体专用芯片技术

专用芯片是改善多媒体计算机硬件体系结构和提高其性能的关键。为了实现音频、视频信号的快速压缩、解压缩和实时播放，需要大量的快速计算。只有不断研发高速专用芯片，才能取得满意的处理效果。专用芯片技术的发展依赖于大规模集成电路（VastLarge Scale Integration，VLSI）技术的发展。

多媒体计算机专用芯片可归纳为两种类型：一种是固定功能的芯片，其主要用来提高图像数据的压缩率；另一种是可编程数字信号处理器 DSP 芯片，主要用来提高图像的运算速度。

5.　多媒体软件技术

多媒体软件技术主要包括多媒体操作系统、多媒体数据库技术、多媒体信息处理与应用开发技术。

① 多媒体操作系统是多媒体软件技术的核心，负责多媒体环境下多任务的调度，提供多媒体信息的各种基本操作和管理，保证音频、视频同步控制以及信息处理的实时性，具备综合处理和

使用各种媒体的能力，能灵活地调度多种媒体数据并能进行相应的传输和处理，改善工作环境并向用户提供友好的人机交互界面等。

② 多媒体数据库技术主要从 3 个方面开展研究，一是研究分析多媒体数据对象的固有特性；二是在数据模型方面开展研究，实现多媒体数据库管理；三是研究基于内容的多媒体信息检索策略。多媒体数据库中，要处理结构化和大量非结构化数据，解决数据模型、数据压缩与还原、多媒体数据库操作及多媒体数据对象表现等主要问题。

③ 多媒体信息处理主要研究各种媒体信息（如文本、图形、图像、声音、视频等）的采集、编辑、处理、存储、播放等技术。多媒体应用开发技术主要是在多媒体信息处理的基础上，研究和利用多媒体著作或编程工具，开发面向应用的多媒体系统，并通过光盘或网络发布。

6. 虚拟现实技术

虚拟现实（Virtual Reality，VR）技术是一种可以创建和体验虚拟世界的计算机系统，一种模拟人在自然环境中视觉、听觉和运动等行为的高级人机交互（界面）技术。虚拟现实技术是多媒体技术的重要发展和应用方向，旨在为用户提供一种身临其境和多感觉通道的体验，寻求最佳的人机通信方式。它是由计算机硬件、软件以及各种传感器所构成的三维信息人工环境，即虚拟环境；由可实现的和不可实现的物理上的、功能上的事物和环境构成。虚拟现实技术在娱乐游戏、建筑设计、CAD 机械设计、计算机辅助教学、虚拟实验室、国防军事、航空航天、生物医学、医疗外科手术、艺术体育、商业旅游等领域显示出广阔的应用前景。

6.1.4　多媒体技术的发展

多媒体和多媒体技术可追溯到 20 世纪 80 年代。1984 年，美国 Apple 公司在更新换代的 Macintosh 个人计算机（Mac）上使用基于图形界面的窗口操作系统，并在其中引入位图概念进行图像处理，随后增加了语音压缩和真彩色图像系统，使用 Macromedia 公司的 Director 软件进行多媒体创作，成为当时最好的多媒体个人计算机。1986 年，Philips 公司和 Sony 公司联合推出交互式紧凑光盘系统（Compact Disc Interactive，CDI），能够将声音、文字、图形图像、视频等多媒体信息数字化存储到光盘上。1987 年，RCA 公司推出了交互式数字视频系统 DVI（Digital Video Interactive），使用标准光盘存储、检索多媒体数据。1990 年，Philips 等十多家厂商联合成立了多媒体市场委员会并制定了 MPC（多媒体计算机）的市场标准，建立了多媒体个人计算机系统硬件的最低功能标准，利用 Microsoft 公司的 Windows 操作系统，以 PC 现有的广大市场作为推动多媒体技术发展的基础。1995 年，由美国 Microsoft（微软）公司开发的功能强大的 Windows 95 操作系统问世，使多媒体计算机的用户界面更容易操作，功能更为强劲。随着视频音频压缩技术日趋成熟，高速的奔腾系列 CPU 开始武装个人计算机，个人计算机市场已经占据主导地位，多媒体技术得到了蓬勃发展。国际互联网络的兴起，也促进了多媒体技术的发展。

6.1.5　多媒体技术的应用

近年来，多媒体技术得到迅速发展，多媒体系统的应用更以极强的渗透力进入人类生活的各个领域，如教育、娱乐、档案图书、股票债券、金融交易、建筑设计、家庭、通信等。

1. 教育教学

教育教学是多媒体技术最有前途的应用领域之一，世界各国的教育学家们正努力研究用先进的多媒体技术改进教学与培训。以多媒体计算机为核心的现代教育技术使教学变得丰富多彩，并引发教育的深层次改革。多媒体教学已在较大范围内替代了基于黑板的教学方式，从以教师为中心的教学模式，逐步向学生为中心、学生自主学习的新型教学模式转移。典型应用如计算机辅助教学（CAI）、电子教案、远程多媒体教学、慕课（MOOC）教学、虚拟实验技术的应用与推广等。

2．影视娱乐

有声信息已经广泛地用于各种应用系统中。通过声音录制可获得各种声音或语音，用于宣传、演讲或语音训练等应用系统中，或作为配音插入电子讲稿、电子广告、动画和影视中。数字影视和娱乐工具也已进入我们的生活，如人们利用多媒体技术制作影视作品、观看交互式电影等；而在娱乐领域，电子游戏软件，无论是在色彩、图像、动画、音频的创作表现，还是在游戏内容的精彩程度上也都是空前的，千万青少年甚至成年人为之着迷，可见多媒体的威力。

3．远程医疗

多媒体技术可以帮助远离服务中心的病人通过多媒体通信设备、远距离多功能医学传感器和微型遥测接受医生的询问和诊断，为抢救病人赢得宝贵的时间，并充分发挥名医专家的作用，节省各种费用开支。

4．工业与商业

多媒体技术可以对工业生产进行实时监控，尤其是在生产现场设备故障诊断和生产过程参数探测等方面实际应用价值很大，特别在危险环境和恶劣环境中作业，几乎都是由多媒体监控设备所取代，另外，在交通枢纽也可以设置多媒体监测系统，准确观测各重要交通路口和行人、车辆分布，向司机提示，进行疏导，也可大大改善交通压力。

商业方面主要有公共招贴广告、大型显示屏广告、平面印刷广告等商业宣传手段的应用；办公自动化系统、视频会议系统；产品加工工艺过程仿真，旅游景点的风光重现、风土人情及服务项目介绍等。

5．电子出版物

电子出版物是指以数字代码方式将图、文、声、像等信息存储在磁、光、电介质上，通过计算机或类似设备阅读使用，并可复制发行的大众传播媒体，如 E-zine 是常规杂志的一种电子形式。电子出版物有着多媒体的特点，尤其体现在集成性和交互性，使用媒体种类多、表现力强，信息检索和使用方式更加灵活方便，在提供信息给读者的同时也可以接收读者的反馈。

6．军事领域

在军事领域中，多媒体技术也起到了功不可没的作用，主要表现在以下几个方面。

（1）作战指挥与作战模拟：多媒体技术在情报侦察、网络信息通信、信息处理、电子地图、电子沙盘等方面均有使用，根据军事训练和实战的需要，还有多媒体作战对抗模拟系统、多媒体作战指挥远程会议系统、虚拟战场环境系统等。

（2）军事信息管理系统：多媒体技术主要用于军事信息查询以及军事情报信息的采集、存储、分离、处理、分析、传送、检索等方面，这属于分布式多媒体数据库的高级应用。

（3）军事教育及训练：各军事院校研制了大量的军事基础课和专业课的多媒体教学课件，多媒体仿真系统大大节省了实际武器装备的耗费，并且还可进行多种项目的教育和训练。

6.2　多媒体系统的组成

多媒体系统是一个能处理多媒体信息的计算机系统。它是计算机和视觉、听觉等多种媒体系统的综合。一个完整的多媒体计算机系统是由硬件和软件两部分组成的，其核心是一台计算机，外围主要是视听等多种媒体设备。因此，简单地说，多媒体系统的硬件是计算机主机及可以接收和播放多媒体信息的各种输入/输出设备，其软件是音频/视频处理核心程序、多媒体操作系统及多媒体驱动软件和各种应用软件。多媒体计算机系统的构成可用如图 6.1 表示。

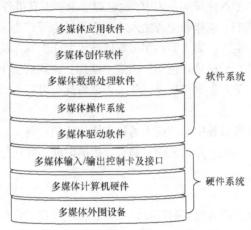

图 6.1　多媒体计算机系统层次结构

6.2.1　多媒体计算机硬件系统

多媒体计算机硬件系统即多媒体计算机，它应该是能够输入、输出并综合处理文字、声音、图形、图像和动画等多种媒体信息的计算机。多媒体个人计算机（Multimedia Personal Computer，MPC）必须遵循 MPC 标准规范。MPC 标准的最低要求如表 6.1 所示。

表 6.1　　　　　　　　　　　　　　MPC 标准的最低要求

技 术 项 目	MPC 标准 1.0	MPC 标准 2.0	标准 3.0
处理器	16MHz，386SX	25MHz，486Sz	75MHz，Pentium
RAM	2MB	4MB	8MB
音频	8 位数字音频，8 个合成音（乐器数字接口 MIDI）	16 位数字音频，8 个合成音（MIDI）	16 位数字音频，Wevetable 波表合成音（MIDI）
视频	640 像素×480 像素，256 色	在 40%CPU 频带的情况下每秒传输 1.2Mbit 像素	在 40%CPU 频带的情况下每秒传输 2.4Mbit 像素
视频显示	640 像素×480 像素，256 色	640 像素×480 像素，16 位色	640 像素×480 像素，24 位色
硬盘存储	30MB	160MB	540MB
CD-ROM	150KB/s 持续传送速率，平均最快查询时间为 1s	300KB/s 持续传送速率，平均最快查询时间为 400ms，CD-ROMXA 能进行多种对话	600KB/s 持续传输速率，平均最快查询时间为 200ms，CD-ROMXA 能进行多种对话
I/O 接口	MIDI 接口，摇杆接口，串行/并行接口	MIDI 接口，摇杆接口，串行/并行接口	MIDI 接口，摇杆接口，串行/并行接口

1．主机

主机是多媒体计算机的核心，它至少需要有一个功能强大、速度快的中央处理器（CPU）；有可管理、控制各种接口与设备的配置；具有一定容量（尽可能大）的存储空间；有高分辨率显示接口与设备、可处理音频的接口与设备、可处理图像的接口设备；有可存放大量数据的配置等。

2. 视频部分

视频部分负责多媒体计算机图像和视频信息的数字化摄取和回放。主要包括显示卡、视频压缩卡（也称视频卡）、电视卡、加速显示卡等。

显示卡是 PC 使用最早的扩展卡之一。在新的图形媒体加速器卡（Graphics Media Accelerator，GMA）及其加速图形接口（Accelerated Graphics Port，AGP）接口标准的支持下，图形芯片层出不穷，3D 图形卡也不断更新，几乎每隔 6 个月就出现一代新卡。在 MPC 中，图形卡已成为更新速度最快的多媒体功能卡。

AGP 主要完成视频的流畅输出。AGP 是 Intel 公司为解决 PCI 总线带宽不足的问题而提出的新一代图形加速端口。通过 AGP 接口，可以将显示卡同主板芯片组直接相连，进行点对点传输，大幅度提高了计算机对 3D 图形的处理能力。

视频卡主要完成视频信号的 A/D 和 D/A 转换及数字视频的压缩和解压缩功能。其信号源可以是摄像头、录像机、影碟机等。视频卡是一种专门用于对视频信号进行实时处理的设备，又叫"视频信号处理器"。视频卡插在主机板的扩展插槽内，通过配套的驱动软件和视频处理应用软件进行工作。视频卡可以对视频信号（激光视盘机、录像机、摄像机等设备的输出信号）进行数字化转换、编辑和处理，以及保存数字化文件。

电视卡（盒）完成普通电视信号的接收、解调、A/D 转换及与主机之间的通信，从而可在计算机上观看电视节目，同时还可以以 MPEG 压缩格式录制电视节目。

3. 音频部分

音频部分主要完成音频信号的 A/D 和 D/A 转换及数字音频的压缩、解压缩及播放等功能，主要包括声卡、外接音箱、话筒、耳麦、MIDI 设备等。

声卡又称音效卡、声音适配卡。声卡在多媒体技术的发展中曾起开路先锋的作用。早在 20 世纪 80 年代，就已经出现了声卡的雏形。第一块被广大用户接受并被大量应用于 PC 上的声卡是由加拿大 Adlab 公司研制生产的"魔奇音效卡"（Magic Sound Card）。在众多厂商生产的声卡中，比较有影响力的是新加坡 Creative 公司的 Sound Blaster 系列产品。Sound Blaster 系列声卡以其优质的声响效果赢得人们的广泛认同，占据了全球多媒体市场的很大份额，也使 Creative 公司的 Sound Blaster 系列以及后来的 Sound BlasterPro 成为重要的声效标准。

重放声音的工作由声音还原设备承担。所有的声音还原设备，包括耳机、扬声器、音响放大器等，全部使用音频模拟信号，把这些设备与声卡的线路输出端口或扬声器的端口进行正确的连接，即可播放计算机中的音频信号。

4. 基本输入/输出设备

多媒体输入/输出设备十分丰富，按功能分为视频/音频输入设备、视频/音频输出设备、人机交互设备、数据存储设备 4 类。

视频/音频输入设备包括摄像机、录像机、影碟机、扫描仪、话筒、录音机、激光唱盘和 MIDI 合成器等；视频/音频输出设备包括显示器、电视机、投影电视、扬声器、立体声耳机等；人机交互设备包括键盘、鼠标、触摸屏和光笔等；数据存储设备包括 CD-ROM、磁盘、打印机、可擦写光盘等。对于大容量的多媒体作品，光盘是目前最理想的存储载体。现在，光盘驱动器已成为 MPC、笔记本电脑乃至普通 PC 的标准装备，一般都采用"内置"的形式，安装在计算机机箱的内部。随着 DVD 光盘的推广使用，近几年生产的 MPC 越来越多地用 DVD 光驱取代 CD-ROM 光驱，且通常采用内置驱动器的形式。

触摸屏作为多媒体输入设备，已被广泛用于各个行业的控制、信息查询及其他方面。用手指在屏幕上指点以获取所需的信息，具有直观、方便的特点，就是从未接触过计算机的人也能立即使用。触摸屏引入后可以改善人机交互方式，同时提高人机交互效率。

5. 高级多媒体设备

随着科技的进步，出现了一些新的输入/输出设备，比如用于传输手势信息的数据手套，用于虚拟现实能够产生较好的沉浸感的数字头盔和立体眼镜等设备。

在一个具体的多媒体系统的硬件配置中，不一定都包括上述的全部配置，但一般在常规的计算机上包括音频适配卡和 CD-ROM 或 DVD-ROM 驱动器。

6.2.2 多媒体计算机软件系统

按功能划分，多媒体计算机软件系统可分成 3 个层次，即多媒体核心软件、多媒体工具软件和多媒体应用软件。

1. 多媒体核心软件

多媒体核心软件不仅具有综合使用各种媒体，灵活调度多媒体数据进行媒体传输和处理的能力，而且要控制各种媒体硬件设备协调地工作。多媒体核心软件包括多媒体操作系统（MultiMedia Operating System，MMOS）和音/视频支持系统（Audio/Video Support System，AVSS），或音/视频核心（Audio/Video Kernel，AVK），或媒体设备驱动程序（Medium Device Driver，MDD）等。

对 MPC 而言，多媒体操作系统（Microsoft Windows）和声卡、CD-ROM 驱动器、视频卡等多媒体工作平台、媒体数据格式的驱动程序等构成了多媒体核心软件。

2. 多媒体工具软件

多媒体工具软件包括多媒体数据处理软件、多媒体软件工作平台、多媒体软件开发工具和多媒体数据库系统等。

3. 多媒体应用软件

多媒体应用软件是在多媒体创作平台上设计开发的面向应用领域的软件系统，通常由应用领域的专家和多媒体开发人员共同协作、配合完成，如多媒体课件、多媒体演示系统、多媒体模拟系统、多媒体导游系统、电子图书等。

4. 多媒体创作常用软件工具

（1）文本输入与处理软件

文本是多媒体软件的重要组成部分。可实现文本素材的输入与处理的工具软件有很多，但最为流行的是 Word 和 WPS，两者都能根据设计的需要制作出字形优美、任意字号的文本素材，并且生成的文件格式也能被大部分多媒体软件所支持。

（2）静态图素材采集与制作软件

静态图素材包括图形和图像两大类。多媒体制作中常用的图形处理软件主要有 AutoCAD 及 CorelDraw 等，其中 CorelDraw 较为流行。作为平面图形设计软件，CorelDraw 包含有丰富而强大的图形绘制、文本处理、自动跟踪、分色以及特效处理等功能，同时提供了增强型的用户界面，充分利用了 Windows 的高级功能，不仅使图形处理速度更快，而且制作的图形素材可以在其他 Windows 应用软件中进行复制、剪切和粘贴。常用的图像采集和制作软件有 Photoshop、FireWorks 和 Photostudio 等，Photoshop 具有简洁的中文界面，可以直接从数字相机、扫描仪等输入设备获得图像，支持 BMP、TIF、PCD、PCX、TCG 和 JPG 等文件格式，而且操作也很简单。

（3）音频素材采集与制作软件

音频即声音，采集与制作声音文件可在 Windows 系统的"录音机"中进行，也可以使用 Sound

Forge，CreativeWaveStudio，Sound System 及 GoldWave 等音频处理软件。

（4）视频素材采集与制作软件

视频是多媒体产品内容的真实场景再现，其常用软件主要有 Premiere 和 Personal AVI Editor。Premiere 是视频编辑爱好者和专业人士必不可少的视频编辑工具，它是易学、高效、精确的视频剪辑软件，制作动态视频效果好，并且功能强大；而 Personal AVI Editor 则适合初学者制作简单的动态视频素材，不仅操作简单，而且有多种图像、文字和声音的特效，将这些特效灵活搭配，即可轻松获得动态视频素材。

（5）动画素材采集与制作软件

常用的制作动画的软件主要有 Animator Studio、Cool3D 等，下面简单介绍这两款软件。

• Animator Studio 对运行环境要求较低，并且操作直观，容易学习，可以方便地进行二维图形与动画的制作。3DS MAX 是三维动画多媒体素材制作软件，为专业绘图人员制作高品质图像或动画提供所需要的功能。利用该软件可以很快地建立球体、圆锥体、圆柱体等基本造型，或构造出物体的立体图形。

• Cool 3D 则在速度、操作简易度和视觉效果上都能很好地适合初学者制作动画的要求，它可以直接创建任意的矢量图形或者将 JPG、BMP 等位图图像直接转换为矢量图形，同时还可快速制作基本几何形状的三维物件，将球体、圆柱、圆锥、金字塔和立体几何形状的物件插入到图像中。

（6）多媒体编辑软件

多媒体编辑软件是将多媒体信息素材连接成完整多媒体应用系统的软件，目前常用的有 Authorware、Action、VisualBasic、PowerPoint、Dreamweaver、Flash、FrontPage、ToolBook 等，下面简单介绍这几款软件。

• Authorware 是以图标为基础，以流程图为编辑模式的多媒体合成软件。其制作过程是：用系统提供的图标先建立应用程序的流程图，然后通过选中图标，打开相应的对话框、提示窗口及系统提供的图形、文字、视频、动画等编辑器，逐个编辑图标，添加内容。

• Action 是面向对象的多媒体制作软件，具有较强的时间控制特性，它在组织连接对象时，除了考虑其内容和顺序外，还要考虑它们的同步问题。例如，定义每个媒体素材的起止时间、重叠片段、演播长度等。另外也可以制作简单的动画，操作方法比较简单。

• Visual Basic 是一种基于程序语言的集成包，在多媒体产品制作中提供对窗口及其内容的创作方式。

• PowerPoint 是专门用于制作演示多媒体投影片、幻灯片模式的多媒体 CAI 编辑软件，它以页为单位制作演示内容，然后将制作好的页集成起来，形成一个完整的多媒体作品。

• Dreamweaver、Flash 及 FrontPage 都是制作网络多媒体作品的软件。Dreamweaver 可以非常容易地制作不受平台和浏览器限制的、具有动感的多媒体作品，具有"易用"和"所见即所得"两大优点，它引进了"层"的概念，通过"层"的应用，可以在任何地方添加所需要的多媒体素材。

• Flash 最适合制作动态导航控制、动态画面的多媒体作品。由于 Flash 使用了压缩的矢量图像技术，所以其下载和窗口大小调整的速度都很快。当利用 Flash 制作动态多媒体作品时，可以自己绘制，也可以输入动画的内容，然后把它们安排在工作区内，让它们按照时间轴动起来，也可以在让它们动的时候触发一定的事件，仅几步就可以做出动画效果。

6.3 音频处理技术

6.3.1 音频概述

声音是由物体振动产生的声波，是通过介质（空气或固体、液体）传播并能被人或动物听觉器官所感知的波动现象。最初发出振动的物体叫声源。声音以波的形式振动传播，声音是声波通过任何物质传播形成的运动。声音作为一种波，频率在 20 Hz～20 kHz 之间的声音是可以被人耳识别的。

声音的三要素是音调、音色和音强，声音质量的高低主要取决于这三要素。

（1）音调。音调是指声音的高低，声音的高低（高音、低音）由频率决定，频率越高音调越高，20Hz 以下称为次声波，20000Hz 以上称为超声波。

（2）音色。音色又称音品，波形决定了声音的音色。声音因不同物体材料的特性而具有不同特性，音色本身是一种抽象的东西，但波形是把这个抽象直观的表现。音色不同，波形则不同。典型的音色波形有方波、锯齿波、正弦波、脉冲波等。不同的音色，通过波形，完全可以分辨的。

（3）音强。音强是指声音的强度，也称为声音的响度，是人主观上感觉声音的大小（俗称音量）。音强由振幅和人离声源的距离决定，振幅越大响度越大，人和声源的距离越小，响度越大。度量音强的单位为分贝（dB）。

此外，声音的质量（简称音质）的好坏与音色和频率范围也有关。

6.3.2 音频的数字化

1. 数字音频技术基础

在计算机内，所有的信息均以数字（0 或 1）表示，声音信号也用一组数字表示，称之为数字音频。数字音频与模拟音频的区别在于：模拟音频在时间上是连续的，而数字音频是一个数据序列，在时间上是离散的。

若要用计算机对音频信息处理，就要将模拟信号（如语音、音乐等）转换成数字信号，这一转换过程称为模拟音频的数字化。模拟音频数字化过程涉及音频的采样、量化和编码，具体过程如图 6.2 所示。

图 6.2 模拟音频的数字化过程

（1）采样

采样是每隔一定时间间隔对模拟波形上取一个幅度值，把时间上的连续信号变成时间上的离散信号。该时间间隔为采样周期，其倒数为采样频率，如图 6.3 所示。

采样频率即每秒钟的采样次数，采样频率越高，数字化音频的质量越高，但数据量越大。根据 HarryNyquist 采样定律，在对模拟信号采集时，选用该信号所含最高频率两倍的频率采样，才可基本保证原信号的质量。因此，目前普通声卡的最高采样频率通常为 48kHz 或者 44.1kHz，此外还支持 22.05kHz 和 11.025kHz 的采样频率。

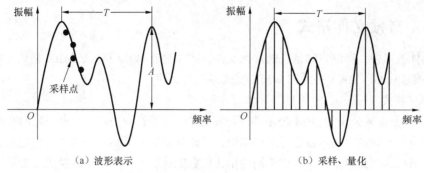

图 6.3　声音的波形表示、采样与量化

（2）量化

量化是将每个采样点得到的表示声音强弱的模拟电压的幅度值以数字存储。量化位数（也即采样精度）表示存放采样点振幅值的二进制位数，它决定了模拟信号数字化以后的动态范围。通常量化位数有 8 位、16 位，其中 8 位量化位数的精度有 256 个等级，即对每个采样点的音频信号的幅度精度为最大振幅的 1/256，16 位量化位数的精度有 65 536 个等级，即为音频信号最大振幅的 1/65 536。由此可见，量化位数越大，对音频信号的采样精度就越高，信息量也相应提高。在相同的采样频率下，量化位数越大，则采样精度越高，声音的质量也越好，信息的存储量也相应越大。

虽然采样频率越高，量化位数越多，声音的质量就越好，但同时也会带来一个问题——庞大的数据量，这不仅会造成处理上的困难，也不利于声音在网络中传输。如何在声音的质量和数据量之间找到平衡点呢?人类语言的基频频率范围在 50～800Hz，泛音频率不超过 3kHz，因此，使用 11.025kHz 的采样频率和 10 位的量化位数进行数字化，就可以满足绝大多数人的要求。同样，乐器声的数字化也要根据不同乐器的最高泛音频率来确定选择多高的采样频率。例如，钢琴的第四泛音频率为 12.558kHz，打击乐的频率从基音一直到 20kHz 左右。显然，用 11.025kHz 的采样频率不能满足要求，需要采用 44.1kHz 或更高的采样频率。

（3）编码

编码是将采样和量化后的数字数据以一定的格式记录下来。编码的方式很多，常用的编码方式是脉冲编码调制（PulseCodeModulation，PCM），其主要优点是抗干扰能力强，失真小，传输特性稳定。

2. 声音合成技术

计算机声音有两种产生途径，一种是通过数字化录制直接获取，另一种是利用声音合成技术实现，后者是计算机音乐的基础。声音合成技术使用微处理器和数字信号处理器代替发声部件，模拟出声音波形数据，然后将这些数据通过数模转换器转换成音频信号并发送到放大器，合成出声音或音乐。乐器生产商利用声音合成技术生产出各种各样的电子乐器。

20 世纪 80 年代，随着个人计算机的兴起，声音合成技术与计算机技术的结合产生了新一代数字合成器标准 MIDI（乐器数字化接口）。这是一个控制电子乐器的标准化串行通信协议，它规定了各种电子合成器和计算机之间连接的数据线和硬件接口标准及设备间数据传输的协议。MIDI 确立了一套标准，该协议允许各种电子合成器互相通信，保证不同品牌的电子乐器之间能保持适当的硬件兼容性。它也为与 MIDI 兼容的设备之间传输和接收数据提供了标准化协议。

6.3.3　音频文件格式

在多媒体技术中，存储音频信息的常见文件格式主要有 WAV 格式、MIDI 格式、MP3 格式、CD 格式、RealAudio（RA）格式和 WMA 格式等音频文件。

1. WAV 格式

WAV 文件是微软公司和 IBM 公司共同开发的 PC 标准音频格式，具有很高的音质。计算机通过声卡对自然界里的真实声音进行采样编码，形成 WAVE 格式的声音文件，它记录的就是数字化的声波，所以也叫波形文件，它以不同的量化位数把这些采样点的值转换成二进制。WAVE 文件用来保存音频信息资源，被 Windows 平台及其应用程序所支持。WAVE 音频是一种没有经过压缩的存储格式，文件相对较大。

虽然 WAVE 文件可以存放压缩音频，甚至 MP3，但由于它本身的结构，注定了它的用途是存放音频数据并用做进一步的处理，而不是聆听。目前所有的音频播放软件和编辑软件都支持这一格式，并将该格式作为默认文件保存格式之一。

2. MID 格式

MIDI 音频文件实际上是一段音乐的描述，只记录产生某种声音的指令，指令中包括了使用 MIDI 设备的音乐、音量和持续时间长短等信息。MIDI 生成的文件较小，容易编辑，而且能够和其他媒体，诸如数字电视、图形、动画、语音等一起播放，作为背景音乐，加强演示效果。

MIDI 音频文件的特点是用乐谱指令代替声音数据，有效记录和重现各种乐器声音，适合乐曲创作和远距离传输。它的缺点是不适宜用来记录语言对话。

3. MP3 格式

MP3 的全称是 MPEG 1 Layer 3 音频文件，是 MPEG-1 标准中的声音部分，也叫 MPEG 音频层。它根据压缩质量和编码复杂程度划分为 3 层，即 Layer1、Layer2、Layer3，分别对应 MP1、MP2、MP3 这 3 种声音文件。根据用途不同，可使用不同层次的 MPEG 音频编码，层次越高，编码器越复杂，压缩率也越高。MP1 和 MP2 的压缩率分别为 4∶1 和 6∶1～8∶1，而 MP3 的压缩率则高达 10∶1～12∶1。一分钟 CD 音质的音乐，未经压缩需要 10MB 的存储空间，而经过 MP3 压缩编码后只有 1MB 左右。几乎所有的音频编辑工具都支持打开和保存 MP3 文件，还有许多硬件播放器也支持 MP3 音频文件。

4. CD 格式

CD 文件的音质是比较高的。在大多数播放软件的"打开文件类型"中，都可以看到*.cda 格式，这就是 CD 音轨了。因为 CD 音轨可以说是近似无损的，因此它的声音基本上是忠于原声的，因此如果你是一个音响发烧友的话，CD 是你的首选。它会让你感受到天籁之音。CD 光盘可以在 CD 唱机中播放，也能用计算机里的各种播放软件来重放。一个 CD 音频文件是一个*.cda 文件，这只是一个索引信息，并不是真正的包含声音信息，所以不论 CD 音乐的长短，在计算机上看到的"*.cda 文件"都是 44 字节长。注意：不能直接复制 CD 格式的*.cda 文件到硬盘上播放，需要使用依 EAC 这样的抓音轨软件把 CD 格式的文件转换成 WAV，这个转换过程如果光盘驱动器质量过关而且 EAC 的参数设置得当的话，可以说是基本上无损抓音频。

5. RealAudio（RA）格式

RealAudio 文件是 RealNetworks 公司开发的一种新型流式音频文件格式，它包含在 RealNetworks 所定制的音频和视频压缩规范 RealMedia 中，主要适用于在网络上的在线音乐欣赏，现在大多数的用户仍然在使用 56kbit/s 或更低速率的调制解调器，所以典型的回放并非最好的音质。有的下载站点会提示你根据你的 Modem 速率选择最佳的 Real 文件。Real 的文件格式主要有 RA（RealAudio）、RM（RealMedia，RealAudio G2）、RMX（RealAudio Secured）等。这些格式的特点是可以随网络带宽的不同而改变声音的质量，在保证大多数人听到流畅声音的前提下，令带宽较富裕的听众获得较好的音质。

6. WMA 格式

WMA 音频格式是由微软公司开发的，音质要强于 MP3 格式，更远胜于 RA 格式，它和日本 YAMAHA 公司开发的 VQF 格式一样，是以减少数据流量但保持音质的方法来达到比 MP3 压缩率更高的目的。WMA 的压缩率一般都可以达到 1∶18 左右，它的另一个优点是内容提供商可以通过 DRM 加入防拷贝保护。这种内置了版权保护技术可以限制播放时间和播放次数甚至于播放的机器等，这对被盗版搅得焦头烂额的音乐公司来说可是一个福音。另外 WMA 还支持音频流（Stream）技术，适合在网络上在线播放，更方便的是不用像 MP3 那样需要安装额外的播放器，而 Windows 操作系统和 Windows Media Player 的无缝捆绑让用户只要安装了 Windows 操作系统就可以直接播放 WMA 音乐，Windows Media Player 可以直接把 CD 光盘转换为 WMA 声音格式，在操作系统 Windows XP 中，WMA 是默认的编码格式。WMA 这种格式在录制时可以对音质进行调节。同一格式，音质好的可与 CD 媲美，压缩率较高的可用于网络广播。WMA 在压缩比上进行了深化，它的目标是在相同音质条件下文件体积可以变的更小。

6.4　图形图像处理技术

图形图像处理指的是使用图形图像输入/输出设备、图形图像算法与软件在计算机上处理和产生静态或动态的图形图像，是计算机的重要应用领域之一。计算机图形图像处理技术主要研究内容有图形图像信息的获取、存储、传送、处理、输出与显示等技术。

6.4.1　图形图像概述

在计算机中，图形（Graphics）与图像（Image）是一对既有联系又有区别的概念。它们都是一幅图，但图的产生、处理、存储方式不同。图形一般是指通过绘图软件绘制的由直线、圆、圆弧、任意曲线等图元组成的画面，以矢量图形文件形式存储。矢量图文件中存储的是一组描述各个图元的大小、位置、形状、颜色、维数等属性的指令集合，通过相应的绘图软件读取这些指令，可将其转换为输出设备上显示的图形。因此，矢量图文件的最大优点是对图形中的各个图元进行缩放、移动、旋转而不失真，而且它占用的存储空间小。

图像是由扫描仪、数字照相机、摄像机等输入设备捕捉的真实场景画面产生的映像，数字化后以位图形式存储。位图图像又称为光栅图像或点阵图像，是由一个个像素点（能被独立赋予颜色和亮度的最小单位）排成矩阵组成的，位图文件中所涉及到的图形元素均由像素点来表示，这些点可以进行不同的排列和染色以构成图样。位图文件中存储的是构成图像的每个像素点的亮度、颜色，位图文件的大小与分辨率和色彩的颜色种类有关，放大和缩小要失真，由于每一个像素都是单独染色的，因此位图图像适于表现逼真照片或要求精细细节的图像，占用的空间比矢量文件大。

矢量图形与位图图像可以转换，要将矢量图形转换成位图图像，只要在保存图形时，将其保存格式设置为位图图像格式即可；但反之则较困难，要借助其他软件来实现。

6.4.2　图像的数字化

计算机中如果要处理图像，必须先把真实的图像（照片、画报、图书、图纸等）通过数字化转变成计算机能够接受的显示和存储格式，然后再用计算机进行分析处理。图像的数字化过程主要分采样、量化与编码3个步骤。

1. 采样

采样的实质就是要用多少点来描述一幅图像，采样结果质量的高低是由图像分辨率来衡量。简单来讲，对二维空间上连续的图像在水平和垂直方向上等间距地分割成矩形网状结构，所形成的微小方格称为像素点。一副图像就被采样成有限个像素点构成的集合。图 6.4 所示为一副 640×480 分辨率的图像，表示这幅图像是由 $640 \times 480 = 307\ 200$ 个像素点组成的。

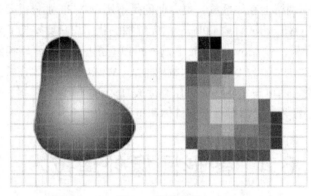

图 6.4　图像采样

采样频率是指一秒钟内采样的次数，它反映了采样点之间的间隔大小。采样频率越高，得到的图像样本越逼真，图像的质量越高，但要求的存储量也越大。

在进行采样时，采样点间隔大小的选取很重要，它决定了采样后的图像能真实地反映原图像的程度。一般来说，原图像中的画面越复杂，色彩越丰富，则采样间隔应越小。由于二维图像的采样是一维的推广，根据信号的采样定理，要从取样样本中精确地复原图像，可得到图像采样的奈奎斯特（Nyquist）定理：图像采样的频率必须大于或等于源图像最高频率分量的两倍。

2. 量化

量化是指要使用多大范围的数值来表示图像采样之后的每一个点。量化的结果是图像能够容纳的颜色总数，它反映了采样的质量。

例如，如果以 4 位存储一个点，就表示图像只能有 16 种颜色；若采用 16 位存储一个点，则有 $2^{16} = 65\ 536$ 种颜色。所以，量化位数越来越大，表示图像可以拥有更多的颜色，自然可以产生更为细致的图像效果，但也会占用更大的存储空间。两者的基本问题都是视觉效果和存储空间的取舍。

假设有一幅黑白灰度的照片，因为它在水平于垂直方向上的灰度变化都是连续的，都可认为有无数个像素，而且任一点上灰度的取值都是从黑到白可以有无限个可能值。通过沿水平和垂直方向的等间隔采样可将这幅模拟图像分解为近似的有限个像素，每个像素的取值代表该像素的灰度（亮度）。对灰度进行量化，使其取值变为有限个可能值。

经过这样采样和量化得到的一幅空间上表现为离散分布的有限个像素，灰度取值上表现为有限个离散的可能值的图像称为数字图像。只要水平和垂直方向采样点数足够多，量化比特数足够大，数字图像的质量就比原始模拟图像毫不逊色。

在量化时所确定的离散取值个数称为量化级数。为表示量化的色彩值（或亮度值）所需的二进制位数称为量化字长，一般可用 8 位、16 位、24 位或更高的量化字长来表示图像的颜色；量化字长越大，则越能真实第反映原有的图像的颜色，但得到的数字图像的容量也越大。

3. 编码

数字化后得到的图像数据量十分巨大，必须采用编码技术来压缩其信息量。在一定意义上讲，编码压缩技术是实现图像传输与储存的关键。目前已有许多成熟的编码算法应用于图像压缩。常见的有图像的预测编码、变换编码、分形编码、小波变换图像压缩编码等。

6.4.3　图像文件格式

对于图像，由于记录的内容不同和压缩方式不同，其文件格式也不同。每种格式的图像文件都有不同的特点、产生的背景和应用的范围。按照不同的表示方式，属于位图的文件格式主要有 BMP、PCX、TGA、TIFF、GIF、JPEG、PNG 等；属于矢量图的文件格式主要有：WMF、EMF、EPS、DXF 等。

（1）BMP 格式。BMP 是 Windows 系统下使用的与设备无关的点阵位图文件，允许在任何输出设备上显示该点阵图。有压缩和不压缩两种形式，可以有黑白、16 色、256 色、真彩色等几种形式。文件由文件头、位图信息数据块和图像数据组成，能够被多种 Windows 应用程序所支持。

（2）PCX 格式。PCX 格式最初由 Zsoft 公司的 PaintBrush 应用程序所使用，现为通用的图像格式之一，可以处理单色、16 色和 256 色图像。文件由文件头、图像数据与可选扩展调色板数据组成。

（3）TGA 格式。TGA 格式由 Truevision 公司推出，现为通用的图像格式之一。目前大部分文件为 24 位或 32 位真彩色，具有很强的色彩表达能力，目前被广泛应用于真彩色扫描与动画设计方面。文件由固定长度的字段和 3 个可变长度的字段组成；前 6 个字段为文件头，后 2 个字段记录了实际的图像数据。

（4）TIFF 格式。TIFF 格式是现在微机上使用最广泛的图像文件格式，在 Macintosh 和 PC 上移植 TIFF 文件也十分便捷，是目前流行的图像文件交换标准之一。文件由文件头、参数指针表与参数域、参数数据表和图像数据等 4 个部分组成。

（5）JPEG 格式。JPEG 格式是用 JPEG 压缩标准压缩的图像文件格式，它属于有损压缩方式，压缩时可以将人眼很难分辨的图像信息删除，提高压缩比。这种格式占用空间较小，应用比较广泛，不过这种格式的图片不适宜放大观看或者制成印刷品。

（6）PNG 格式。PNG 格式是为网络传输而设计的一种位图格式，它是一种可以存储 32 位信息的图像文件格式，采用无损压缩方式减少文件的大小。它的压缩比要高于压缩 GIF 文件格式，它不支持动画效果。目前，越来越多的软件开始支持这一格式，而且在网络上也开始流行。

（7）WMF 格式。WMF 格式是 Microsoft 公司的一种矢量图格式，在 Office 剪辑库中的图形使用的就是这种格式，它具有文件短小、图案造型化的特点。

（8）EMF 格式。EMF 是 Microsoft 公司开发的一种 Windows 32 位扩展图元文件格式，它的主要目标是要弥补 WMF 文件的不足，使得图元文件更加易于接受。

（9）EPS 格式。EPS 文件格式是用 PostScript 语言描述的一种 ASCII 码文件格式，既可以存储位图，也可以存储矢量图。EPS 一般包含两部分：一部分是屏幕的低解析度影象，方便处理时的预览和定位；另一部分包含各个分色的单独资料。

（10）DXF 格式。DXF 文件格式是 AutoCAD 中的矢量格式文件，它用 ASCII 码方式存储文件，在表现图形的大小方面特别精确，该种文件格式还可以被 CorelDraw 和 3DS 等软件调用或输出。

6.5　动画制作技术

动画是通过连续播放一系列画面，给视觉造成连续变化的图画。医学已证明，人类具有"视觉暂留"的特性，就是说人的眼睛看到一幅画或一个物体后，在 1/24 秒内不会消失。利用这一原理，在一幅画还没有消失前播放出下一幅画，就会给人造成一种流畅的视觉变化效果。如果以每秒低于 24 幅画面的速度拍摄播放，就会出现停顿现象。根据人眼的这一特点，如果快速播放一系列相关的静止画面，就可以看到没有闪烁的活动画面了。

6.5.1　动画的分类

根据动画反映的空间范围，可以把动画分为二维动画和三维动画；根据播放时画面的生成途径，可以把动画分为帧动画、矢量动画和变形动画几种类型。

1. 帧动画
帧动画是由多帧内容不同而又相互联系的画面，连续播放而形成的视觉效果。如图 6.5 所示，构成这种动画的基本单位是帧，人们在创作帧动画时需要将动画的每一帧描绘下来，然后将所有的帧排列并播放。

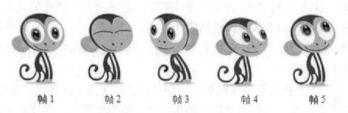

帧 1　　帧 2　　帧 3　　帧 4　　帧 5

图 6.5　帧动画形式

2. 矢量动画
矢量动画是一种纯粹的计算机动画形式。矢量动画可以对每个运动的物体分别进行设计，对每个对象的属性特征，如大小、形状、颜色等进行设置，然后由这些对象构成完整的帧动画。

3. 变形动画
变形动画是把一个物体从原来的形状改变为另一种形状，在改变过程中，把变形的参考点和颜色有序地重新排列，就形成了变形动画。这种动画的效果有时候是惊人的，适用于场景的转换、特技处理等影视动画制作中。

6.5.2　动画文件格式

如今电脑动画已经得到广泛的应用，动画文件的存储格式也存在着明显的不同。下面介绍几种常用的动画格式。

1. GIF 格式
GIF 格式是 CompuServe 公司指定的图像格式，主要用于图像文件的网络传输。目前，该格式的应用较广泛，适用于各种计算机平台，许多软件也都支持这一格式，它分为静态 GIF 格式和动态 GIF 格式。GIF 动画格式可以同时存储若干幅静止图像并进而形成连续的动画，目前 Internet 上大量采用的彩色动画文件多为这种格式的 GIF 文件。

2. FLIC、FLI、FLC 格式

FLIC 是 Autodesk 公司在其出品的 Autodesk Animator，Animator Pro，3D Studio 等二维或三维动画制作软件中采用的彩色动画文件格式，FLIC 是 FLC 和 FLI 的统称，其中，FLI 是最初的基于 320×200 像素的动画文件格式，而 FLC 则是 FLI 的扩展格式，采用了更高效的数据压缩技术，其分辨率也不再局限于 320×200 像素。FLIC 文件采用行程编码（RLE）算法和 Delta 算法进行无损数据压缩，具有相当高的数据压缩率。被广泛用于动画图形中的动画序列、计算机辅助设计和计算机游戏应用程序中。

3. SWF 格式

SWF 是 Micromedia 公司的产品 Flash 的矢量动画格式，它采用曲线方程描述其内容，不是由点阵组成其内容，这种格式的动画在缩放时不会失真，适合描述由几何图形组成的动画。SWF 格式的动画中可以添加声音、MP3 音乐、视频等元素。Flash 动画可以与 HTML 文件充分结合，被广泛地应用于网页上。

4. MOV、QT 格式

MOV、QT 是 QuickTime 的文件格式。该格式支持 256 位色彩，支持 RLE、JPEG 等集成压缩技术，提供了 150 多种视频效果和 200 多种 MIDI 兼容音响和设备的声音效果，能够通过 Internet 提供实时的数字化信息流、工作流与文件回放，QuickTime 文件格式是开发 MPEG4 规范的统一数字媒体存储格式。

6.5.3　Flash 动画制作软件

Flash 是由美国公司 Macromedia 开发的二维动画制作软件，现 Macromedia 公司已经被 Adobe 公司收购。Flash 支持动画、声音和交互，具有强大的多媒体编辑功能，使用 Flash 可以设计出引导时尚潮流的网站、动画、多媒体及互动影像。

1. Flash CS6 工作界面

Flash CS6 操作界面主要包括菜单栏、时间轴、绘图工具栏、控制面板、舞台编辑区等。Flash CS6 的工作界面如图 6.6 所示。

2. 动画制作的基本概念

（1）舞台。舞台是 Flash 制作动画的编辑窗口，是输入动画窗口的大小，可以由动画设计人员设置大小，在动画设计中，对象可以从舞台外走向舞台中进行动画表演，舞台外的动画对象观众无法看到。

（2）场景。场景相当于实际表演中的舞台，活跃在电影舞台上的人物叫做角色，而出现在 Flash 场景中的对象则称为实例（instance）。每增加一个场景就相当于增加了影片的一集或是一幕。场景以外的区域称之为工作区，或者称之为"后台"，除非将其中的对象移到场景中，否则，是不会出现在最终导出的动画中。

（3）帧。影片中的每个画面在 Flash 中称为一帧（Frame）。事实上，用户所看到的动画并不是画面上的物体真的在运动，生活中看到的所有的影视作品也都是由静止的画面组成的。在没有电脑之前，制作动画片都是通过手绘的方式来完成的。动画家们把原画一张一张的画在纸上，用录像机把它们一一录成画面，然后，一张一张放映，在大屏幕上看到的连续画面就是动画片。

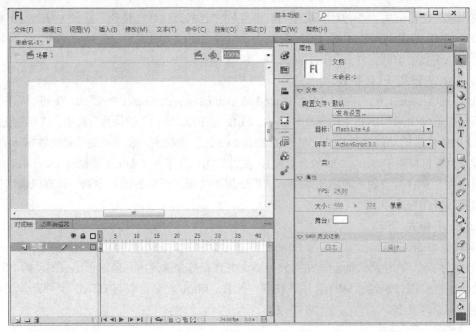

图6.6　Flash CS6 的工作界面

（4）时间轴。时间轴用于组织和控制文档内容在一定时间内播放的图层数和帧数。与胶片一样，Flash 动画文档也将时长分为帧。图层就像堆叠在一起的多张幻灯胶片一样，每个图层都包含一个显示在舞台中的不同图像。时间轴的主要组件是图层、帧和播放头。

（5）图层。在 Flash 动画中，每个图层都是彼此独立的，有单独的时间轴，独立的帧，可以在图层上修改其中的内容而不会影响到其他图层的内容。位于上面的图层的内容，可以遮罩下面图层中相对应位置的内容。利用特殊的图层可以制作特殊的动画效果，如遮罩层，引导层。

（6）元件。元件是构成动画的基础，可以重复使用，每个元件都有独立的时间轴、舞台和图层。Flash 的元件包括图形元件、影片剪辑元件和按扭元件。图形元件用于创建可反复使用的图形或连接到主时间轴的动画片断，影片剪辑元件能创建可重复使用的动画片段，可独立播放，有独立的时间轴，当播放主动画时，影片剪辑元件也在循环播放，按扭元件可以响应鼠标事件，其中包括"弹起""指针经过""按下"和"点击"4 个帧。

（7）库。库是用来存储和组织元件以及导入的文件，包括位图图形、声音文件和视频剪辑。通过库面板，可以调用库中的资源，也可以对库上的资源进行查看、新建、删除、编辑等操作。

6.6　视频处理技术

视觉是人类感知外部世界最重要的途径之一，人类接受的所有信息中有 70%来自视觉。视觉接受的信息可分为两大类：静止的和运动的。之前所说的图形图像是静止的，现在所讲的视频就是运动的图像。

6.6.1　视频概述

视频（Video）是由一幅幅单独的画面（称为帧 Frame）序列组成，这些画面以一定的速率（帧率 5/s，即每秒播放帧的数目）连续地投射在屏幕上，与连续的音频信息在时间上同步，使观察者具有对象或场景在运动的感觉。

按照视频的存储和处理方式不同，视频可分为模拟视频和数字视频两大类。

1．模拟视频

模拟视频（Anslog Video）属于传统的电视视频信号的范畴，模拟视频信号是基于模拟技术以及图像显示的国际标准来产生视频画面的。

电视信号是视频处理的重要信息源。电视信号的标准也称为电视制式，目前各国的电视制式不尽相同，不同制式之间的主要区别在于不同的刷新速度，颜色编码系统，传送频率等。目前世界上最常用的模拟广播视频标准（制式）有中国、欧洲使用的 PAL 制，美国、日本使用 NTSC 制及法国等国使用的 SECAM 制。

2．数字视频

数字视频（Digital Video）是对模拟视频信号进行数字化后的产物，它是基于数字技术记录视频信息的。可以通过视频采集卡将模拟视频信号进行 A/D（模/数）转换，这个转换过程就是视频捕捉（或采集过程），将转换后的信号采用数字压缩技术存入计算机磁盘中就成为数字视频。

数字视频具有如下特点：

① 数字视频可以不失真地进行无数次复制；

② 数字视频便于长时间的存放而不会有任何的质量降低；

③ 可以对数字视频进行非线性编辑，并可增加特技效果等；

④ 数字视频数据量大，在存储与传输的过程必须进行压缩编码。

6.6.2　视频的数字化

1．数字视频的获取

获取数字视频信息主要有两种方式：一种是利用拍摄的景物，从而直接获得无失真的数字视频；另一种是通过把模拟视频转换成数字视频，并按数字视频文件的格式保存下来。

如图 6.7 所示，左边是数码摄像机，右边是用于计算机的视频采集卡。

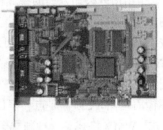

图 6.7　数码摄像机和视频采集卡

2．数字视频的采集

一个数字视频采集系统由 3 部分组成：一台配置较高的多媒体计算机系统（MPC），一块视频采集卡和视频信号源，如图 6.8 所示。

图 6.8　数字视频采集系统

　　在计算机上通过视频采集卡可以接收来自视频输入端（录像机、摄像机和其他视频信号源）的模拟视频信号，对该信号进行采集、量化成数字信号，然后压缩编码成数字视频序列。大多数视频采集卡都具备硬件压缩的功能，在采集视频信号时首先在卡上对视频信号进行压缩，然后才通过 PCI 接口把压缩的视频数据传送到主机上。一般的视频采集卡采用帧内压缩的算法把数字化的视频存储成 AVI 文件，高档一些的视频采集卡还能直接把采集到的数字视频数据实时压缩成 MPEG-1 格式的文件。

　　模拟视频输入端可以提供不间断的信息源，视频采集卡要采集模拟视频序列中的每祯图像，并在采集下一帧图像之前把这些数据传入计算机系统。因此，实现实时采集的关键是每一帧所需的处理时间。如果每帧视频图像的处理时间超过相邻两祯之间的相隔时间，则要出现数据的丢失，即丢帧现象。采集卡针对获取的视频序列先进行压缩处理，然后再存入硬盘，也就是说视频序列的获取和压缩是在一起完成的，避免了再次进行压缩处理的不便。

6.6.3　视频文件格式

　　视频格式可以分为适合本地播放的本地影像视频和适合在网络中播放的网络流媒体影像视频两大类。在计算机中常见的数字视频文件格式有 MPEG、AVI、ASF、WMV 和 FLV 等。

　　（1）MPEG 格式。MPEG 格式包括了 MPEG-1、MPEG-2 和 MPEG-4 在内的多种视频格式。MPEG-1 是大家接触得最多的，目前正在被广泛地应用在 VCD 的制作和一些视频片段下载的网络应用上。MPEG-2 则是应用在 DVD 的制作，同时在一些 HDTV（高清晰电视广播）和一些高要求视频编辑、处理上面也有相当多的应用。MPEG 系列标准已成为国际上影响最大的多媒体技术标准，其中 MPEG-1 和 MPEG-2 是采用香农原理为基础的预测编码、变换编码、熵编码及运动补偿等第一代数据压缩编码技术；MPEG-4 则是基于第二代压缩编码技术制定的国际标准，它以视听媒体对象为基本单元，采用基于内容的压缩编码，以实现数字视音频、图形合成应用及交互式多媒体的集成。MPEG 系列标准对 VCD、DVD 等视听消费电子及数字电视和高清晰度电视、多媒体通信等信息产业的发展产生了巨大而深远的影响。

　　（2）AVI 格式。AVI 格式是最早出现在 Windows 中的一种数字视频格式，将音频和视频信息交织在一起。AVI 这个由微软公司发表的视频格式，在视频领域可以说是最悠久的格式之一。AVI 格式调用方便、图像质量好，压缩标准可任意选择，是应用最广泛的格式。虽然 AVI 文件的尺寸较大，但是不用安装其他视频播放软件，就可以利用 Windows 默认的媒体播放器进行播放。

　　（3）ASF 格式。ASF 是 Microsoft 为了和现在的 RealPlayer 竞争而发展出来的一种可以直接在网上观看视频节目的文件压缩格式。因为 ASF 是以一个可以在网上即时观赏的视频"流"格式存在的，所以它的图像质量比 VCD 差一点，但比同是视频"流"格式的 RAM 格式要好。

　　（4）WMV 格式。WMV 格式是一种独立于编码方式的在 Internet 上实时传播多媒体的技术标准，Microsoft 公司希望用其取代 QuickTime 之类的技术标准以及 WAV、AVI 之类的文件扩展名。WMV 的主要优点在于：可扩充的媒体类型、本地或网络回放、可伸缩的媒体类型、流的优先级化、多语言支持、扩展性等。

　　（5）FLV 格式。FLV 是 Flash Video 的简称，是一种新的流媒体视频格式。由于它形成的文件极小、加载速度极快，使得网络观看视频文件成为可能，它的出现有效地解决了视频文件导入 Flash 后，使导出的 SWF 文件体积庞大，不能在网络上很好的使用等缺点。目前各在线视频网站均采用此视频格式。

6.6.4　视频编辑软件 Premiere

Premiere 是一款由 Adobe 公司推出的、专业化的影视制作及编辑软件，功能十分强大。使用它可以编辑和观看多种格式的视频文件；利用计算机上的视、音频卡，Premiere 可以采集和输出视、音频，可将视频文件逐帧展开，对每一帧的内容进行编辑，并实现音频文件精确同步；能对文字、图像、声音、动画和视频素材进行编辑和合成；还能为视频文件增加字幕、音效，并生成视频（如常用的 AVI 格式）文件。

1. Premiere Pro CS4 的工作界面

Premiere Pro CS4 的工作界面是由 3 个窗口（项目窗口、监视器窗口、时间线窗口）、多个控制面板（媒体浏览、信息面板、历史面板、效果面板、特效控制台面板、调音台面板等）以及主声道电平显示、工具箱和菜单栏组成。如图 6.9 所示

图 6.9　Premiere Pro CS4 工作界面

（1）项目窗口。项目窗口主要用于导入、存放和管理素材，如图 6.10 所示。编辑影片所用的全部素材应事先存放于项目窗口里，然后再调出使用。项目窗口的素材可以用列表和图标两种视图方式来显示，包括素材的缩略图、名称、格式、出入点等信息。也可以为素材分类、重命名或新建一些类型的素材。导入、新建素材后，所有的素材都存放在项目窗口里，用户可以随时查看和调用项目窗口中的所有文件（素材）。

（2）监视器窗口。监视器窗口分左右两个视窗（监视器），如图 6.11 所示。左边是"素材源"监视器，主要用来预览或剪裁项目窗口中选中的某一原始素材。右边是"节目"监视器，主要用来预览时间线窗口序列中已经编辑的素材（影片），也是最终输出视频效果的预览窗口。

（3）时间线窗口。时间线窗口是以轨道的方式实施视频音频组接编辑素

图 6.10　项目窗口

材的阵地，用户的编辑工作都需要在时间线窗口中完成，如图 6.12 所示。素材片段按照播放时间的先后顺序及合成的先后层顺序在时间线上从左至右、由上及下排列在各自的轨道上，可以使用各种编辑工具对这些素材进行编辑操作。时间线窗口分为上下两个区域，上方为时间显示区，下方为轨道区。

图 6.11　Premiere Pro CS4 监视器窗口

图 6.12　Premiere Pro CS4 时间线窗口

（4）工具箱。工具箱是视频与音频编辑工作的重要编辑工具，可以完成许多特殊编辑操作，如图 6.13 所示。除了默认的"选择工具"外，还有"轨道选择工具""波纹编辑工具""滚动编辑工具""速率伸缩工具""剃刀工具""错落工具""滑动工具""钢笔工具""手形把握工具"和"缩放工具"。

（5）信息面板。信息面板用于显示在项目窗口中所选中素材的相关信息，如图 6.14 所示，包括素材名称、类型、大小、开始及结束点等信息。

图 6.13　Premiere Pro CS4 工具箱

图 6.14　Premiere Pro CS4 信息面板

（6）媒体浏览面板。媒体浏览面板可以查找或浏览用户计算机中各磁盘的文件，如图 6.15 所示。

（7）效果面板。效果面板里存放了 Premiere Pro CS4 自带的各种音频、视频特效和视频切换效果，以及预置的效果，如图 6.16 所示。用户可以方便地为时间线窗口中的各种素材片段添加特效。按照特殊效果类别分为 5 个文件夹，而每一大类又细分为很多小类。如果用户安装了第三方特效插件，也会出现在该面板相应类别的文件夹下。

图 6.15　Premiere Pro CS4 媒体浏览面板

图 6.16　Premiere Pro CS4 效果面板

（8）特效控制台面板。当为某一段素材添加了音频、视频特效之后，还需要在特效控制台面板中进行相应的参数设置和添加关键帧，制作画面的运动或透明度效果也需要在这里进行设置，如图 6.17 所示。

（9）调音台面板。调音台面板主要用于完成对音频素材的各种加工和处理工作，如混合音频轨道、调整各声道音量平衡或录音等，如图 6.18 所示。

图 6.17　特效控制台面板图

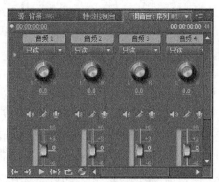

图 6.18　调音台面板

（10）主声道电平面板。主声道面板是显示混合声道输出音量大小。当音量超出了安全范围时，在柱状顶端会显示红色警告，用户可以及时调整音频的增益，以免损伤音频设备。

（11）菜单栏。Premiere Pro CS4 的操作都可以通过选择菜单栏命令来实现。Premiere Pro CS4 的菜单主要有 9 个，即"文件""编辑""项目""素材""序列""标记""字幕""窗口"和"帮助"，如图 6.19 所示。所有操作命令都包含在这些菜单和其子菜单中。

图 6.19　premiere Pro CS4 菜单栏

①"文件"菜单：文件菜单中的命令主要用于各种格式的文件的新建、打开、保存、输出和程序的退出操作。还提供了视频、音频采集和批处理等实用工具。

②"编辑"菜单：主要用于对要处理的对象进行选择、剪切、复制、粘贴、删除等基本操作，还包括对系统的工作参数进行设置的命令。

③"项目"菜单：主要是管理项目以及项目窗口的素材，并对项目文件参数进行设置。

④"素材"菜单：主要功能是对时间线窗口中导入的素材进行编辑和处理。

⑤"序列"菜单：主要用于对时间线窗口操作的有关各种管理命令。

⑥"标记"菜单：主要用于对素材进行标记的设定、清除和定位等。

⑦"字幕"菜单：主要用于创建字幕文件或对字幕文件进行编辑处理。

⑧"窗口"菜单：主要用于管理各个控制窗口和功能面板在工作界面中的显示情况。

⑨"帮助"菜单：帮助菜单可以打开软件的帮助文件，以便用户找到需要帮助的信息。

6.7 多媒体数据压缩技术

随着多媒体技术的发展，特别是音频和视觉媒体数字化后巨大的数据量使数据压缩技术的研究受到人们越来越多的重视。近年来随着计算机网络技术的广泛应用，为了满足信息传输的需要，更促进了数据压缩相关技术和理论的研究和发展。

1. 多媒体数据压缩方法

（1）数据为何能被压缩

首先，数据中间常存在一些多余成分（即冗余）。例如，在一份计算机文件中，某些符号会重复出现。某些符号比其他符号出现得更频繁，某些字符总是在各数据块中可预见的位置上出现等，这些冗余部分便可在数据编码中除去或减少。比如下面的字符串：

KKKKKKAAAAVVVVAAAAAA

这个字符串可以用更简洁的方式来编码，那就是通过替换每一个重复的字符串为单个的实例字符加上记录重复次数的数字来表示，上面的字符串可以被编码为下面的形式：

6K4A4V6A

在这里，6K 意味着 6 个字符 K，4A 意味着 4 个字符 A，依此类推。这种压缩方式是众多压缩技术中的一种，称为"行程长度编码"方式，简称 RLE。冗余度压缩是一个可逆过程，因此叫作无失真压缩（无损压缩），或称保持型编码。

其次，数据中间尤其是相邻的数据之间，常存在着相关性。例如，图片中常常有色彩均匀的部分，电视信号的相邻两帧之间可能只有少量变化的影像是不同的，声音信号有时具有一定的规律性和周期性等。因此，有可能利用某些变换来尽可能地去掉这些相关性。

（2）无损压缩和有损压缩

数据压缩就是在无失真或允许一定失真的情况下，以尽可能少的数据表示信源所发出的信号。通过对数据的压缩减少数据占用的存储空间，从而减少传输数据所需的时间，减少传输数据所需信道的带宽。数据压缩方法种类繁多，可以分为无损压缩和有损压缩两大类。

无损压缩方法是利用数据的统计冗余进行压缩，可完全恢复原始数据而不引入任何失真，但压缩率受到数据统计冗余度的理论限制，一般为 2:1～5:1。这类方法广泛用于文本数据、程序和特殊应用场合的图像数据（如指纹图像、医学图像等）的压缩。由于压缩比的限制，仅使用无损压缩方法不可能解决图像和数字视频的存储和传输的所有问题。经常使用的无损压缩方法有 Shannon-Fano 编码、Huffman 编码、游程（Run-length）编码、LZW 编码（Lempel-Ziv-Welch）和算术编码等。

有损压缩方法是利用人类视觉对图像或声波中的某些频率成分不敏感的特性，允许压缩过程中损失一定的信息。虽然不能完全恢复原始数据，但是所损失的部分对理解原始图像的影响较小，却换来了大得多的压缩比。有损压缩广泛应用于语音、图像和视频数据的压缩。

在多媒体应用中，常用的压缩方法有：PCM（脉冲编码调制）、预测编码、变换编码、插值和外推法、统计编码、矢量量化和子带编码等，混合编码是近年来广泛采用的方法。新一代的数据压缩方法，如基于模型的压缩方法、分形压缩和小波变换方法等也已接近实用化水平。

衡量一个压缩编码方法优劣的重要指标为：压缩比要高，有几倍、几十倍，也有几百乃至几千倍；压缩与解压缩要快，算法要简单，硬件实现容易；解压缩后的质量要好。

2. 多媒体数据压缩标准

随着数据压缩技术的发展，一些经典编码方法趋于成熟，为使数据压缩走向实用化和产业化，近年来一些国际标准组织成立了数据压缩和通信方面的专家组，制定了几种数据压缩编码标准，并且很快得到了产业界的认可。

目前已公布的数据压缩标准有：用于静止图像压缩的 JPEG 标准；用于视频和音频编码的 MPEG 系列标准（包括 MPEG-1、MPEG-2、MPEG-4 等）；用于视频和音频通信的 H.261、H.263 标准等。

（1）JPEG 标准。1986 年，CCITT 和 ISO 两个国际组织组成了一个联合图片专家组（Joint Photographic Expert Group），其任务是建立第一个实用于连续色调图像压缩的国际标准，简称 JPEG 标准。JPEG 以离散余弦变换（DCT）为核心算法，通过调整质量系数控制图像的精度和大小。对于照片等连续变化的灰度或彩色图像，JPEG 在保证图像质量的前提下，一般可以将图像压缩到原大小的 1/10～1/20。如果不考虑图像质量，JPEG 甚至可以将图像压缩到"无限小"。2001 年正式推出了 JPEG 2000 国际标准，在文件大小相同的情况下，JPEG 2000 压缩的图像比 JPEG 质量更高，精度损失更小。

（2）MPEG 标准。MPEG 即"活动图像专家组"，是国际标准化组织和国际电工委员会组成的一个专家组。现在已成为有关技术标准的代名词。MPEG 是一种在高压缩比的情况下，仍能保证高质量画面的压缩算法。它用于活动图像的编码，是一组视频、音频、数据的压缩标准。它提供的压缩比可以高达 200∶1，同时图像和音响的质量也非常高。它采用的是一种减少图像冗余信息的压缩算法，现在通常有 3 个版本：MPEG-1、MPEG-2、MPEG-4 以适用于不同带宽和数字影像质量的要求。它的 3 个最显著优点就是兼容性好、压缩比高（最高可达 200:1）、数据失真小。

（3）MP3 标准。MP3 是 MPEG Audio Layer 3 音乐格式的缩写，属于 MPEG-1 标准的一部分。利用该技术可以将声音文件以 1:12 的压缩率压缩成更小的文档，同时还保持高品质的效果。例如，一首容量为 30MB 的 CD 音乐，压缩成 MP3 格式后仅为 2MB 多。平均起来，n min 的歌曲可以转换为 nMB 的 MP3 音乐文档，一张 650MB 的 CD 可以录制多于 600 min 的 MP3 音乐。由于 MP3 音乐具有文件容量较小而音质佳的优点，因而近几年来得以在因特网上广为流传。

（4）H.261、H.263 标准。H.261 是 CCITT（国际电报电话会议）所属专家组主要为可视电话和电视会议而制定的标准，是关于视像和声音的双向传输标准。H.261 最初是针对在 ISDN 上实现电信会议应用，特别是面对面的可视电话和视频会议而设计的。实际的编码算法类似于 MPEG 算法，但不能与后者兼容。H.261 在实时编码时比 MPEG 所占用的 CPU 运算量少得多，此算法为了优化带宽占用量，引进了在图像质量与运动幅度之间的平衡折中机制，也就是说，剧烈运动的图像比相对静止的图像质量要差。因此这种方法是属于恒定码流可变质量编码而非恒定质量的可变码流编码。H.263 的编码算法与 H.261 一样，但做了一些改善和变化，以提高性能和纠错能力。H.263 标准在低码率下能够提供比 H.261 更好的图像效果。

近 50 年来，已经产生了各种不同用途的压缩算法、压缩手段和实现这些算法的大规模集成电路和计算机软件。目前，相关的研究还在进行，人们还在不断地研究更为有效的算法。

习　题　6

一、选择题

1. 媒体有两种含义，即存储信息的实体和（　　　）。

A. 表示信息的载体   B. 存储信息的载体

C. 传递信息的载体   D. 显示信息的载体

2. （ ）是用于处理文本、音频、图形、图像、动画和视频等计算机编码的媒体。

   A. 感觉媒体   B. 表示媒体   C. 显示媒体   D. 传输媒体

3. 在多媒体计算机中，静态媒体是指（ ）。

   A. 音频   B. 图像   C. 动画   D. 视频

4. 多媒体技术的主要特征是指（ ）。

   A. 多样性、同步性、交互性   B. 集成性、同步性、交互性

   C. 多样性、层次性、交互性   D. 多样性、集成性、交互性

5. 计算机主机与音箱之间的接口电路是（ ）。

   A. 显示卡   B. 音频卡   C. 压缩卡   D. 网卡

6. 多媒体系统软件可分为（ ）。

   A. 多媒体操作系统、多媒体支持软件

   B. 多媒体操作系统、多媒体编程语言

   C. 多媒体支持软件、多媒体著作工具

   D. 多媒体操作系统、多媒体驱动程序

7. 出版与图书是多媒体技术的应用领域之一，它包含（ ）。

   A. 虚拟课堂   B. 查询服务   C. 电子杂志   D. 虚拟实验室

8. 对于 WAV 波形文件和 MIDI 文件，下面叙述不正确的是（ ）。

   A. WAV 波形文件比 MIDI 文件的音乐质量高

   B. 存储同样的音乐文件，WAV 波形文件比 MIDI 文件的存储量大

   C. 一般来说，背景音乐用 MIDI 文件，解说用 WAV 文件

   D. 一般来说，背景音乐用 WAV 文件，解说用 MIDI 文件

9. 一般说来，要求声音的质量越高，则（ ）。

   A. 量化级数越低和采样频率越低   B. 量化级数越高和采样频率越高

   C. 量化级数越低和采样频率越高   D. 量化级数越高和采样频率越低

10. 音频和视频信息在计算机内是以（ ）表示的

   A. 数字信息   B. 模拟信息

   C. 模拟信息或数字信息   D. 某种转换公式

二、简答题

1. 什么是多媒体？什么是多媒体技术？

2. 多媒体系统包括哪些组成部分？

3. 模拟音频如何转换为数字音频？

4. 为什么 JPG 格式文件的数据量一般比 BMP 格式要小？

5. 图形和图像有何区别和联系？

6. 什么是 MP3 标准？

7. 多媒体数据为什么要进行压缩？压缩的方法有哪些？

第7章

计算机网络

本章首先对计算机网络的定义、发展做了简单的说明；然后对网络的组成、功能与分类做了比较详细的阐述；对网络的硬件组成以及常见的网络设备做了介绍；最后，以 Internet 网为例，讲述了相关的理论知识，并介绍 Internet 网的 WWW 服务、文件传输、搜索引擎等应用及相关操作。

【知识要点】

1. 计算机网络的基本概念；
2. 计算机网络的组成；
3. 计算机网络的功能与分类；
4. 网络协议和体系结构；
5. 计算机网络硬件；
6. 计算机局域网
7. Internet 基础知识；
8. 搜索引擎。

7.1　计算机网络概述

7.1.1　计算机网络的定义

计算机网络是指将地理位置不同的具有独立功能的多台计算机及其外部设备，通过通信线路连接起来，在网络操作系统、网络管理软件及网络通信协议的管理和协调下，实现资源共享和信息传递的计算机系统。

在理解计算机网络定义的时候，要注意以下 3 点。

① 自主：计算机之间没有主从关系，所有计算机都是平等独立的。

② 互连：计算机之间由通信信道相连，并且相互之间能够交换信息。

③ 集合：网络是计算机的群体。

计算机网络是计算机技术和通信技术紧密融合的产物，它涉及通信与计算机两个领域。它的诞生使计算机体系结构发生了巨大变化，在当今社会经济中起着非常重要的作用，它对人类社会的进步做出了巨大贡献。从某种意义上讲，计算机网络的发展水平不仅反映了一个国家的计算机科学和通信技术水平，而且已经成为衡量其国力及现代化程度的重要标志之一。

7.1.2 计算机网络的发展

计算机网络出现的历史不长，但发展速度很快。在40多年的时间里，它经历了一个从简单到复杂、从单机到多机、从地区到全球的发展过程。发展过程大致可概括为4个阶段：具有通信功能的单机系统阶段；具有通信功能的多机系统阶段；以共享资源为主的计算机网络阶段；以局域网及其互连为主要支撑环境的分布式计算阶段。

1. 具有通信功能的单机系统

该系统又称终端-计算机网络，是早期计算机网络的主要形式。它是由一台中央主计算机连接大量的地理位置上分散的终端。20世纪60年代中期，典型应用是由一台计算机和全美范围内2 000多个终端组成的飞机定票系统，通过通信线路汇集到一台中心计算机进行集中处理，从而首次实现了计算机技术与通信技术的结合。

2. 具有通信功能的多机系统

在单机通信系统中，中央计算机负担较重，既要进行数据处理，又要承担通信控制，实际工作效率下降；而且主机与每一台远程终端都用一条专用通信线路连接，线路的利用率较低。由此出现了数据处理和数据通信的分工，即在主机前增设一个前端处理机负责通信工作，并在终端比较集中的地区设置集中器。集中器通常由微型机或小型机实现，它首先通过低速通信线路将附近各远程终端连接起来，然后通过高速通信线路与主机的前端处理机相连。这种具有通信功能的多机系统，构成了计算机网络的雏形。20世纪60年代至70年代，此网络在军事、银行、铁路、民航、教育等部门都有应用。

3. 计算机网络

20世纪70年代末至90年代，出现了由若干个计算机互连的系统，开创了"计算机-计算机"通信的时代，并呈现出多处理中心的特点，即利用通信线路将多台计算机连接起来，实现了计算机之间的通信。

4. 局域网的兴起和分布式计算的发展

自20世纪90年代末至今，随着大规模集成电路技术和计算机技术的飞速发展，局域网技术得到迅速发展。早期的计算机网络是以主计算机为中心的，计算机网络控制和管理功能都是集中式的，但随着个人计算机（PC）功能的增强，PC方式呈现出的计算能力已逐步发展成为独立的平台，这就导致了一种新的计算结构——分布式计算模式的诞生。

目前，计算机网络的发展正处于第4阶段。这一阶段计算机网络发展的特点是：综合、高效、智能与更为广泛的应用。

7.2 计算机网络的组成

计算机网络由3部分组成：网络硬件、通信线路和网络软件。其组成结构图如图7.1所示。

1. 网络硬件

网络硬件包括客户机、服务器、网卡和网络互连设备。

客户机指用户上网使用的计算机，也可理解为网络工作站、节点机、主机。

服务器是提供某种网络服务的计算机，由运算功能强大的计算机担任。

网卡即网络适配器，是计算机与传输介质连接的接口设备。

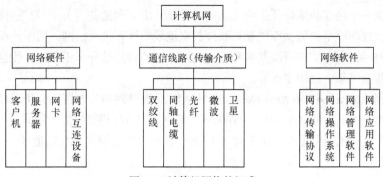

图 7.1 计算机网络的组成

网络互连设备包括集线器、中继器、网桥、交换机、路由器、网关等，其详细说明在后续章节中介绍。

2. 传输介质

物理传输介质是计算机网络最基本的组成部分，任何信息的传输都离不开它。传输介质分为有线介质和无线介质两种。

有线介质包括双绞线、同轴电缆、光纤；微波和卫星为无线传输介质。

3. 网络软件

网络软件是在计算机网络环境中，用于支持数据通信和各种网络活动的软件。网络软件由网络传输协议、网络操作系统、网络管理软件和网络应用软件 4 个部分组成。

（1）网络传输协议。网络传输协议就是连入网络的计算机必须共同遵守的一组规则和约定，以保证数据传送与资源共享能顺利完成。

（2）网络操作系统。网络操作系统是控制、管理、协调网络上的计算机，使之能方便有效地共享网络上硬件、软件资源，为网络用户提供所需的各种服务的软件和有关规程的集合。网络操作系统除具有一般操作系统的功能外，还具有网络通信能力和多种网络服务功能。目前，常用的网络操作系统有 Windows、UNIX、Linux 和 IOS。

（3）网络管理软件。网络管理软件的功能是对网络中大多数参数进行测量与控制，以保证用户安全、可靠、正常地得到网络服务，使网络性能得到优化。

（4）网络应用软件。网络应用软件就是能够使用户在网络中完成相应功能的一些工具软件。例如，能够实现网上漫游的 IE 或 Google chrome 浏览器，能够收发电子邮件的 Outlook Express 等。随着网络应用的普及，将会有越来越多的网络应用软件，为用户带来很大的方便。

7.3 计算机网络的功能与分类

计算机网络的种类繁多，性能各不相同，根据不同的分类原则，可以得到各种不同类型的计算机网络。

1. 按照网络的分布范围分类

计算机网络按照其覆盖的地理范围进行分类，可以很好地反映不同类型网络的技术特征。按地理分布范围来分类，计算机网络可以分为局域网、城域网和广域网 3 种。

（1）局域网（Local Area Network，LAN）。局域网是人们最常见、应用最广的一种网络。所谓局域网，是在一个局部的地理范围内（如一个学校、工厂和机关内），一般是方圆几千米以内，将各种计算机，外部设备和数据库等互相联接起来组成的计算机通信网，用于连接个人计算机、工作站和各类外围设备以实现资源共享和信息交换。它的特点是分布距离近，传输速度高，连接费用低，数据传输可靠，误码率低等。

（2）城域网（Metropolitan Area Network，MAN）。城域网的分布范围介于局域网和广域网之间，这种网络的连接距离可以在 10km～100km。MAN 与 LAN 相比扩展的距离更长，连接的计算机数量更多，在地理范围上可以说是 LAN 的延伸。在一个大型城市或都市地区，一个 MAN 通常连接着多个 LAN。

（3）广域网（Wide Area Network，WAN）。广域网也称远程网，它的联网设备分布范围广，一般从几千米到几百至几千千米。广域网通过一组复杂的分组交换设备和通信线路将各主机与通信子网连接起来，因此网络所涉及的范围可以是市、地区、省、国家，乃至世界范围。由于它的这一特点使得单独建造一个广域网是极其昂贵和不现实的，所以，常常借用传统的公共传输（电报、电话）网来实现。此外，由于传输距离远，又依靠传统的公共传输网，所以错误率较高。

2. 按网络的拓扑结构分类

抛开网络中的具体设备，把网络中的计算机等设备抽象为点，把网络中的通信介质抽象为线，这样从拓扑学的观点去看计算机网络，就形成了由点和线组成的几何图形，从而抽象出网络系统的具体结构。这种采用拓扑学方法描述各个节点之间的连接方式称为网络的拓扑结构。计算机网络常采用的基本拓扑结构有总线结构、环形结构、星形结构。具体介绍可见 7.6 节计算机局域网。

7.4　网络协议和体系结构

1. 计算机网络体系结构

1974 年，IBM 公司首先公布了世界上第一个计算机网络体系结构（System Network Architecture，SNA），凡是遵循 SNA 的网络设备都可以很方便地进行互连。1977 年 3 月，国际标准化组织（ISO）的技术委员会 TC97 成立了一个新的技术分委会 SC16 专门研究"开放系统互连"，并于 1983 年提出了开放系统互连参考模型，即著名的 ISO 7498 国际标准（我国相应的国家标准是 GB 9387），记为 OSI/RM。在 OSI 中采用了三级抽象：参考模型（即体系结构）、服务定义和协议规范（即协议规格说明），自上而下逐步求精。OSI/RM 并不是一般的工业标准，而是一个为制定标准用的概念性框架。

经过各国专家的反复研究，在 OSI/RM 中，采用了表 7.1 所示的 7 个层次的体系结构。

表 7.1　　　　　　　　　　　　　　　　　OSI/RM7 层协议模型

层号	名　称	主要功能简介
7	应用层	作为与用户应用进程的接口，负责用户信息的语义表示，并在两个通信者之间进行语义匹配，它不仅要提供应用进程所需要的信息交换和远程操作，而且还要作为互相作用的应用进程的用户代理来完成一些为进行语义上有意义的信息交换所必须的功能
6	表示层	对源站点内部的数据结构进行编码，形成适合于传输的比特流，到了目的站再进行解码，转换成用户所要求的格式并进行解码，转换成用户所要求的格式并保持数据的意义不变。主要用于数据格式转换

续表

层号	名　称	主要功能简介
5	会话层	提供一个面向用户的连接服务，它给合作的会话用户之间的对话和活动提供组织和同步所必须的手段，以便对数据的传送提供控制和管理。主要用于会话的管理和数据传输的同步
4	传输层	从端到端经网络透明地传送报文，完成端到端通信链路的建立、维护和管理
3	网络层	分组传送、路由选择和流量控制，主要用于实现端到端通信系统中中间节点的路由选择
2	数据链路层	通过一些数据链路层协议和链路控制规程，在不太可靠的物理链路上实现可靠的数据传输
1	物理层	实行相邻计算机节点之间比特数据流的透明传送，尽可能屏蔽掉具体传输介质和物理设备的差异

它们由低到高分别是物理层、数据链路层、网络层、传输层、会话层、表示层、应用层。每层完成一定的功能，每层都直接为其上层提供服务，并且所有层次都互相支持。第 4 层到第 7 层主要负责互操作性，而第 1 层到第 3 层则用于创造两个网络设备间的物理连接。

OSI/RM 参考模型对各个层次的划分遵循下列原则：

① 网中各节点都有相同的层次，相同的层次具有同样的功能；

② 同一节点内相邻层之间通过接口通信；

③ 每一层使用下层提供的服务，并向其上层提供服务；

④ 不同节点的同等层按照协议实现对等层之间的通信。

2. TCP/IP 参考模型

TCP/IP 是目前异种网络通信使用的唯一协议体系，使用范围极广，既可用于局域网，又可用于广域网，许多厂商的计算机操作系统和网络操作系统产品都采用或含有 TCP/IP。TCP/IP 已成为目前事实上的国际标准和工业标准。TCP/IP 也是一个分层的网络协议，不过它与 OSI 模型所分的层次有所不同。TCP/IP 从底至顶分为网络接口层、网际层、传输层、应用层共 4 个层次，各层的功能如下。

（1）网络接口层。这是 TCP/IP 的最低一层，包括有多种逻辑链路控制和媒体访问协议。网络接口层的功能是接收 IP 数据报并通过特定的网络进行传输，或从网络上接收物理帧，抽取出 IP 数据报并转交给网际层。

（2）网际层（IP 层）。该层包括以下协议：网际协议（IP）、因特网控制报文协议（Internet Control Message Protocol，ICMP）、地址解析协议（Address Resolution Protocol，ARP）、反向地址解析协议（Reverse Address Resolution Protocol，RARP）。该层负责相同或不同网络中计算机之间的通信，主要处理数据报和路由。在 IP 层中，ARP 用于将 IP 地址转换成物理地址，RARP 用于将物理地址转换成 IP 地址，ICMP 用于报告差错和传送控制信息。IP 层在 TCP/IP 中处于核心地位。

（3）传输层。该层提供传输控制协议（TCP）和用户数据报协议（User Datagram Protocol，UDP），它们都建立在 IP 的基础上，其中，TCP 提供可靠的面向连接服务，UDP 提供简单的无连接服务。传输层提供端到端，即应用程序之间的通信，主要功能是数据格式化、数据确认和丢失重传等。

（4）应用层。TCP/IP 的应用层相当于 OSI 模型的会话层、表示层和应用层，它向用户提供一组常用的应用层协议，其中包括 Telnet、SMTP、DNS 等。此外，在应用层中还包含用户应用程序，它们均是建立在 TCP/IP 之上的专用程序。

OSI 参考模型与 TCP/IP 都采用了分层结构，都是基于独立的协议栈的概念。OSI 参考模型有

7 层，而 TCP/IP 只有 4 层，即 TCP/IP 没有表示层和会话层，并且把数据链路层和物理层合并为网络接口层。

7.5 计算机网络硬件

7.5.1 网络传输介质

传输介质是网络连接设备间的中间介质，也是信号传输的媒体。常用的介质有双绞线、同轴电缆、光纤（见图 7.2）以及微波和卫星等。

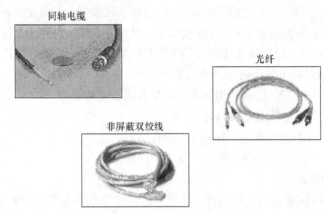

图 7.2 几种传输介质外观

1. 双绞线

双绞线（twisted-pair）是现在最普通的传输介质，它由两条相互绝缘的铜线组成，典型直径为 1mm。两根线绞接在一起是为了防止其电磁感应在邻近线对中产生干扰信号。现行双绞线电缆中一般包含 4 个双绞线对，如图 7.3 所示，具体为橙 1/橙 2、蓝 4/蓝 5、绿 6/绿 3、棕 3/棕白 7。计算机网络使用 1-2、3-6 两组线对分别来发送和接收数据。双绞线接头为具有国际标准的 RJ-45 插头（见图 7.4）和插座。双绞线分为屏蔽（shielded）双绞线（STP）和非屏蔽（unshielded）双绞线（UTP）。非屏蔽双绞线利用线缆外皮作为屏蔽层，适用于网络流量不大的场合中；屏蔽式双绞线具有一个金属甲套（sheath），对电磁干扰（Electromagnetic Interference，EMI）具有较强的抵抗能力，适用于网络流量较大的高速网络协议应用。

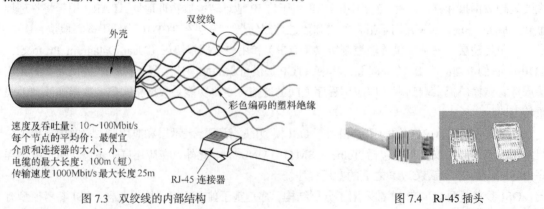

图 7.3 双绞线的内部结构

图 7.4 RJ-45 插头

双绞线最多应用于基于载波感应多路访问/冲突检测（Carrier Sense Multiple Access/Collission Detection，CMSA/CD）技术，即 10Base-T（10 Mbit/s）和 100base-T（100 Mbit/s）的以太网（Ethernet）中，具体规定有：

① 一段双绞线的最大长度为 100m，只能连接一台计算机；

② 双绞线的每端需要一个 RJ-45 插件（头或座）；

③ 各段双绞线通过集线器（Hub 的 10base-T 重发器）互连，利用双绞线最多可以连接 64 个站点到重发器（Repeater）；

④ 10base-T 重发器可以利用收发器电缆连到以太网同轴电缆上。

2. 同轴电缆

广泛使用的同轴电缆（coaxial）有两种：一种为 50Ω（指沿电缆导体各点的电磁电压对电流之比）同轴电缆，用于数字信号的传输，即基带同轴电缆；另一种为 75Ω 同轴电缆，用于宽带模拟信号的传输，即宽带同轴电缆。同轴电缆以单根铜导线为内芯，外裹一层绝缘材料，外覆密集网状导体，最外面是一层保护性塑料，根据直径的不同分为粗缆和细缆，如图 7.5 所示。同轴电缆金属屏蔽层能将磁场反射回中心导体，同时也使中心导体免受外界干扰，故同轴电缆比双绞线具有更高的带宽和更好的噪声抑制特性。

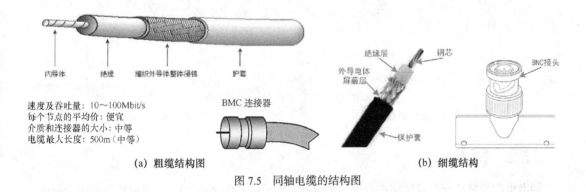

图 7.5 同轴电缆的结构图

现行以太网同轴电缆的接法有两种：直径为 0.4cm 的 RG-11 粗缆采用凿孔接头接法；直径为 0.2cm 的 RG-58 细缆采用 T 型头接法。粗缆要符合 10base5 介质标准，采用 AVI 接头，使用时需要一个外接收发器和收发器电缆，单根最大标准长度为 500m，可靠性强，最多可接 100 台计算机，两台计算机的最小间距为 2.5m。细缆按 10base2 介质标准直接连到网卡的 T 型头连接器（即 BNC 连接器）上，单段最大长度为 185m，最多可接 30 个工作站，最小站间距为 0.5m，室内的支线一般采用细缆。

3. 光纤

光纤（fiber optic）是利用内部全反射原理来传导光束的传输介质，有单模和多模之分。单模光纤多用于通信业，多模光纤多用于网络布线系统。

光纤为圆柱状，由 3 个同心部分组成——纤芯、包层和护套，如图 7.6 所示。每一路光纤包括两根，一根接收，一根发送。用光纤作为网络介质的 LAN 技术主要是光纤分布式数据接口（Fiber-optic Data Distributed Interface，FDDI）。与同轴电缆比较，光纤可提供极宽的频带且功率损耗小，传输距离长（2km 以上）、传输率高（可达数千 Mbit/s）、抗干扰性强（不会受到电子监听），是构建安全性网络的理想选择。

4. 微波传输和卫星传输

这两种都是属于无线通信，传输方式均以空气为传输介质，以电磁波为传输载体，联网方式较为灵活，适合应用在不易布线、覆盖面积大的地方。通过一些硬件的支持，可实现点对点或点对多点的数据、语音通信，通信方式如图 7.7 和图 7.8 所示。

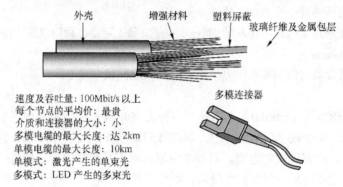

外壳　　增强材料　　塑料屏蔽
玻璃纤维及金属包层

速度及吞吐量：100Mbit/s 以上
每个节点的平均价：最贵
介质和连接器的大小：小
多模电缆的最大长度：达 2km
单模电缆的最大长度：10km
单模式：激光产生的单束光
多模式：LED 产生的多束光

多模连接器

图 7.6　光纤的结构图

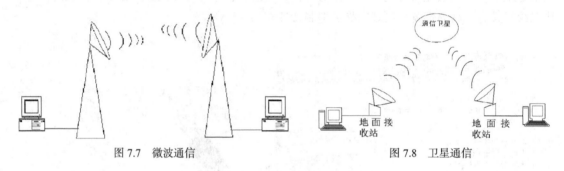

图 7.7　微波通信　　　　　　　　　图 7.8　卫星通信

7.5.2　网卡

网卡也称网络适配器或网络接口卡（Network Interface Card，NIC），在局域网中用于将用户计算机与网络相连，大多数局域网采用以太（Ethernet）网卡，如 ISA 网卡、PCI 网卡、PCMCIA 卡（应用于笔记本）、USB 网卡等。

网卡是一块插入微机 I/O 槽中，发出和接收不同的信息帧、计算帧检验序列、执行编码译码转换等以实现微机通信的集成电路卡。网卡主要完成如下功能：

① 读入由其他网络设备（路由器、交换机、集线器或其他 NIC）传输过来的数据包（一般是帧的形式），经过拆包，将其变成客户机或服务器可以识别的数据，通过主板上的总线将数据传输到所需 PC 设备中（CPU、内存或硬盘）；

② 将 PC 设备发送的数据，打包后输送至其他网络设备中。

它按总线类型可分为 ISA 网卡、PCI 网卡、USB 网卡等，如图 7.9 所示。网卡有 16 位、32 位和 64 位之分，16 位网卡现在几乎已经被市场淘汰；32 位网卡的代表产品是 NE3200，一般用于服务器，市面上也有兼容产品出售。64 位网卡的代表产品是 AMD 和 Inter，一般用于主流的服务器上。

其中，EISA 网卡和 PCI 网卡的数据传送量为 32 位，AMD 和 Inter

图 7.9　各种网卡外观图

的 64 位速度较快。USB 网卡传输速率远远大于传统的并行接口和串行接口,并且其安装简单,即插即用,越来越受到厂商和用户的欢迎。

网卡的接口大小不一,其旁边还有红、绿两个小灯。网卡的接口有 3 种规格:粗同轴电缆接口(AUI 接口);细同轴电缆接口(BNC 接口);无屏蔽双绞线接口(RJ-45 接口)。一般的网卡仅一种接口,但也有两种甚至 3 种接口的,称为二合一或三合一卡。红、绿小灯是网卡的工作指示灯,红灯亮时表示正在发送或接收数据,绿灯亮则表示网络连接正常,否则就不正常。值得说明的是,倘若连接两台计算机线路的长度大于规定长度(双绞线为 100 m,细电缆是 185 m),即使连接正常,绿灯也不会亮。

7.5.3 交换机

交换机可以根据数据链路层信息做出帧转发决策,同时构造自己的转发表。交换机运行在数据链路层,可以访问 MAC 地址,并将帧转发至该地址。交换机的出现,导致了网络带宽的增加。

1. 3 种方式的数据交换

直通式(Cut through):封装数据包进入交换引擎后,在规定时间内丢到背板总线上,再送到目的端口,这种交换方式交换速度快,但容易出现丢包现象。

存储转发式(Store & Forward):封装数据包进入交换引擎后被存在一个缓冲区,由交换引擎转发到背板总线上,这种交换方式克服了丢包现象,但降低了交换速度。

碎片隔离(Fragment Free):介于上述两者之间的一种解决方案。它检查数据包的长度是否够 64 个字节,如果小于 64 字节,说明是假包,需丢弃该包;如果大于 64 字节,则发送该包。这种方式不提供数据校验。它的数据处理速度比存储转发方式快,但比直通式慢。

2. 背板带宽与端口速率

交换机将每一个端口都挂在一条背板总线(CoreBus)上,背板总线的带宽即背板带宽,端口速率即端口每秒吞吐多少数据包。

3. 模块化与固定配置

交换机从设计理念上讲只有两种:一种是机箱式交换机(也称为模块化交换机),另一种是独立式固定配置交换机。

机箱式交换机最大的特色就是具有很强的可扩展性,它能提供一系列扩展模块,如吉比特以太网模块、FDDI 模块、ATM 模块、快速以太网模块、令牌环模块等,所以能够将具有不同协议、不同拓扑结构的网络连接起来。它最大的缺点就是价格昂贵。机箱式交换机一般作为骨干交换机来使用。

固定配置交换机,一般具有固定端口的配置,如图 7.10 所示。固定配置交换机的可扩充性不如机箱式交换机,但是成本低得多。

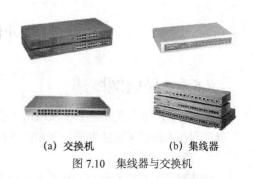

(a) 交换机   (b) 集线器

图 7.10 集线器与交换机

7.5.4 路由器

路由器(Router)是工作在 OSI 第 3 层(网络层)上、具有连接不同类型网络的能力并能够选择数据传送路径的网络设备,如图 7.11 所示。路由器有 3 个特征:工作在网络层上;能够连接不同类型的网络;具有路径选择能力。

1. 路由器工作在第3层上

路由器是第3层网络设备，这样说比较难以理解。为此先介绍一下集线器和交换机，集线器工作在第1层（即物理层），它没有智能处理能力，对它来说，数据只是电流而已。当一个端口的电流传到集线器中时，它只是简单地将电流传送到其他端口，至于其他端口连接的计算机接收不接收这些数据，它就不管了。交换机工作在第2层（即数据链路层），它要比集线器智能一些，对它来说，网络上的数据就是 MAC 地址的集合，它能分辨出帧中的源 MAC 地址和目的 MAC 地址，因此可以在任意两个端口间建立联系。但是交换机并不懂得 IP 地址，它只知道 MAC 地址。路由器工作在第3层（即网络层），它比

图 7.11　路由器

交换机还要"聪明"一些，它能理解数据中的 IP 地址，如果它接收到一个数据包，就检查其中的 IP 地址。如果目标地址是本地网络的就不理会；如果是其他网络的，就将数据包转发出本地网络。

2. 路由器能连接不同类型的网络

常见的集线器和交换机一般都是用于连接以太网的，但是如果将两种网络类型连接起来，比如以太网与 ATM 网，集线器和交换机就派不上用场了。路由器能够连接不同类型的局域网和广域网，如以太网、ATM 网、FDDI 网、令牌环网等。不同类型的网络，其传送的数据单元——帧的格式和大小是不同的，就像公路运输是汽车为单位装载货物，而铁路运输是以车皮为单位装载货物一样，从汽车运输改为铁路运输，必须把货物从汽车上放到火车车皮上，网络中的数据也是如此，数据从一种类型的网络传输至另一种类型的网络，必须进行帧格式转换。路由器就有这种能力，而交换机和集线器就没有这种能力。实际上，我们所说的"互联网"，就是由各种路由器连接起来的，因为互联网上存在各种不同类型的网络，集线器和交换机根本不能胜任这个任务，所以必须由路由器来担当这个角色。

3. 路由器具有路径选择能力

在互联网中，从一个节点到另一个节点，可能有许多路径，路由器可以选择通畅快捷的近路，会大大提高通信速度，减轻网络系统通信负荷，节约网络系统资源，这是集线器和二层交换机所不具备的性能。

7.6　计算机局域网

7.6.1　局域网概述

自20世纪70年代末以来，微机由于价格不断下降而获得了日益广泛的使用，这就促使计算机局域网技术得到了飞速发展，并在计算机网络中占有非常重要的地位。

1. 局域网的特点

局域网最主要的特点是，网络为一个单位所拥有，且地理范围和站点数目均有限。在局域网刚刚出现时，局域网比广域网具有较高的数据率、较低的时延和较小的误码率。但随着光纤技术在广域网中普遍使用，现在广域网也具有很高的数据率和很低的误码率。

一个工作在多用户系统下的小型计算机，也基本上可以完成局域网所能做的工作，二者相比，局域网具有如下一些主要优点：

① 能方便地共享昂贵的外部设备、主机以及软件、数据，从一个站点可访问全网；

② 便于系统的扩展和逐渐演变，各设备的位置可灵活调整和改变；

③ 提高了系统的可靠性、可用性和残存性。

2. 局域网拓扑结构

网络拓扑结构是指一个网络中各个节点之间互连的几何形状。局域网的拓扑结构通常是指局域网的通信链路和工作节点在物理上连接在一起的布线结构，局域网的网络拓扑结构通常分为 3 种：总线形拓扑结构、星形拓扑结构和环形拓扑结构。

（1）总线形拓扑结构

所有节点都通过相应硬件接口连接到一条无源公共总线上，任何一个节点发出的信息都可沿着总线传输，并被总线上其他任何一个节点接收。它的传输方向是从发送点向两端扩散传送，是一种广播式结构。在 LAN 中，采用带有冲突检测的载波侦听多路访问控制方式，即 CSMA/CD 方式。每个节点的网卡上有一个收发器，当发送节点发送的目的地址与某一节点的接口地址相符，该节点即接收该信息。总线结构的优点是安装简单，易于扩充，可靠性高，一个节点损坏不会影响整个网络工作；缺点是一次仅能一个端用户发送数据，其他端用户必须等到获得发送权才能发送数据，介质访问获取机制较复杂。总线形拓扑结构如图 7.12 所示。

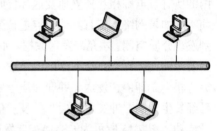

图 7.12 总线形拓扑结构示意图

（2）星形拓扑结构

星形拓扑结构也称为辐射网，它将一个点作为中心节点，该点与其他节点均有线路连接。具有 N 个节点的星形网至少需要 $N-1$ 条传输链路。星形网的中心节点就是转接交换中心，其余 $N-1$ 个节点间相互通信都要经过中心节点来转接。中心节点可以是主机或集线器。因而该设备的交换能力和可靠性会影响网内所有用户。星形拓扑的优点是：利用中心节点可方便地提供服务和重新配置网络；单个连接点的故障只影响一个设备，不会影响全网，容易检测和隔离故障，便于维护；任何一个连接只涉及中心节点和一个站点，因此介质访问控制的方法很简单，从而访问协议也十分简单。星形拓扑的缺点是：每个站点直接与中心节点相连，需要大量电缆，因此费用较高；如果中心节点产生故障，则全网不能工作，所以对中心节点的可靠性和冗余度要求很高，中心节点通常采用双机热备份来提高系统的可靠性。星形拓扑结构如图 7.13 所示。

（3）环形网络拓扑结构

环形结构中的各节点通过有源接口连接在一条闭合的环形通信线路中，是点对点结构。环形网中每个节点发送的数据流按环路设计的流向流动。为了提高可靠性，可采用双环或多环等冗余措施来解决。目前的环形结构中，采用了一种多路访问部件 MAU，当某个节点发生故障时，可以自动旁路，隔离故障点，这也使可靠性得到了提高。环形结构的优点是实时性好，信息吞吐量大，网的周长可达 200km，节点可达几百个。但因环路是封闭的，所以扩充不便。IBM 于 1985 年率先推出令牌环网，目前的 FDDI 网就使用这种双环结构。环形拓扑结构如图 7.14 所示。

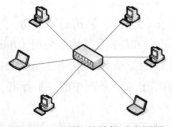

图 7.13 星形拓扑结构示意图图

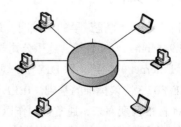

图 7.14 环形拓扑结构示意图

7.6.2 载波侦听多路访问/冲突检测协议

载波侦听多路访问/冲突检测协议（CSMA/CD）是一种介质访问控制技术，也就是计算机访问网络的控制方式。介质访问控制技术是局域网最重要的一项基本技术，也是网络设计和组成的最根本问题，因为它对局域网体系结构、工作过程和网络性能产生决定性的影响。

局域网的介质访问控制包括两个方面的内容：一是要确定网络的每个节点能够将信息发送到介质上去的特定时刻；二是如何对公用传输介质进行访问，并加以利用和控制。常用的局域网介质访问控制方法主要有以下 3 种：CSMA/CD、令牌环（Token Ring）和令牌总线（Token Bus）。后两种现在已经逐渐退出历史舞台。

CSMA/CD 是一种争用型的介质访问控制协议，同时也是一种分布式介质访问控制协议。网内的所有节点都相互独立地发送和接收数据帧。在每个节点发送数据帧前，先要对网络进行载波侦听，如果网络上正有其他节点进行数据传输，则该节点推迟发送数据，继续进行载波侦听，直到发现介质空闲，才允许发送数据。如果两个或者两个以上节点同时检测到介质空闲并发送数据，则发生冲突。在 CSMA/CD 中，采取一边发送一边侦听的方法对数据进行冲突检测。如果发现冲突，将会立即停止发送，并向介质上发出一串阻塞脉冲信号来加强冲突，以便让其他节点都知道已经发生冲突。冲突发生后，要发送信号的节点将随机延时一段时间，再重新争用介质，直到发送成功。图 7.15 所示为 CSMA/CD 发送数据帧的工作原理。

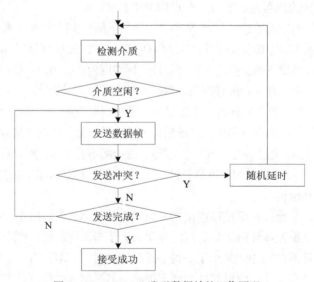

图 7.15　CSMA/CD 发送数据帧的工作原理

7.6.3 以太网

以太网（Ethernet）是最早的局域网，最初由美国施乐（Xerox）公司研制成功，当时的传输速率只有 2.94Mbit/s。1981 年，施乐公司与数字设备公司（DEC）及英特尔公司（Intel）合作，联合提出了 Ethernet 的规约，即 DIX 1.0 规范。后来以太网的标准由 IEEE 来制定，DIX Ethernet 就成了 IEEE 802.3 协议标准的基础。IEEE 802.3 标准是 IEEE 802 系列中的一个标准，由于是从 DIX Ethernet 标准演变而来，通常又叫作以太网标准。

早期的以太网采用同轴电缆作为传输介质，传输速率为 10 Mbit/s。使用粗同轴电缆的以太网标准被称为 10Base-5 标准以太网。Base 是指传输信号是基带信号，它采用的是 0.5 英寸的 50Ω 同轴电缆作为传输介质，最远传输距离为 500m，最多可连接 100 台计算机。使用细同轴电缆的以太网称为 10Base-2 标准以太网，它采用 0.2 英寸 50Ω 同轴电缆作为传输介质，最远传输距离为 200m，最多可连接 30 台计算机。

双绞线以太网 10Base-T，采用双绞线作为传输介质。10Base-T 网络中引入集线器（Hub），网络采用树形拓扑或总线形和星形混合拓扑。这种结构具有良好的故障隔离功能，当网络任一线路或某工作站点出现故障时，均不影响网络其他站点，使得网络更加易于维护。

随着数据业务的增加，10 Mbit/s 网络已经不能满足业务需求。1993 年诞生了快速以太网 100Base-T，在 IEEE 标准里为 IEEE 802.3u。快速以太网的出现大大提升了网络速度，再加上快速以太网设备价格低廉，快速以太网很快成为局域网的主流。快速以太网从传统以太网上发展起来，保持了相同的数据格式，也保留了 CSMA/CD 介质访问控制方式。目前，正式的 100Base-T 标准定义了 3 种物理规范以支持不同介质：100Base-T 用于使用两对线的双绞线电缆，100Base-T4 用于使用四对线的双绞线电缆，100Base-FX 用于光纤。

吉比特以太网是 IEEE 802.3 标准的扩展，在保持与以太网和快速以太网设备兼容的同时，提供 1 000Mbit/s 的数据带宽。IEEE 802.3 工作组建立了 IEEE 802.3z 以太网小组来建立吉比特以太网标准。吉比特以太网继续沿袭了以太网和快速以太网的主要技术，并在线路工作方式上进行了改进，提供了全新的全双工工作方式。吉比特以太网可支持双绞线电缆、多模光纤、单模光纤等介质。目前吉比特以太网设备已经普及，主要被用在网络的骨干部分。

10 吉比特以太网技术的研究开始于 1999 年底。2002 年 6 月，IEEE 802.3ae 标准正式发布。目前支持 9μm 单模、50μm 多模和 62.5μm 多模 3 种光纤。在物理层上，主要分为两种类型，一种为可与传统以太网实现连接速率为 10GMbit/s 的 "LAN PHY"，另一种为可连接 SDH/SONET、速率为 9.584 64Gbit/s 的 "WAN PHY"。两种物理层连接设备都可使用 10GBase-S（850nm 短波）、10GBase-L（1 310nm 长波）、10GBase-E（1 550nm 长波）3 种规格，最大传输距离分别为 300m、10km、40km，另外，LAN PHY 还包括一种可以使用波分复用 DWDM 技术的 "10Gbase-LX4" 规格。WAN PHY 与 SONET OC-192 帧结构融合，可与 OC-192 电路、SONET/SDH 设备一起运行，可保护传统基础投资，使运营商能够在不同地区通过城域网提供端到端以太网。

7.7　Internet 基础知识

7.7.1　Internet 概述

1. 什么是 Internet

Internet 是一个全球性的 "互联网"，中文名称为 "因特网"。它并非一个具有独立形态的网络，而是将分布在世界各地的、类型各异的、规模大小不一的、数量众多的计算机网络互连在一起而形成的网络集合体，成为当今最大的和最流行的国际性网络。

Internet 采用 TCP/IP 作为共同的通信协议，将世界范围内，许许多多计算机网络连接在一起。用户只要与 Internet 相连，就能主动地利用这些网络资源，还能以各种方式和其他 Internet 用户交流信息。但 Internet 又远远超出一个提供丰富信息服务机构的范畴。它更像一个面对公众的自由松散的社会团体，一方面有许多人通过 Internet 进行信息交流和资源共享，另一方面又有许多人和机构资源将时间和精力投入到 Internet 中进行开发、运用和服务。Internet 正逐步深入到社会生活的各个角落，成为人们生活中不可缺少的部分。网民对 Internet 的正面作用评价很高，认为 Internet 对工作、学习有很大帮助的网民占 93.1%，尤其是娱乐方面，认为 Internet 丰富了网民的娱乐生活的比例高达 94.2%。前 7 类网络应用的使用率按高低排序依次是：网络音乐、即时通信、网络影视、网络新闻、搜索引擎、网络游戏、电子邮件。Internet 除了上述 7 种用途外，还常用于电子政务、网络购物、网上支付、网上银行、网上求职、网络教育等。

2. Internet 的起源和发展

Internet 是由美国国防部高级研究计划署（Defence Advance Research Projects Agency）1969 年 12 月建立的实验性网络 ARPAnet 发展演化而来的。ARPAnet 是全世界第一个分组交换网，是一个实验性的计算机网，用于军事目的。其设计要求是支持军事活动，特别是研究如何建立网络才能经受如核战争那样的破坏或其他灾害性破坏，当网络的一部分（某些主机或部分通信线路）受损时，整个网络仍然能够正常工作。与此不同，Internet 是用于民用目的，最初它主要是面向科学与教育界的用户，后来才转到其他领域，为一般用户服务，成为非常开放性的网络。ARPAnet 模型为网络设计提供了一种思想：网络的组成成分可能是不可靠的，当从源计算机向目标计算机发送信息时，应该对承担通信任务的计算机而不是对网络本身赋予一种责任——保证把信息完整无误地送达目的地，这种思想始终体现在以后计算机网络通信协议的设计以及 Internet 的发展过程中。

Internet 的真正发展是从 NSFnet 的建立开始的。最初，美国国家自然科学基金会（National Science Foundation，NSF）曾试图用 ARPAnet 作为 NSFnet 的通信干线，但这个决策没有取得成功。20 世纪 80 年代是网络技术取得巨大进展的年代，不仅大量涌现出诸如以太网电缆和工作站组成的局域网，而且奠定了建立大规模广域网的技术基础。正是在这时提出了发展 NSFnet 的计划。1988 年底，NSF 把在全国建立的五大超级计算机中心用通信干线连接起来，组成全国科学技术网 NSFnet，并以此作为 Internet 的基础，实现同其他网络的连接。现在，NSFnet 连接了全美上百万台计算机，拥有几百万用户，是 Internet 最主要的成员网。采用 Internet 的名称是在 MILnet（由 ARPAnet 分离出来）实现和 NSFnet 连接后开始的。此后，其他联邦部门的计算机网相继并入 Internet，如能源科学网 Esnet、航天技术网 NASAnet、商业网 COMnet 等。之后，NSF 巨型计算机中心一直肩负着扩展 Internet 的使命。

3. Internet 在我国的发展

中国已作为第 71 个国家级网加入 Internet，1994 年 5 月，以"中科院-北大-清华"为核心的"中国国家计算机网络设施"（The National Computing and Network Facility Of China，NCFC，国内也称中关村网）已与 Internet 连通。目前，Internet 已经在我国开放，通过中国公用互连网络（ChinaNet）或中国教育科研计算机网（CERnet）都可与 Internet 连通。只要有一台 486 计算机，一部调制解调器和一部国内直拨电话就能与 Internet 网相连。

Internet 在中国的发展历程可以大略地划分为 3 个阶段。

（1）第一阶段为 1986 年 6 月—1993 年 3 月，是研究试验阶段（E-mail Only）。

在此期间中国一些科研部门和高等院校开始研究 Internet 联网技术，并开展了科研课题和科技合作工作。这个阶段的网络应用仅限于小范围内的电子邮件服务，而且仅为少数高等院校、研究机构提供电子邮件服务。

（2）第二阶段为 1994 年 4 月—1996 年，是起步阶段（Full Function Connection）。

1994 年 4 月，中关村地区教育与科研示范网络工程进入 Internet，实现和 Internet 的 TCP/IP

连接，从而开通了 Internet 全功能服务。从此中国被国际上正式承认为有 Internet 的国家。之后，ChinaNet、CERnet、CSTnet、ChinaGBnet 等多个 Internet 网络项目在全国范围相继启动，Internet 开始进入公众生活，并在中国得到了迅速的发展。1996 年底，中国 Internet 用户数已达 20 万，利用 Internet 开展的业务与应用逐步增多。

（3）第三阶段从 1997 年至今，是快速增长阶段。

国内 Internet 用户自 1997 年以后基本保持每半年翻一番的增长速度，中国网民数增长迅速，在过去一年中平均每天增加网民 20 万人。据中国互联网络信息中心（CNNIC）公布的统计报告显示，截至 2014 年 12 月底，中国网民规模达 6.49 亿。互联网普及率较 2013 年提升 2.1 个百分点，达到 47.9%。相比 2007 年以来平均每年有 5 个百分点的提升。

2014 年下半年，网站规模显现出稳步上升的势头，截至 2014 年年底，中国网站规模达到 335 万，年增长 4.6%。国家顶级域名.CN 的注册量也开始转身向上，2014 年年底，.CN 域名注册量达到 1109 万个，较 2013 年增长 26000 余个，增长了 2.4%。

4. 下一代网络

随着网络应用的广泛与深入，通信业呈现 3 个重要的发展趋势。移动通信业务超越了固定通信业务；数据通信业务超越了语音通信业务；分组交换业务超越了数据交换业务。由此引发了 3 项技术的基本形成：计算机网络的 IP 技术可将传统电信业的所有设备都变成互联网的终端；软交换技术可使各种新的电信业务方便的加载到电信网络中，加快电话网、移动通信网与互联网的融合；第三代、第四代的移动通信技术，将数据业务带入移动通信时代。

由此，计算机网络出现了两个重要的发展趋势：一是计算机网络、电信网络与有线电视网实现"三网融合"，即未来将会以一个网络完成上述三网的功能；二是基于 IP 技术的新型公共电信网的快速发展。这就是下一代网络（Next Generation Network，NGN），同时也发展了下一代互联网（Next Generation Internet，NGI）。

NGI 是指"下一代的互联网技术"，而 NGN 指的是互联网应用给传输网带来的技术演变，导致新一代电信网的出现。通常认为，NGN 的主要特征是：建立在 IP 技术基础上的新型公共电信网络上，容纳各种类型的信息，提供可靠地服务质量保证，支持语音、数据与视频的多媒体通信业务，并且具备快速灵活的生成新业务的机制与能力。

5. 物联网

物联网（Internet of Things）是 MIT Auto-ID 中心 Ashton 教授 1999 年在研究 RFID 时最早提出来的，当时叫传感网；其定义是通过射频识别（RFID）、红外感应器、全球定位系统、激光扫描器等信息传感设备，按约定的协议，把任何物品与互联网相连接，进行信息交换和通信，以实现智能化识别、定位、跟踪、监控和管理的一种网络概念。

物联网实现全球亿万种物品之间的互连，将不同领域、不同地域、不同应用、不同物理实体按其内在关系紧密关联，可能对小到电子元器件，大到飞机、轮船等巨量物体的信息实现联网与互动。详细内容请参考第 11 章。

7.7.2　Internet 的接入

Internet 是"网络的网络"，它允许用户随意访问任何连入其中的计算机，但如果要访问其他计算机，首先要把你的计算机系统连接到 Internet 上。

与 Internet 的连接方法大致有 4 种，简单介绍如下。

1．ISDN

综合业务数字网（Integrated Service Digital Network，ISDN）接入技术俗称"一线通"，它采用数字传输和数字交换技术，将电话、传真、数据、图像等多种业务综合在一个统一的数字网络中进行传输和处理。用户利用一条 ISDN 用户线路，可以在上网的同时拨打电话、收发传真，就像两条电话线一样。ISDN 基本速率接口有两条 64kbit/s 的信息通路和一条 16kbit/s 的信令通路，简称 2B+D，当有电话拨入时，它会自动释放一个 B 信道来进行电话接听。

就像普通拨号上网要使用 Modem 一样，用户使用 ISDN 也需要专用的终端设备，主要由网络终端 NT1 和 ISDN 适配器组成。网络终端 NT1 好像有线电视上的用户接入盒一样必不可少，它为 ISDN 适配器提供接口和接入方式。ISDN 适配器和 Modem 一样又分为内置和外置两类，内置的一般称为 ISDN 内置卡或 ISDN 适配卡；外置的 ISDN 适配器则称之为 TA。

用户采用 ISDN 拨号方式接入需要申请开户，各种测试数据表明，双线上网速度并不能翻番，从发展趋势来看，窄带 ISDN 也不能满足高质量的 VOD 等宽带应用。

2．DDN

数字数据网（Digital Data Network，DDN）是随着数据通信业务发展而迅速发展起来的一种新型网络。DDN 的主干网传输介质有光纤、数字微波、卫星信道等，用户端多使用普通电缆和双绞线。DDN 将数字通信技术、计算机技术、光纤通信技术以及数字交叉连接技术有机地结合在一起，提供了高速度、高质量的通信环境，可以向用户提供点对点、点对多点透明传输的数据专线出租电路，为用户传输数据、图像、声音等信息。DDN 的通信速率可根据用户需要在 $N×64$kbit/s（$N=1～32$）之间进行选择，当然速度越快租用费用也越高。DDN 主要面向集团公司等需要综合运用的单位。

3．ADSL

非对称数字用户环路（Asymmetrical Digital Subscriber Line，ADSL）是一种能够通过普通电话线提供宽带数据业务的技术，也是目前极具发展前景的一种接入技术。ADSL 素有"网络快车"之美誉，因其下行速率高、频带宽、性能优、安装方便、不需交纳电话费等特点而深受广大用户喜爱，成为继 Modem、ISDN 之后的又一种全新的高效接入方式。

ADSL 接入方式如图 7.16 所示。ADSL 方案的最大特点是不需要改造信号传输线路，完全可以利用普通铜质电话线作为传输介质，配上专用的 Modem 即可实现数据高速传输。ADSL 支持上行速率 640 kbit/s～1 Mbit/s，下行速率 1～8 Mbit/s，其有效的传输距离在 3～5km。在 ADSL 接入方案中，每个用户

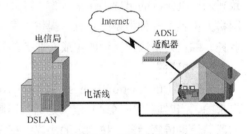

图 7.16　ADSL 接入方式

都有单独的一条线路与 ADSL 局端相连，它的结构可以看作是星形结构，数据传输带宽是由每一个用户独享的。

4．光纤入户

PON（无源光网络）技术是一种点对多点的光纤传输和接入技术，下行采用广播方式，上行采用时分多址方式，可以灵活地组成树形、星形、总线形等拓扑结构，在光分支点不需要节点设备，只需要安装一个简单的光分支器即可，具有节省光缆资源、带宽资源共享、节省机房投资、设备安全性高、建网速度快、综合建网成本低等优点。

随着 Internet 的爆炸式发展，在 Internet 上的商业应用和多媒体等服务也得以迅猛推广，宽带网络一直被认为是构成信息社会最基本的基础设施。要享受 Internet 上的各种服务，用户必须以

某种方式接入网络。为了实现用户接入 Internet 的数字化、宽带化，提高用户上网速度，光纤到户是用户网今后发展的必然方向。

7.7.3　IP 地址与 MAC 地址

1. 网络 IP 地址

由于网际互连技术是将不同物理网络技术统一起来的高层软件技术，因此在统一的过程中，首先要解决的就是地址的统一问题。

TCP/IP 对物理地址的统一是通过上层软件完成的，确切地说，是在网际层中完成的。IP 提供一种在 Internet 中通用的地址格式，并在统一管理下进行地址分配，保证一个地址对应网络中的一台主机，这样物理地址的差异被网际层所屏蔽。网际层所用到的地址就是经常所说的 IP 地址。

IP 地址是一种层次型地址，携带关于对象位置的信息。它所要处理的对象比广域网要庞杂得多，无结构的地址是不能担此重任的。Internet 在概念上分 3 个层次，如图 7.17 所示。

IP 地址正是对上述结构的反映，Internet 是由许多网络组成，每一网络中有许多主机，因此必须分别为网络主机加以标识，以示区别。这种地址模式明显地携带位置信息，给出一主机的 IP 地址，就可以知道它位于哪个网络。

IP 地址是一个 32 位的二进制数，是将计算机连接到 Internet 的网际协议地址，它是 Internet

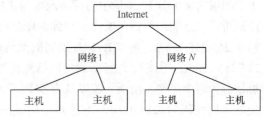

图 7.17　Internet 在概念上的 3 个层次

主机的一种数字型标识，一般用小数点隔开的十进制数表示，如 168.160.66.119，而实际上并非如此。IP 地址由网络标识（netid）和主机标识（hostid）两部分组成，网络标识用来区分 Internet 上互连的各个网络，主机标识用来区分同一网络上的不同计算机（即主机）。

IP 地址由 4 部分数字组成，每部分都不大于 256，各部分之间用小数点分开。例如，某 IP 地址的二进制表示为：

$$11001010 \quad 11000100 \quad 00000100 \quad 01101010$$

表示为十进制为：202.196.4.106。

IP 地址通常分为以下 3 类。

① A 类：IP 地址的前 8 位为网络号，其中第 1 位为 "0"，后 24 位为主机号，其有效范围为：1.0.0.1～126.255.255.254。此类地址的网络全世界仅可有 126 个，每个网络可接主机数为：

$$2^8 \times 2^8 \times (2^8-2) = 16\ 777\ 214 \text{ 个}$$

通常供大型网络使用。

② B 类：IP 地址的前 16 位为网络号，其中第 1 位为 "1"，第 2 位为 "0"，后 16 位为主机号，其有效范围为：128.0.0.1～191.255.255.254。该类地址全球共有：

$$2^6 \times 2^8 = 16\ 384 \text{ 个}$$

每个可连接的主机数为：

$$2^8 \times (2^8-2) = 65\ 024 \text{ 个}$$

通常供中型网络使用。

③ C 类：IP 地址的前 24 位为网络号，其中第 1 位为 "1"，第 2 位为 "1"，第 3 位为 "0"，后 8 位为主机号，其有效范围为：192.0.0.1～222.255.255.254。该类地址全球共有：

$$2^5 \times 2^8 \times 2^8 = 2\ 097\ 152 \text{ 个}$$

每个可连接的主机数为 254 台，所以通常供小型网络使用。

2. 子网掩码

从 IP 地址的结构中可知，IP 地址由网络地址和主机地址两部分组成。这样 IP 地址中具有相同网络地址的主机应该位于同一网络内，同一网络内的所有主机的 IP 地址中网络地址部分应该相同。不论是在 A、B 或 C 类网络中，具有相同网络地址的所有主机构成了一个网络。

通常一个网络本身并不只是一个大的局域网，它可能是由许多小的局域网组成。因此，为了维持原有局域网的划分便于网络的管理，允许将 A、B 或 C 类网络进一步划分成若干个相对独立的子网。A、B 或 C 类网络通过 IP 地址中的网络地址部分来区分。在划分子网时，将网络地址部分进行扩展，占用主机地址的部分数据位。在子网中，为识别其网络地址与主机地址，引出一个新的概念：子网掩码（Subnet Mask）或网络屏蔽字（Netmask）。

子网掩码的长度也是 32 位，其表示方法与 IP 地址的表示方法一致。其特点是，它的 32 位二进制可以分为两部分，第一部分全部为 "1"，而第二部分则全部为 "0"。子网掩码的作用在于，利用它来区分 IP 地址中的网络地址与主机地址。其操作过程为，将 32 位的 IP 地址与子网掩码进行二进制的逻辑与操作，得到的便是网络地址。比如，IP 地址为 166.111.80.16，子网掩码为 255.255.128.0，则该 IP 地址所属的网络地址为 166.111.0.0，而 166.111.129.32 子网掩码为 255.255.128.0，则该 IP 地址所属的网络地址为 166.111.128.0，原本为一个 B 类网络的两种主机被划分为两个子网。由 A、B 以及 C 类网络的定义中可知，它们具有缺省的子网掩码。A 类地址的子网掩码为 255.0.0.0，B 类地址的子网掩码 255.255.0.0，而 C 类地址的子网掩码为 255.255.255.0。

这样，便可以利用子网掩码来进行子网的划分。例如，某单位拥有一个 B 类网络地址 166.111.0.0，其缺省的子网掩码为 255.255.0.0。如果需要将其划分成为 256 个子网，则应该将子网掩码设置为 255.255.255.0。于是，就产生了从 166.111.0.0 到 166.111.255.0 总共 256 个子网地址，而每个子网最多只能包含 254 台主机。此时，便可以为每个部门分配一个子网地址。

子网掩码通常是用来进行子网的划分，它还有另外一个用途，即进行网络的合并，这一点对于新申请 IP 地址的单位很有用处。由于 IP 地址资源的匮乏，如今 A、B 类地址已分配完，即使具有较大的网络规模，所能够申请到的也只是若干个 C 类地址（通常会是连续的）。当用户需要将这几个连续的 C 类地址合并为一个网络时，就需要用到子网掩码。例如，某单位申请到连续 4 个 C 类网络合并成为一个网络，可以将子网掩码设置为 255.255.252.0。

3. IP 地址的申请组织及获取方法

IP 地址必须由国际组织统一分配。IP 组织分 A、B、C、D、E 5 类，A 类为最高级 IP 地址。

① 分配最高级 IP 地址的国际组织——NIC。Network Information Center（国际网络信息中心）负责分配 A 类 IP 地址、授权分配 B 类 IP 地址的组织——自治区系统、有权重新刷新 IP 地址。

② 分配 B 类 IP 地址的国际组织 InterNIC、APNIC 和 ENIC。

目前全世界有 3 个自治区系统组织：ENIC 负责欧洲地区的分配工作，InterNIC 负责北美地区，APNIC 负责亚太地区（设在日本东京大学）。我国属 APNI，被分配 B 类地址。

③ 分配 C 类地址：由各国和地区的网管中心负责分配。

4. MAC 地址

在局域网中，硬件地址又称为物理地址或 MAC 地址（因为这种地址用在 MAC 帧中）。

在所有计算机系统的设计中，标识系统（Identification System）是一个核心问题。在标识系统中，地址就是为识别某个系统的一个非常重要的标识符。

　　严格地讲，名字应当与系统的所在地无关。这就像每一个人的名字一样，不随所处的地点而改变。但是 802 标准为局域网规定了一种 48bit 的全球地址（一般都简称为"地址"），是指局域网上的每一台计算机所插入的网卡上固化在 ROM 中的地址。

　　① 假定连接在局域网上的一台计算机的网卡坏了而更换了一个新的网卡，那么这台计算机的局域网的"地址"也就改变了，虽然这台计算机的地理位置一点也没变化，所接入的局域网也没有任何改变。

　　② 假定将位于南京的某局域网上的一台笔记本电脑转移到北京，并连接在北京的某局域网。虽然这台笔记本电脑的地理位置改变了，但只要笔记本电脑中的网卡不变，那么该笔记本电脑在北京的局域网中的"地址"仍然和它在南京的局域网中的"地址"一样。

　　现在 IEEE 的注册管理委员会（Registration Authority Committee，RAC）是局域网全球地址的法定管理机构，它负责分配地址字段的 6 个字节中的前 3 个字节（即高位 24bit）。世界上凡要生产局域网网卡的厂家都必须向 IEEE 购买由这 3 个字节构成的一个号（即地址块），这个号的正式名称是机构唯一标识符（Organizationally Unique Identifier，OUI），通常也叫作公司标识符（company_id）。例如，3Com 公司生产的网卡的 MAC 地址的前 6 个字节是 02-60-8C；地址字段中的后 3 个字节（即低位 24bit）则是由厂家自行指派，称为扩展标识符（Extended Identifier），只要保证生产出的网卡没有重复地址即可。可见用一个地址块可以生成 2^{24} 个不同的地址。用这种方式得到的 48bit 地址称为 MAC-48，它的通用名称是 EUL-48。这里 EUI 表示扩展的唯一标识符（Extended Unique Identifier）。EUI-48 的使用范围更广，不限于硬件地址，如用于软件接口。但应注意，24bit 的 OUI 不能够单独用来标志一个公司，因为一个公司可能有几个 OUI，也可能有几个小公司合起来购买一个 OUI。在生产网卡时这种 6 字节的 MAC 地址已被固化在网卡的只读存储器（ROM）中。因此，MAC 地址也常常叫做硬件地址（hardware address）或物理地址。可见"MAC 地址"实际上就是网卡地址或网卡标识符 EUI-48。当这块网卡插入到某台计算机后，网卡上的标识符 EUI-48 就成为这个计算机的 MAC 地址了。

　　5. IPv6

　　IP 是 Internet 的核心协议。现在使用的 IP（即 IPv4）是在 20 世纪 70 年代末期设计的。无论从计算机本身发展还是从 Internet 规模和网络传输速率来看，现在 IPv4 已很不适用了。这里最主要的问题就是 32bit 的 IP 地址不够用。

　　要解决 IP 地址耗尽的问题，可以采用以下 3 个措施：

　　① 采用无分类编址 CIDR，使 IP 地址的分配更加合理；

　　② 采用网络地址转换 NAT 方法，可节省许多全球 IP 地址；

　　③ 采用具有更大地址空间的新版本的 IP，即 IPv6。

　　尽管上述前两项措施的采用使得 IP 地址耗尽的日期退后了不少，但却不能从根本上解决 IP 地址即将耗尽的问题。因此，治本的方法应当是上述的第 3 种方法。

　　及早开始过渡到 IPv6 的好处是：有更多的时间来规划平滑过渡；有更多的时间培养 IPv6 的专门人才；及早提供 IPv6 服务比较便宜。因此现在有些 ISP 已经开始进行 IPv6 的过渡。

　　IETF 早在 1992 年 6 月就提出要制定下一代的 IP，即 IPng（IP Next Generation）。IPng 现在正式称为 IPv6。1998 年 12 月发表的"RFC 2460-2463"已成为 Internet 草案标准协议。应当指出，换一个新版的 IP 并非易事。世界上许多团体都从 Internet 的发展中看到了机遇，因此在新标准的制订过程中出于自身的经济利益而产生了激烈的争论。

　　IPv6 仍支持无连接的传送，但将协议数据单元 PDU 称为分组，而不是 IPv4 的数据报。为方便起见，本书仍采用数据报这一名词。

IPv6 所引进的主要变化如下。

① 更大的地址空间。IPv6 将地址从 IPv4 的 32bit 增大到了 128bit，使地址空间增大了 2^{96} 倍。这样大的地址空间在可预见的将来是不会用完的。

② 扩展的地址层次结构。IPv6 由于地址空间很大，因此可以划分为更多的层次。

③ 灵活的首部格式。IPv6 数据报的首部和 IPv4 的并不兼容。IPv6 定义了许多可选的扩展首部，不仅可提供比 IPv4 更多的功能，而且还可提高路由器的处理效率，这是因为路由器对扩展首部不进行处理。

④ 改进的选项。IPv6 允许数据报包含有选项的控制信息，因而可以包含一些新的选项，IPv4 所规定的选项是固定不变的。

⑤ 允许协议继续扩充。这一点很重要，因为技术总是在不断地发展的（如网络硬件的更新），而新的应用也还会出现，但 IPv4 的功能是固定不变的。

⑥ 支持即插即用（即自动配置）。

⑦ 支持资源的预分配。IPv6 支持实时视像等要求保证一定的带宽和时延的应用。

IPv6 将首部长度变为固定的 40bit，称为基本首部（base header）。将不必要的功能取消了，首部的字段数减少到只有 8 个（虽然首部长度增大一倍）。此外，还取消了首部的检验和字段（考虑到数据链路层和运输层有差错检验功能）。这样就加快了路由器处理数据报的速度。

IPv6 数据报在基本首部的后面允许有零个或多个扩展首部（extension header），再后面是数据。但请注意，所有的扩展首部都不属于数据报的首部。所有的扩展首部和数据合起来叫作数据报的有效载荷（payload）或净负荷。

6. IPv4 向 IPv6 的过渡

由于现在整个因特网上使用老版本 IPv4 的路由器的数量太大，因此，"规定一个日期，从这一天起所有的路由器一律都改用 IPv6"，显然是不可行的。这样，向 IPv6 过渡只能采用逐步演进的办法，同时，还必须使新安装的 IPv6 系统能够向后兼容，这就是说，IPv6 系统必须能够接收和转发 IPv4 分组，并且能够为 IPv4 分组选择路由。

下面介绍两种向 IPv6 过渡的策略，即使用双协议栈和使用隧道技术。

双协议栈（dual stack）是指在完全过渡到 IPv6 之前，使一部分主机（或路由器）装有两个协议栈，一个 IPv4 和一个 IPv6。因此，双协议栈主机（或路由器）既能够和 IPv6 的系统通信，又能够和 IPv4 的系统进行通信。双协议栈的主机（或路由器）记为 IPv6/IPv4，表明它具有两种 IP 地址：一个 IPv6 地址和一个 IPv4 地址。

双协议栈主机在和 IPv6 主机通信时采用 IPv6 地址，而和 IPv4 主机通信时就采用 IPv4 地址。但双协议栈主机怎样知道目的主机是采用哪一种地址呢？它是使用域名系统 DNS 来查询。若 DNS 返回的是 IPv4 地址，双协议栈的源主机就使用 IPv4 地址。但当 DNS 返回的是 IPv6 地址，源主机就使用 IPv6 地址。需要注意的是：IPv6 首部中的某些字段无法恢复。例如，原来 IPv6 首部中的流标号 X 在最后恢复出的 IPv6 数据报中只能变为空缺。这种信息的损失是使用首部转换方法所不可避免的。

向 IPv6 过渡的另一种方法是隧道技术（tunneling）。这种方法的要点就是在 IPv6 数据报要进入 IPv4 网络时，将 IPv6 数据报封装成为 IPv4 数据报（整个的 IPv6 数据报变成了 IPv4 数据报的数据部分），然后 IPv6 数据报就在 IPv4 网络的隧道中传输，当 IPv4 数据报离开 IPv4 网络中的隧道时再将其数据部分（即原来的 IPv6 数据报）交给主机的 IPv6 协议栈。要使双协议栈的主机知道 IPv4 数据报里面封装的数据是一个 IPv6 数据报，就必须将 IPv4 首部的协议字段的值设置为 41（41 表示数据报的数据部分是 IPv6 数据报）。

7.7.4 WWW 服务

1. WWW 服务概述

WWW（World Wide Web）的字面解释意思是"布满世界的蜘蛛网"，一般把它称为"环球网""万维网"。WWW 是一个基于超文本（Hypertext）方式的信息浏览服务，它为用户提供了一个可以轻松驾驭的图形化用户界面，以查阅 Internet 上的文档。这些文档与它们之间的链接一起构成了一个庞大的信息网，称为 WWW 网。

现在 WWW 服务是 Internet 上最主要的应用，通常所说的上网、看网站一般说来就是使用 WWW 服务。WWW 技术最早是在 1992 年由欧洲粒子物理实验室（CERN）研制的，它可以通过超链接将位于全世界 Internet 网上不同地点的不同数据信息有机地结合在一起。对用户来说，WWW 带来的是世界范围的超级文本服务，这种服务是非常易于使用的。只要操纵计算机的鼠标进行简单的操作，就可以通过 Internet 从全世界任何地方调来用户所希望得到的文本、图像（包括活动影像）和声音等信息。

Web 允许用户通过跳转或"超级链接"从某一页跳到其他页。可以把 Web 看作是一个巨大的图书馆，Web 节点就像一本本书，而 Web 页好比书中特定的页。页可以包含新闻、图像、动画、声音、3D 世界以及其他任何信息，而且能存放在全球任何地方的计算机上。由于它良好的易用性和通用性，使得非专业的用户也能非常熟练地使用它。另外，它制定了一套标准的、易为人们掌握的超文本标记语言（HTML）、信息资源的统一定位格式（URL）和超文本传送通信协议（HTTP）。

随着技术的发展，传统的 Internet 服务如 Telnet、FTP、Gopher 和 Usenet News（Internet 的电子公告板服务）现在也可以通过 WWW 的形式实现了。通过使用 WWW，一个不熟悉网络的人也可以很快成为 Internet 的行家，自由地使用 Internet 的资源。

2. WWW 的工作原理

WWW 中的信息资源主要由一篇篇的 Web 文档，或称 Web 页为基本元素构成。这些 Web 页采用超级文本（Hyper Text）的格式，即可以含有指向其他 Web 页或其本身内部特定位置的超级链接，或简称链接。可以将链接理解为指向其他 Web 页的"指针"。链接使得 Web 页交织为网状。这样，如果 Internet 上的 Web 页和链接非常多的话，就构成了一个巨大的信息网。

当用户从 WWW 服务器取到一个文件后，用户需要在自己的屏幕上将它正确无误地显示出来。由于将文件放入 WWW 服务器的人并不知道将来阅读这个文件的人到底会使用哪一种类型的计算机或终端，要保证每个人在屏幕上都能读到正确显示的文件，必须以一种各类型的计算机或终端都能"看懂"的方式来描述文件，于是就产生了 HTML——超文本语言。

HTML（Hype Text Markup Language）的正式名称是超文本标记语言。HTML 对 Web 页的内容、格式及 Web 页中的超级链接进行描述，而 Web 浏览器的作用就在于读取 Web 网点上的 HTML 文档，再根据此类文档中的描述组织并显示相应的 Web 页面。

HTML 文档本身是文本格式的，用任何一种文本编辑器都可以对它进行编辑。HTML 有一套相当复杂的语法，专门提供给专业人员用来创建 Web 文档，一般用户并不需要掌握它。在 UNIX 系统中，HTML 文档的后缀为".html"，而在 DOS/Windows 系统中则为".htm"。图 7.18 和图 7.19 所示分别为人民网（http://www.people.com.cn）的 Web 页面及其对应的 HTML 文档。

图 7.18　人民网的 Web 页面

图 7.19　人民网的 HTML 文档

3. WWW 服务器

WWW 服务器是任何运行 Web 服务器软件、提供 WWW 服务的计算机。理论上来说，这台计算机应该有一个非常快的处理器、一个巨大的硬盘和大容量的内存，但是，所有这些技术需要的基础就是它能够运行 Web 服务器软件。

下面给出服务器软件的一个详细定义。

① 支持 WWW 的协议：HTTP（基本特性）。

② 支持 FTP、USENET、Gopher 和其他的 Internet 协议（辅助特性）。

③ 允许同时建立大量的连接（辅助特性）。

④ 允许设置访问权限和其他不同的安全措施（辅助特性）。

⑤ 提供一套健全的例行维护和文件备份的特性（辅助特性）。

⑥ 允许在数据处理中使用定制的字体（辅助特性）。

⑦ 允许俘获复杂的错误和记录交通情况（辅助特性）。

对于用户来说，存在不同品牌的 Web 服务器软件可供选择，除了 FrontPage 中包括的 Personal Web Server，Microsoft 还提供了另外一种流行的 Web 服务器，名为 Internet Information Server（IIS）。

4. WWW 的应用领域

WWW 是 Internet 发展最快、最吸引人的一项服务，它的主要功能是提供信息查询，不仅图文并茂，而且范围广、速度快。所以 WWW 几乎应用在人类生活、工作的所有领域。最突出的有如下几方面。

① 交流科研进展情况，这是最早的应用。

② 宣传单位。企业、学校、科研院所、商店、政府部门，都通过主页介绍自己。许多个人也拥有自己的主页，让世界了解自己。

③ 介绍产品与技术。通过主页介绍本单位开发的新产品、新技术，并进行售后服务，越来越成为企业、商家的促销渠道。

④ 远程教学。Internet 流行之前的远程教学方式主要是广播电视。有了 Internet，在一间教室安装摄像机，全世界都可以听到该教师的讲课。另外，学生教师可以不同时联网，学生仍可以通过 Internet 获取自己感兴趣的内容。

⑤ 新闻发布。各大报纸、杂志、通信社、体育、科技都通过 WWW 发布最新消息。如彗星与木星碰撞的照片，由世界各地的天文观测中心及时通过 WWW 发布。世界杯足球赛、NBA、奥运会，都通过 WWW 提供图文动态信息。

⑥ 世界各大博物馆、艺术馆、美术馆、动物园、自然保护区和旅游景点介绍自己的珍品，成为人类共有资源。

⑦ 休闲娱乐交朋友，下棋打牌看电影，丰富人们的业余生活。

5. WWW 浏览器

在 Internet 上发展最快、人们使用最多、应用最广泛的是 WWW 浏览服务，且在众多的浏览器软件中，微软公司的 IE（Internet Explorer）和由 Google（谷歌）公司开发的开放原始码网页浏览器 Google Chrome。

① 微软公司的 IE。美国微软公司为了争夺和占领浏览器市场，大量投入人力、财力加紧研制用于 Internet 的 WWW 浏览器，一举从网景公司手中夺得大片浏览器市场。微软公司的 IE 流行的版本有 V7.0、V8.0、V9.0、V10.0、V11.0，现在使用最广泛的是 IE V9.0。

② Google Chrome 浏览器。谷歌公司开发的浏览器，又称 Google 浏览器。Chrome 在中国的通俗名字，音译是 kuomu，中文字取"扩目"，取意"开阔你的视野"的意思。Chrome 包含了"无痕浏览"（Incognito）模式（与 Safari 的"私密浏览"和 Internet Explorer 8 的类似），这个模式可以"让你在完全隐密的情况下浏览网页，因为你的任何活动都不会被记录下来"，同时也不会储存 cookies。当在窗口中启用这个功能时"任何发生在这个窗口中的事情都不会进入你的电脑"。

Chrome 搜索更为简单，Chrome 的标志性功能之一是 Omnibox 位于浏览器顶部的一款通用工具条。用户可以在 Omnibox 中输入网站地址或搜索关键字，或者同时输入这两者，Chrome 会自动执行用户希望的操作。Omnibox 能够了解用户的偏好，如果一用户喜欢使用 PCWorld 网站的搜索功能，一旦用户访问该站点，Chrome 会记得 PCWorld 网站有自己的搜索框，并让用户选择是否使用该站点的搜索功能。如果用户选择使用 PCWorld 网站的搜索功能，系统将自动执行搜索操作。

7.7.5 域名系统

1. 什么是域名

前面讲到的 IP 地址，是 Internet 上互连的若干主机进行内部通信时，区分和识别不同主机的数字型标志，这种数字型标志对于上网的广大一般用户而言却有很大的缺点，它既无简明的含义，又不容易被用户很快记住。因此，为解决这个问题，人们又规定了一种字符型标志，称之为域名（domain name）。如同每个人的姓名和每个单位的名称一样，域名是 Internet 上互连的若干主机（或称网站）的名称。广大网络用户能够很方便地用域名访问 Internet 上自己感兴趣的网站。

从技术上讲，域名只是一个 Internet 中用于解决地址对应问题的一种方法，可以说只是一个技术名词。但是，由于 Internet 已经成为了全世界人的 Internet，域名也自然地成为了一个社会科学名词。

从社会科学的角度看，域名已成为了 Internet 文化的组成部分。

从商界看，域名已被誉为"企业的网上商标"。没有一家企业不重视自己产品的标识——商标，而域名的重要性和其价值，也已经被全世界的企业所认识。1998 年 3 月一个月内，世界上注册了 179 331 个通用顶级域名（据精品网络有关资料），平均每天注册 5 977 个域名，每分钟注册 25 个。这个记录正在以每月 7% 的速度增长。中国国内域名注册的数量，从 1996 年年底之前累计的 300 多个，至 1998 年 11 月猛增到 16 644 个，每月增长速度为 10%。截至 2003 年底，中国域名数量首次突破百万大关，全国网站接近 60 万个。

2. 为什么要注册域名

Internet 这个信息时代的宠儿，已经走出了襁褓，为越来越多的人所认识，电子商务、网上销售、网络广告已成为商界关注的热点。"上网"已成为不少人的口头禅。但是，要想在网上建立服务器发布信息，则必须首先注册自己的域名，只有有了自己的域名才能让别人访问到自己。所以，域名注册是在 Internet 上建立任何服务的基础。同时，由于域名的唯一性，尽早注册又是十分必要的。

域名一般是由一串用点分隔的字符串组成，组成域名的各个不同部分常称为子域名（Sub-Domain），它表明了不同的组织级别，从左往右可不断增加，类似于通信地址一样从广泛的区域到具体的区域。理解域名的方法是从右向左来看各个子域名，最右边的子域名称为顶级域名，它是对计算机或主机最一般的描述。越往左看，子域名越具有特定的含义。域名的结构是分层结构，从右到左的各子域名分别说明不同国家或地区的名称、组织类型、组织名称、分组织名称和计算机名。

以 zhaoming@jx.jsjx.zzuli.edu.cn 为例，顶级域名 cn 代表中国，第 2 个子域名 edu 表明这台主机是属于教育部门，zzuli 具体指明是郑州轻工业学院，其余的子域名是计算机系的一台名为 jx 的主机。注意，在 Internet 地址中不得有任何空格存在，而且 Internet 地址不区分大写或小写字母，但作为一般的原则，在使用 Internet 地址时，最好全用小写字母。

顶级域名可以分成两大类，一类是组织性顶级域名，另一类是地理性顶级域名。

组织性顶级域名是为了说明拥有并对 Internet 主机负责的组织类型。

组织性顶级域名是在国际性 Internet 产生之前的地址划分，主要是在美国国内使用，随着 Internet 扩展到世界各地，新的地理性顶级域名便产生了，它仅用两个字母的缩写形式来完全表示某个国家或地区。表 7.2 所示为组织性顶级域名和地理性顶级域名的例子。如果一个 Internet 地址的顶级域名不是地理性域名，那么该地址一定是美国国内的 Internet 地址，换句话讲，Internet 地址的地理性顶级域名的默认值是美国，即表中 us 顶级域名通常没有必要使用。

表 7.2   组织性顶级域名和地理性顶级域名

组织性顶级域名		地理性顶级域名			
域　名	含　义	域　名	含　义	域　名	含　义
com	商业组织	au	澳大利亚	it	意大利
edu	教育机构	ca	加拿大	jp	日本
gov	政府机构	cn	中国	sg	新加坡
int	国际性组织	de	德国	uk	英国
mil	军队	fr	法国	us	美国
net	网络技术组织	in	印度		
org	非盈利组织				

为保证 Internet 上的 IP 地址或域名地址的唯一性，避免导致网络地址的混乱，用户需要使用 IP 地址或域名地址时，必须通过电子邮件向网络信息中心（NIC）提出申请。 目前世界上有 3 个网络信息中心：InterNIC（负责美国及其他地区）、RIPENIC（负责欧洲地区）和 APNIC（负责亚太地区）。

我国网络域名的顶级域名为 CN，二级域名分为类别域名和行政区域名两类。行政区域名共 34 个，包括各省、自治区、直辖市。类别域名如表 7.3 所示。

表 7.3   二级类别域名

域　名	含　义
Ac	科研机构
Com	工、商、金融等企业
Edu	教育机构
Gov	政府部门
Net	因特网络，接入网络的信息中心和运行中心
Org	非赢利性的组织

我国由 CERNET 网络中心受理二级域名 EDU 下的三级域名注册申请，CNNIC 网络中心受理其余二级域名下的三级域名注册申请。除此之外，还包括如表 7.4 所示的省市域名。

表 7.4   省市级域名

Bj：北京市	Sh：上海市	Tj：天津市	Cq：重庆市	He：河北省	Sx：山西省
Ln：辽宁省	Jl：吉林省	Hl：黑龙江	Js：江苏省	Zj：浙江省	Ah：安徽省
Fj：福建省	Jx：江西省	Sd：山东省	Ha：河南省	Hb：湖北省	Hn：湖南省
Gd：广东省	Gx：广西	Hi：海南省	Sc：四川省	Gz：贵州省	Yn：云南省
Xz：西藏	Sn：陕西省	Gs：甘肃省	Qh：青海省	Nx：宁夏	Xj：新疆
Nm：内蒙	Tw：台湾省	Hk：香港特别行政区	Mo：澳门特别行政区		

3. 网络域名注册

申请注册三级域名的用户首先必须遵守国家对 Internet 的各种规定和法律，还必须拥有独立法人资格。在申请域名时，各单位的三级域名原则上采用其单位的中文拼音或英文缩写，com 域下每个公司只登记一个域名，用户申请的三级域名，域名中字符的组合规则如下。

① 在域名中，不区分英文字母的大小写。

② 对于一个域名的长度是有一定限制的，CN 下域名命名的规则为如下。

• 遵照域名命名的全部共同规则。

• 只能注册三级域名，三级域名用字母（A~Z，a~z，大小写等价）、数字（0~9）和连接符（-）组成，各级域名之间用实点（.）连接，三级域名长度不得超过 20 个字符。

• 不得使用或限制使用以下名称。

a. 注册含有"CHINA""CHINESE""CN""NATIONAL"等经国家有关部门（指部级以上单位）正式批准。

b. 公众知晓的其他国家或者地区名称、外国地名、国际组织名称不得使用。

c. 县级以上（含县级）行政区名称的全称或者缩写，相关县级以上（含县级）人民政府正式批准。

d. 行业名称或者商品的通用名称不得使用。

e. 他人已在中国注册过的企业名称或者商标名称不得使用。

f. 对国家、社会或者公共利益有损害的名称不得使用。

g. 经国家有关部门（指部级以上单位）正式批准和相关县级以上（含县级）人民政府正式批准是指，相关机构要出据书面文件表示同意×××单位注册×××域名。例如，要申请 beijing.com.cn 域名，要提供北京市人民政府的批文。

国内用户申请注册域名，应向中国因特网络信息中心提出，该中心是由国务院信息化工作领导小组办公室授权的提供因特网域名注册的唯一合法机构。

7.7.6 电子邮件

电子邮件（E-mail）是 Internet 应用最广的服务，通过网络的电子邮件系统，可以用非常低廉的价格（不管发送到哪里，都只需负担网费即可），以非常快速的方式（几秒钟之内可以发送到世界上任何您指定的目的地），与世界上任何一个角落的网络用户联系。这些电子邮件可以是文字、图像、声音等各种文件。同时，可以得到大量免费的新闻、专题邮件，并实现轻松的信息搜索。正是由于电子邮件的使用简易、投递迅速、收费低廉、易于保存、全球畅通无阻，使得电子邮件被广泛地应用，它使人们的交流方式得到了极大的改变。

近年来随着 Internet 的普及和发展，万维网上出现了很多基于 Web 页面的免费电子邮件服务，用户可以使用 Web 浏览器访问和注册自己的用户名与口令，一般可以获得存储容量达数 GB 的电子邮箱，并可以立即按注册用户登录，收发电子邮件。如果经常需要收发一些大的附件，Yahoo mail，MSN mail，网易 163 mail，qq mail 等都能很好的满足要求。

用户使用 Web 电子邮件服务时几乎无须设置任何参数，直接通过浏览器收发电子邮件，阅读与管理服务器上个人电子信箱中的电子邮件（一般不在用户计算机上保存电子邮件），大部分电子邮件服务器还提供了自动回复功能。电子邮件具有使用简单方便、安全可靠、便于维护等优点，缺点是用户在编写、收发、管理电子邮件的全过程都需要联网，不利于采用计时付费上网的用户。由于现在电子邮件服务被广泛应用，用户都会使用，所以具体操作过程不再赘述。

7.7.7 文件传输

文件传输是指把文件通过网络从一个计算机系统复制到另一个计算机系统的过程。在 Internet

中，实现这一功能的是 FTP。像大多数的 Internet 服务一样，FTP 也采用客户机/服务器模式，当用户使用一个名叫 FTP 的客户程序时，就和远程主机上的服务程序相连了。若用户输入一个命令，要求服务器传送一个指定的文件，服务器就会响应该命令，并传送这个文件；用户的客户程序接收这个文件，并把它存入用户指定的目录中。从远程计算机上复制文件到自己的计算机上，称为"下传"（Downloading）文件；从自己的计算机上复制文件到远程计算机上，称为"上传"（Uploading）文件。使用 FTP 程序时，用户应输入 FTP 命令和想要连接的远程主机的地址。一旦程序开始运行并出现提示符"ftp"后，就可以输入命令，如可以查询远程计算机上的文档，也可以变换目录等。远程登录是由本地计算机通过网络，连接到远端的另一台计算机上作为这台远程主机的终端，可以实时地使用远程计算机上对外开放的全部资源，也可以查询数据库、检索资料或利用远程计算机完成大量的计算工作。

在实现文件传输时，需要使用 FTP 程序。IE 和 Chrome 浏览器都带有 FTP 程序模块。用户可在浏览器窗口的地址栏直接输入远程主机的 IP 地址或域名，浏览器将自动调用 FTP 程序。例如，要访问主机为 172.20.33.25 的服务器，在地址栏输入 ftp://172.20.33.25。当连接成功后，浏览器窗口显示出该服务器上的文件夹和文件名列表，如图 7.20 所示。

如果想从站点上下载文件，可参考站点首页的文件。找到需要的文件，用鼠标右键单击所需下载文件的文件名，弹出快捷菜单，执行"目标地点另存为"命令，选择路径后，下载过程开始。

文件上载对服务器而言是"写入"，这就涉及使用权限问题。上载的文件需要传送到 FTP 服务器上指定的文件夹或通过鼠标右键单击文件夹名，执行快捷菜单属性命令，打开"FTP 属性"对话框可以查看该文件是否具有"写入"权限。

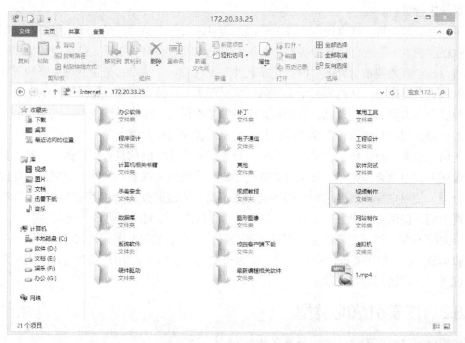

图 7.20　IE8 中访问 FTP 站点

若用户没有账号，则不能正式使用 FTP，但可以匿名使用 FTP。匿名 FTP 允许没有账号和口令的用户以 anonymous 或 FTP 特殊名来访问远程计算机，当然，这样会有很大的限制。匿名用户一般只能获取文件，不能在远程计算机上建立文件或修改已存在的文件，对可以复制的文件也有严格的限制。当用户以 anonymous 或 FTP 登录后，FTP 可接受任何字符串作为口令，但一般要求用电子邮件的地址作为口令，这样服务器的管理员能知道谁在使用，当需要时可及时联系。

7.8 搜索引擎

随着网络的普及，Internet 日益成为信息共享的平台。各种各样的信息充满整个网络，既有很多有用信息，也有很多垃圾信息。如何快速准确地在网上找到真正需要的信息已变得越来越重要。搜索引擎（Search Engine）是一种网上信息检索工具，在浩瀚的网络资源中，它能帮助你迅速而全面地找到所需要的信息。

7.8.1 搜索引擎的概念和功能

搜索引擎是在 Internet 上对信息资源进行组织的一种主要方式。从广义上讲，是用于对网络信息资源管理和检索的一系列软件，是在 Internet 上查找信息的工具或系统。

搜索引擎的主要功能包括以下几方面。

（1）信息搜集。各个搜索引擎都拥有蜘蛛（Spider）或机器人（Robots）这样的"页面搜索软件"，在各网页中爬行，访问网络中公开区域的每一个站点，并记录其网址，将它们带回到搜索引擎，从而创建出一个详尽的网络目录。由于网络文档的不断变化，机器人也不断把以前已经分类组织的目录进行更新。

（2）信息处理。将"网页搜索软件"带回的信息进行分类整理，建立搜索引擎数据库，并定时更新数据库内容。在进行信息分类整理阶段，不同的搜索引擎会在搜索结果的数量和质量上产生明显的差异。有的搜索引擎把"网页搜索软件"发往每一个站点，记录下每一页的所有文本内容，并收入到数据库中，从而形成全文搜索引擎；而另一些搜索引擎只记录网页的地址、篇名、有特点的段落和重要的词。因此，有的搜索引擎数据库很大，而有的则较小。当然，最重要的是数据库的内容必须经常更新、重建，以保持与信息世界的同步发展。

（3）信息查询。每个搜索引擎都必须向用户提供一个良好的信息查询界面，一般包括分类目录及关键词两种信息查询途径。分类目录查询是以资源结构为线索，将网上的信息资源按内容进行层次分类，使用户能依线性结构逐层逐类检索信息。关键词查询是利用建立的网络资源索引数据库向网上用户提供查询"引擎"。用户只要把想要查找的关键词或短语输入查询框中，并单击"搜索"（Search）按钮，搜索引擎就会根据输入的提问，在索引数据库中查找相应的词语，并进行必要的逻辑运算，最后给出查询的命中结果（均为超文本链接形式）。用户只要通过搜索引擎提供的链接，就可以立刻访问到相关信息。

7.8.2 搜索引擎的类型

搜索引擎可以根据不同的方式分为多种类型。

1. 根据组织信息的方式分类

（1）目录式分类搜索引擎。目录式分类搜索引擎（Directory）将信息系统加以归类，利用传统的信息分类方式来组织信息，用户按类查找信息。最具代表性的是 Yahoo。由于网络目录中的网页是专家人工精选得来，故有较高的查准率，但查全率低，搜索范围较窄，适合那些希望了解某一方面信息但又没有明确目的的用户。

（2）全文搜索引擎。全文搜索（Full-text search）引擎实质是能够对网站的每个网页中的每个单字进行搜索的引擎。最典型的全文搜索引擎是 Altavista、Google 和百度。全文搜索引擎的特点是查全率高，搜索范围较广，提供的信息多而全，但缺乏清晰的层次结构，查询结果中重复链接较多。

（3）分类全文搜索引擎。分类全文搜索引擎是综合全文搜索引擎和目录式分类搜索引擎的特点而设计的，通常是在分类的基础上，再进一步进行全文检索。现在大多数的搜索引擎都属于分类全文搜索引擎。

（4）智能搜索引擎。这种搜索引擎具备符合用户实际需要的知识库。搜索时，引擎根据知识库来理解检索词的意义，并以此产生联想，从而找出相关的网站或网页。同时还具有一定的推理能力，它能根据知识库的知识，运用人工智能方法进行推理，这样就大大提高了查全率和查准率。

2. 根据搜索范围分类

（1）独立搜索引擎。独立搜索引擎建有自己的数据库，搜索时检索自己的数据库，并根据数据库的内容反馈出相应的查询信息或链接站点。

（2）元搜索引擎。元搜索引擎是一种调用其他独立搜索引擎的引擎。搜索时，它用用户的查询词同时查询若干其他搜索引擎，做出相关度排序后，将查询结果显示给用户。它的注意力集中在改善用户界面，以及用不同的方法过滤从其他搜索引擎接收到的相关文档，包括消除重复信息。典型的元搜索引擎有 Metasearch、0Metacrawler、Digisearch 等。用户利用这种引擎能够获得更多、更全面的网址。

7.8.3　常用搜索引擎

1. 百度

百度是国内最大的商业化全文搜索引擎，占国内 80%的市场份额。百度的网址是：http://www.baidu.com，其搜索页面如图 7.21 所示。百度功能完备，搜索精度高，除数据库的规模及部分特殊搜索功能外，其他方面可与当前的搜索引擎业界领军人物 Google 相媲美，在中文搜索支持方面甚至超过了 Google，是目前国内技术水平最高的搜索引擎。

图 7.21　百度的搜索页面

百度目前主要提供中文（简/繁体）网页搜索服务。如无限定，默认以关键词精确匹配方式搜索。支持"-"""."."|""link:""《 》"等特殊搜索命令。在搜索结果页面，百度还设置了关联搜索功能，方便访问者查询与输入关键词有关的其他方面的信息。其他搜索功能包括新闻搜索、MP3搜索、图片搜索、Flash 搜索等。

2. 搜狐

搜狐公司于 1998 年推出中国首家大型分类查询搜索引擎，经过数年的发展，每日浏览量超过 800 万。到现在已经发展成为中国影响力较大的分类搜索引擎。累计收录中文网站达 150 多万，每日页面浏览量超过 800 万，每天收到 2 000 多个网站登录请求。

搜狐的目录导航式搜索引擎完全是由人工加工而成，相比机器人加工的搜索引擎来讲具有很高的精确性、系统性和科学性。分类专家层层细分类目，组织成庞大的树状类目体系。利用目录导航系统可以很方便的查找到一类相关信息。

搜狐的网址是：http://www.sohu.com，其搜索页面如图 7.22 所示。搜狐的搜索引擎可以查找网站、网页、新闻、网址、软件 5 类信息。搜狐的网站搜索是以网站作为收录对象，具体的方法就是将每个网站首页的 URL 提供给搜索用户，并且将网站的题名和整个网站的内容简单描述一下，但是并不揭示网站中每个网页的信息。网页搜索就是将每个网页作为收录对象，揭示每个网页的信息，信息的揭示比较具体。新闻搜索可以搜索到搜狐新闻的内容。网址搜索是 3721 提供的网络实名查找。搜狐的搜索引擎叫作 Sogou，该引擎嵌入在搜狐首页中。

图 7.22　搜狐的搜索页面

习　题　7

1. 名词解释：

① 主机；② TCP/IP；③ IP 地址；④ 域名；⑤ URL；⑥ 网关。

2. 简述 Internet 发展史。说明 Internet 都提供哪些服务，接入 Internet 有哪几种方式。

3. 简述 Internet、物联网和云计算之间的区别以及联系。

4. 什么是 WWW？什么是 FTP？它们分别使用什么协议？

5. IP 地址和域名的作用是什么？

6. 分析以下域名的结构：

① www.microsoft.com；② www.zz.ha.cn；③ www.zzuli.edu.cn。

7. Web 服务器使用什么协议？简述 Web 服务程序和 Web 浏览器的基本作用。

8. 什么是计算机网络？它主要涉及哪几方面的技术？其主要功能是什么？

9. 从网络的地理范围来看，计算机网络如何分类？

10. 常用的 Internet 连接方式是什么？

11. 什么是网络的拓扑结构？常用的网络拓扑结构有哪几种？

12. 简述网络适配器的功能、作用及组成。

13. 搜索信息时，如何选择搜索引擎？

第8章
网页设计

网页设计制作的工具很多，本章以 Dreamweaver 8 为例，详细介绍网页的设计方法，包括网站与网页的关系以及网页中文本、图像、声音、表格、表单、框架的处理方法。

【知识要点】

1. 网页与网站的关系；
2. 网页的基本元素；
3. 网页制作的基本技术；
4. 网站制作与发布。

8.1　网页与网站

网页是用 HTML 语言编写的，通过万维网（World Wide Web）传输，并被 Web 浏览器翻译成可以显示出来的集文本、图片、声音和数字电影等信息形式的页面文件。网页根据页面内容可以分为主页、专栏网页、内容网页以及功能网页等类型，在这些网页类型中最重要的是网站的主页。主页通常设有网站的导航栏，是所有站点网页的链接中心。网站就是由网页通过超链接形式组成的。

网页是构成网站的基本单位，当用户通过浏览器访问一个站点的信息时，被访问的信息最终以网页的形式显示在用户的浏览器中。

通过 HTML 标记语言可以设计网页的外观及要显示给用户查看的信息。如下为一段代码示例：

```
<html>
<head>first page</head>
<body>
Hello world!
</body>
</html>
```

HTML 语言只能够设计静态的网页。一些永久不变性的信息可以采用静态网页来表现，而对于信息需要经常更新的部分，可以采用动态网页的形式。动态网页就是在 HTML 标记中嵌入动态脚本，从而使得网页具有更强的信息发布灵活性。当前较为流行的脚本语言包括 ASP、ASP.NET、JSP、PHP。

在设计网页时可以借助一些网页设计工具，如 Microsoft Expression Web（微软公司推出的较新的一款网页设计工具，将取代 FrontPage）、Dreamweaver 等，这样可以加快开发速度。

可以说网页就是网站的灵魂，只有设计具有良好用户体验的网页，一个网站才能够吸引更多的用户，所公布的信息才能够被更多的客户所熟知。

本节将对构成网站的网页、网页的上传、网站的宣传等基本概念进行详细讲述。

8.1.1 网页

在访问一个网站时，首先要在浏览器的地址栏中输入一个网址，然后按回车键确认即可浏览想要访问的网站。完成浏览器端用户指定网址的请求以及服务器做出相应的响应，整个过程需要用到域名、DNS、IP 地址、浏览器、Web 服务器、HTTP 协议等的支持。其中域名、IP 地址等内容已在第 7 章中介绍过。

网页（Web Page）是构成网站的基本元素，是承载各种网站应用的基本单位，通常由 HTML 格式（文件扩展名为.html 或.htm），或者混合使用了动态技术设计的文件（文件扩展名由.asp、.aspx、.php、.jsp 等构成）。

网页是一个纯文本文件，采用 HTML、CSS、XML 等多种技术来描述组成页面的各种元素，包括文字、图像、音频、视频、表单和超链接等，并通过客户端浏览器进行解析，从而向浏览者呈现网页的各种内容。

在网站设计中，使用 HTML 语言编写的纯 HTML 格式的网页通常被称为静态网页。静态网页是相对于动态网页而言的，是指没有后台数据库、不含程序且不可交互的网页。静态网页更新起来比较麻烦，一般适用于更新较少的展示型网站。静态网页通常使用.html、.htm 等为文件扩展名。需要说明的是,在 HTML 格式的网页中,也可出现各种动态的效果,如 GIF 格式的动画、FLASH 动画、视频等内容。

浏览器如果请求访问的网页是静态网页，则 Web 服务器处理的流程比较简单，只需查找到请求页面直接发送到请求的浏览器即可。其示意图如 8.1 所示。

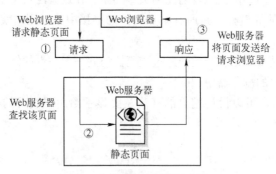

图 8.1 静态网页浏览示意图

动态网页文件的扩展名是.asp、.aspx、.php、.jsp 等。动态网页在服务器端通常需要数据库支持,其显示内容随着数据库中数据的变化而变化。目前动态网页开发采用的主流技术是 ASP.NET、JSP、PHP。

如果请求访问的网页是动态网页，则 Web 服务器的处理流程比较复杂。Web 服务器将控制权转交给应用程序服务器，应用程序服务器解释执行网页中包含的服务器端脚本代码，并根据脚本代码的要求访问数据库等服务器端资源，最后将计算结果转变为标准的 HTML 文件代码，由 Web

服务器将文件发送给浏览器。其示意图如图 8.2 所示。

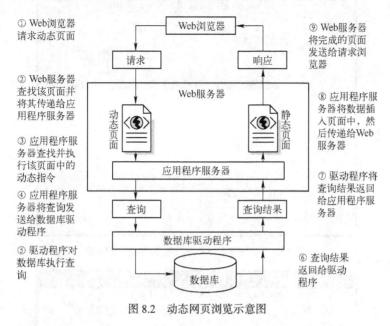

① Web浏览器请求动态页面

② Web服务器查找该页面并将其传递给应用程序服务器

③ 应用程序服务器查找并执行该页面中的动态指令

④ 应用程序服务器将查询发送给数据库驱动程序

⑤ 驱动程序对数据库执行查询

⑨ Web服务器将完成的页面发送给请求浏览器

⑧ 应用程序服务器将数据插入页面中，然后传递给Web服务器

⑦ 驱动程序将查询结果返回给应用程序服务器

⑥ 查询结果返回给驱动程序

图 8.2 动态网页浏览示意图

8.1.2 网页的上传

一个网页或网站制作完成之后，需要将其上传到 Internet 服务器上，以供不同的用户访问。在普通网页上传时，往往需要经过两个过程，第一步需要申请一个域名空间，第二步就是将制作的网页上传到服务器。

1. 申请域名

根据网站的定位不同，可以申请不同级别的域名。对于商业公司等形式的网站，需要申请顶级域名。首先向中国互联网络信息中心（CNNIC）申请域名，其形式一般为"www.yourCompanyName.com"或者"www.yourCompanyName.com.cn"（国内域名）。

对于一般的用户如果只是发布一个个人网站，可以到一些提供免费域名的网站申请注册一个免费的域名。

对于一些小企业来说，由于其信息流量并不是很大，可以采用虚拟主机的方案，租用 ISP 的 Web 服务器磁盘空间，这样可以有效地使服务与经济达到平衡。

2. 上传

在上传网页时，可以使用 Ftp 工具进行上传工作。这里采用 FlashFXP 工具。运行 FlashFXP，如图 8.3 所示。

在这里需要定位到本地站点文件夹，然后单击"站点"菜单并选中"站点管理器"选项，进行 Internet 服务器设置，这里设置站点为"software"，如图 8.4 所示。

站点设置完成之后，可以单击"连接"按钮，登录服务器并上传网页或站点。登录服务器之后，选中本地站点文件夹，单击鼠标右键并从弹出的菜单中选中传送命令进行上传工作，如图 8.5 所示。

上传工作完成后，可以在浏览器中输入您注册的域名，检验网页是否已成功上传到 Internet 服务器。

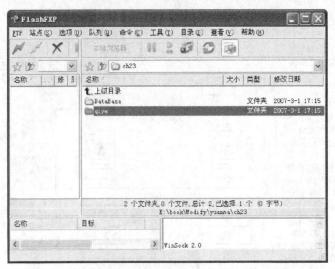

图 8.3　运行 FlashFXP 并设置本地站点文件夹

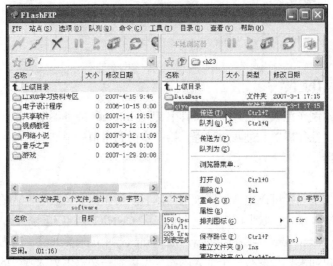

图 8.4　站点设置

图 8.5　上传网页或站点

8.1.3　网站

1. 网站

网站（Website）是指根据一定的规则，使用 HTML 等工具制作的用于展示特定内容的相关网页的集合。它建立在网络基础之上，以计算机网络和通信技术为依托，通过一台或多台计算机向访问者提供服务。平时所说的访问某个站点，实际上访问的是提供这种服务的一台或多台计算机。

网站从广义上讲是在浏览器地址栏输入 URL 之后由服务器回应的一个 Web 系统，分为动态网站和静态网站两类。静态网站是基于纯 HTML 语言的 Web 系统，现在已经很少使用。动态网站基本上有以下 3 个特点。

（1）交互性：网页会根据用户的要求和选择而动态改变和响应。将浏览器作为客户端界面，这将是今后 Web 发展的大趋势。

（2）自动更新：无需手动更新 HTML 文档，便会自动生成新的页面，可以大大减少工作量。

（3）因时因人而变：当不同的时间、不同的人访问同一地址的时候会产生不同的页面。

网站的种类很多，不同的分类标准可把网站分为多种类型。根据功能可以将网站分为：综合信息门户网站，电子商务型网站，企业网站，政府网站，个人网站，内容型网站。按网站内容又可以将网站分为门户网站、专业网站、个人网站、职能网站。

2. 网站制作的基本流程

通常，把一个网站的开发过程分为 3 个阶段，分别是规划与准备阶段、网页制作阶段和网站的测试发布与维护阶段。具体的开发制作过程如下。

（1）网站定位。一个网站要有明确的目标定位，只有定位准确、目标鲜明，才可能做出切实的计划，按部就班地进行设计。网站定位就是确定网站主题和用途。

（2）收集与加工网页制作素材。收集与加工制作网页所需要的各种图片、文字、动画、声音、视频等素材。

（3）规划网站结构和网页布局。在进行页面板式设计的过程中，需要安排网页中包括文字、图像、导航条、动画等各种元素在页面中显示的位置和具体数量。合理的页面布局可将页面中的元素完美、直观地展现给浏览者。常见的网页布局形式包括："国"字布局、T 形布局、"三"字布局、"川"字布局等。

网站是由若干文件组成的文件集合，大型网站文件的个数更是数以万计，因此为了网站管理人员便于维护，也为了浏览者快速浏览网页，需要对文件物理存储的目标结构进行合理规划。

（4）编辑网页内容。具体实施设计结果，按照设计的方案制作网页。使用 Dreamweaver 等网页编辑工具软件，在具体的页面中添加实际内容。

（5）测试并发布网页。在完成网页的制作工作之后，需要对网页效果充分进行测试，以保证网页中各元素都能正常显示。测试工作完成后，可将整个网站发布。

（6）网站的维护。维护网站文件和其他资源，实时更新网站的内容。

3. 网站的宣传

一个企业建立网站或个人创建站点的目的就是为了宣传企业或个人的信息，如果不进行合理的网站宣传，那么发布的网站访问量将会很小，这就失去了宣传信息的目的。在进行网站宣传时可以采用 4 种方式：传统媒体、网络广告、搜索引擎注册及设置 Meta。

（1）传统媒体

如果是较大企业的网站，可以采用在传统的电视、报纸、繁华街头的广告牌等方式进行网站的宣传。这种方式可以在短时间内取得良好的宣传效果，因为电视、报纸目前仍是最大的媒体。但同时需要较大资金的投入，因此需要根据网站的定位决定是否采用这种宣传方式。

（2）网络广告

针对目前我国网络快速发展的情况，可以在一些访问量较高的门户网站做一些广告。由于这些网站平均流量较高，因此站点被广大客户熟知的几率相对较大。

同时针对一些小流量的网站或个人网站，可以选择在一些信誉较好且性质相近的论坛或网站做一些友情链接，这样在一定程度上也可以起到宣传网站的效果。

（3）搜索引擎注册

当用户需要查询信息时，更多的人会选择使用搜索引擎，因此可以在各大搜索引擎站点注册自己的网站，这样当用户搜索包含网站的关键词或简介时，站点就可以被检索到并有可能被用户所访问。

以目前国内搜索引擎市场使用份额较大的百度（www.baidu.com）为例，登录之后，进入"网站登录"页面，如图8.6所示。

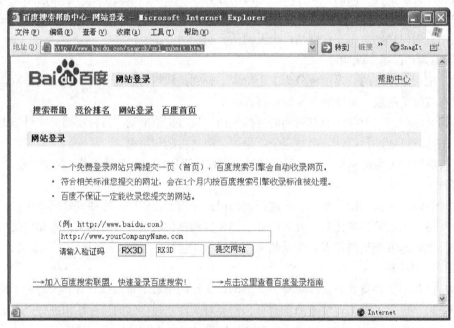

图8.6　在百度注册网站

在文本框中输入网站的主页地址，并填写认证码，提交注册。这样该搜索引擎将自动收录用户的网站。

其他的搜索引擎注册方式类似于上面提到的注册过程。需要提醒用户的是：当网页被搜索到，但排名较靠后的话，网页被用户访问到的可能性就非常小了。

（4）设置 Meta

Meta 是 HTML 标记语言中的一个辅助性标签。它主要用来告诉搜索引擎一些网页的基本信息，其语法格式如下。

```
<html>
<head>
```

```
<Meta NAME="xxx" CONTENT="xxxx">
</head>
</html>
```

常用的一些参数如下所示。

① Keywords（关键字），它主要用来通知搜索引擎一个网页的关键字是什么。如果一个网页定位为娱乐，那么其 Keywords 可以设置为：

<Meta NAME="Keywords" CONTENT=" entertainment，star，movies，music">

② Description（简介），主要用来告诉搜索引擎网站的主要内容是什么。

③ Author（作者），用来标识网页作者或工作组，其使用方式如下：

<Meta NAME="Author" CONTENT="NCWU Designer">

8.2　网页的基本元素

8.2.1　网页的基本元素

网页上最常见的功能组件元素包括站标、导航栏、广告条。而色彩、文本、图片和动画则是网页最基本的信息形式和表现手段。充分了解这些网页基本元素的设计要点之后，再进行网页设计就可以做到胸有成竹了。如果设计的精致得体，网页组件会起到画龙点睛的作用。图 8.7 所示的当当网主页就是一个包含了多种元素的网页。

图 8.7　当当网主页

1. 站标

站标（LOGO）是一个网站的标志，通常位于主页面的左上角。但是站标位置不是一成不变的，图 8.8 所示为网络上常见的站标布局示意图。

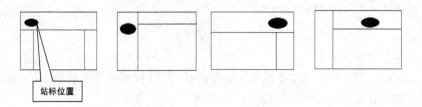

站标位置

图 8.8 网页站标位置示意图

2. 导航栏

导航栏可以直观的反映出网页的具体内容，带领浏览者顺利访问网页。网页中的导航栏要放在明显的位置。导航栏有一排、两排、多排、图片导航和框架快捷导航等类型。

另外还有一些动态的导航栏，如精彩的 Flash 导航。

3. 广告条

广告条又称广告栏，一般位于网页顶部、导航栏的上方，与左上角的站标相邻。免费空间的站点的广告条主要用来显示站点服务商要求的一些商业广告，一般与本站内容无关，付费站点的广告条则可以用来深化本网站的主题，或对站标内涵进行补充。广告条上的广告语要精炼，朗朗上口。广告条的图形无须太复杂，文字尽量是黑体等粗壮的字体，否则在视觉上很容易被网页的其他内容淹没。

4. 按钮

在网页上按钮的形式比较灵活，任何一个板块内容都可以设计成按钮的形式。在制作按钮时要注意与网页整体协调，按钮上的文字要清晰，图案色彩要简单。

5. 文本

网页中文本的样式繁多、风格不一，可以根据需要设置文字的颜色、字体、字号等内容。吸引人的网页通常都具有美观的文本样式。文本的样式可以通过对网页文本的属性进行设置修改，在后面的章节将会详细讲解这方面的知识。

6. 图像

图像是表现、美化网页的最佳元素。图像可以应用于网页的任何位置。用户可以在网页中使用 GIF、JPEG 和 PNG 等多种文件格式的图像，但图像数量不宜太多，否则会让人觉得杂乱，也影响网速。

7. 表格

表格一般用来控制网页布局的方式，很多网页都是用表格来布局的，比较明显的就是横竖分明的网页布局。

8. 表单

表单的作用是用来收集用户在浏览器中输入的个人信息、请求信息、反馈意见及登录信息等，它是用户和服务器交互的接口。例如，申请免费邮箱时要填写的表单。

9. 多媒体及特殊效果

很多网页为了吸引浏览者，常常设置一些动画或声音，这样可以增加点击率。

动画在网页中可以更有效地吸引访问者的注意。Flash 动画以尺寸小、易于实现等特点，在网页中被广泛使用。声音是多媒体和视频网页重要的组成部分，网页中常用的音乐格式有 MIDI 和 MP3。常见的视频文件格式包括 RM、MPEG 和 AVI 等。

8.2.2　常用网页制作工具

通常，网页由多种媒体元素组成，因此其制作也需要用到多种技术，往往需要制作者身兼数职。静态网页包括 HTML 页面的制作、美工的处理、动画的制作等；动态网页则需要在前端网页的基础上，实现其后台的数据库连接功能。

1. 超文本标识语言（HTML）

HTML（Hypertext Markup Language）是一种专门用于 Web 页制作的编程语言，用来描述超文本各个部分的内容，告诉浏览器如何显示文本，怎样生成与别的文本或图像的链接点。

HTML 文档由文本、格式化代码和导向其他文档的超链接组成。

2. Microsoft FrontPage

FrontPage 的界面与 Word、PowerPoint 等软件的界面极为相似，为使用者带来了极大的方便。FrontPage 是由 Microsoft 公司推出的新一代 Web 网页制作工具，它使网页制作者能够更加方便、快捷地创建和发布网页，具有直观的网页制作和管理方法，简化了大量工作。

3. Photoshop

Photoshop 是由 Adobe 公司开发的图形处理软件，它是目前公认的 PC 上最好的通用平面美术设计软件，它功能完善、性能稳定、使用方便，在几乎所有的广告、出版、软件公司，Photoshop 都是首选的平面制作工具。

4. Fireworks

Fireworks 是由 Macromedia 公司开发的图形处理工具，它的出现使 Web 作图发生了革命性的变化。Fireworks 是专为网络图像设计而开发，内建丰富的支持网络出版功能，比如 Fireworks 能够自动切图、生成鼠标动态感应的 javascript。而且 Fireworks 具有十分强大的动画功能和一个几乎完美的网络图像生成器（Export 功能）。

5. Flash

Flash 是美国 Macromedia 公司开发的矢量图形编辑和动画创作的专业软件，它是一种交互式动画设计工具，用它可以将音乐、声效、动画以及富有新意的界面融合在一起，以制作出高品质的网页动态效果。它主要应用于网页设计和多媒体创作等领域，功能十分强大和独特，已成为交互式矢量动画的标准，在网上非常流行。Flash 广泛应用于网页动画制作、教学动画演示、网上购物、在线游戏等的制作中。

6. Dreamweaver

Dreamweaver 8 是 Macromedia 公司开发的专业网页制作软件，是当今比较流行的版本。它与 Flash 8 和 Fireworks 8 一起构成"网页三剑客"，深受广告网页设计人员的青睐。它不仅可以用来制作出兼容不同浏览器和版本的网页，同时还具有很强的站点管理功能，是一款"所见即所得"的网页编辑软件，适合不同层次的人使用。

利用 Dreamweaver 中的可视化编辑功能，用户可以快速创建 Web 页面而无须编写任何代码。用户可以查看所有站点元素或资源并将它们从易于使用的面板直接拖到文档中。用户可以在 Macromedia Fireworks 或其他图形应用程序中创建和编辑图像，然后将它们直接导入 Dreamweaver，从而优化开发工作流程。

Dreamweaver 还提供了其他工具，可以简化向 Web 页中添加 Flash 资源的过程。除了可帮助用户生成 Web 页的拖放功能外，Dreamweaver 还提供了功能全面的编码环境，其中包括代码编辑工具（例如代码颜色、标签完成、"编码"工具栏和代码折叠），有关层叠样式表（CSS）、JavaScript、ColdFusion

标记语言（CFML）和其他语言的语言参考资料。Macromedia 的可自由导入导出 HTML 技术可导入用户手工编码的 HTML 文档而不会重新设置代码的格式，用户可以随后用用户首选的格式设置样式来重新设置代码的格式。Dreamweaver 还可以使用服务器技术（如 CFML、ASP.NET、ASP、JSP 和 PHP）生成动态的、数据库驱动的 Web 应用程序。如果用户偏爱使用 XML 数据，Dreamweaver 也提供了相关工具，可帮助用户轻松创建 XSLT 页、附加 XML 文件并在 Web 页中显示 XML 数据。

Dreamweaver 可以完全自定义。用户可以创建自己的对象和命令，修改快捷键，甚至编写 JavaScript 代码，用新的行为、属性检查器和站点报告来扩展 Dreamweaver 的功能。

Dreamweaver 8 增添了如下新功能：

① "缩放工具"和辅助线；

② 可视化 XML 数据绑定；

③ 新的 CSS 样式面板；

④ CSS 布局的可视化；

⑤ 代码折叠；

⑥ 编码工具栏；

⑦ 后台文件传输；

⑧ 插入 Flash 视频命令。

Dreamweaver 8 的新增功能可以为用户提供更加优秀的可视化网页设计界面，它提供了两种不同的工作界面模式供用户选择：Dreamweaver 4 的传统界面模式和 Macromedia MX 风格的工作界面模式。这样的设计既照顾了 Dreamweaver 原有用户的操作习惯，又顾及了 Macromedia MX 的加速的整体风格，让人感觉非常人性化。第一次启动 Dreamweaver 8 的时候会出现如图 8.9 所示的"工作区设置"窗口，在此窗口中用户可以选择适合自己的工作模式。

图 8.9　"工作区设置"窗口

在图 8.9 所示窗口中选择"设计器"首选按钮之后就进入了 Dreamweaver 8 的工作界面，并且出现一个开始页面，单击其中的 HTML 选项，创建一个新文件（或者用<Ctrl> + <N>快捷键创建一个新文件），这样就完全进入了 Dreamweaver 8 工作环境，如图 8.10 所示。

Dreamweaver 8 的工作区主要由标题栏、菜单栏、插入栏、工具栏、编辑区、状态栏、属性面板和各种面板构成。这些内容将在后续的学习和开发过程中做一一介绍。

7. Microsoft Visual Studio

Microsoft Visual Studio 系列的版本有 2008、2012、2015 和未来的版本，适合开发动态的 aspx 网页，同时，还能制作无刷新网站、webservice 功能等，Microsoft Visual Studio 仅适合高级用户。

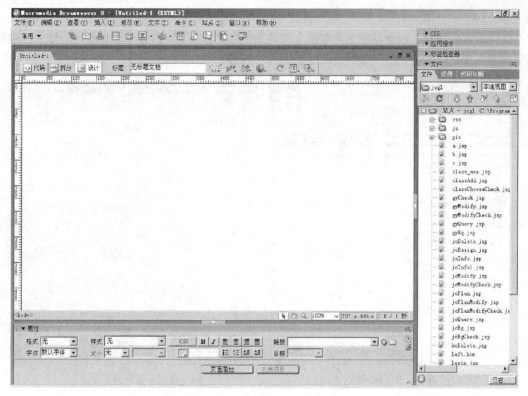

图 8.10　Dreamweaver 8 工作环境

8.2.3　创建网页基本元素

1. 建立 Dreamweaver 8 站点

在 Dreamweaver 8 中创建站点非常方便，建立过程中每一步都有详细的提示。首先要读懂每一步提示的内容，然后在对话框中输入相应的内容。下面是在 Dreamweaver 8 中建立一个站点的实例操作。

① 创建一个本地站点，可以通过单击"站点"主菜单或者"站点"浮动面板中的"新建站点"命令，打开"站点定义"对话框，如图 8.11 所示。

② 可以看到，在该对话框中有两个选项卡，分别是"基本"选项卡和"高级"选项卡，如图 8.12 和图 8.13 所示。

③ 在一般情况下使用"基本"选项卡就可以创建完整的站点了。在给站点命名完之后（以"Myweb"为例），单击"下一步"按钮进入下一步，如图 8.12 所示。

④ 这里可以选择是否采用像 ASP、ASP.NET、JSP、PHP 等这样的服务器端技术，在这里选择"否"，单击"下一步"按钮，如

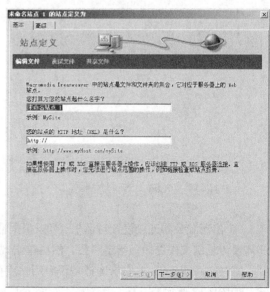

图 8.11　"站点定义"对话框

图 8.14 所示。

这一步提示选择本地文件和服务器端文件的关联方式，以及文件存储在计算机的位置，根据
需要设置完成之后单击"下一步"按钮，如图 8.15 所示。

图 8.12　"基本"选项对话框（1）

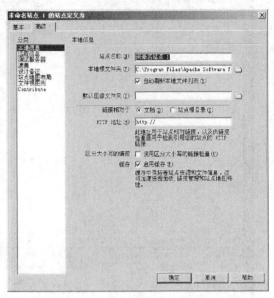

图 8.13 "高级"选项对话框

图 8.14　"基本"选项对话框（2）

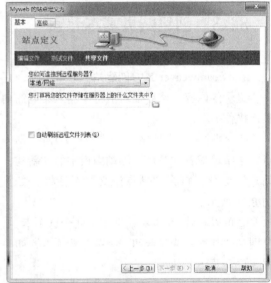

图 8.15 "基本"选项对话框（3）

⑤ 出现服务器连接设置对话框，可以根据情况选择连接方式及参数。这里选择"本地/网络"，
还需要为复制文件选择一指定路径，然后单击"下一步"按钮，如图 8.16 所示。

⑥ Dreamweaver 8 要求选择是否启用站点存回和取出功能。选择"否"，单击"下一步"按
钮，如图 8.17 所示。

图 8.16 "基本"选项对话框（4）

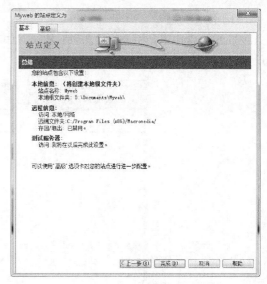

图 8.17 "基本"选项对话框（5）

⑦ 将以上所有信息加以总结，以便确认。单击"完成"按钮，站点就产生了。

2. 建立站点文件夹

网站建完之后要在站点下建立文件夹，用于存储一些必要的内容。若要在站点中新建文件夹，在"站点"浮动面板中选择"文件"|"新建文件夹"命令，然后命名新建的文件夹。或者在"站点"浮动面板中直接在站点根目录上单击鼠标右键，然后在弹出的快捷菜单中选择"新建文件"命令，如图 8.18 所示。

3. 创建网页基本元素

在建好的站点下创建一个主页文件"index.html"，双击打开主页文件，此时页面是空白的，如图 8.19 所示。

图 8.18 建立站点文件夹/文件窗口

图 8.19 打开主页文件窗口

（1）制作标题

① 单击常用工具栏上的"图像"按钮，如图 8.20 所示，在"选择图像源文件"对话框中打开所需要的图像文件，如图 8.21 所示。

图 8.20　插入图象对话框

图 8.21　"选择图像源文件"对话框

② 选择好图像源的位置，单击"确定"按钮后出现对话框，提示该图像不在站点根文件夹内，询问是否将该文件复制到根文件夹中，如图 8.22 所示。

③ 这一步非常关键，它直接影响到网页的效果。所有和网站相关的内容都必须存在站点内，依次选择"是"按钮，出现保存对话框。一定要将图像文件存在站点所在的目录下的"image"文件夹内，如图 8.23 所示。

（2）添加水平线

水平线的作用是将各部分区别开，通常在标题下插入一条水平线，如图 8.24 所示。

① 将光标移动到要插入分割线的地方，即标题下方。

② 然后单击"插入"面板上的"水平线"按钮。

图 8.22　单击"确定"按钮后出现的对话框

图 8.23 保存图像文件对话框

图 8.24 插入一条水平线示例图

③ 可以修改水平分割线的属性，具高度、宽度、水平或竖直以及对齐方式都可以。在"属性"面板中进行修改。如果想将水平分割线变为垂直分割线，则将高度设为 100 像素，宽度设为 2 像素。

（3）设置导航栏

导航栏的作用是建立与其他网页的链接，从而进入其他页面，可为用户浏览网页提供方便。导航栏既可用文字也可用图像，表现方式十分丰富。导航栏用文字时，需先用表格来布局导航栏。

① 在水平分割线下单击鼠标出现光标插入点。

② 在"插入"面板中单击"插入表格"按钮，出现如图 8.25 所示的对话框。设置"行数"为 4，"列数"为 1，"宽度"为 26，单位为"百分比"。

③ 选中表格出现调控点。

④ 拖动调控点可以调整表格的大小，在"属性"面板中还可以调整表格的背景颜色和背景图像。然后在表格的第一个单元格中单击鼠标，出现光标后输入文字，如图 8.26 所示。

⑤ 选中其中的文字然后在"属性"面板中设置文字的字体、大小和对齐方式。

（4）图像和文字的链接

超链接是网页的灵魂，通过超链接的方式可以使

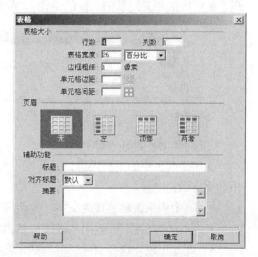

图 8.25 "插入表格"对话框

各个网页连接起来，使网站中的众多页面构成一个有机整体，访问者能够在各个页面之间跳转。

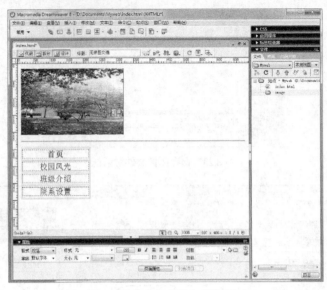

图 8.26　在表格中输入文字窗口

① 设置图像的超链接

· 首先选中用来做链接的图像，以文字区域下的图像为例，当图像周围出现 3 个黑色小方块时为选中状态。

· 单击"属性"面板中的"浏览文件"图标，如图 8.27 所示。

图 8.27　打开"属性"窗口对话框

· 选择与图像链接的相关网页之后，单击"确定"按钮，则"属性"面板链接选项框内出现了被链接的相关网页的文件的路径，如图 8.28 所示。

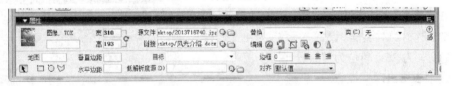

图 8.28　建立图像链接后窗口

② 设置文字的超链接

文字是网页中的重要内容，尤其在主页上几乎所有的文字都处于超链接状态。下面为导航栏中的文字做超链接。

· 选中用来做超链接的文字"校园风光"。

· 单击"属性"面板中"链接"选项右侧的"浏览文件"图标。

· 此时出现"选择文件"对话框，选择与"校园风光"相关的文件。

· 单击"确定"按钮后，在"属性"面板中的链接右侧框内出现了链接的相关网页文件的路径，如图 8.29 所示。

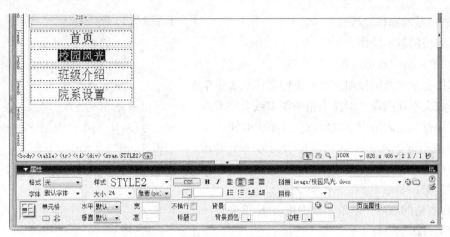

图 8.29　设置文字的超链接窗口

5. 设置页面属性

在 Dreamweaver 8 中为了使页面风格与页面上所添加的元素的风格一致，必须对网页页面属性进行设置。页面属性主要包括网页标题、网页背景图像和颜色、文本和超级链接、页边距等。"页面属性"对话框如图 8.30 所示。

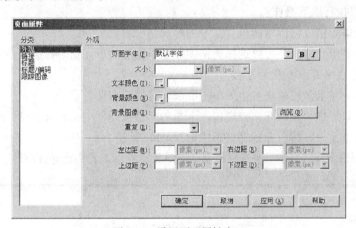

图 8.30　设置页面属性窗口

在该窗口还可以设置页面的背景颜色和背景图片以及页面字体的大小、格式、文档编码页边距等。

8.3　网页制作技术

8.3.1　网页中表格的应用

1. 创建表格

① 在文档窗口的设计视图中，将插入点放在需要添加表格的位置。

② 单击"插入"面板中"常用"选项卡中的"表格"按钮。

③ 在对话框中设置参数，如图 8.31 所示。

2. 表格基本操作和属性

（1）表格的基本操作

① 在单元格中添加内容

可以像在表格外部添加文本和图像那样在表格单元格中添加文本和图像。但在表格中添加或者编辑内容时，使用键盘在表格中定位可以节省不少时间。

若要使用键盘从一个单元格移动到另一个单元格，可以利用以下方式：

图 8.31　设置表格属性窗口

- 按<Tab>键移动到下一个单元格；
- 在表格的最后一个单元格中按 Tab 键会自动在表格中另外添加一行；
- 按<Shift> + <Tab>组合键移动到上一个单元格；
- 按箭头键上下左右移动。

② 选择表格元素

可以一次选择整个表、行或列，还可以在表格中选择一个连续的单元格块。在选择了表格或单元格之后，可以执行以下操作：

- 修改所选单元格或它们中所包含文本的外观；
- 复制和粘贴单元格，还可以选择表格中多个不相邻的单元格并修改这些单元格的属性。

若要选择整个表格有以下几种方法：

- 单击表格的左上角或单击右边或单击底部边缘的任意位置；
- 单击表格单元格，然后在文档窗口左下角的标签选择器中选择 table 标签；
- 单击表格单元格，然后在标签检查中选择 table 标签。

所选表格的下边缘和右边缘出现选择控制，如图 8.32 所示。若要选择行或列，可执行以下操作：

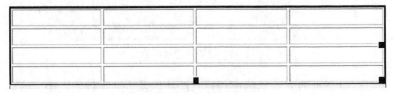

图 8.32　选择整个表格窗口

- 定位鼠标指针，使其指向行的左边缘或列的上边缘；
- 当鼠标指针变为选择箭头时，单击以选择行或列，或进行拖动以选择多行或多列，如图 8.33 所示。

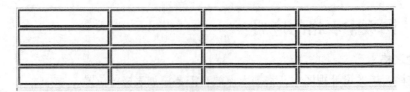

图 8.33　选择多行或多列窗口

若要选择单个单元格，可执行以下操作之一：

· 单击单元格，然后在文档窗口左下角的标签选择中选择 td 标签；

· 单击单元格，然后选择"编辑"|"全选"菜单命令。

若要选择不相邻的单元格，可执行以下操作：

· 按住<Ctrl>键的同时单击要选择的单元格、行或列；

· 如果按住<Ctrl>键单击尚未选中的单元格、行或列，则会将其选中。如果它已经被选中，则再次单击会将其从选择中删除。

（2）查看和设置表格属性

① 查看表格属性

· 选择该表格。

· 选择"窗口"|"属性"命令，打开属性检查器，如图 8.34 所示。

图 8.34　查看表格属性窗口

② 设置表格的样式

· 选择一个表格。

· 打开"属性"面板。

· 通过设置属性更改表格格式设置。

若要设置表格样式，可执行以下操作。

· "表格 ID"：表格的标示符，可以根据喜好与需要输入。

· "行"和"列"：表格中行和列的数目。

· "宽"和"高"：以像素为单位或按占浏览器窗口宽度的百分比计算表格的宽度和高度。

· "边距"：单元格内容和单元格边界之间的像素数。

· "间距"：相邻的表格单元格之间的像素数。

· "对齐"：表格相对于同一段落中其他元素的显示位置。"左对齐"沿其他元素的左侧对齐表格；"右对齐"沿其他元素的右侧对齐表格；"居中对齐"将表格居中；"默认"指示浏览器应该使用其默认的对齐方式。

· "边框"：指定表格边框的宽度（以像素为单位）。

如果没有明确指定边框的值，则大多数浏览器按边框设置为 1 来显示表格。

· "清除列宽"和"清除列高"按钮：从表格中删除所有显示指定的行高或列宽值。

· "背景颜色"：表格的背景颜色。

· "边框颜色"：表格边框的颜色。

（3）设置单元格、行和列属性

若要设置表格元素的属性，可执行以下操作。

- "水平"：指定单元格、行或列内容的水平对齐方式，有居中、居右、居左 3 种对齐方式，默认情况下是居左对齐。
- "垂直"：指定单元格、行或列内容的垂直对齐方式，有顶端对齐、底端对齐、中间对齐 3 种方式，默认情况下是中间对齐。

（4）添加、删除行和列

单击一个单元格：

- 若要在当前单元格上方添加一行，可选择"修改"|"表格"|"插入行"命令；
- 若要在当前单元格左边添加一列，可选择"修改"|"表格"|"插入列"命令；
- 若要一次添加多行或多列，或者在当前单元格的下方添加行或在其右边添加列，可选择"修改"|"表格"|"插入行或列"命令，即会出现"插入行或列"对话框。

使用同样的方法删除行或列。

（5）合并、拆分表格中的两个或多个单元格

- 按<Ctrl>键选定要合并的单元格，所选单元格必须是连续的，并且形状必须为矩形。
- 选择"修改"|"表格"|"合并单元格"命令，或单击"属性"面板中的"合并单元格"按钮。
- 同理选择"修改"|"表格"|"拆分单元格"命令，或单击"属性"面板上的"拆分单元格"按钮拆分单元格。

（6）剪切、复制和粘贴单元格

可以一次剪切、复制和粘贴单个或多个单元格，并保留单元格的格式设置。可以在插入点或替换现有表格中的所选部分粘贴单元格。若要粘贴多个表格单元格，剪贴板的内容必须和表格的结构或表格中将粘贴这些单元格的所选部分兼容。

- 选择表格中的一个或多个单元格。所选单元格必须是连续的，并且形状必须为矩形。
- 使用"编辑"|"剪切"或"编辑"|"复制"命令来剪切或复制单元格。如果选择了整个行或列并选择"编辑"|"剪切"命令，则将从表格中删除整个行或列。

若要用正在粘贴的单元格替换现有的单元格，可选择一组与剪贴板上的单元格具有相同布局的现有单元格。例如，如果复制或剪切了一个 3 行 2 列的单元格，则可以选择另一个 3 行 2 列的单元格通过粘贴进行替换。

若要在特定的单元格上方粘贴一整行单元格，可单击该单元格然后进行粘贴。

3. 使用格式表格

用"表格格式设置"命令将预先设置的设计快速应用到表格，然后可以选择选项进一步自定义该设计。

只有建好的表格才能使用预先设置的设计进行格式设置，不能使用这些设计对包含合并单元格、列组或其他特殊格式设置（这些特殊设置使表格无法形成简单的矩形单元格网络）的表格进行格式设置。

① 选择一个表格，然后选择"命令"|"表格格式设置"命令，即会出现"格式化表格"对话框，如图 8.35 所示。

② 按需要设置表格格式选项。

③ 单击"应用"或"确定"按钮用所选择的设计对表格进行格式设置。

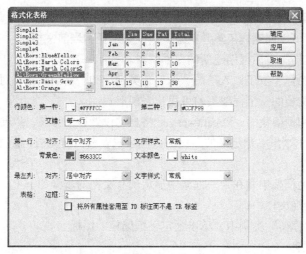

图 8.35　"格式化表格"对话框

8.3.2　网页中框架的应用

1. 框架

框架是浏览器窗口中的一个区域，它可以显示与浏览器窗口的其余部分中所显示内容无关的 HTML 文档。

框架集是 HTML 文件，它定义一组框架的布局和属性，包括框架的数目、框架的大小和位置，以及最初显示在每个框架中的页面的 URL。框架集文件本身不包含要在浏览器中显示的 HTML 内容，但 noframes 部分除外；框架集文件只是向浏览器提供应该如何显示一组框架及在这些框架中应该显示哪些文档的有关信息。

要在浏览器中查看一组框架，请输入框架集文件的 URL；浏览器随后打开要显示在这些框架中的相应文档。通常将一个站点的框架集文件命名为 index.html，以便当访问者未制定文件名时默认显示该名称。

框架不是文件。用户很可能会以为当前显示在框架中的文档是构成框架的一部分，但是该文档实际上并不是框架的一部分——任何框架都可以显示任何文档。

页面一词的含义较为宽泛，既可以表示单个 HTML 文档，也可以表示给定时刻浏览器窗口中的全部内容。例如，短语"使用框架的页面"通常表示一组框架以及最初在这些框架中显示的文档。

2. 创建框架

通过预定义的框架集，可以很容易地选择要创建的框架集类型，如图 8.36 所示。

图 8.36　创建框架窗口

创建预定义的框架集有两种方法：

① 通过插入条，可以创建框架集并在某一新框架中显示当前文档；

② 通过"新建文档"对话框创建新的空框架集。

预定义的框架集图标（位于插入条的"框架"类别中和"新建文档"对话框的"框架集类别中"）提供应用于当前文档的每个框架集的可视化表现形式。

当使用插入条应用框架集时，Dreamweaver 将自动设置该框架集，以便在某一框架中显示当前文档（插入点所在的文档）。预定义的图标的蓝色区域表示当前文档，而白色区域表示将显示其他文档的框架。

手动创建预定义的框架集并在某一框架中显示现有文档的步骤如下：

① 将插入点放置在文档中；

② 在插入条的"框架"类别中，单击预定义框架集的图标。

3. 保存框架集文件

在浏览器中预览框架集前，必须保存框架集文件以及要在框架中显示的所有文档。可以单独保存每个框架集文件和带框架的文档，也可以同时保存框架集文件和框架中出现的所有文档。

在使用 Dreamweaver 8 中的可视工具创建一组框架时，框架中显示的每个新文档将获得一个默认文件名。例如，第一个框架集文件被命名为"UntitiledFramset-1"，而框架中第一个文档被命名为"UntitiledFrame-1"。

在选择某一保存命令后，将出现一个对话框，准备用其默认文件名保存文档。因为默认文件名十分类似，所以可能很难准确确定正在保存的是哪个文档。要确定正保存的文档属于哪个框架，可以从"文档"窗口中的框架选择轮廓看出来。

保存框架集文件的步骤如下：

① 在"框架"面板中选择框架集；

② 要保存一组框架关联的所有文件，执行"文件"|"保存全部"命令。

该命令将保存在框架集中打开的所有文档，包括框架集文件和所有带框架的文档。如果该框架集文件未保存过，则在"设计"视图中框架集的周围将出现粗边框，并且出现一个对话框，可以从中选择文件名。

注意　　如果使用"文件"|"在框架中打开"命令在框架中打开文档，则保存框架集时，在框架集中打开的文档将成为在该框架中显示的默认文档。如果不希望该文档成为默认文档，则不要保存框架集文件。

查看设置框架属性的方法如下：

① 在"文档"窗口的"设计"视图中，按住<Alt>键的同时单击一个框架或在按住<Shift>和<Option>键的同时单击一个框架；

② 在"属性"面板中能看到该框架的相关属性；

③ 为框架命名，即链接的 target 属性或脚本在引用该框架时的名称；

④ 根据需要更改以下选项。

• "源文件"：制定在框架中显示的源文档。单击文件夹图标可以浏览到一个文件并选择一个文件，还可以在框架中打开一个文件。

• "滚动"：制定在框架中是否显示滚动条。将此选项设置为默认将不设置相应的属性值，从而使各个浏览器使用其默认值。大多数浏览器默认为"自动"，这意味着只有在浏览器窗口中没有足够空间来显示当前框架的完整内容时才显示滚动条。

* "不能调整大小"：令访问者无法通过拖动框架边框在浏览器中调整框架大小。
* "边框"：在浏览器中查看框架时显示或隐藏当前框架的边框。为框架选择"边框"选项将重写框架集的边框设置。选项为"是（显示边框）""否（隐藏边框）"和"默认值"。大多数浏览器默认为显示边框，除非父框架集已将边框设置为"否"。只有当共享该边框的所有框架都将边框设置为"否"，或当父框架集的边框设置为"否"并且共享该边框的框架都将边框设置为"默认"时，边框才是隐藏的。

关于给定边框颜色应用到哪些框架边框有一个基础逻辑，但该逻辑十分复杂；理解为什么某些边框在制定边框颜色后还会更改颜色可能十分困难。

"边距宽度"：以像素为单位设置左边距和右边距的宽度。

"边距高度"：以像素为单位设置上边距和下边距的高度。

下面的例子使用 Dreamweaver 8 的框架功能制作一个框架集页面。

① 单击 Dreamweaver 8 主菜单中的"文件"|"新建"命令，新创建一个 HTML 页面。

② 选择主菜单中的"查看"|"可视化助理"|"框架边框"选项，使框架边框在编辑窗口中可见。

③ 将光标置于页面中，单击主菜单中的"插入"|"框架"|"左方"选项，会发现页面中插入了一个框架，它将页面分割成了左右两个部分。

④ 按住<Alt>键拖动任意一条框架边框，可以垂直或水平分割文档；按住<Alt>键从一个角度上拖动框架边框，可以将文档划分为 4 个框架。

8.3.3　使用层和行为

Dreamweaver 8 可以在页面上方便的定位层和使用层。

1. 插入新层

若要创建层，有以下几种操作方法。

① 单击"插入"面板上的"绘制层"按钮，在文档窗口的设计视图中通过拖动来绘制层。

② 若要在文档中的特定位置插入层的代码，则将插入点放在文档窗口，然后选择"插入"|"层"命令。

如果正在显示不可见的元素，那么每当在页面上放置一个层时，一个层代码标记就会出现在设计视图中。如果层代码标记不可见，想要看到这些标记，则选择"查看"|"可视化助理"|"不可见元素"命令。

当启用"不可见元素"选项后，页面上的元素可能出现了位置移动现象。但是不可见元素不会出现在浏览器中，因此在浏览器中查看页面时，所有可见元素都会出现在正确的位置上。

手动创建绘制多个层的方法如下。

① 单击"插入"面板中的"绘制层"按钮。

② 通过按住<Ctrl>键并拖动来绘制各个层。只要不松开<Ctrl>键就可以继续绘制新的层，通过"层"面板可以管理文档中的层，如图 8.37 所示。若要打开"层"面板，则选择"窗口"|"其

他"|"层"命令。层显示为按 z 轴顺序排列的名称列表：首先创建的层将出现在列表的底部，最新创建的层出现在列表的顶部。嵌套的层显示为连接到父层的名称。单击加号或减号图标可显示或隐藏嵌套的层。

图 8.37　打开"层"面板窗口

使用"层"面板可以防止重叠，更改层的可见性，将层嵌套或层叠，以及选择一个或多个层。

2. 设置层的属性

查看所有层的属性方法如下。

① 选择一个层，执行"窗口"|"属性"命令，打开"属性"面板。

② 如果属性检查器未展开，请单击右下角的展开箭头以查看所有的属性，如图 8.38 所示。

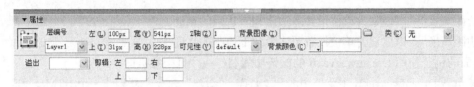

图 8.38　"属性"面板

在"属性"面板中层 ID 用于指定一个层，以便在"层"面板和 JavaScript 代码中标示该层。名称使用标准的字母、数字字符，不要使用空格、连字符、斜杠等特殊字符。每个层都必须有其唯一的名称。

"左"和"上"指定层的左上角相对于页面左上角的位置，"宽"和"高"指定层的宽度和高度。

位置和大小的默认单位为像素（px），"Z 轴"确定层为 Z 轴（即层叠顺序）。在浏览器中，编号较大的层出现在编号较小的层的前面。值可以为正也可以为负。当更改层的层叠顺序时，使用"层"面板要比输入特定的 Z 轴更为简便。

"可见性"指定该层最初是否是可见的，有以下几个选项。

- "默认"：不指定可见性属性，默认情况下为"继承"。
- "继承"：使用该层父级的可见性属性。
- "可见"：显示该层的内容，不管父级的层的值是什么。
- "隐藏"：隐藏该层的内容，不管父级的层的值是什么。
- 使用脚本撰写语言（JavaScript）：可控制可见性属性并动态地显示层的内容。

"背景图像"：指定层的背景图像。单击其文件夹图标可浏览到一个图像文件并将其选定。

"背景颜色"：指定层的背景颜色。如果将此选项留为空白，则表示指定透明的背景。

"标签"：用来定义该层的 HTML 标签。

"溢出"：控制当层的内容超过层的指定大小时如何在浏览器中显示层。"可见"指示在层中显示额外的内容，实际上该层会通过伸展容纳额外的内容；"隐藏"指定不在浏览器中显示额外的内容；"滚动"指定浏览器应在层上添加滚动条，而不管是否需要滚动条；"自动"使浏览器仅在需要时（即当层的内容超过其边界时）才显示层的滚动条。

3. 调整层的大小

可以调整单个层的大小，也可以同时调整多个层的大小以便使其具有相同的宽度和高度。如果已启用"防止重叠"选项，那么在调整层的大小时将无法使该层与另外一个层重叠。

若要调整选定层的大小，在按方向键的同时按住<Ctrl>键。

若要调整多个层的大小，执行以下步骤：

① 在设计视图中选择两个或多个层；

② 选择"修改"|"对齐"|"设成宽度相同"或"设成高度相同"命令。首先选中的层符合最后一个选定层（黑色突出显示）的宽度或高度。

4. 移动层

可以按照在基本的图形应用程序中移动对象的相同方法在设计视图中移动层。如果已经启用"防止重叠"选项，那么在移动层中无法使层相互重叠。

若要一次移动一个像素，请使用方向键。按住方向键同时按住<Shift>键可以按当前网格靠齐增量来移动层。

5. 对齐层

使用层对齐命令可以利用最后一个选定层的边框来对齐一个或者多个层。当层进行对齐时，未选定的子层可能会因为父层被选定而被移动。若要避免这种情况，请不要使用嵌套层。

6. 层转换为表格

可以使用层创建布局，然后将层转换为表格，以使布局可以在较早的浏览器中查看。

① 选择"修改"|"转换"|"层到表格"命令。

② 在出现的"转换层为表格"对话框中，选择所需的选项。此对话框用于将层转换为表，以更好的兼容较早的浏览器。

在"将层转换为表"对话框中进行如下设置。

• 最精确：为每个层创建一个单元格，并附加保留层之间的空间所必须的任何单元格。

• 最小折叠空单元格：如果层定位在指定数目的像素内，则层的边缘应对齐。如果选择此项，结果表将包含较少的空行和空列，但可能不与布局精确匹配。

• 使用透明 GIF：用透明的 GIF 填充表的最后一行。这将确保该表在所有浏览器中以相同的列宽显示。启用此选项后，不能通过拖动表列来编辑结果表，当禁用此选项后，结果表将不包含透明 GIF，但在不同的浏览器中可能会具有不同的列宽。

• 置页面中央：将结果表放置在页面的中央。如果禁用此选项，表将在页面的左边缘开始。

7. 行为

（1）行为的概念

行为是事件和由该事件触发的动作的组合。浏览器可响应用户的动作产生事件。行为可以允许用户改变网页的内容以及执行特定的任务。

在 Dreamweaver 8 中，通过对行为面板的操作完成对行为的添加和控制。选择"窗口"|"行为"命令，可以打开"行为"面板，如图 8.39 所示。

打开的"行为"面板如图 8.40 所示，单击添加按钮"+"，就会弹出如图 8.41 所示的菜单。选择一种响应不同的元素，对应的响应也有所不同，并在随后的对话框中设置此响应的属性。

这些响应的功能如下。

• 播放声音：为网页加入声音。

• 打开浏览器窗口：可以打开一个小窗口。

• 弹出信息：可以弹出一条警告信息。

• 调用 JavaScript：调用网页中包含的 JavaScript 程序。

• 交换图像：用于接收用户的动作而动态改变图像。

图 8.39 打开行为控制面板窗口

图 8.40 "行为"面板

图 8.41 "行为"菜单

- 更改内容：可以改变已经插入的层的内容。
- 恢复交换图像：把已经交换的图像恢复过来。
- 检查插件：可以检查访问者的浏览器是否已经安装网页所必须的插件。
- 检查浏览器：检查访问者使用的浏览器的类型。
- 检查表单：检验网页中的表单是否合法。
- 控制 Shockwave 或 Flash：控制网页中包含的 Shockwave 或 Flash。

- 转到 URL：跳转到其他页面。
- 设定图像导航条：和交换图像原理一样，使用替换原理，其主要作用是使图像链接起导航作用。
- 设置文本：在特定的地方显示文字。
- 显示或隐藏层：设置图层的显示或隐藏。
- 时间轴：可以制作更多的动态效果。
- 跳转菜单：插入跳转导航菜单。
- 跳转菜单开始：控制导航菜单跳到那个页面。
- 拖动层：设定图层是否允许拖动。
- 预先载入图像：在网页里装载前先载入图像。
- 显示事件：设定显示 IE 或 NS 各个版本的事件。

从行为列表中选择一个行为项，单击事件右边的箭头，则会打开一个菜单，为该行为选择不同的时间，这个菜单称为事件菜单。

（2）动作

动作由一段写好的 JavaScript 代码所组成，该代码能执行各种特殊任务，如播放一段声音、显示与隐藏图层等。可以通过使用 Dreamweaver 8 的行为控制面板向页面中添加 JavaScript 代码，而不用自己编写。

（3）事件

事件是由浏览器定义的，浏览器响应用户的某些操作而成。一般一个事件总是面向页面元素或标记的。当浏览者用鼠标单击一个按钮时浏览器就会产生一个 onClick()事件。若网页设计者在事先设置了某个动作的话，这个事件将调用相关的 JavaScript 功能，而这个 JavaScript 功能会激发相应的动作发生。有时一个事件发生时，会使多个动作被执行，这种情况就是多个动作与同一个事件相关联的结果。

（4）触发行为的事件

在访问者浏览网页时，对网页的某个元素或标记进行了操作（如单击了某个按钮或图像），浏览器会产生事件，而这些事件通常能调用 JavaScript 而导致动作的发生。Dreamweaver 8 提供了许多常用的事件能触发的动作。

（5）行为的使用

调用 JavaScript 是使选中的物件具有可执行的能力。

① 选取网页中的一个对象，如一个图片，并打开"行为"面板。

② 在"行为"面板中单击"+"号，打开下拉菜单，并在其中选择"调用 JavaScript"动作。

③ 在如图 8.42 所示的对话框中输入"window.close()"。

④ 单击"确定"按钮退出对话框，并确认其缺省事件为"OnClick"。

⑤ 按<F12>键预览，当单击所选对象时，浏览器会显示如图 8.43 所示的对话框，单击"是"按钮关闭浏览器。

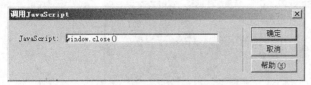

图 8.42　"调用 JavaScript"对话框　　　　图 8.43　提示对话框

（6）动态改变物件属性

使用本功能可以动态改变物件的属性，从而影响用户的动作，产生交互操作的效果。下面以动态改变一个层的背景色为例说明这个功能的用法。

① 选择在网页中已存在的一个层，假定它的名称为 LvRed。

② 在"行为"面板中单击"+"号，打开下拉菜单。在其中选择"改变属性"动作。

③ 这时将弹出如图 8.44 所示的对话框，分别修改其属性，在"属性"→"选择"下拉列表中选择"style.backgroundcolor"，在"新的值"项文本框中输入"#f1fafa"。

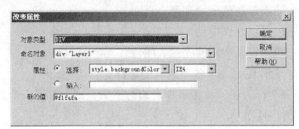

图 8.44　"改变属性"对话框

④ 按<F12>键预览，当用鼠标单击层的时候，层的背景色变为自定义的颜色。

（7）转到 URL

使用本功能可以轻松实现在窗口中打开链接的功能。由于操作过程与前面的例子相似，十分简单，在此不做详述。值得注意的是，在框架结构的网页中一定要养成为框架命名的习惯，否则此功能无法正确实现。

（8）播放声音

使用本功能可以设置当前页面的背景音乐以及对音乐播放的控制。因为播放音乐需要音频的支持，所以需要确定嵌入网页的音乐格式能够被识别。操作步骤如下。

① 选取按钮物件，并打开"行为"面板，单击"+"号打开下拉菜单，在其中选择"播放声音"动作。

② 在弹出的对话框中选取一个音乐文件。一般来说小巧的 MIDI 文件是最适合选用的。尽量不要选用不常用的文件格式，而且文件字节也不要过大。

③ 确定时间为 Onload。

（9）弹出信息

此功能最常用也是最有效率的提示方法，操作步骤如下。

① 选取触发行为的对象，并打开"行为"面板，单击"+"号打开下拉菜单，在其中选择"弹出信息"动作。

② 在弹出的如图 8.45 所示的对话框中输入需要显示的文字，这些文字将成为未来对话框的主体文字。除此之外也可以在其中使用 JavaScript 语句，只需加在大括号中。

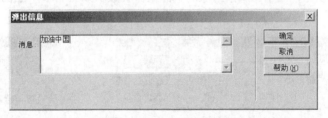

图 8.45　"弹出信息"对话框

弹出信息动作是在特定的事件被触发时弹出的信息框，能够给访问者提供动态的导航功能。

（10）检测表单合法性

在网上填写一些比如个人信息资料的表单，当错误录入时会有一个窗口提示录入的规范。一般可以利用 CGI 程序来完成比较复杂的检验工作，但是当检验需要即时提示或者不具备 CHI 环境时，可以利用如图 8.46 所示的"检查表单"对话框来检验表单填写的合法性。

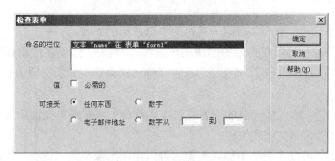

图 8.46　检查表单窗口

检查表单动作可以设置表单文本域的取值范围、取值类型和是否不能为空值等，在用户打开表单输入时，可以对这些输入值进行验证，检查它们是否符合要求。如果有不符合要求的值，则会产生错误的提示信息。

8.3.4　表单的使用

可以说几乎所有的商业网站都离不开表单，表单可以把来自客户的信息提交给服务器，是网站管理者与浏览者之间沟通的桥梁。通过本节的学习来掌握表单的插入、设置和框架的各种属性。

表单可以包含允许用户交互信息的各种对象。这些表单对象包括文本域、列表框、复选框和单选按钮。FORM 标签包括一些参数，使用这些参数可以指定到处理表单数据的服务器端脚本或应用程序的路径，而且还可以指定在将数据从浏览器传输到服务器时要使用的 HTTP 方法。

当访问者将信息输入 Web 站点表单并单击"提交"按钮时，这些信息将被发送到服务器，服务器端脚本或应用程序在该处对这些信息进行处理。服务器通过将请求信息发送回用户，或基于该表单内容执行一些操作来进行响应。Dreamweaver 8 允许创建各种表单对象，包括文本域、密码域、单选按钮、复选框、弹出菜单以及可单击的图像。

在 Dreamweaver 8 中，表单输入类型称为表单对象。可以通过选择"插入"|"表单对象"命令来插入表单对象，或通过"插入"面板来访问表单对象，如图 8.47 所示。

图 8.47　"表单"选项卡

"表单"选项卡中的主要按钮如下。

①"表单" □：在文档中插入表单。Dreamweaver 在 HTML 源代码中插入开始和结束 FORM 标签。任何其他表单对象，如文本域、按钮等，都必须插入到两个 FORM 标签之间，这样浏览器才能正确处理这些数据。

②"文本字段" □：在表单中插入文本字段。文本字段可以接收任何类型的字符或数字项目。输入的文本可以显示为单行、多行或者显示为项目符号或者星号（密码类型）。

③"隐藏域" 🗔：在文档中插入一个可以存储用户数据的域。隐藏域可以存储用户输入的信息，如姓名、电子邮件或购买意向，然后在该用户下次访问站点时使用这些数据。

④"单选按钮" ⊙：在表单中插入单选按钮。单选按钮代表互相排斥的选择。选择一组中的某个按钮，就会取消选择该组中的所有其他按钮。

⑤"复选框" ☑：在表单中插入复选框。复选框允许在一组中选择多项，用户可以选择任意多个使用的选项。

⑥"单选按钮组" ▦：插入共享同一名称的单选按钮的集合。

⑦"列表/菜单" ▤：可以在列表中创建用户选项。"列表"选项在滚动列表中显示选项值，并允许用户在列表中选择多个选项。"菜单"选项在弹出式菜单中显示选项值，而且只允许用户选择一个选项。

⑧"跳转菜单" ↗：插入可导航的列表或弹出式菜单。跳转菜单允许插入一种菜单，在这种菜单中的每个选项都链接到文档或文件。

⑨"图像域" ▣：可以在表单中插入图像。可以使用图像替换"提交"按钮，以产生图像化按钮。

⑩"文本按钮" ▭：在表单中插入文本按钮。按钮在单击时执行任务，如提交或重置表单。可以为按钮添加自定义名称或标签，或者使用预定义的"提交"或"重置"标签之一。

1. 向文档中添加一个表单

将插入点放在希望表单出现的位置。

选择"插入"|"表单"命令，或单击"插入"面板"表单"选项卡中的"表单"图标。

此时 Dreamweaver 8 插入了一个表单，当页面出现"设计"视图中时，用红色的虚轮廓线指示表单。如果没有看到此轮廓线，请检查是否选中了"查看"|"可视化主力"|"不可见元素"。

① 在"文档"窗口中，单击该表单轮廓以选择该表单，或在标签选择器中选择<form>标签。标签选择器位于"文档窗口的左下角"。

② 在"属性"面板的"表单名称"域中，键入一个唯一名称以标识该表单。

③ 在"属性"面板的"动作"域中，指定到处理该表单的动态页或者脚本的路径。可以在"动作"域键入完整的路径，也可以单击文件夹图标定位到包含该脚本或应用程序页的适当文件夹。

④ 在"方法"弹出式菜单中，选择将表单数据传输到服务器的方法。表单的"方法"有 POST 和 GET 两种，POST 表示在 HTTP 请求中嵌入表单数据，GET 表示将值追加到请求该页面的 URL 中。

⑤ "MIME 类型"弹出式菜单可以指定对提交给服务器处理的数据使用 MIME 编码类型。

⑥ "目标"弹出式菜单指定一个窗口，在该窗口中显示调用程序所返回的数据。如果命名的窗口尚未打开，则打开一个具有该名称的新窗口，目标值有：

_blank，在未命名的新窗口中打开目标文档；

_parent，在显示当前文档窗口的父窗口打开目标文档；

_self，在提交表单所使用的窗口中打开目标文档；

_top，在当前窗口的窗体内打开目标文档，此值可用于确保目标文档占用整个窗口，即原始文档显示在框架中。

2. 插入文本并设置属性

将插入点放在表单轮廓内。选择"插入"|"表单对象"|"文本域"命令。这时文档中出现一个文本域，如图 8.48 所示，而且显示"文本域"属性检查器。

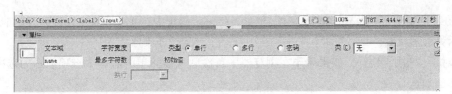

图 8.48　"文本域"属性窗口

有如下 3 种类型的文本域。

① 单行文本：通常提供单字或短语响应，如姓名或地址。

② 多行文本：为访问者提供一个较大的区域，使其输入响应。可以指定访问者最多可以输入的行数以及对象的字符宽度。如果输入的文本超过这些设置，则该域将按照换行属性中指定的设置进行滚动。

③ 密码域：特殊类型的文本域。用户在密码域中键入时，所输入的文本被替换成星形符号或者项目符号，以隐藏该文本，保护这些信息不被看到。

在"字符宽度"域中，执行下列操作之一。

① 接收默认设置，将文本域的长度设置为 20 个字符。

② 指定文本域的最大长度。文本域的最大长度是该域一次最多可以显示的字符数，"默认值"为 20 个字符。

在"最大字符数"域中输入一个值，该值用于限定用户在文本域中输入的最大字符数。这个值定义文本域的大小限制，而且用于验证该表单。

选择"单行"或"密码"指定要创建的文本域的类型。也可以选择创建多行文本域。

如果希望在域中显示默认文本值，请在属性检查器的"初始值"域中输入默认文本。

3. 插入单选按钮

插入单选按钮的操作步骤如下。

① 将插入点放在表单轮廓内。

② 单击"表单"选项卡，然后单击"单选按钮组"图标。

③ 完成"单选按钮组"对话框的设置，单击"确定"按钮。

④ 在"名称"文本框中，输入该单选按钮组的名称。

若希望这些单选按钮将参数传递回服务器，则这些参数将与该名称相关联。

⑤ 单击加号（＋）按钮向组添加单选按钮。

⑥ 单击向上或向下箭头重新排序这些按钮。

⑦ 如果希望在浏览器中打开页面时，某特定单选按钮处于选中状态，请在"选取值"框中输入一个该单选按钮值。可以输入静态值，或者通过单击该框旁边的闪电图标，然后选择包含可能选定值的记录集来指定动态值。无论在何种情况下，所指定的值都应与组中单选按钮之一的选定值相匹配。

⑧ 选择如何布局这些按钮。Dreamweaver 能用换行符来设置这些按钮的布局。若选择表选项，则 Dreamweaver 创建一个单列表，并将这些单选按钮放在左侧，将标签放在右侧。

4. 插入复选框

复选框允许用户从一组选项中选择多个选项，操作步骤如下。

① 将插入点放在表单轮廓内，在"插入"栏的"表单"类别中，单击"插入复选框"图标。

② 在属性检查器的"复选框名称"域中输入一个名字来标识。

③ 在"选定值"中为复选框键入值，例如，在一项调查中，可以将值4设置为表示非常同意，值1表示为强烈反对。

④ 对于"初始状态"，如果希望在浏览器中首次载入该表单时有一个选项显示为选中状态，请单击"已勾选"。

5. 插入表单按钮

标准表单按钮为浏览器的默认按钮样式，它包含要显示的文本。标准表单按钮通常标记为"提交""重置"或"发送"。

插入表单按钮的操作步骤如下。

① 将插入点放在表单轮廓内。

② 选择"插入"|"表单对象"|"按钮"命令，弹出属性检查器如图8.49所示。

图8.49 属性检查器

③ 在属性检查器中为按钮命名。

④ 在"值"域上输入希望在该按钮上显示的文本。

⑤ 从"动作"部分选择一种操作。

• 提交表单：在单击该按钮时提交表单。

• 重设表单：在单击该按钮时重设表单。

• 无：在单击该按钮时，根据处理脚本激活一种操作。若要指定某种操作，请在"动作"弹出式菜单中选择处理该表单的脚本或页面。

8.4 网站的测试与发布

8.4.1 网站的测试

网站在发布之前需要进行测试，测试站点是为了发布后的网页能在浏览器中正常显示以及超链接的正常跳转。测试内容一般包括浏览器的兼容性、不同屏幕分辨率的显示效果、网页中的所用链接是否有效和网页下载的速度等。测试不仅要在本地对网站进行，最重要的是在远程进行，因为只有远程浏览才更接近于真实情况。

1. 测试兼容性

测试兼容性主要是检查文档中是否有目标浏览器所不支持的任何标签或属性，当有元素不被目标浏览器所支持时，网页将显示不正常或部分功能不能实现。

2. 测试超级链接

超级链接是将站点的各个页面组合为整体的关键，如果某些超级链接不正常，就不能正常跳转到相应的页面，这样会让浏览者对网站产生不好的印象，同时让浏览者失去查看网站内容的兴趣。因此在发布站点之前，应对站点的超级链接进行测试。

3. 设置下载速度

在浏览网页时，用户都希望网页打开的速度越快越好，这就涉及网页的下载速度问题，它是衡量一个网页制作水平的重要标准。在 Dreamweaver 编辑窗口的右下角可以查看当前网页文档的大小及下载所需时间。

8.4.2　网站的发布

网站制作的最终目的是为了发布到 Internet 上，让大家都能通过 Internet 看到才是做网页的初衷。

完成了站点的创建与测试之后，接下来工作就是上传站点。上传站点时，必须已经申请了域名，并且在 Internet 上有了自己的站点空间。上传站点通常是通过 FTP 协议进行传输的。申请站点空间时，网站服务商会将响应的上传主机的地址、用户名、密码等信息告诉用户，根据这些信息用户可以将网站上传到远端服务器上。

在 Dreamweaver 中设置远程站点的操作步骤如下。

① 打开要上传的本地站点，在"Files（站点）"面板中单击工具栏中的展开按钮将面板展开，如图 8.50 所示。

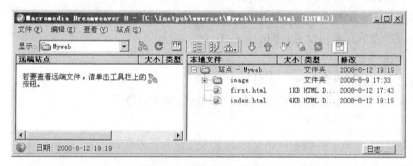

图 8.50　设置远程站点窗口

② 在左侧远端站点窗格中单击"定义远程站点"超级链接，弹出"站点定义对话框"。

③ 选择 FTP 访问方式，然后设置用于输入 Web 站点文件上传到的 FTP 主机名称，以及用户输入在远程站点上存储文档的主机目录，可以从 ISP 处获得。

④ 设置登录用户名以及密码，这些内容都是从域名厂商那里获得。

⑤ 选择"使用被动 FTP"复选框，可以建立被动 FTP。一般情况下，如果防火墙配置要求使用被动 FTP，则此项应该被选。

⑥ 选择"使用防火墙"复选框，则从防火墙后面连接到远程服务器，同时设置防火墙主机及端口号。

⑦ 单击"OK"按钮完成远程站点设置。

设置完成之后，打开文件面板连接到远程服务器。连接成功以后，远程站点窗格中将显示主机目录，表示已经连接成功。

8.4.2　网站的维护

网站发布之后，并不意味着针对网站的所有任务都结束了，而是新任务的开始。网站的后期维护工作是一个网站能否生存下来的重要环节。维护工作主要包括以下内容：

①　在维护时，可以合理地采纳用户的反馈信息，关注用户的留言，注意查收邮件。定时升级服务器的操作系统和更新网站内容，以增加网站的生机和活力。

②　完善组织结构和导航。根据用户的反馈和访问情况完善组织结构和导航，如添加必要的导航信息并通过设置网络选项修改相关文字。

③　网络监控。设置保留服务器工作的必要信息，并经常阅读日志文件，识别中断的脚本。监控磁盘和内存的使用情况，提供安全保障，确保服务器的正常工作。

④　网页的内容更改。替换过时的文件，删除不需要的网页。

⑤　备份资料。对修改前和修改后的网站内容进行及时备份，防止数据丢失，以确保数据安全。

习　题　8

1. 制作网站的流程包括哪些？

2. Dreamweaver 8 的工作界面由哪些部分组成？浮动面板有哪些是常用的？如何拆分和组合这些面板？

3. 怎样快速选择表格的行和列？如何拆分合并单元格？

4. 表单的用途有哪些？

5. 如何添加表单元素和设置它们的属性？

6. 如何创建框架并进行编辑？

7. 框架之间的链接有哪几种？分别如何设置？

8. 自己完成制作一个介绍精品课堂的小型网站作为综合练习。

第9章
数据库基础

本章首先对数据库做整体概述，介绍数据库及其数据库系统的基本概念，数据库及其数据库系统的发展，数据模型的描述，常见的数据库管理系统，介绍数据管理技术、查询语言 SQL，阐述数据库设计及数据库创建的详细步骤。

【知识要点】

1. 数据库、数据库管理系统、数据库系统的概念；
2. 数据模型；
3. 数据管理技术；
4. 了解 SQL 语言；
5. 数据库设计；
6. 数据库创建。

9.1 数据库概述

9.1.1 数据库的基本概念

要了解数据库技术，首先应该理解最基本的几个概念，如信息、数据、数据库、数据库管理系统和数据库应用系统、数据库系统等。

1. 信息

信息（Information）是客观事物存在方式或运动状态的反映和表述，它存在于我们的周围。简单地说，信息就是新的、有用的事实和知识。

信息对于人类社会的发展有重要意义：信息可以提高人们对事物的认识，减少人们活动的盲目性；信息是社会机体进行活动的纽带，社会的各个组织通过信息网相互了解并协同工作，使整个社会协调发展；社会越发展，信息的作用就越突出；信息又是管理活动的核心，要想把事物管理好就需要掌握更多的信息，并利用信息进行工作。

2. 数据

数据（Data）是用来记录信息的可识别的符号，是信息的载体和具体表现形式。尽管信息有多种表现形式，它可以通过手势、眼神、声音或图形等方式表达，但数据是信息的最佳表现形式。由于数据能够书写，因而它能够被记录、存储和处理，从中挖掘出更深层的信息。可用多种不同的数据形式表示同一信息，而信息不随数据形式的不同而改变。

数据的概念在数据处理领域已大大地拓宽了，其表现形式不仅包括数字和文字，还包括图形、图像、声音等。这些数据可以记录在纸上，也可以记录在各种存储器中。

3. 数据库

数据库（Data Base，DB）是存储在计算机内、有组织、可共享的数据集合，它将数据按一定的数据模型组织、描述和储存，具有较小的冗余度，较高的数据独立性和易扩展性，可被多个不同的用户共享。形象地说，"数据库"就是为了实现一定的目的按某种规则组织起来的"数据"的"集合"，在现实生活中这样的数据库随处可见，如学校图书馆的所有藏书及借阅情况、公司的人事档案、企业的商务信息等都是"数据库"。

数据库的概念实际上包含下面两种含义：

① 数据库是一个实体，它是能够合理保管数据的"仓库"，用户在该"仓库"中存放要管理的事务数据；

② 数据库是数据管理的新方法和技术，它能够更合理地组织数据，更方便地维护数据，更严密地控制数据和更有效地利用数据。

4. 数据库管理系统

数据库管理系统（Database Management System，DBMS）是一种操纵和管理数据库的计算机系统软件，它能够为数据库提供数据的定义、建立、维护、查询、统计等操作功能，并具有对数据的完整性、安全性进行控制的功能。它对数据库进行统一的管理和控制，以保证数据库的安全性和完整性。用户通过 DBMS 访问数据库中的数据，数据库管理员也通过 DBMS 进行数据库的维护工作。它可使多个应用程序和用户用不同的方法在同时或不同时刻去建立、修改和询问数据库。大部分 DBMS 提供数据定义语言（Data Definition Language，DDL）和数据操作语言（Data Manipulation Language，DML），供用户定义数据库的模式结构与权限约束，实现对数据的追加、删除等操作。

数据库管理系统的目标是让用户能够更方便、更有效、更可靠地建立数据库和使用数据库中的信息资源。数据库管理系统不是应用软件，它不能直接用于诸如工资管理、人事管理或资料管理等事务管理工作，但数据库管理系统能够为事务管理提供技术和方法、应用系统的设计平台和设计工具，使相关的事务管理软件很容易设计。也就是说，数据库管理系统是为设计数据管理应用项目提供的计算机软件，利用数据库管理系统设计事务管理系统可以达到事半功倍的效果。有关数据库管理系统的计算机软件有很多，其中比较著名的系统有 Oracle 公司开发的 Oracle，Sybase 公司开发的 Sybase，Microsoft 公司开发的 SQL Server，IBM 公司开发的 DB2 等，本章后面介绍的 Microsoft Access 2013 也是一种常用的数据库管理系统。

5. 数据库应用系统

凡使用数据库技术管理及其数据（信息）的系统都称为数据库应用系统。一个数据库应用系统应携带有较大的数据量，否则它就不需要数据库管理。数据库应用系统按其实现的功能可以被划分为数据传递系统、数据处理系统和管理信息系统。

① 数据传递系统只具有信息交换功能，系统工作中不改变信息的结构和状态，如电话、程控交换系统都是数据传递系统。

② 数据处理系统通过对输入的数据进行转换、加工、提取等一系列操作，从而得出更有价值的新数据，其输出的数据在结构和内容方面与输入的源数据相比有较大的改变。

③ 管理信息系统是具有数据的保存、维护、检索等功能的系统，其作用主要是数据管理，通常所说的事务管理系统就是典型的管理信息系统。

数据库应用系统的应用非常广泛，它可以用于事务管理、计算机辅助设计、计算机图形分析和处理、人工智能等系统中，即所有数据量大、数据成分复杂的地方都可以使用数据库技术进行数据管理工作。

数据库管理系统是提供数据库管理的计算机系统软件，数据库应用系统是实现某种具体事务管理功能的计算机应用软件。数据库管理系统为数据库应用系统提供了数据库的定义、存储和查询方法，数据库应用系统通过数据库管理系统管理其数据库。

9.1.2　数据库的发展

1. 数据库的发展历史

数据库的诞生和发展给计算机信息管理带来了一场巨大的革命。三十多年来，国内外已经开发建设了成千上万个数据库，它已成为企业、部门乃至个人日常工作、生产和生活的基础设施。同时，随着应用的扩展与深入，数据库的数量和规模越来越大，数据库的研究领域也已经大大地拓广和深化了。

计算机数据管理随着计算机硬件、软件技术和计算机应用范围的发展而不断发展，对数据库发展阶段的划分应该以数据模型的发展演变作为主要依据和标志。按照数据模型的发展演变过程，数据库主要经历了 3 个发展阶段：第一代是网状和层次数据库系统，第二代是关系数据库系统，第三代是以面向对象数据模型为主要特征的数据库系统。

数据库技术与网络通信技术、人工智能技术、面向对象程序设计技术、并行计算技术等相互渗透、有机结合，成为当代数据库技术发展的重要特征。

（1）第一代数据库

第一代数据库的代表是 1969 年 IBM 公司研制的层次模型的数据库管理系统 IMS 和 70 年代美国数据库系统语言协商 CODASYL 下属数据库任务组 DBTG 提议的网状模型。层次数据库的数据模型是有根的定向有序树，网状模型对应的是有向图，它们的数据模型虽然分别为层次和网状模型，但实质上层次模型只是网状模型的特例而已，这两种数据库奠定了现代数据库发展的基础。这两种数据库具有如下共同点：

① 支持三级模式（外模式、模式、内模式），保证数据库系统具有数据与程序的物理独立性和一定的逻辑独立性；

② 用存取路径来表示数据之间的联系；

③ 有独立的数据定义语言；

④ 导航式的数据操纵语言。

（2）第二代数据库

第二代数据库的主要特征是支持关系数据模型（数据结构、关系操作、数据完整性）。关系模型具有以下特点：

① 关系模型的概念单一，实体和实体之间的联系用关系来表示；

② 以关系数学为基础；

③ 数据的物理存储和存取路径对用户不透明；

④ 关系数据库语言是非过程化的。

虽然关系数据模型描述了现实世界数据的结构和一些重要的相互联系，但是仍然不足以抓住和表达数据对象所具有的丰富而重要的语义，因而它属于语法模型。

（3）第三代数据库

随着科学技术的不断进步，各个行业领域对数据库技术提出了更多的需求，关系型数据库已经不能完全满足需求，于是产生了第三代数据库。

第三代数据库系统的数据模型更加丰富，数据管理功能更为强大，能够支持传统数据库难以支持的新的应用需求。它主要有以下特征：

① 支持数据管理、对象管理和知识管理；

② 保持和继承了第二代数据库系统的技术；

③ 对其他系统开放，支持数据库语言标准，支持标准网络协议，有良好的可移植性、可连接性、可扩展性和互操作性等。

第三代数据库支持多种数据模型（比如关系模型和面向对象的模型），并和诸多新技术相结合（比如分布处理技术、并行计算技术、人工智能技术、多媒体技术、模糊技术），广泛应用于多个领域（商业管理、GIS、计划统计等），由此也衍生出多种新的数据库技术。例如，分布式数据库允许用户开发的应用程序把多个物理分开的、通过网络互连的数据库当作一个完整的数据库看待。并行数据库通过 cluster 技术把一个大的事务分散到 cluster 中的多个节点去执行，提高了数据库的吞吐量和容错性。多媒体数据库提供了一系列用来存储图像、音频和视频对象类型，更好地对多媒体数据进行存储、管理、查询。模糊数据库是存储、组织、管理和操纵模糊数据的数据库，可以用于模糊知识处理。

2. 数据库的发展趋势

从最早用文件系统存储数据算起，数据库的发展已经有 50 多年了，其间经历了 20 世纪 60 年代的层次数据库（IBM 的 IMS）和网状数据库（GE 的 IDS）的并存，20 世纪 70～80 年代关系数据库的异军突起，20 世纪 90 年代对象技术的影响。如今，关系数据库依然处于主流地位。未来数据库市场竞争的焦点已不再局限于传统的数据库，新的应用不断赋予数据库新的生命力，随着应用驱动和技术驱动相结合，也呈现出了一些新的趋势。

一些主流企业数据库厂商包括甲骨文、IBM、Microsoft、Sybase 目前认为，关系技术之后，对 XML 的支持、网格技术、开源数据库、整合数据仓库和 BI 应用以及管理自动化已成为下一代数据库在功能上角逐的焦点。

（1）XML 数据库

可扩展标识语言（Extensible Markup Language，XML）是一种简单、与平台无关并被广泛采用的标准，是用来定义其他语言的一种元语言，其前身是 SGML（标准通用标记语言）。简单地说，XML 是提供一种描述结构化数据的方法，是为互联网世界提供定义各行各业的"专业术语"的工具。

XML 数据是 Web 上数据交换和表达的标准形式，和关系数据库相比，XML 数据可以表达具有复杂结构的数据，比如树结构的数据。正因如此，在信息集成系统中，XML 数据经常被用作信息转换的标准。

基于 XML 数据的特点，XML 数据的高效管理通常有以下应用。

① 复杂数据的管理。XML 可以有效地表达复杂的数据。这些复杂的数据虽然利用关系数据库也可以进行管理，但是这样会带来大量的冗余。例如，文章和作者的信息，如果利用关系数据库，需要分别用关系表达文章和作者的信息，以及这两者之间的关系。这样的表达，在文章和作者关系的关系中分别需要保存文章和作者对应的 ID，如果仅仅为了表达文章和作者之间的关系，这个 ID 是冗余信息。在 XML 数据中对象之间的关系可以直接用嵌套或者 ID-IDREF 的指向来表达。此外 XML 数据上的查询可以表达更加复杂的语义，如 XPath 可以表达比 SQL 更为复杂的语义。因此利用 XML 对复杂数据进行管理是一项有前途的应用。

② 互联网中数据的管理。互联网上的数据与传统的事务数据库与数据仓库都不同，其特点可以表现为模式不明显，经常有缺失信息，对象结构比较复杂。因此，在和互联网相关的应用，特别是对从互联网采集和获取的信息进行管理的时候，如果使用传统的关系数据库，存在着产生过多的关系，关系中存在大量的空值等问题。而 XML 可以用来表达半结构数据，对模式不明显、存在缺失信息和结构复杂的数据可以非常好的表达。特别在许多 Web 系统中，XML 已经是数据交换和表达的标准形式。因此 XML 数据的高效管理在互联网的系统中存在着重要的应用。

③ 信息集成中的数据管理。现代信息集成系统超越了传统的联邦数据库和数据集成系统，需要集成多种多样的数据源，包括关系数据库、对象-关系数据库以及网页和文本形式存在的数据。对于这样的数据进行集成，XML 既可以表达结构数据也可以表达半结构数据的形式成为首选。而在信息集成系统中，为了提高系统的效率，需要建立一个 Cache，把一部分数据放到本地。在基于 XML 的信息集成系统中，这个 Cache 就是一个 XML 数据管理系统。因此 XML 数据的管理在信息集成系统中也有着重要的应用。

（2）网格数据库

商业计算的需求使用户需要高性能的计算方式，而超级计算机的价格却阻挡了高性能计算的普及能力。于是造价低廉而数据处理能力超强的计算模式——网格计算应运而生。网格计算的定义包括 3 部分：一是共享资源，将可用资源汇集起来形成共享池；二是虚拟化堆栈的每一层，可以如同管理一台计算机一样管理资源；三是基于策略实现自动化负载均衡。数据库不仅仅是存储数据，而且是要实现对信息整个生命周期的管理。数据库技术和网格技术相结合，也就产生一个新的研究内容，称之为网格数据库。

"网格就是下一代 Internet"，这句话强调了网格可能对未来社会的巨大影响。在历史上，数据库系统曾经接受了 Internet 带来的挑战。毫无疑问，现在数据库系统也将应对网格带来的挑战。业内专家认为，网格数据库系统具有很好的前景，会给数据库技术带来巨大的冲击，但它面临一些新的问题需要解决。网格数据库当前的主要研究内容包括 3 个方面：网格数据库管理系统、网格数据库集成和支持新的网格应用。网格数据库管理系统应该可以根据需要来组合完成数据库管理系统的部分或者全部功能，这样做的好处除了可以降低资源消耗，更重要的是使得在整个系统规模的基础上优化使用数据库资源成为可能。

（3）整合数据仓库和 BI 应用

数据库应用的成熟，使得企业数据库里承载的数据越来越多。但数据的增多，随之而来的问题就是如何从海量的数据中抽取出具有决策意义的信息（有用的数据），更好地服务于企业当前的业务，这就需要商业智能（Business Intelligence，BI）。从用户对数据管理需求的角度看，可以划分两大类：一是对传统的、日常的事务处理，即经常提到的联机事务处理（OLTP）应用；二是联机分析处理（OLAP）与辅助决策，即商业智能（BI）。数据库不仅支持 OLTP，还应该为业务决策、分析提供支持。目前，主流的数据库厂商都已经把支持 OLAP、商业智能作为关系数据库发展的另一大趋势。

商业智能是指以帮助企业决策为目的，对数据进行收集、存储、分析、访问等处理的一大类技术及其应用，由于需要对大量的数据进行快速地查询和分析，传统的关系型数据库不能很好地满足这种要求。或者说传统上，数据库应用是基于 OLTP 模型的，而不能很好地支持 OLAP，商业智能是以数据仓库为基础，目前同时支持 OLTP 和 OLAP 这两种模式是关系数据库的着眼点所在。

（4）管理自动化。企业级数据库产品目前已经进入同质化竞争时代，在功能、性能、可靠性等方面的差别已经不是很大。但是随着商业环境竞争日益加剧，目前企业面临着另外的挑战，即如何以最低的成本同时又高质量地管理其IT架构。这也就带来了两方面的挑战：一是系统功能日益强大而复杂；二是对这些系统管理和维护的成本越来越昂贵。正是意识到这些需求，自我管理功能包括能自动地对数据库自身进行监控、调整和修复等已成为数据库追求的目标。

9.1.3 数据模型

数据是描述事物的符号记录，数据只有通过加工才能成为有用的信息。模型（model）是现实世界的抽象。数据模型（Data Model）是数据特征的抽象，它不是描述个别的数据，而是描述数据的共性。它一般包括两个方面：一是数据库的静态特性，包括数据的结构和限制；二是数据的动态特性，即在数据上所定义的运算或操作。数据库是根据数据模型建立的，因而数据模型是数据库系统的基础。

数据模型是一组严格定义的概念集合，这些概念精确地描述了系统的数据结构、数据操作和数据完整性约束条件。也就是说，数据模型所描述的内容包括3个部分：数据结构、数据操作和数据约束。

（1）数据结构：数据模型中的数据结构主要描述数据的类型、内容、性质、数据间的联系等。数据结构是数据模型的基础，是所研究的对象类型的集合，它包括数据的内部组成和对外联系。数据操作和约束都建立在数据结构上，不同的数据结构具有不同的操作和约束。

（2）数据操作：数据操作是指对数据库中各种数据对象允许执行的操作集合，数据模型中数据操作主要描述在相应的数据结构上的操作类型和操作方式两部分内容。

（3）数据约束：数据约束条件是一组数据完整性规则的集合，它是数据模型中的数据及其联系所具有的制约和依存规则。数据模型中的数据约束主要描述数据结构内数据间的语法、词义联系，它们之间的制约和依存关系，以及数据动态变化的规则，以保证数据的正确、有效和相容。

数据模型按不同的应用层次分成3种类型：概念数据模型、逻辑数据模型和物理数据模型。

（1）概念数据模型（conceptual data model）：简称概念模型，是面向数据库用户的实现世界的模型，主要用来描述世界的概念化结构，它使数据库的设计人员在设计的初始阶段，摆脱计算机系统及DBMS的具体技术问题，集中精力分析数据以及数据之间的联系等，与具体的数据管理系统（DataBase Management System，DBMS）无关。概念数据模型必须换成逻辑数据模型，才能在DBMS中实现。在概念数据模型中最常用的是E-R模型、扩充的E-R模型、面向对象模型及谓词模型。

（2）逻辑数据模型（logical data model）：简称数据模型，这是用户从数据库所看到的模型，是具体的DBMS所支持的数据模型，如网状数据模型（network data model）、层次数据模型（Hierarchical Data Model）等。此模型既要面向用户，又要面向系统，主要用于DBMS的实现。在逻辑数据类型中最常用的是层次模型、网状模型、关系模型。

（3）物理数据模型（Physical Data Model）：简称物理模型，是面向计算机物理表示的模型，描述数据在储存介质上的组织结构，它不但与具体的DBMS有关，而且还与操作系统和硬件有关。每一种逻辑数据模型在实现时都有其对应的物理数据模型。DBMS为了保证其独立性与可移植性，大部分物理数据模型的实现工作由系统自动完成，而设计者只设计索引、聚集等特殊结构。

数据模型是数据库系统与用户的接口，是用户所看到的数据形式。从这个意义来说，人们希望数据模型尽可能自然地反映现实世界和接近人类对现实世界的观察与理解，也就是数据模型要面向用户。但是数据模型同时又是数据库管理系统实现的基础，它对系统的复杂性性能影响颇大。

从这个意义来说，人们又希望数据模型能够接近在计算机中的物理表示，以期便于实现，减小开销。也就是说，数据模型还不得不在一定程度上面向计算机。

与程序设计语言相平行，数据模型也经历着从低向高的发展过程。从面向计算机逐步发展到面向用户；从面向实现逐步发展到面向应用；从语义甚少发展到语义较多；从面向记录逐步发展到面向多样化的、复杂的事物；从单纯直接表示数据发展到兼有推导数据的功能。总之，随着计算机及其应用的发展，数据模型也在不断地发展。

9.2　数据库系统

9.2.1　概述

数据库系统（Database System），是由数据库及其管理软件组成的系统。数据库系统是为适应数据处理的需要而发展起来的一种较为理想的数据处理系统，也是一个为实际可运行的存储、维护和应用系统提供数据的软件系统，是存储介质、处理对象和管理系统的集合体。

数据库系统（Data Base System，DBS）通常由软件、数据库和数据管理员组成。其软件主要包括操作系统、各种宿主语言、实用程序以及数据库管理系统。数据库由数据库管理系统统一管理，数据的插入、修改和检索均要通过数据库管理系统进行。数据管理员负责创建、监控和维护整个数据库，使数据能被任何有权使用的人有效使用。数据库管理员一般是由业务水平较高、资历较深的人员担任。

数据库系统的个体含义是指一个具体的数据库管理系统软件和用它建立起来的数据库；它的学科含义是指研究、开发、建立、维护和应用数据库系统所涉及的理论、方法、技术所构成的学科。在这一含义下，数据库系统是软件研究领域的一个重要分支，常称为数据库领域。

数据库系统是为适应数据处理的需要而发展起来的一种较为理想的数据处理的核心机构。计算机的高速处理能力和大容量存储器提供了实现数据管理自动化的条件。

数据库研究跨越于计算机应用、系统软件和理论 3 个领域，其中应用促进新系统的研制开发，新系统带来新的理论研究，而理论研究又对前两个领域起着指导作用。数据库系统的出现是计算机应用的一个里程牌，它使得计算机应用从以科学计算为主转向以数据处理为主，并从而使计算机得以在各行各业乃至家庭普遍使用。在它之前的文件系统虽然也能处理持久数据，但是文件系统不提供对任意部分数据的快速访问，而这对数据量不断增大的应用来说是至关重要的。为了实现对任意部分数据的快速访问，就要研究许多优化技术。这些优化技术往往很复杂，是普通用户难以实现的，所以就由系统软件（数据库管理系统）来完成，而提供给用户的是简单易用的数据库语言。由于对数据库的操作都由数据库管理系统完成，所以数据库就可以独立于具体的应用程序而存在，从而数据库又可以为多个用户所共享。因此，数据的独立性和共享性是数据库系统的重要特征。数据共享节省了大量人力物力，为数据库系统的广泛应用奠定了基础。数据库系统的出现使得普通用户能够方便地将日常数据存入计算机并在需要的时候快速访问它们，从而使计算机走出科研机构进入各行各业、进入家庭。

9.2.2　数据库系统的组成

数据库系统一般由 4 个部分组成。

（1）数据库：是指长期存储在计算机内的，有组织，可共享的数据的集合。数据库中的数据按一定的数学模型组织、描述和存储，具有较小的冗余，较高的数据独立性和易扩展性，并可为各种用户共享。

（2）硬件：构成计算机系统的各种物理设备，包括存储所需的外部设备。硬件的配置应满足整个数据库系统的需要。

（3）软件：包括操作系统、数据库管理系统及应用程序。数据库管理系统是数据库系统的核心软件，是在操作系统的支持下工作，解决如何科学地组织和存储数据，如何高效获取和维护数据的系统软件。其主要功能包括：数据定义功能、数据操纵功能、数据库的运行管理和数据库的建立与维护。

（4）人员：主要有 4 类。第一类为系统分析员和数据库设计人员：系统分析员负责应用系统的需求分析和规范说明，他们和用户及数据库管理员一起确定系统的硬件配置，并参与数据库系统的概要设计；数据库设计人员负责数据库中数据的确定、数据库各级模式的设计。第二类为应用程序员，负责编写使用数据库的应用程序。这些应用程序可对数据进行检索、建立、删除或修改。第三类为最终用户，他们利用系统的接口或查询语言访问数据库。第四类用户是数据库管理员（Database Administrator，DBA），负责数据库的总体信息控制。DBA 的具体职责包括：具体数据库中的信息内容和结构，决定数据库的存储结构和存取策略，定义数据库的安全性要求和完整性约束条件，监控数据库的使用和运行，负责数据库的性能改进、数据库的重组和重构，以提高系统的性能。

数据库系统的特点如下。

① 数据的结构化，数据的共享性好，数据的独立性好，数据存储粒度小，数据管理系统，为用户提供了友好的接口。

② 数据库系统的核心和基础，是数据模型，现有的数据库系统均是基于某种数据模型的。

③ 数据库系统的核心是数据库管理系统。

数据库系统一般由数据库、数据库管理系统（DBMS）、应用系统、数据库管理员和用户构成。DBMS 是数据库系统的基础和核心。

9.2.3 常用数据库系统介绍

目前，流行的数据库系统有许多种，大致可分为：文件、小型桌面数据库、大型商业数据库、开源数据库等。文件多以文本字符型方式出现，用来保存论文、公文、电子书等。小型桌面数据库主要是运行在 Windows 操作系统下的桌面数据库，如 Microsoft Access、Visual FoxPro 等，适合于初学者学习和管理小规模数据用。以 Oracle 为代表的大型关系数据库，更适合大型中央集中式数据管理场合，这些数据库可存放几十 GB 至上百 GB 的大量数据，并且支持多客户端访问。开源数据库即"开放源代码"的数据库，如 MySQL，其在 WWW 网站建设中应用较广。

1. 小型桌面数据库 Access

Access 是 Microsoft Office 办公软件的组件之一，是当前 Windows 环境下非常流行的桌面型数据库管理系统。使用 Microsoft Access 数据库无须编写任何代码，只需通过直观的可视化操作就可以完成大部分的数据库管理工作。Access 是一个面向对象的、采用事件驱动的关系型数据库管理系统。通过 ODBC（Open Database Connectivity，开放数据库互连）可以与其他数据库相连，实现数据交换和数据共享，也可以与 Word 和 Excel 等办公软件进行数据交换和数据共享，还可以采用对象链接与嵌入（OLE）技术在数据库中嵌入和链接音频、视频、图像等多媒体数据。

Access 数据库的特点如下。

① 利用窗体可以方便地进行数据库操作。

② 利用查询可以实现信息的检索、插入、删除和修改，可以以不同的方式查看、更改和分析数据。

③ 利用报表可以对查询结果和表中数据进行分组、排序、计算、生成图表和输出信息。

④ 利用宏可以将各种对象连接在一起，提高应用程序的工作效率。

⑤ 利用 Visual Basic for Application 语言，可以实现更加复杂的操作。

⑥ 系统可以自动导入其他格式的数据并建立 Access 数据库。

⑦ 具有名称自动纠正功能，可以纠正因为表的字段名变化而引起的错误。

⑧ 通过设置文本、备注和超级链接字段的压缩属性，可以弥补因为引入双字节字符集支持而对存储空间需求的增加。

⑨ 报表可以通过使用报表快照和快照查看相结合的方式，来查看、打印或以电子方式分发。

⑩ 可以直接打开数据访问页、数据库对象、图表、存储过程和 Access 项目视图。

⑪ 支持记录级锁定和页面级锁定。通过设置数据库选项，可以选择锁定级别。

⑫ 可以从 Microsoft Outlook 或 Microsoft Exchange Server 中导入或链接数据。

2. Microsoft SQL Server

SQL Server 是大型的关系数据库，适合中型企业使用。建立于 Windows NT 的可伸缩性和可管理性之上，提供功能强大的客户/服务器平台，高性能客户/服务器结构的数据库管理系统可以将 Visual Basic、Visual C++作为客户端开发工具，而将 SQL Server 作为存储数据的后台服务器软件。

SQL Server 有多种实用程序允许用户来访问他的服务，用户可以用这些实用程序对 SQL Server 进行本地管理或远程管理。随着 SQL Server 产品性能的不断扩大和改善，已经在数据库系统领域占有非常重要的地位。

3. Oracle

Oracle 是一种对象关系数据库管理系统（ORDBMS）。它提供了关系数据库系统和面向对象数据库系统这二者的功能。Oracle 是目前最流行的客户/服务器（Client/Server）体系结构的数据库之一。Oracle 在数据库领域一直处于领先地位。1984 年，首先将关系数据库转到了桌面计算机上。然后，Oracle 的版本 5 率先推出了分布式数据库、客户/服务器结构等崭新的概念。Oracle 是以高级结构化查询语言（SQL）为基础的大型关系数据库，通俗地讲它是用方便逻辑管理的语言操纵大量有规律数据的集合，是目前最流行的客户/服务器体系结构的数据库之一，是目前世界上最流行的大型关系数据库管理系统，具有移植性好、使用方便、性能强大等特点，适合于各类大、中、小、微机和专用服务器环境。

Oracle 的主要特点有如下几条。

① Oracle 7.X 以来引入了共享 SQL 和多线索服务器体系结构。这减少了 Oracle 的资源占用，并增强了 Oracle 的能力，使之在低档软硬件平台上用较少的资源就可以支持更多的用户，而在高档平台上可以支持成百上千个用户。

② 提供了基于角色（Role）分工的安全保密管理。在数据库管理功能、完整性检查、安全性、一致性方面都有良好的表现。

③ 支持大量多媒体数据，如二进制图形、声音、动画以及多维数据结构等。

④ 提供了与第三代高级语言的接口软件 PRO*系列，能在 C、C++等主语言中嵌入 SQL 语句及过程化（PL/SQL）语句，对数据库中的数据进行操纵。加上它有许多优秀的前台开发工具如 Power Builder、SQL*FORMS、Visual Basic 等，可以快速开发生成基于客户端 PC 平台的应用程序，并具有良好的移植性。

⑤ 提供了新的分布式数据库能力。可通过网络较方便地读写远端数据库里的数据，并有对称复制的技术。

4．IBM DB2

DB2 是 IBM 公司的产品，起源于 System R 和 System R*。它支持从 PC 到 UNIX，从中小型机到大型机，从 IBM 到非 IBM（HP 及 SUN UNIX 系统等）各种操作平台。既可以在主机上以主/从方式独立运行，也可以在客户/服务器环境中运行。其中服务器平台可以是 OS/400、AIX、OS/2、HP-UNIX、SUN-Solaris 等操作系统，客户机平台可以是 OS/2 或 Windows、Dos、AIX、HP-UX、SUN Solaris 等操作系统。

DB2 数据库核心又称作 DB2 公共服务器，采用多进程多线索体系结构，可以运行于多种操作系统之上，并分别根据相应平台环境作了调整和优化，以便能够达到较好的性能。

DB2 核心数据库的特色有以下几点。

① 支持面向对象的编程：DB2 支持复杂的数据结构，如无结构文本对象，可以对无结构文本对象进行布尔匹配、最接近匹配和任意匹配等搜索。

② 可以建立用户数据类型和用户自定义函数。

③ 支持多媒体应用程序：DB2 支持大型二进制对象（Binary Large Objects，BLOB），允许在数据库中存取 BLOB 和文本大对象。其中，BLOB 可以用来存储多媒体对象。

④ 备份和恢复能力。

⑤ 支持存储过程和触发器，用户可以在建表时显示定义复杂的完整性规则。

⑥ 支持 SQL 查询。

⑦ 支持异构分布式数据库访问。

⑧ 支持数据复制。

5．Sybase

它是美国 Sybase 公司研制的一种关系型数据库系统，是一种典型的 UNIX 或 Windows NT 平台上客户机/服务器环境下的大型数据库系统。

一般关于网络工程方面都会用到，而且目前在其他方面应用也较广阔。

9.3 数据库技术

数据库技术是信息系统的一个核心技术，是现代信息科学与技术的重要组成部分，是计算机数据处理与信息管理系统的核心。

数据库技术研究解决了计算机信息处理过程中大量数据有效地组织和存储的问题，在数据库系统中减少数据存储冗余、实现数据共享、保障数据安全以及高效地检索数据和处理数据。数据库技术的根本目标是要解决数据的共享问题。

数据库技术涉及许多基本概念，主要包括信息、数据、数据处理、数据库、数据库管理系统以及数据库系统等。

9.3.1 数据管理技术

数据管理技术是对数据进行分类、组织、编码、输入、存储、检索、维护和输出的技术。数据管理技术的发展大致经过了以下 3 个阶段：人工管理阶段、文件系统阶段和数据库系统阶段。

（1）人工管理阶段

20 世纪 50 年代以前，计算机主要用于数值计算。从当时的硬件看，外存只有纸带、卡片、磁带，没有直接存取的储存设备；从软件看（实际上，当时还未形成软件的整体概念），那时还没有操作系统，没有管理数据的软件；从数据看，数据量小，数据无结构，由用户直接管理，且数据间缺乏逻辑组织，数据依赖于特定的应用程序，缺乏独立性。数据处理是由程序员直接与物理的外部设备打交道，数据管理与外部设备高度相关，一旦物理存储发生变化，数据则不可恢复。

人工管理阶段的特点如下：

① 用户完全负责数据管理工作，如数据的组织、存储结构、存取方法、输入输出等；

② 数据完全面向特定的应用程序，每个用户使用自己的数据，数据不保存，用完就撤走；

③ 数据与程序没有独立性，程序中存取数据的子程序随着存储结构的改变而改变。

这一阶段管理的优点是廉价地存放大容量数据；缺点是数据只能顺序访问，耗费时间和空间。

（2）文件系统管理阶段

1951 年出现了第一台商业数据处理电子计算机 Univac（Universal Automatic Computer，通用自动计算机），标志着计算机开始应用于以加工数据为主的事务处理阶段。20 世纪 50 年代后期到 60 年代中期，出现了磁鼓、磁盘等直接存取数据的存储设备。这种基于计算机的数据处理系统也就从此迅速发展起来。

这种数据处理系统是把计算机中的数据组织成相互独立的数据文件，系统可以按照文件的名称对其进行访问，对文件中的记录进行存取，并可以实现对文件的修改、插入和删除，这就是文件系统。文件系统实现了记录内的结构化，即给出了记录内各种数据间的关系，但是，文件从整体来看却是无结构的。其数据面向特定的应用程序，因此数据的共享性、独立性差，且冗余度大，管理和维护的代价也很大。

文件系统阶段的特点如下：

① 系统提供一定的数据管理功能，即支持对文件的基本操作（增添、删除、修改、查询等），用户程序不必考虑物理细节；

② 数据的存取基本上是以记录为单位的，数据仍是面向应用的，一个数据文件对应一个或几个用户程序；

③ 数据与程序有一定的独立性，文件的逻辑结构与存储结构由系统进行转换，数据在存储上的改变不一定反映在程序上。

这一阶段管理的优点是，数据的逻辑结构与物理结构有了区别，文件组织呈现多样化；缺点是，存在数据冗余性、数据不一致性，数据联系弱。

（3）数据库技术管理阶段

20 世纪 60 年代后期，计算机性能得到提高，重要的是出现了大容量磁盘，存储容量大大增加且价格下降。在此基础上，有可能克服文件系统管理数据时的不足，而去满足和解决实际应用中多个用户、多个应用程序共享数据的要求，从而使数据能为尽可能多的应用程序服务，这就出现了数据库这样的数据管理技术。数据库的特点是数据不再只针对某一特定应用，而是面向全组织，具有整体的结构性，共享性高，冗余度小，具有一定的程序与数据间的独立性，并且实现了对数据进行统一的控制。

数据库技术是在文件系统的基础上发展起来的新技术，它克服了文件系统的弱点，为用户提供了一种使用方便、功能强大的数据管理手段。数据库技术不仅可以实现对数据集中统一的管理，而且可以使数据的存储和维护不受任何用户的影响。数据库技术的发明与发展，使其成为计算机科学领域内的一个独立的学科分支。

数据库系统和文件系统相比具有以下主要特点。

（1）面向数据模型对象。数据库设计的基础是数据模型。在进行数据库设计时，要站在全局需要的角度抽象和组织数据；要完整、准确地描述数据自身和数据之间联系的情况；要建立适合整体需要的数据模型。数据库系统是以数据库为基础的，各种应用程序应建立在数据库之上。数据库系统的这种特点决定了它的设计方法，即系统设计时应先设计数据库，再设计功能程序，而不能像文件系统那样，先设计程序，再考虑程序需要的数据。

（2）数据冗余度小。数据冗余度小是指重复的数据少。减少冗余数据可以带来以下优点：

- 数据量小可以节约存储空间，使数据的存储、管理和查询都容易实现；
- 数据冗余小可以使数据统一，避免产生数据不一致的问题；
- 数据冗余小便于数据维护，避免数据统计错误。

由于数据库系统是从整体角度上看待和描述数据的，数据不再是面向某个应用，而是面向整个系统，因此数据库中同样的数据不会多次重复出现。这就使得数据库中的数据冗余度小，从而避免了由于数据冗余大带来的数据冲突问题，也避免了由此产生的数据维护麻烦和数据统计错误问题。

（3）数据共享度高。数据库系统通过数据模型和数据控制机制提高数据的共享性。数据共享度高会提高数据的利用率，使数据更有价值，更容易、方便地被使用。数据共享度高使得数据库系统具有以下 3 个方面的优点：

- 系统现有用户或程序可以共享数据库中的数据；
- 当系统需要扩充时，再开发的新用户或新程序还可以共享原有的数据资源；
- 多用户或多程序可以在同一时刻共同使用同一数据。

（4）数据和程序具有较高的独立性。由于数据库中的数据定义功能（即描述数据结构和存储方式的功能）和数据管理功能（即实现数据查询、统计和增删改的功能）是由 DBMS 提供的，因此数据对应用程序的依赖程度大大降低，数据和程序之间具有较高的独立性。数据和程序相互之间的依赖性低、独立性高的特性称为数据独立性高。数据独立性高使程序在设计时不需要有关数据结构和存储方式的描述，从而减轻了程序设计的负担。当数据及结构变化时，如果数据独立性高，程序的维护也会比较容易。

（5）统一的数据库控制功能。数据库是系统中各用户的共享资源，数据库系统通过 DBMS 对数据进行安全性控制、完整性控制、并发控制和数据恢复等。

数据的安全性控制是指保护数据库，以防止不合法的使用所造成的数据泄漏、破坏和更改。数据的完整性控制是指为保证数据的正确性、有效性和相容性，防止不符合语义的数据输入/输出所采用的控制机制。数据的并发控制是指排除由于数据共享，即用户并行使用数据库中的数据时，所造成的数据不完整或系统运行错误问题。数据恢复是通过记录数据库运行的日志文件和定期做数据备份工作，保证数据在受到破坏时，能够及时使数据库恢复到正确状态。

（6）数据的最小存取单位。在文件系统中，由于数据的最小存取单位是记录，这给使用和操作数据带来许多不便。数据库系统改善了其不足之处，它的最小数据存取单位是数据项，即使用时可以按数据项或数据项组进行存取数据，也可以按记录或记录组存取数据。由于数据库中数据的最小存取单位是数据项，使系统在进行查询、统计、修改及数据再组合等操作时，能以数据项为单位进行条件表达和数据存取处理，给系统带来了高效性、灵活性和方便性。

9.3.2　数据库管理系统

数据库管理系统是数据库系统的核心，是管理数据库的软件。数据库管理系统就是实现把用户意义下抽象的逻辑数据处理，转换成为计算机中具体的物理数据处理的软件。有了数据库管理系统，用户就可以在抽象意义下处理数据，而不必顾及这些数据在计算机中的布局和物理位置。

1. 数据库管理系统主要功能

（1）数据定义：DBMS 提供数据定义语言（Data Definition Language，DDL），供用户定义数据库的三级模式结构、两级映像以及完整性约束和保密限制等约束。DDL 主要用于建立、修改数据库的库结构。DDL 所描述的库结构仅仅给出了数据库的框架，数据库的框架信息被存放在数据字典（Data Dictionary）中。

（2）数据操作：DBMS 提供数据操作语言（Data Manipulation Language，DML），供用户实现对数据的追加、删除、更新、查询等操作。

（3）数据库的运行管理：数据库的运行管理功能是 DBMS 的运行控制、管理功能，包括多用户环境下的并发控制、安全性检查和存取限制控制、完整性检查和执行、运行日志的组织管理、事务的管理和自动恢复，即保证事务的原子性。这些功能保证了数据库系统的正常运行。

（4）数据组织、存储与管理：DBMS 要分类组织、存储和管理各种数据，包括数据字典、用户数据、存取路径等，需确定以何种文件结构和存取方式在存储级上组织这些数据，如何实现数据之间的联系。数据组织和存储的基本目标是提高存储空间利用率，选择合适的存取方法提高存取效率。

（5）数据库的保护：数据库中的数据是信息社会的战略资源，所以数据的保护至关重要。DBMS 对数据库的保护通过 4 个方面来实现：数据库的恢复、数据库的并发控制、数据库的完整性控制、数据库安全性控制。DBMS 的其他保护功能还有系统缓冲区的管理以及数据存储的某些自适应调节机制等。

（6）数据库的维护：这一部分包括数据库的数据载入、转换、转储、数据库的重组和重构以及性能监控等功能，这些功能分别由各个使用程序来完成。

（7）通信：DBMS 具有与操作系统的联机处理、分时系统及远程作业输入的相关接口，负责处理数据的传送。对网络环境下的数据库系统，还应该包括 DBMS 与网络中其他软件系统的通信功能以及数据库之间的互操作功能。

2. 数据库管理系统组成

根据其功能和应用需求，数据库管理系统通常由以下几部分组成。

（1）数据库语言

数据库语言是给用户提供的语言，包括两个子语言：数据定义子语言和数据操纵子语言。SQL就是一个集数据定义和数据操纵子语言为一体的典型数据库语言。几乎出现的关系数据库系统产品都提供 SQL 作为标准数据库语言。

① 数据定义子语言（Data Definition Language，DLL）

数据定义语言包括数据库模式定义和数据库存储结构与存取方法定义两方面。数据库模式定义处理程序接收用数据定义语言表示的数据库外模式、模式、存储模式及它们之间的映射的定义，通过各种模式翻译程序负责将它们翻译成相应的内部表示形式，存储到数据库系统中称为数据字典的特殊文件中，作为数据库管理系统存取和管理数据的基本依据；而数据库存储结构和存取方法定义处理程序接收用数据定义语言表示的数据库存储结构和存取方法定义，在存储设备上创建相关的数据库文件，建立起相应物理数据库。

② 数据操纵子语言（Data Manipulation Language，DML）

数据操纵语言用来表示用户对数据库的操作请求，是用户与 DBMS 之间的接口。一般对数据库的主要操作包括：查询数据库中的信息、向数据库插入新的信息、从数据库删除信息以及修改数据库中的某些信息等。数据操纵子语言通常又分为两类：一类是嵌入主语言，由于这种语言本身不能独立使用，故称为宿主型的语言；另一类是交互式命令语言，由于这种语言本身能独立使用，故又称为自主型或自含型的语言。

（2）例行程序

数据库管理例行程序随系统不同而各异，一般包括以下几部分。

① 语言翻译处理程序：包括 DLL 翻译程序、DML 处理程序、终端查询语言解释程序和数据库控制语言的翻译程序等。

② 系统运行控制程序：包括系统的初启程序、文件读写与维护程序、存取路径管理程序、缓冲区管理程序、安全性控制程序、完整性检查程序、并发控制程序事务管理、程序运行日志管理程序和通信控制程序等。

③ 公用程序：包括定义公用程序和维护公用程序。定义公用程序包括信息格式定义、概念模式定义、外模式定义和保密定义公用程序等；维护公用程序包括数据装入、数据库更新、重组、重构、恢复、统计分析、工作日记转储和打印公用程序等。

按功能划分，数据库管理系统大致可分为 6 个部分。

① 模式翻译：提供数据定义语言（DDL）。用它书写的数据库模式被翻译为内部表示。数据库的逻辑结构、完整性约束和物理储存结构保存在内部的数据字典中。数据库的各种数据操作（如查找、修改、插入和删除等）和数据库的维护管理都是以数据库模式为依据的。

② 应用程序的编译：把包含着访问数据库语句的应用程序，编译成在 DBMS 支持下可运行的目标程序。

③ 交互式查询：提供易使用的交互式查询语言，如 SQL.DBMS 负责执行查询命令，并将查询结果显示在屏幕上。

④ 数据的组织与存取：提供数据在外围储存设备上的物理组织与存取方法。

⑤ 事务运行管理：提供事务运行管理及运行日志，事务运行的安全性监控和数据完整性检查，事务的并发控制及系统恢复等功能。

⑥ 数据库的维护：为数据库管理员提供软件支持，包括数据安全控制、完整性保障、数据库备份、数据库重组以及性能监控等维护工具。

3. 数据库管理系统的层次结构

根据处理对象的不同，数据库管理系统的层次结构由高级到低级依次为应用层、语言翻译处理层、数据存取层、数据存储层和操作系统。

① 应用层：是 DBMS 与终端用户和应用程序的界面层，处理的对象是各种各样的数据库应用。

② 语言翻译处理层：是对数据库语言的各类语句进行语法分析、视图转换、授权检查、完整性检查等。

③ 数据存取层：处理的对象是单个元组，它将上层的集合操作转换为单记录操作。

④ 数据存储层：处理的对象是数据页和系统缓冲区。

⑤ 操作系统：是 DBMS 的基础，它提供的存取原语和基本的存取方法通常是作为和 DBMS 存储层的接口。

9.3.3　查询语言 SQL

结构化查询语言（Structured Query Language，SQL）是一种介于关系代数与关系演算之间的语言，其功能包括查询、操纵、定义和控制 4 个方面，是一个通用的功能极强的关系数据库标准语言。SQL 在关系型数据库中的地位犹如英语在世界上的地位，它是数据库系统的通用语言，利用它，用户可以用几乎同样的语句在不同的数据库系统上执行同样的操作。

目前，SQL 语言已经被确定为关系数据库系统的国际标准，被绝大多数商品化的关系数据库系统采用，受到用户的普遍接受。SQL 语言是 1974 年由 Boyce 和 Chamberlin 提出的，在 IBM 公司研制的关系数据库原型系统 System R 中实现了这种语言。由于它功能丰富、使用方式灵活、语言简洁易学等突出优点，在计算机业界和计算机用户中备受欢迎。1986 年 10 月，美国国家标准局（American National Standard Institute，ANSI）的数据库委员会批准了 SQL 作为关系数据库语言的美国标准。同年公布了标准 SQL 文本，这个标准也称为 SQL86。1987 年 6 月，国际标准化组织（International Organization for Standardization，ISO）将其采纳为国际标准。之后 SQL 标准化工作不断地进行着，相继出现了 SQL89、SQL92 和 SQL3。SQL 成为国际标准后，它对数据库以外的领域也产生了很大影响，不少软件产品将 SQL 语言的数据查询功能与图形功能、软件工程工具、软件开发工具、人工智能程序结合起来，不仅把 SQL 作为检索数据的语言规范，也把 SQL 作为检索图形、图像、声音、文字、知识等信息类型的语言规范。

SQL 是与数据库管理系统（DBMS）进行通信的一种语言和工具。将 DBMS 的组件联系在一起，可以为用户提供强大的功能，使用户可以方便地进行数据库的管理、数据的操作。通过 SQL 命令，程序员或数据库管理员（DBA）可以完成以下功能。

① 建立数据库的表格。

② 改变数据库系统环境设置。

③ 让用户自己定义所存储数据的结构，以及所存储数据各项之间的关系。

④ 让用户或应用程序可以向数据库中增加新的数据、删除旧的数据以及修改已有数据，有效地支持了数据库数据的更新。

⑤ 使用户或应用程序可以从数据库中按照自己的需要查询数据并组织使用它们，其中包括子查询、查询的嵌套、视图等复杂的检索。能对用户和应用程序访问数据、添加数据等操作的权限进行限制，以防止未经授权的访问，有效地保护数据库的安全。

⑥ 使用户或应用程序可以修改数据库的结构。

⑦ 使用户可以定义约束规则，定义的规则将保存在数据库内部，可以防止因数据库更新过程中的意外或系统错误而导致的数据库崩溃。

SQL 语言简单易学、风格统一，利用几个简单的英语单词的组合就可以完成所有的功能。它几乎可以不加修改地嵌入到如 Visual Basic、Power Builder 这样的前端开发平台上，利用前端工具的计算能力和 SQL 的数据库操纵能力，可以快速建立数据库应用程序。

各种流行的关系数据库系统，如 Access、MySQL、Oracle、SQL Server 等，都支持 SQL。

下面简要介绍 SQL 的常用语句。

（1）创建基本表

创建基本表，即定义基本表的结构。基本表结构的定义可用 CREATE 语句实现，其一般格式为：

```
CREATE TABLE <表名>
              (<列名 1><数据类型 1>[列级完整性约束条件 1]
              [,<列名 2><数据类型 2>[列级完整性约束条件 2]]…
              [,<表级完整性约束条件>]);
```

定义基本表结构，首先须指定表的名字，表名在一个数据库中应该是唯一的。表可以由一个或多个属性组成，属性的类型可以是基本类型，也可以是用户事先定义的域名。建表的同时可以指定与该表有关的完整性约束条件。

定义表的各个属性时需要指定其数据类型及长度。下面是 SQL 提供的一些主要数据类型。

INTEGER	长整数（也可写成 INT）
SMALLIN	短整数
REAL	取决于机器精度的浮点数
FLOAT（n）	浮点数，精度至少为 n 位数字
NUMERIC（p, d）	浮点数，由 p 位数字（不包括符号、小数点）组成，小数点后面有 d 位数字（也可写成 DECIMAL（P, d）或 DEC（P, d））
CHAR（n）	长度为 n 的定长字符串
VARCHAR（n）	最大长度为 n 的变长字符串
DATE	包含年、月、日，形式为 YYYY-MM-DD
TIME	含一日的时、分、秒，形式为 HH：MM：SS

（2）创建索引

索引是数据库中关系的一种顺序（升序或降序）的表示，利用索引可以提高数据库的查询速度。创建索引使用 CREATE INDEX 语句，其一般格式如下：

```
CREATE [UNIQUE] [CLUSTER] INDEX <索引名> ON <表名>
        (<列名 1>[<次序 1>][,<列名 2>[<次序 2>]]…);
```

其中各部分的含义如下。

① <索引名>是给建立的索引指定的名字。因为在一个表上可以建立多个索引，所以要用索引名加以区分。

② <表名>指定要创建索引的基本表的名字。

③ 索引可以创建在该表的一列或多列上，各列名之间用逗号隔开，还可以用次序指定该列在索引中的排列次序。

次序的取值为：ASC（升序）和 DESC（降序），如省略默认为 ASC。

④ UNIQUE 表示此索引的每一个索引只对应唯一的数据记录。

⑤ CLUSTER 表示索引是聚簇索引。其含义是：索引项的顺序与表中记录的物理顺序一致。这里涉及数据的物理顺序的重新排列，所以建立时要花费一定的时间。用户可以在最常查询的列上建立聚簇索引。一个基本表上的聚簇索引最多只能建立一个。当更新聚簇索引用到的字段时，将会导致表中记录的物理顺序发生改变，代价很大。所以聚簇索引要建立在很少（最好不）变化的字段上。

（3）创建查询

数据库查询是数据库中最常用的操作，也是核心操作。SQL 语言提供了 SELECT 语句进行数据库的查询，该语句具有灵活的使用方式和丰富的功能。其一般格式为：

```
SELECT [ALL|DISTINCT] <目标列表达式 1>[, <目标列表达式 2>]…
       FROM <表名或视图名 1>[, <表名或视图名 2>]…
       [WHERE <条件表达式>]
       [GROUP BY <列名 3>[HAVING <组条件表达式>]]
       [ORDER BY <列名 4>[ASC|DESC], …];
```

整个 SELECT 语句的含义是，根据 WHERE 子句的条件表达式，从 FROM 子句指定的基本表或视图中找出满足条件的元组，再按 SELECT 子句中的目标列表达式，选出元组中的属性值。如果有 GROUP 子句，则将结果按<列名 4>的值进行分组，该属性列的值相等的元组为一个组。如果 GROUP 子句带 HAVING 短语，则只有满足组条件表达式的组才予输出。如果有 ORDER 子句，则结果要按<列名 3>的值进行升序或降序排序。

（4）插入元组

基本格式为：

```
INSERT INTO <表名>[(<属性列 1>[,<属性列 2>]…)]
       VALUES(<常量 1>[,<常量 2>]…);
```

其功能是将新元组插入指定表中。VALUES 后的元组值中列的顺序表必须同表的属性列一一对应。如表名后不跟属性列，表示在 VALUES 后的元组值中提供插入元组的每个分量的值，分量的顺序和关系模式中列名的顺序一致。如表名后有属性列，则表示在 VALUES 后的元组值中只提供插入元组对应于属性列中的分量的值，元组的输入顺序和属性列的顺序一致，没有包括进来的属性将采用默认值。基本表后如有属性列表，必须包括关系的所有非空的属性，自然应包括关键码属性。

（5）删除元组

基本格式为：

```
DELETE FROM <表名> [WHERE <条件>];
```

其功能是从指定表中删除满足 WHERE 条件的所有元组。如果省略 WHERE 语句，则删除表中全部元组。

（6）修改元组

基本格式为：

```
UPDATE <表名>
       SET <列名>=<表达式>[,<列名>=<表达式>]…
       [WHERE <条件>];
```

其功能是修改指定表中满足 WHERE 子句条件的元组，用 SET 子句的表达式的值替换相应属性列的值。如果 WHERE 子句省略，则修改表中所有元组。

9.3.4 设计和创建数据库

数据库是应用系统的重要组成部分，开发一个应用系统一般都会需要设计数据库。但是数据库的设计与一般软件系统的设计，既有共同的问题和解决的方法，又有自己特定的问题和解决方法。数据库设计的质量将极大地影响未来软件系统的功能和性能。

1. 数据库设计

数据库设计（Database Design，DBD）是指对于一个给定的应用环境，针对现实问题，构造较优的数据模型，建立数据库结构及其数据库应用系统，使之能够有效地存储数据，满足各种用户的应用需求（信息要求和处理要求）。在数据库领域内，常常把使用数据库的各类系统统称为数据库应用系统。

数据库设计是建立数据库及其应用系统的技术，是信息系统开发和建设中的核心技术。由于数据库应用系统的复杂性，为了支持相关程序运行，数据库设计就变得异常复杂，因此现代数据库的设计特点是强调结构设计与行为设计相结合，是一种"反复探寻，逐步求精"的过程，也就是规划和结构化数据库中的数据对象以及这些数据对象之间关系的过程。首先从数据模型开始设计，以数据模型为核心进行展开，将数据库设计和应用系统设计相结合，建立一个完整、独立、共享、冗余小和安全有效的数据库系统。

（1）数据库设计人员应当具备的知识

- 数据库的基本知识和数据库设计技术；
- 计算机科学的基础知识和程序设计的方法和技巧；
- 软件工程的原理和方法；
- 应用领域的知识。

（2）数据库设计方案的制定

- 定义任务描述；
- 定义设计目标；
- 制定工作计划；
- 制定工作进度和各阶段成果；
- 设定项目期限；
- 分配任务。

（3）数据库设计的任务描述

- 数据库的目标是什么；
- 谁使用数据库；
- 数据库的类型；
- 使用何种数据库模型和方法；
- 是否是一个新数据库；
- 数据库需要是否可以建模；
- 是否需要多个数据库；
- 客户如何访问数据库。

（4）数据库设计方法简述

数据库设计方法目前可以分为直观设计法、规范设计法、计算机辅助设计法等多种类别。直观设计法也称手工试凑法，是最早使用的数据库设计方法。它依赖于设计者的经验和技巧，缺乏科学理论和工程原则的支持，设计的质量很难保证，经常是数据库运行一段时间后又发现各种问题，这样再重新进行修改，增加了系统维护的代价，越来越不适应信息管理发展的需要。

目前，常用的规范设计方法大多起源于新奥尔良法（即运用软件工程的思想和方法，提出的数据库设计的规范），并在设计的每一阶段采用一些辅助方法来具体实现。主要有：

- 基于 E-R 模型的数据库设计方法：其基本思想是在需求分析的基础上，用 E-R（实体-联系）图构造一个反映现实世界实体之间联系的企业模式，然后再将此企业模式转换成基于某一特定的 DBMS 概念模式；
- 基于 3NF 的数据库设计方法：其基本思想是在需求分析的基础上，确定数据库模式中的全部属性和属性间的依赖关系，将它们组织在一个单一的关系模式中，然后再分析模式中不符合 3NF 的约束条件，将其进行投影分解，规范成若干个 3NF 关系规范的集合；

* 基于视图的数据库设计方法：其基本思想是为每个应用建立自己的视图，然后再把这些视图汇总起来合并成整个数据库的概念模式。

规范设计法从本质上来说仍然是手工设计方法，其基本思想是过程迭代和逐步求精。

计算机辅助设计法是指在数据库设计的某些过程中模拟某一规范化设计的方法，并以人的知识或经验为主导，通过人机交互方式实现设计中的某些部分。目前许多计算机辅助软件工程工具（Computer Aided Software Engineering，CASE）可以自动或辅助设计人员完成数据库设计过程中的很多任务。

（5）数据库设计的基本步骤

按照规范设计的方法，同时考虑数据库及其应用系统开发的全过程，可以将数据库设计分为需求分析阶段（分析用户需求）、概念结构设计阶段（信息分析和定义）、逻辑结构设计阶段（设计实现）、物理结构设计阶段（物理数据库实现）、行为设计阶段、数据库实施阶段、数据库运行和维护阶段。每完成一个阶段，都要进行分析和评价，对各阶段产生的文档进行评审，并与用户进行交流。如果有不符合要求的地方需进行修改，这个分析和修改的过程可能需要反复多次，以求最后实现的数据库应用系统能准确地满足用户的需求。

① 需求分析阶段。从数据库设计的角度看，需求分析阶段的主要任务是对现实世界要处理的对象（公司、部门、企业等）进行详细调查，在了解现行系统的概况、确定新系统功能的过程中，收集支持系统目标的基础数据及其处理方法。

调查和分析用户的业务活动和数据的使用情况，弄清所用数据的种类、范围、数量以及它们在业务活动中交流的情况，确定用户对数据库系统的使用要求和各种约束条件等，综合各个用户的应用需求，形成用户需求规约，编写出系统分析报告，也称为需求规范说明书。

系统分析报告是对需求分析的总结，编写系统分析报告是一个不断反复、逐步深入和逐步完善的过程，该报告应包含如下内容：

* 系统概括（系统的目标、范围、背景、历史和现状）；
* 对原系统或现状的改善；
* 系统总体结构和子系统结构说明；
* 系统功能说明；
* 数据处理概要及各个处理阶段划分；
* 系统方案及技术、经济、功能和操作上的可行性。

系统分析报告完成后，需要经过相关组织领导及技术专家的评审，审查通过后方可进行实施。

系统分析报告还应提供如下附加材料：

* 系统软硬件支持环境的选择和规格要求，如所选择的操作系统、数据库管理系统、计算机型号和配置、网络环境等；
* 组织机构图、组织之间的联系图以及各机构功能业务图；
* 数据流图、功能模块图和数据字典等。

② 概念结构设计阶段。概念结构设计的重点在于信息结构的设计，它将需求分析得到的用户需求抽象为信息结构及概念层数据模型。概念层数据模型是整个数据库系统设计的一个重要内容，它独立于逻辑结构设计和具体的数据库管理系统。

通过对用户要求描述的现实世界诸处的分类、聚集和概括，建立抽象的概念数据模型。这个概念模型应反映现实世界各部门的信息结构、信息流动情况、信息间的互相制约关系以及各部门对信息储存、查询和加工的要求等。所建立的模型应避开数据库在计算机上的具体实现细节，用一种抽象的形式表示出来，形成独立于机器特点，独立于具体DBMS的概念模式（E-R图）。

以扩充的实体-联系模型（E-R模型）方法为例，首先，要明确现实世界各部门所含的各种实体及其属性、实体间的联系以及对信息的制约条件等，从而给出各部门内所用信息的局部描述（在数据库中称为用户的局部视图）；然后，再将前面得到的多个用户的局部视图集成为一个全局视图，即用户要描述的现实世界的概念数据模型；最后，要优化全局模型，使E-R图满足3个条件，即实体个数尽可能少、实体所包含的属性尽可能少、实体间联系无冗余。

③ 逻辑结构设计阶段。主要工作是将现实世界的概念数据模型（E-R图）设计成数据库的一种逻辑模式，即适应于某种特定数据库管理系统（DBMS）所支持的逻辑数据模式，如关系模型。然后根据用户处理的要求和安全性的考虑，在基本表的基础上再建立必要的视图（View），形成数据的外模式，即需要为各种数据处理应用领域产生相应的逻辑子模式。这一步设计的结果就是所谓"逻辑数据库"。

④ 物理结构设计阶段。物理结构设计是已经确定的数据库模型，利用数据库管理系统提供的方法、技术，以较优的存储结构、数据存取路径、合理的数据存储位置以及存储分配，设计出一个高效的、可实现的物理数据结构。

由于不同的数据库管理系统提供的硬件环境和数据存储结构、存取方法不同，提供给数据库设计者的系统参数以及变化范围不同，因此，物理结构设计一般没有一个通用的准则，它只能提供一个技术和方法供参考。

物理设计阶段为逻辑数据模型选取一个最适合应用环境的物理结构（包括存储结构和存取方法）。根据特定数据库管理系统所提供的多种存储结构和存取方法等依赖于具体计算机结构的各项物理设计措施，对具体的应用任务选定最合适的物理存储结构（包括文件类型、索引结构和数据的存放次序与位逻辑等）、存取方法和存取路径等。这一步设计的结果就是所谓"物理数据库"。

⑤ 数据库行为设计阶段。数据库行为设计与一般的传统程序设计区别不大，软件工程的所有工具和手段几乎都可以用到数据库行为设计中。数据库行为设计一般分为功能分析、功能设计、事务设计等步骤。

• 功能分析：在需求分析时，进行的"事务处理"过程的调查分析，也就是应用业务处理的调查分析是数据库设计行为的基础。对于行为特性要进行的分析有：标识所有的查询、报表、事务及动态特性，指出对数据库所要进行的操作；指出对每个实体所进行的操作（增、删、改、查）；给出每个操作的语义，包括结构约束和操作约束，通过条件：执行操作要求的前提、操作的内容、操作成功后的状态，可以定义下一步的操作；给出每个操作（针对某一对象）的频率；给出每个操作（针对某一应用）的响应时间；给出该系统总的目标。

功能需求分析是在需求分析之后功能设计之前的一个步骤。

• 功能设计：系统目标的实现是通过系统的各功能模块来达到的。由于每个系统功能又可以划分为若干个更具体的功能模块，因此，可以从目标开始，一层一层分解下去，直到每个子功能模块之执行一个具体的任务。子功能模块是独立的，具有明显的输入信息和输出信息。也可以没有明显的输入和输出信息，只是动作产生后的一个结果。

通常，按功能关系绘制的图称作功能结构图。

• 事务设计：事务处理是计算机模拟人处理事务的过程，它包括输入设计（原始单据的设计格式、制成输入一览表、制成输入数据描述文档）、输出设计等。

⑥ 数据库实施阶段。运用 DBMS 提供的数据语言、工具及宿主语言，根据逻辑设计和物理设计的结果建立数据库（也就是在具体的数据库管理系统中建立数据库、关系表、视图等），编制与调试应用程序，组织数据入库，并进行试运行。

⑦ 运行与维护阶段。数据库应用系统经过试运行结果符合设计目标后，即可投入正式运行。数据库投入运行标志着开发任务的基本完成和维护工作的开始，但并不意味着设计过程的终结。由于应用环境在不断变化，数据库运行过程中物理存储也会不断变化，对数据库设计进行评价、调整、修改等维护工作是一个长期的任务，也是设计工作的继续。

在数据库运行阶段，对数据库经常性的维护工作主要是由数据库管理员完成的，它包括：数据库的转储和恢复，数据库的安全性和完整性控制，数据库性能的监督、分析和改进，数据库的重组织和重构造。

至今，数据库设计的很多工作仍需要人工来做，除了关系型数据库已有一套较完整的数据范式理论可用来部分地指导数据库设计之外，尚缺乏一套完善的数据库设计理论、方法和工具，以实现数据库设计的自动化或交互式的半自动化设计。所以数据库设计今后的研究发展方向是研究数据库设计理论，寻求能够更有效地表达语义关系的数据模型，为各阶段的设计提供自动或半自动的设计工具和集成化的开发环境，使数据库的设计更加工程化、更加规范化和更加方便易行，使得在数据库的设计中充分体现软件工程的先进思想和方法。

举例：设某学校教务系统的主要任务是管理学生、课程和学生选修课程的情况，首先，给出能反映这一概念的 E-R 模型如图 9.1 所示。

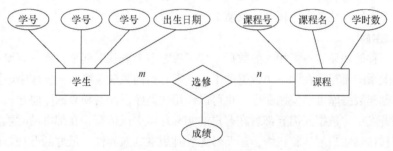

图 9.1　"学生"与"课程"两实体间 $m:n$ 联系 E-R 图

然后，将图 9.1 所示的 E-R 概念模型转换成关系模型，如图 9.2 所示。转换的方法是把 E-R 图中的实体类型和 $m:n$ 联系类型分别转换成关系模型。在属性名下面加一条下画线表示关系模式的"键"。围绕图 9.2 的实例如表 9.1、表 9.2 和表 9.3 所示。

学生（学号，姓名，性别，出生日期）———— "学生"关系模式
课程（课程号，课程名，学时数）———— "课程"关系模式
选修（学号，课程号，成绩）———— "选修"关系模式

图 9.2　关系模型的例子

表 9.1　　　　　　　　　　　　　　"学生"关系

学号	姓名	性别	出生日期
S101	张红箭	男	1999-05-10
S102	王晓明	男	1999-02-21
S103	李丽瑛	女	1998-12-21

表 9.2   "课程"关系

课程号	课程名	学时数
C1	张红箭	男
C2	王晓明	男
C3	李丽瑛	女

表 9.3   "选修"关系

学号	课程号	成绩
S101	C1	90
S101	C2	73
S101	C3	92
S102	C1	87
S102	C3	92
S103	C1	88
S103	C2	73
S103	C3	82

最后，还可以在图 9.2 所示的关系模型基础上，设计出一个能满足查询学生课程成绩需要的外部模型，假定将其命名为"学生成绩"，该视图模式如下：

学生成绩（学号，姓名，课程名，成绩）

2. 创建数据库

使用表可以存储和显示一组相关的数据，如果想把多个表联系起来，就一定要建立数据库。只有把这些有关系的表存放在同一个数据库中，确定它们的关联关系，数据库中的数据才能被更充分的利用。创建数据库可以使用命令，也可以使用数据库设计器和数据库向导。

在项目的开发中，数据库需要部署在客户的实际环境中试运行，在部署的时候需要考虑后台的数据库如何移植到客户的计算机中，还要考虑各种版本的兼容性，最好的办法就是编写比较通用的 SQL 语句，包括建库、建表、添加约束等，最后复制到客户的计算机中运行。

（1）通过 SQL 语句创建数据库

在查询分析器中，使用 CREATE DATABASE 语句即可创建数据库以及存储该数据库的文件。其语法格式如下：

```
CREATE DATABASE <数据库名>
[ON  [PROMARY]
   (
         [name ='<数据库的逻辑名称>',]
         [filename ='<路径\数据库的物理文件名.mdf>',]
         [size =<数据库的初始容量>mb,]
         [maxsize=<数据库的最大容量>mb,]
         [filegrowth=<数据文件的增长量（或百分数，或 XXmb）>]
   )
]
[LOG ON
   (
         [name ='<事务日志文件的逻辑名称>',]
```

```
[filename =<'路径\事务日志文件的物理名称.ldf'>,]
[size =<事务日志文件的初始容量>mb,]
[maxsize=<事务日志文件的最大容量>mb,]
[filegrowth=<事务日志文件的增长量（或百分数，或 XXmb）>]
)
]
```

① <>表示里面的内容必须有。

② []表示里面的内容可有可无。

③ <数据库名>：要创建的数据库的名称，数据库名称在服务器中必须唯一，且符合标识符命名规则。

④ ON：指定用来存储数据库中数据部分的磁盘文件（数据文件）。

⑤ PRIMARY：指定关联数据文件的主文件组。带有 PRIMARY 的第一个文件将成为主数据文件，如果没有指定 PRIMARY，则 CREATE DATABASE 语句中列出的第一个文件将成为主数据文件。一个数据库只能有一个主数据文件。

其中，扩展名为.mdf 的主要数据文件有且仅有一个，在没有 PRIMARY 指定的情况下，往往是数据库创建的第一个数据文件，其他的均为次要数据文件（推荐扩展名为.ndf）。一个数据库可以不包含次要数据文件，也可以包含多个次要数据文件；次要数据文件可以建立在一个磁盘上，也可以分别建立在不同的磁盘上。建立多个数据文件的好处是有利于充分利用多个磁盘上的存储空间，提高数据的存取效率。次要数据文件和主要数据文件的使用对用户来说是没有区别的，而且对用户也是透明的，用户不需要关心自己的数据被放在哪个数据文件上。

⑥ LOG ON：指定用来存储数据库中日志部分的磁盘文件（可供恢复数据库使用，又称日志文件，推荐扩展名为.ldf）。如果没有指定 LOG ON，系统将自动创建一个日志文件，其大小为该数据库的所有数据文件大小总和的 25%或 512KB，取两者之中的较大者。

⑦ size 和 maxsize：分别设置文件的初始大小（最小值 512KB）和最大大小，必须是整数个分配单元（可以是 KB、MB、GB 或 TB）。若主文件的定义中没有设置 size 参数，SQL Server 将使用 model 数据库中的主文件大小；若次要文件或日志文件的定义中没有设置 size 参数，则默认文件大小为 1MB。未设置 maxsize 参数时，默认为 UNLIMITED，UNLIMITED 设置文件增长仅受磁盘空间限制。

⑧ filegrowth：设置文件的增长容量。文件的增长容量是指每次需要新的空间时为文件添加的空间大小，它可以是整数个分配单位或整数个百分比，可以用 KB、MB 或%来设置增加的容量，默认为 MB。如果没有设置 filegrowth，则默认为 10%，最小值为 64KB。指定的大小舍入为最接近的 64KB 的倍数。

在使用 SQL 语句创建数据库时，最简单的情况是省略所有的参数，只提供一个数据库名即可，这时，系统会按各参数的默认值创建数据库。

【例 9.1】 创建一个名为"mytest"的数据库，其他选项均采用默认值。

创建此数据库的 SQL 语句为：

CREATE DATABASE mytest

其中：

① 没有指定主文件名，在默认的情况下，命名主文件为 mytest.mdf；日志文件名为 mytest_log.ldf；

② 主文件和日志文件的大小都同 Model 数据库的主文件和日志文件大小一致，而且可以自由增长。

【例 9.2】 创建一个名为"RSkDB"的数据库。该数据库由一个数据文件和一个事务日志文件组成。数据文件只有主要数据文件，其逻辑文件名为"RSkDB"，其物理文件名为"RSkDB. mdf"，存放在"d:\RSkDB_Data"文件夹下，初始大小为 10MB，最大大小为 30MB，自动增长时的递增量为 5MB；事务日志文件的逻辑文件名为"RSkDB_log"，物理文件名为"RSkDB_log.ldf"，存放在"d:\RSkDB_Data"文件夹下，初始大小为 3MB，最大大小为 12MB，自动增长时的递增量为 2MB。

创建此数据库的 SQL 语句为：

```
CREATE DATABASE RSkDB
ON
(
        name = RSkDB,
        filename = 'D:\RSkDB _Data\RSkDB. mdf',
        size = 10,
        maxsize = 30,
        filegrowth = 5
)
LOG ON
(
        name = RSkDB_log ,
        filename = 'D:\RSkDB _Data\RSkDB_log.ldf',
        size = 3,
        maxsize = 12,
        filegrowth = 2
)
```

【例 9.3】 用 CREATE DATABAS 语句创建数据库 Students。其中：①主要数据文件的逻辑名为"Students"，其物理文件名为"Students.mdf"，存放在"d:\stu_Data"文件夹下，初始大小为 3MB，每次按默认方式递增，最大大小无限制；②次要数据文件的逻辑名为"Students_data1"，其物理文件名为"Students_data1.ndf"，存放在"f:\stu_Data"文件夹下，初始大小为 5MB，自动增长，每次增加 1MB，最多增加到 100MB；③事务日志文件的逻辑文件名为"Students_log"，物理文件名为"Students_log.ldf"，存放在"f:\stu_Data"文件夹下，初始大小为 2MB，最多增加到 6MB，自动增长时的递增量为 10%。

创建此数据库的 SQL 语句为：

```
CREATE DATABASE Students
ON  PROMARY
(
name = Students,
        filename = 'D:\stu_Data\Students.mdf',
        size = 3,
        maxsize = UNLIMITED
),
(
        name = Students_data1,
        filename = 'F:\stu_Data\Students_data1.mdf',
        size = 5MB,
        maxsize = 10MB,
```

```
        filegrowth = 1MB
),
LOG ON
(
        name = Student_log ,
        filename = 'F:\stu_Data\Students _log.ldf',
        size = 2MB,
        maxsize= 6MB,
        filegrowth= 10%
)
```

（2）通过 Access 创建数据库

创建数据库是 Access 中最基本最普遍的操作，这里主要介绍使用模板和向导构建数据库的方法，然后再介绍数据库对象的各种必要操作。

① 使用模板创建数据库

启动 Access 2013，首先单击"建议的搜索：数据库"，提示：在"筛选依据"窗格中单击"教职员"类型，如图 9.3 所示，然后在右边的"文件名"文本框中输入自定义的数据库文件名，并单击后面文件夹按钮设置存储位置，然后单击"创建"，系统则按选中的模板自动创建新数据库，数据库文件扩展名为.accdb。

也可以通过 Internet 搜索联机模板，在 Access 启动屏幕上的"搜索"框中输入所需的模板类型，Access 将显示可用的联机模板。

如果找不到能够满足需求的模板，可以单击"新建"|"空桌面数据库"，从头开始创建新的数据库。

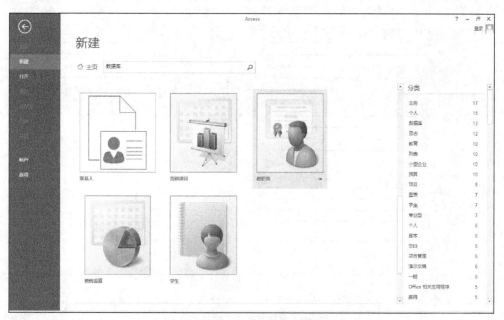

图 9.3 根据"模板"创建数据库

创建完成后，系统进入按模板新创建的"教职员"数据库主界面，如图 9.4 所示。从图中可以看出，系统模板已做好了"教职员列表""教职员详细信息"等相关的数据表以及按类型排列的教职员、按系排列的教职员、教职员电话列表、教职员通信簿等报表的设计。

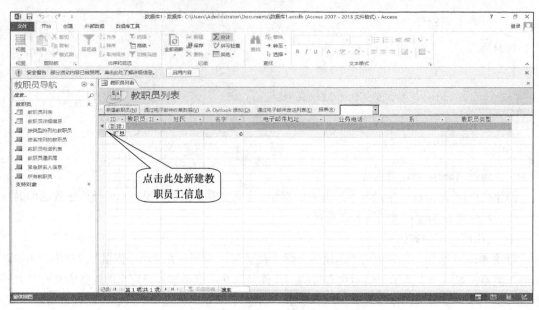

图 9.4　"教职员"数据库主界面

对于任何一个表，用户只需单击"新建"即可添加记录，如对于教职员列表，单击"新建"，即可打开如图 9.5 所示的界面添加教职员工信息。

图 9.5　添加教职员工信息界面

② 创建空白数据库

打开 Access 2013 界面，选择"空白桌面数据库"模板中的"空数据库"，设置好要创建数据库存储的路径和文件名后，即创建了新的数据库。如图 9.6 所示，用户可根据自己的需要任意添加和设置数据库对象。

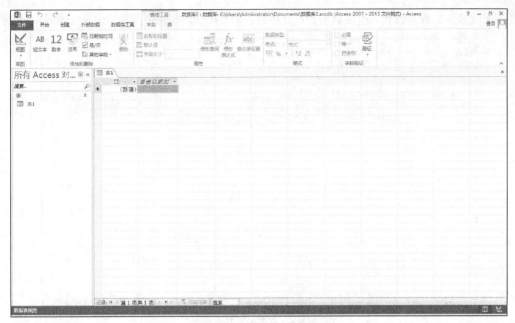

图 9.6　新建空白数据库

系统中默认创建一个空白数据表"表 1"，可在左边导航窗格中，在"表 1"上单击鼠标右键，弹出快捷菜单，然后选择"设计视图"，系统首先提示用户对表 1 进行重命名，这里命名为"学生信息表"，然后打开设计视图进行数据表结构设计，如图 9.7 所示。设置"学号""姓名""性别""出生日期""籍贯""是否党员"6 个字段，对每个字段可设置文本、日期时间、数字等不同的数据类型，并可在下面部分进行详细字段设置，如字段大小、格式、是否必填、默认值、有效性规则等。

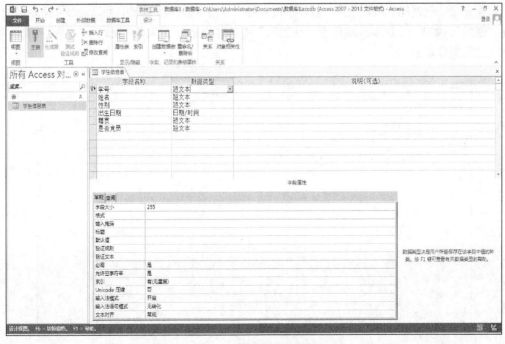

图 9.7　数据表设计视图

设计完成后，保存设置，返回数据表打开视图，即可按设计好的字段添加记录，如图 9.8 所示。

图 9.8　数据表添加记录

③ 打开与关闭数据库

Access 2013 提供了 3 种方法来打开数据库，一是在数据库存放的路径下找到所需要打开的数据库文件，直接用鼠标双击即可打开；二是在 Access 2013 的"文件"选项卡中单击"打开"命令；三是在最近使用过的文档中快速打开。

完成数据库操作后，便可把数据库关闭，可使用"文件"选项卡中的"关闭数据库"命令，或使用要关闭数据库窗口的"关闭"控制按钮关闭当前数据库。

④ 创建数据库对象

前面介绍了数据库有表、查询、窗体、报表等 7 个对象。在数据库中可以通过"命令选项卡"选择"创建"，如图 9.9 所示，然后在"功能区"中选"表格""窗体""报表""查询""宏"等创建相应的数据库对象。

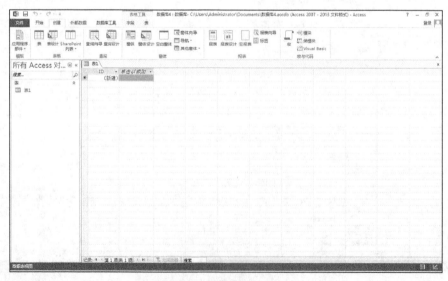

图 9.9　创建数据库对象

在数据库打开后，其包含的对象会列示在导航窗格中，可选择某一对象双击即可打开，也可在某一对象上单击鼠标右键，在快捷菜单中选择"打开"命令。

另外一种创建数据库对象的方式是导入外部数据。单击"外部数据"选项卡，在"导入"功能区中选择要导入对象的类型，可以是 Access 文件、Excel 文件、文本文件、XML 文件等，如图 9.10 所示。

图 9.10　通过"外部数据"导入数据库对象

这里选择 Access 文件，打开"获取外部数据"对话框，在文件名编辑框中输入要导入的文件路径，或通过右边的"浏览"按钮获取路径，然后单击"确定"按钮，即打开导入对象对话框，如图 9.11 所示。

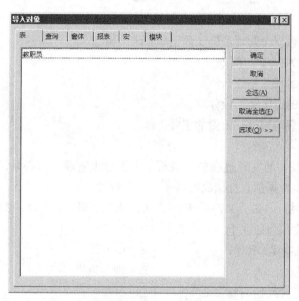

图 9.11　导入对象对话框

选择具体要导入的表、报表、查询、窗体等对象后，所选的数据库对象即被添加到了当前数据库中。图 9.12 所示为导入了"教职员"表、"教职员列表"窗体和"教职员详细信息"窗体后的当前数据库。

数据库中的对象可以类似 Windows 系统中的文件操作一样，可以进行复制、移动、删除、重命名等操作。其操作方法也和文件操作类似，首先选中对象，然后可以通过菜单选项、工具栏或快捷菜单进行操作。

图 9.12　导入数据库对象

习　题　9

1. 解释数据库、数据库管理系统、数据库系统的概念。

2. 数据库设计分为哪几个阶段？

3. 需求分析阶段的任务是什么？

4. 什么是数据库的逻辑结构设计？

5. 简述数据库物理结构设计阶段的主要工作。

6. 单选题。

（1）在数据管理技术的发展过程中，经历了人工管理阶段、文件系统阶段和数据库系统阶段。在这几个阶段中，数据独立性最高的是（　　）阶段。

    A. 数据库系统　　B. 文件系统　　　C. 人工管理　　　D. 数据项管理

（2）数据库的概念模型独立于（　　）。

    A. 具体的机器和 DBMS　　　　　B. E-R 图

    C. 信息世界　　　　　　　　　　D. 现实世界

（3）支持数据库各种操作的软件是（　　）。

    A. 数据库系统　　　　　　　　　B. 操作系统

    C. 数据库管理系统　　　　　　　D. 数据库操作系统

（4）文件系统与数据库系统的主要区别是（　　）。

    A. 文件系统简单，而数据库系统复杂

    B. 文件系统不能解决数据冗余和数据独立性问题，而数据库系统可以解决

    C. 文件系统管理的数据量少，而数据库系统可以管理大量数据

    D. 文件系统只能管理数据文件，而数据库系统可以管理各种类型文件

（5）不同实体之所以不同是根据（　　　）的不同加以区分的。

  A．主键   B．外键

  C．属性的语义、类型和个数 D．名称

（6）数据库中存储的是（　　　）。

  A．数据   B．数据模型

  C．数据以及数据之间的联系 D．信息

（7）在数据库中，产生数据不一致的根本原因是（　　　）。

  A．数据存储量太大   B．没有严格保护数据

  C．未对数据进行完整性控制 D．数据冗余

（8）（　　　）是存储在计算机内有结构的数据的集合。

  A．数据库系统   B．数据库

  C．数据库管理系统   D．数据项管理

（9）数据库（DB）、数据库系统（DBS）和数据库管理系统（DBMS）三者之间的关系是
（　　　）。

  A．DBS 包括 DB 和 DBMS B．DDMS 包括 DB 和 DBS

  C．DB 包括 DBS 和 DBMS D．DBS 就是 DB，也就是 DBMS

（10）按照传统的数据模型分类，数据库系统可以分为（　　　）3 种类型。

  A．大型、中型和小型   B．西文、中文和兼容

  C．层次、网状和关系   D．数据、图形和多媒体

第10章
信息安全与职业道德

本章主要阐述信息安全的概念，介绍信息安全的核心技术——加密技术、认证技术、访问控制和防火墙技术以及近几年开始流行的云安全技术；介绍计算机病毒的概念、分类、特点、危害以及防治方法；最后简要地介绍软件知识产权的概念、特点，软件著作权人享有的权力和信息安全道德观念及相关法律法规。

【知识要点】
1. 信息安全；
2. 计算机病毒及网络黑客的概念、特点及防治方法；
3. 软件知识产权；
4. 信息安全道德观以及相关法律法规。

10.1　信息安全概述及技术

信息化社会的到来，给全球带来了信息技术飞速发展的契机；信息技术的应用，引起了人们生产方式、生活方式和思想观念的巨大变化，极大地推动了人类社会的发展和人类文明的进步，把人类带入了崭新的时代。计算机信息系统是指计算机及其相关的配套设备（含网络）构成的，并按照一定的应用目标和规则对信息进行处理的人机系统。计算机信息系统的基本组成有三部分：计算机实体、信息和人。计算机信息系统的建立已逐渐成为社会各个领域不可或缺的基础设施；信息已成为社会发展的重要战略资源、决策资源和控制战场的灵魂；信息化水平已成为衡量一个国家现代化程度和综合国力的重要标志，抢占信息资源已经成为国际竞争的重要内容。

然而，人们在享受网络信息所带来的巨大利益的同时，也面临着信息安全的严峻考验。信息安全已成为世界性的现实问题，信息安全与国家安全、民族兴衰和战争胜负息息相关。没有信息安全，就没有完全意义上的国家安全，也没有真正的政治安全、军事安全和经济安全。面对日益明显的经济、信息全球化趋势，我们既要看到它带来的发展机遇，同时也要正视它引发的严峻挑战。因此，加速信息安全的研究和发展，加强信息安全保障能力已成为我国信息化发展的当务之急，成为国民经济各领域电子化成败的关键，成为提高中华民族生存能力的头等大事。为了构筑21世纪的国家信息安全保障体系，有效地保障国家安全、社会稳定和经济发展，就需要尽快并长期致力于增强广大公众的信息安全意识，提升信息系统研究、开发、生产、使用、维护和提高管理人员的素质与能力，完善相关法律法规，为信息技术的发展保驾护航。

10.1.1　信息安全

信息安全是指保护信息和信息系统不被未经授权的访问、使用、泄露、中断、修改和破坏，为信息和信息系统提供保密性、完整性、可用性、可控性和不可否认性。

信息安全是一个关系国家安全和主权、社会稳定、民族文化继承和发扬的重要问题。其重要性，正随着全球信息化步伐的加快越来越重要。网络信息安全是一门涉及计算机科学、网络技术、通信技术、密码技术、信息安全技术、应用数学、数论、信息论等多种学科的综合性学科。它主要是指网络系统的硬件、软件及其系统中的数据受到保护，不受偶然的或者恶意的原因而遭到破坏、更改、泄露，系统连续可靠正常地运行，网络服务不中断。

也有人将信息安全的论述分成两类：一类是指具体信息技术系统的安全；而另一类则是指某一特定信息体系（例如，一个国家的银行信息系统、军事指挥系统等）的安全。但更有人认为这两种定义均失之于过窄，而应把信息安全定义为：一个国家的社会信息化状态不受外来的威胁与侵害，一个国家的信息技术体系不受外来的威胁与侵害。原因是：信息安全，首先应该是一个国家宏观的社会信息化状态是否处于自主控制之下，是否稳定的问题，其次才是信息技术安全的问题。

10.1.2　OSI 信息安全体系结构

ISO 7498 标准是目前国际上普遍遵循的计算机信息系统互连标准，1989 年 12 月 ISO 颁布了该标准的第二部分，即 ISO 7498-2 标准，并首次确定了开放系统互连（OSI）参考模型的信息安全体系结构。我国将其作为 GB/T 9387-2 标准。它包括了 5 大类安全服务以及提供这些服务所需要的 8 大类安全机制。

ISO 7498-2 确定的安全服务是由参与通信的开放系统的某一层所提供的服务，它确保了该系统或数据传输具有足够的安全性。ISO 7498-2 确定的 5 大类安全服务分别是：鉴别、访问控制、数据保密性、数据完整性和不可否认性。

ISO 7498-2 确定的 8 大类安全机制分别是：加密、数据签名机制、访问控制机制、数据完整性机制、鉴别交换机制、业务填充机制、路由控制机制和公证机制。

10.1.3　信息安全技术

由于计算机网络具有连接形式多样性、终端分布不均匀性和网络的开放性、互联性等特征，致使网络易受黑客、恶意软件和其他不轨行为的攻击，所以网络信息的安全和保密是一个至关重要的问题。无论是在单机系统、局域网还是在广域网系统中，都存在着自然和人为等诸多因素的脆弱性和潜在威胁。因此，计算机网络系统的安全措施应是能全方位地针对各种不同的威胁和脆弱性，这样才能确保网络信息的保密性、完整性和可用性。总之，一切影响计算机网络安全的因素和保障计算机网络安全的措施都是计算机网络安全技术的研究内容。这里主要介绍几种关键的信息安全技术：加密技术、认证技术、访问控制、防火墙技术和云安全技术。

1. 加密技术

密码学是一门古老而深奥的学科，有着悠久、灿烂的历史。密码在军事、政治、外交等领域是信息保密的一种不可缺少的技术手段，采用密码技术对信息加密是最常用、最有效的安全保护手段。密码技术与网络协议相结合可发展为认证、访问控制、电子证书技术等，因此，密码技术被认为是信息安全的核心技术。

密码技术是研究数据加密、解密及变换的科学，涉及数学、计算机科学、电子与通信等诸多学科。虽然其理论相当高深，但概念却十分简单。密码技术包含两方面密切相关的内容，即加密和解密。加密就是研究、编写密码系统，把数据和信息转换为不可识别的密文的过程。而解密就是研究密码系统的加密途径，恢复数据和信息本来面目的过程。加密和解密过程共同组成了加密系统。

在加密系统中，要加密的信息称为明文，明文经过变换加密后的形式称为密文。由明文变为密文的过程称为加密，通常由加密算法来实现。由密文还原成明文的过程称为解密，通常由解密算法来实现。

对于较为成熟的密码体系，其算法是公开的，而密钥是保密的。这样使用者简单地修改密钥，就可以达到改变加密过程和加密结果的目的。密钥越长，加密系统被破译的几率就越低。根据加密和解密过程是否使用相同的密钥，加密算法可以分为对称密钥加密算法（简称对称算法）和非对称密钥加密算法（简称非对称算法）两种。

通过对传输的数据进行加密来保障其安全性，已经成为了一项计算机系统安全的基本技术，它可以用很小的代价为数据信息提供相当大的安全保护，是一种主动的安全防御策略。

一个密码系统采用的基本工作方式称为密码体制。密码体制从原理上分为两大类：对称密钥密码体制和非对称密钥密码体制，或称单钥密码体制和双钥密码体制。

（1）对称密钥密码体制

对称密钥密码体制又称为常规密钥密码体制，在这种密码体制中，对于大多数算法，解密算法是加密算法的逆运算，加密密钥和解密密钥相同，同属一类的加密体制。加密密钥能从解密密钥中推算出来，拥有加密能力就意味着拥有解密能力，反之亦然。对称密码体制的保密强度高，加密速度快，但开放性差，它要求发送者和接收者在安全通信之前，商定一个密钥，需要有可靠的密钥传递信道，而双方用户通信所用的密钥也必须妥善保管。

（2）非对称密钥密码体制

非对称密钥密码体制又称为公开密钥密码体制，是与对称密钥密码体制相对应的。1976年，人们提出了一种新的密钥交换协议，允许在不安全的媒体上通过通信双方交换信息，安全地传送密钥。在此新思想的基础上，很快出现了公开密钥密码体制。

公开密钥密码体制，是现代密码学最重要的发明和进展。一般理解密码学就是保护信息传递的机密性，但这仅仅是当今密码学的一个方面。对信息发送与接收人的真实身份的验证，对所发出/接收信息在事后的不可抵赖以及保障数据的完整性也是现代密码学研究的另一个重要方面。公开密钥密码体制对这两方面的问题都给出了出色的解答，并正在继续产生许多新的思想和方案。

2. 认证技术

认证就是对于证据的辨认、核实、鉴别，以建立某种信任关系。在通信中，要涉及两个方面：一方提供证据或标识，另一方面对这些证据或标识的有效性加以辨认、核实、鉴别。

（1）数字签名

在现实世界中，文件的真实性依靠签名或盖章进行证实。数字签名是数字世界中的一种信息认证技术，是公开密钥加密技术的一种应用，根据某种协议来产生一个反映被签署文件的特征和签署人特征，以保证文件的真实性和有效性的数字技术，同时也可用来核实接收者是否有伪造、篡改行为。

（2）身份验证

身份识别或身份标识是指用户向系统提供的身份证据，也指该过程。身份认证是系统核实用户提供的身份标识是否有效的过程。在信息系统中，身份认证实际上是决定用户对请求的资源的存储权和使用权的过程。一般情况下，人们也把身份识别和身份认证统称为身份验证。

3．访问控制技术

访问控制是对信息系统资源的访问范围以及方式进行限制的策略。简单地说，就是防止合法用户的非法操作，它是保证网络安全最重要的核心策略之一。它是建立在身份认证之上的操作权限控制。身份认证解决了访问者是否合法，但并非身份合法就什么都可以做，还要根据不同的访问者，规定他们分别可以访问哪些资源，以及对这些可以访问的资源可以用什么方式（读、写、执行、删除等）访问。访问控制涉及的技术也比较广，包括入网访问控制、网络权限控制、目录级控制以及属性控制等多种手段。

（1）入网访问控制

入网访问控制为网络访问提供了第一层访问控制。它控制哪些用户能够登录到服务器并获取网络资源，控制准许用户入网的时间和准许他们在哪台工作站入网。用户的入网访问控制可分为3 个步骤：用户名的识别与验证、用户口令的识别与验证、用户账号的缺省限制检查。三道关卡中只要任何一关未过，该用户便不能进入该网络。对网络用户的用户名和口令进行验证是防止非法访问的第一道防线。为保证口令的安全性，用户口令不能显示在显示屏上，口令长度应不少于6 个字符，口令字符最好是数字、字母和其他字符的混合，用户口令必须经过加密。用户还可采用一次性用户口令，也可用便携式验证器（例如，智能卡）来验证用户的身份。网络管理员可以控制和限制普通用户的账号使用、访问网络的时间和方式。用户账号应只有系统管理员才能建立。用户口令应是每次用户访问网络所必须提交的"证件"。用户可以修改自己的口令，但系统管理员应该可以控制口令的以下几个方面的限制：最小口令长度、强制修改口令的时间间隔、口令的唯一性、口令过期失效后允许入网的宽限次数。用户名和口令验证有效之后，再进一步履行用户账号的缺省限制检查。网络应能控制用户登录入网的站点，限制用户入网的时间，限制用户入网的工作站数量。当用户对交费网络的访问"资费"用尽时，网络还应能对用户的账号加以限制，用户此时已无法进入网络访问网络资源。网络应对所有用户的访问进行审计。如果多次输入口令不正确，则认为是非法用户的入侵，应给出报警信息。

（2）权限控制

网络的权限控制是针对网络非法操作所提出的一种安全保护措施。权限控制是指用户和用户组被赋予一定的权限；网络控制用户和用户组可以访问哪些目录、子目录、文件和其他资源；可以指定用户对这些文件、目录、设备能够执行哪些操作。受托者指派和继承权限屏蔽可作为两种实现方式；受托者指派控制用户和用户组如何使用网络服务器的目录、文件和设备；继承权限屏蔽相当于一个过滤器，可以限制子目录从父目录那里继承哪些权限。可以根据访问权限将用户分为以下几类：特殊用户（即系统管理员）；一般用户，系统管理员根据他们的实际需要为他们分配操作权限；审计用户，负责网络的安全控制与资源使用情况的审计。

用户对网络资源的访问权限可以用访问控制表来描述。

（3）目录级安全控制

网络应允许控制用户对目录、文件、设备的访问。用户在目录一级指定的权限对所有文件和子目录有效，用户还可进一步指定对目录下的子目录和文件的权限。用户对目录和文件的访问权限一般有 8 种：系统管理员权限、读权限、写权限、创建权限、删除权限、修改权限、文件查找权限、访问控制权限。一个网络管理员应当为用户指定适当的访问权限，这些访问权限控制着用户对服务器的访问。8 种访问权限的有效组合可以让用户有效地完成工作，同时又能有效地控制用户对服务器资源的访问，从而加强了网络和服务器的安全性。

（4）属性安全控制

在使用文件、目录和网络设备时，网络系统管理员应给文件、目录等指定访问属性。属性安全在权限安全的基础上提供更进一步的安全性。网络上的资源都应预先标出一组安全属性。用户对网络资源的访问权限对应一张访问控制表，用以表明用户对网络资源的访问能力。属性设置可以覆盖已经指定的任何受托者指派和有效权限。属性往往能控制向某个文件写数据、复制一个文件、删除目录或文件、查看目录和文件、执行文件、隐含文件、共享、系统属性等几个方面的权限。

（5）服务器安全控制

网络允许在服务器控制台上执行一系列操作。用户使用控制台可以装载和卸载模块，可以安装和删除软件等操作。网络服务器的安全控制包括可以设置口令锁定服务器控制台，以防止非法用户修改、删除重要信息或破坏数据；可以设定服务器登录时间限制、非法访问者检测和关闭的时间间隔。

4. 防火墙技术

在计算机网络中，"防火墙"是指设置在可信任的内部网和不可信任的公众访问网之间的一道屏障，使一个网络不受另一个网络的攻击，实质上是一种隔离技术。

防火墙不只是一种路由器、主系统或一批向网络提供安全性的系统，相反，防火墙是一种获取安全性的方法，它有助于实施一个比较广泛的安全性政策，用以确定允许提供的服务和访问。就网络配置、一个或多个主系统和路由器以及其他安全性措施（例如，代替静态口令的先进验证）来说，防火墙是该政策的具体实施。防火墙系统的主要用途就是控制对受保护网络（即网点）的往返访问。它实施网络访问政策的方法就是迫使各连接点通过能得到检查和评估的防火墙。可以说，防火墙是网络通信时的一种尺度，允许同意的"人"和"数据"访问，同时把不同意的"拒之门外"，这样能最大限度地防止黑客的访问，阻止他们对网络进行一些非法的操作。

在逻辑上，防火墙是一个分离器，一个限制器，也是一个分析器，它有效地监控了内部网和Internet之间的任何活动，保证了内部网络的安全。作为一个中心"遏制点"，它可以将局域网的安全管理集中起来，屏蔽非法请求，防止跨权限访问并产生安全报警。具体地说，防火墙有以下一些功能。

（1）作为网络安全的屏障

防火墙由一系列的软件和硬件设备组合而成，它保护网络中有明确闭合边界的一个网块。所有进出该网块的信息，都必须经过防火墙，将发现的可疑访问拒之门外。当然，防火墙也可以防止未经允许的访问进入外部网络。因此，防火墙的屏障作用是双向的，即进行内外网络之间的隔离，包括地址数据包过滤、代理和地址转换。

（2）强化网络安全策略

防火墙能将所有安全软件（例如，口令、加密、身份认证、审计等）配置在防火墙上，形成以防火墙为中心的安全方案。与将网络安全问题分散到各个主机上相比，防火墙的集中安全管理更经济。

（3）对网络存取和访问进行监控审计

审计是一种重要的安全措施，用以监控通信行为和完善安全策略，检查安全漏洞和错误配置，并对入侵者起到一定的威慑作用。报警机制是在通信违反相关策略以后，以多种方式，如声音、邮件、电话、手机短信息等及时报告给管理人员。

　　防火墙的审计和报警机制在防火墙体系中是很重要的，只有有了审计和报警，管理人员才可能知道网络是否受到了攻击。

　　由于日志数据量比较大，主要通过两种方式解决：一种是将日志挂接在内网的一台专门存放日志的日志服务器上；另一种是将日志直接存放在防火墙本身的存储器上。日志单独存放这种方式配置较为麻烦，然而存放的日志量可以很大；日志存放在防火墙本身时，无须做额外配置，然而由于防火墙容量一般很有限，所存放的日志量往往较小。

　　（4）远程管理

　　管理界面一般完成对防火墙的配置、管理和监控。管理界面设计直接关系到防火墙的易用性和安全性。目前防火墙主要有两种远程管理界面：Web 界面和 GUI 界面。硬件防火墙，一般还有串口配置模块和控制台控制界面。

　　（5）防止攻击性故障蔓延和内部信息的泄露

　　防火墙也能够将网络中的一个网段与另一个网段隔开，从而限制了局部重点或敏感网络安全问题对全局网络造成的影响。此外，隐私是内部网络非常关心的问题，一个内部网络中不引人注意的细节可能包含了有关安全的线索而引起外部攻击者的兴趣，甚至因此而暴露了内部网络的某些安全漏洞。使用防火墙就可以隐蔽那些透漏的内部细节，如 Finger、DNS 等服务。

　　（6）MAC 与 IP 地址的绑定

　　MAC 与 IP 地址绑定起来，主要用于防止受控（不可访问外网）的内部用户通过更换 IP 地址访问外网，这其实是一个可有可无的功能。不过因为它实现起来太简单了，内部只需要两个命令就可以实现，所以绝大多数防火墙都提供了该功能。

　　（7）流量控制（带宽管理）和统计分析、流量计费。

　　流量控制可以分为基于 IP 地址的控制和基于用户的控制。基于 IP 地址的控制是对通过防火墙各个网络接口的流量进行控制，基于用户的控制是通过用户登录来控制每个用户的流量，从而防止某些应用或用户占用过多的资源，并且通过流量控制可以保证重要用户和重要接口的连接。

　　流量统计是建立在流量控制基础之上的。一般防火墙通过对基于 IP、服务、时间、协议等进行统计，并可以与管理界面实现挂接，实时或者以统计报表的形式输出结果。流量计费从而也是非常容易实现的。

　　（8）其他特殊功能

　　这些功能纯粹是为了迎合特殊客户的需要或者为赢得卖点而加上的。例如，有时用户要求，限制同时上网人数；限制使用时间；限制特定使用者才能发送 E-mail；限制 FTP 只能下载文件不能上传文件；阻塞 Java、ActiveX 控件等，这些依需求不同而定。有些防火墙更是加入了扫毒功能，一般都与防病毒软件搭配。

　　5. 云安全技术

　　信息化发展到今天，云计算服务已经成为互联网技术的又一次重大突破，尤其近几年随着物联网技术的发展、大数据概念的提出、手持设备以及移动终端数量的大幅增加，社会对于云计算、云存储服务的需求已经达到了一定规模，同时云计算技术也已经日臻成熟，而紧随云计算、云存储之后，云安全也出现了。云安全是我国企业创造的概念，在国际云计算领域独树一帜。"云安全（Cloud Security）"计划是网络时代信息安全的最新体现，它融合了并行处理、网格计算、未知病毒行为判断等新兴技术和概念，通过网状的大量客户端对网络中软件行为的异常监测，获取互联网中木马、恶意程序的最新信息，推送到 Server 端进行自动分析和处理，再把病毒和木马的解决方案分发到每一个客户端。

在云计算的架构下，云计算开放网络和业务共享场景更加复杂多变，安全性方面的挑战更加严峻，一些新型的安全问题变得比较突出，如多个虚拟机租户间并行业务的安全运行，公有云中海量数据的安全存储等。由于云计算的安全问题涉及广泛，以下仅就几个主要方面进行介绍：

（1）用户身份安全问题

云计算通过网络提供弹性可变的 IT 服务，用户需要登录到云端来使用应用与服务，系统需要确保使用者身份的合法性，才能为其提供服务。如果非法用户取得了用户身份，则会危及合法用户的数据和业务。

（2）共享业务安全问题

云计算的底层架构（IaaS 和 PaaS 层）是通过虚拟化技术实现资源共享调用，优点是资源利用率高，但是共享会引入新的安全问题，一方面需要保证用户资源间的隔离，另一方面需要面向虚拟机、虚拟交换机、虚拟存储等虚拟对象的安全保护策略，这与传统的硬件上的安全策略完全不同。

（3）用户数据安全问题

数据的安全性是用户最为关注的问题，广义的数据不仅包括客户的业务数据，还包括用户的应用程序和用户的整个业务系统。数据安全问题包括数据丢失、泄漏、篡改等。传统的 IT 架构中，数据是离用户很"近"的，数据离用户越"近"则越安全，而云计算架构下数据常常存储的离用户很"远"。 如何保证存放在云服务提供商的数据隐私不被非法利用，不仅需要技术的改进，也需要法律的进一步完善。

未来杀毒软件将无法有效地处理日益增多的恶意程序。来自互联网的主要威胁正在由计算机病毒转向恶意程序及木马。在这样的情况下，采用的特征库判别法显然已经过时。云安全技术应用后，识别和查杀病毒不再仅仅依靠本地硬盘中的病毒库，而是依靠庞大的网络服务，实时进行采集、分析以及处理。整个互联网就是一个巨大的"杀毒软件"，参与者越多，每个参与者就越安全，整个互联网就会更安全。

云安全的概念提出后，曾引起了广泛的争议，许多人认为它是伪命题。但事实胜于雄辩，云安全的发展像一阵风，瑞星、趋势、卡巴斯基、MCAFEE、SYMANTEC、江民科技、PANDA、金山、360 安全卫士等都推出了云安全解决方案。我国安全企业金山、360、瑞星等都拥有相关的技术并投入使用。据悉，云安全可以支持平均每天 55 亿条点击查询，每天收集分析 2.5 亿个样本，资料库第一次命中率就可以达到 99%。

对于用户来说，云安全有网络方面的担忧。有一些反病毒软件在断网之后，性能大大下降，在网络上一旦出现问题，云技术就反而成了累赘，帮了倒忙。如今的解决方案是依靠一种"混合云"技术，将公有云与私有云相结合，既发挥了公有云用户量大的优势，又保留了本地的数据能力，结合了传统与新技术的优势，解决了不少应用问题。

10.2　计算机中的信息安全

10.2.1　计算机病毒及其防范

1. 计算机病毒的概念

提起计算机病毒，相信绝大多数用户都不会陌生（即使那些没有接触过计算机的人大多也听说过），有些用户甚至还对计算机病毒有着切肤之痛。

计算机病毒是指那些具有自我复制能力的计算机程序，它能影响计算机软件、硬件的正常运行，破坏数据的正确与完整。

在《中华人民共和国计算机信息系统安全保护条例》中，计算机病毒有明确的定义："计算机病毒，是指编制或者在计算机程序中插入的破坏计算机功能或者破坏数据、影响计算机使用，并且能够自我复制的一组计算机指令或者程序代码"。

2. 计算机病毒的传播途径

计算机病毒的传染性是计算机病毒的最基本的特性，是计算机病毒赖以生存繁殖的条件。计算机病毒必须要搭载到计算机上才能感染系统，如果计算机病毒缺乏传播渠道，则其破坏性就只能局限到一台被感染的计算机上，而无法在更大的范围兴风作浪。当我们充分了解了计算机病毒的各种传播途径以后，才可以有的放矢的采取措施，有效地防止计算机病毒对计算机系统的侵袭。

计算机病毒的传播主要通过文件复制、文件传送等方式进行，文件复制与文件传送需要传输媒介，而计算机病毒的主要传播媒介就是优盘、硬盘、光盘和网络。

优盘作为最常用的交换媒介，在计算机病毒的传播中起到了很大的作用。在人们使用优盘在计算机之间进行文件交换的时候，计算机病毒就已经悄悄地传播开来了。

光盘的存储容量比较大，其中可以用来存放很多可执行的文件，当然这也就成了计算机病毒的藏身之地。对于只读光盘来说，由于不能对它进行写操作，因此光盘上的病毒就不能被删除。尤其是盗版光盘的泛滥，给病毒的传播带来了极大的便利。

现代通信技术的巨大进步已经使空间距离不再遥远，数据、文件、电子邮件等都可以很方便的通过通信线缆在各个计算机间高速传输。当然这也为计算机病毒的传播提供了"高速公路"，现在这已经成为计算机病毒的第一传播途径。

随着 Internet 的不断发展，计算机病毒也出现了一种新的趋势。不法分子或好事之徒制作的个人网页，不仅直接提供了下载大批计算机病毒活样本的便利途径，而且还将制作计算机病毒的工具、向导、程序等内容写在自己的网页中，使没有编程基础和经验的人制造新病毒成为可能。

3. 计算机病毒的特点

要做好计算机病毒的防治工作，首先要认清计算机病毒的特点和行为机理，为防范和清除计算机病毒提供充实可靠的依据。根据对计算机病毒的产生、传染和破坏行为的分析，总结出计算机病毒具有以下几个主要特点。

（1）破坏性。任何病毒只要侵入系统，都会对系统及应用程序产生程度不同的影响。轻者会降低计算机工作效率，占用系统资源；重者可以破坏数据、删除文件、加密磁盘，对数据造成不可挽回的破坏，有的甚至会导致系统崩溃。

（2）传染性。传染性是病毒的基本特征。它会通过各种渠道从已被感染的计算机扩散到未被感染的计算机。只要一台计算机染毒，如不及时处理，那么病毒就会在这台计算机上迅速扩散，其中的大量文件（一般是可执行文件）会被感染。而被感染的文件又成了新的传染源。当这台计算机再与其他计算机进行数据交换或通过网络接触时，病毒会继续进行传染。

（3）潜伏性。大部分的病毒感染系统之后一般不会马上发作，它可长期隐藏在系统中，只有在满足其特定条件时才启动其表现（破坏）模块。只有这样它才可进行广泛地传播。例如，著名的"黑色星期五"会在逢 13 号的星期五发作。国内的"上海一号"会在每年三、六、九月的 13 日发作。当然，最令人难忘的便是 26 日发作的 CIH。这些病毒在平时会隐藏得很好，只有在发作日才会露出本来面目。

（4）隐蔽性。病毒一般是具有很高编程技巧、短小精悍的程序，通常附在正常程序中或磁盘较隐蔽的地方，也有个别的以隐含文件形式出现，目的是不让用户发现它的存在。如果不经过代码分析，病毒程序与正常程序是不容易区别开来的。一般在没有防护措施的情况下，计算机病毒程序取得系统控制权后，可以在很短的时间里传染大量程序。而且受到传染后，计算机系统通常仍能正常运行，使用户不会感到任何异常。试想，如果病毒在传染到计算机上之后，计算机马上无法正常运行，那么它本身便无法继续进行传染了。正是由于隐蔽性，计算机病毒得以在用户没有察觉的情况下扩散到成千上百万台计算机中去。

（5）不可预见性。从对病毒的检测方面来看，病毒还有不可预见性。而病毒的制作技术也在不断的提高，病毒对反病毒软件永远是超前的。

4. 杀毒软件

反病毒软件同病毒的关系就像矛和盾一样，两种技术，两种势力永远在进行着较量。目前市场上有很多品种的杀毒软件，下面简要介绍几种常用的杀毒软件。

（1）金山毒霸。由金山公司设计开发的金山毒霸有多种版本。它可查杀超过两万种的病毒和近百种的黑客程序，具备完善的实时监控功能。它能对多种压缩格式的文件进行病毒的查杀，能在线查毒，具有功能强大的定时自动查杀能力。

（2）瑞星杀毒软件。瑞星杀毒软件是专门针对目前流行的网络病毒研制开发的，它采用多项最新技术，有效地提升了对未知病毒、变种病毒、黑客木马和恶意网页等新型病毒的查杀能力。在降低系统资源消耗、提升查杀速度、快速在线升级等多方面进行了改进，是保护计算机系统安全的工具软件。

（3）诺顿杀毒软件。诺顿杀毒软件（Norton Anti Virus）是 Symantec 公司设计开发的软件。它可以侦测上万种已知和未知的病毒。每当开机时，诺顿的自动防护系统会常驻在 System Tray 中，当用户从外存上，或者从网络、E-mail 附件中打开文件时，它会自动检测文件的安全性，若文档内含有病毒，它会自动报警，并作适当的处理。

（4）360杀毒软件。360杀毒是360安全中心出品的一款免费的云安全杀毒软件。它创新性地整合了五大领先查杀引擎，并首先在国内推出免费查杀病毒的营销策略，吸引了众多用户，在杀毒市场中后来居上，现在月度用户量已突破3.7亿，一直稳居安全查杀软件市场份额头名。

现在的杀毒软件都具有在线监视功能，在操作系统启动后杀毒软件就会自动装载并运行，并时刻监视系统的运行状况。

10.2.2 网络黑客及其防范

1. 网络黑客的概念

黑客（hacker），源于英语动词 hack，意为"劈，砍"，引申为"干了一件非常漂亮的工作"。一般认为，黑客起源于20世纪50年代麻省理工学院的实验室中。20世纪60～70年代，"黑客"一词极富褒义，主要是指那些独立思考、奉公守法的计算机迷，他们智力超群，对计算机全身心投入。从事黑客活动意味着对计算机的最大潜力进行智力上的自由探索，为计算机技术的发展作出了巨大贡献。正是这些黑客，倡导了一场个人计算机革命，倡导了现行的计算机开放式体系结构，打破了以往计算机技术只掌握在少数人手里的局面，开了个人计算机的先河，提出了"计算机为人民所用"的观点，他们是计算机发展史上的英雄。现在黑客使用的侵入计算机系统的基本技巧，如"破解口令""开天窗""走后门"，安放"特洛伊木马"等，都是在这一时期发明的。从事黑客活动的经历，成为后来许多计算机业界巨子简历上不可或缺的一部分。

在20世纪60年代，计算机的使用还远未普及，还没有多少存储重要信息的数据库，也谈不上黑客对数据的非法复制等问题。到了 20 世纪 80 年代到 90 年代，计算机越来越重要，大型数据库也越来越多，同时，信息越来越集中在少数人的手里。这样一场新时期的"圈地运动"引起了黑客们的极大反感。黑客认为，信息应共享而不应被少数人所垄断，于是他们将注意力转移到涉及各种机密的信息数据库上。而这时，计算机化空间已私有化，成为个人拥有的财产，社会不能再对黑客行为放任不管，而必须采取行动，利用法律等手段来进行控制。黑客活动受到了空前的打击。

2. 网络黑客的攻击方式

（1）获取口令

获取口令一般有 3 种方法。一是通过网络监听非法得到用户口令。这类方法有一定的局限性，但危害性极大，监听者往往能够获得其所在网段的所有用户账号和口令，对局域网安全威胁巨大。二是在知道用户的账号后利用一些专门软件强行破解用户口令，这种方法不受网段限制，但黑客要有足够的耐心和时间。三是在线获得一个服务器上的用户口令文件。此方法在所有方法中危害最大，因为它不需要像第二种方法那样一遍又一遍地尝试登录服务器，而是在本地将加密后的口令与 Shadow 文件中的口令相比较就能非常容易地破获用户密码，尤其对那些"弱智"用户（指口令安全系数极低的用户。例如，某用户账号为 zys，其口令就是 zys666、666666 或干脆就是 zys等）更是在短短的一两分钟内，甚至几十秒内就可以将其破获。

（2）放置特洛伊木马程序

特洛伊木马程序可以直接侵入用户的计算机并进行破坏，它常被伪装成工具程序或者游戏等诱使用户打开带有特洛伊木马程序的邮件附件或从网上直接下载，一旦用户打开了这些邮件的附件或者执行了这些程序之后，它们就会像古特洛伊人在敌人城外留下的藏满士兵的木马一样留在自己的计算机中，并在自己的计算机系统中隐藏一个可以在 Windows 启动时悄悄执行的程序。当用户连接到 Interner 上时，这个程序就会通知黑客，来报告用户的 IP 地址以及预先设定的端口。黑客在收到这些信息后，再利用这个潜伏在其中的程序，就可以任意地修改用户的计算机参数设定、复制文件、窥视整个硬盘中的内容等，从而达到控制计算机的目的。

（3）WWW 的欺骗技术

网上用户可以利用 IE 等浏览器进行各种各样的 Web 站点的访问，例如，阅读新闻组、咨询产品价格、订阅报纸、电子商务等。然而一般的用户不会想到有这些问题存在：正在访问的网页已经被黑客篡改过，网页上的信息是虚假的。例如，黑客将用户要浏览的网页的 URL 改写为指向黑客自己的服务器，当用户浏览目标网页的时候，实际上是向黑客服务器发出请求，那么黑客就可以达到欺骗的目的了。

（4）电子邮件攻击

电子邮件攻击主要表现为两种方式：一是电子邮件轰炸和电子邮件"滚雪球"，也就是通常所说的邮件炸弹，指的是用伪造的 IP 地址和电子邮件地址向同一信箱发送数以千计、万计甚至无穷多次的内容相同的垃圾邮件，致使受害人邮箱被"炸"，严重者可能会给电子邮件服务器操作系统带来危险，甚至瘫痪；二是电子邮件欺骗，攻击者佯称自己为系统管理员（邮件地址和系统管理员完全相同），给用户发送邮件要求用户修改口令（口令可能为指定字符串）或在貌似正常的附件中加载病毒或其他木马程序（某些单位的网络管理员有定期给用户免费发送防火墙升级程序的义务，这为黑客成功地利用该方法提供了可乘之机），这类欺骗只要用户提高警惕，一般危害性不是太大。

（5）通过一个节点来攻击其他节点

黑客在突破一台主机后，往往以此主机作为根据地，攻击其他主机（以隐蔽其入侵路径，避免留下蛛丝马迹）。他们可以使用网络监听方法，尝试攻破同一网络内的其他主机；也可以通过 IP 欺骗和主机信任关系，攻击其他主机。这类攻击很狡猾，但由于某些技术很难掌握，因此较少被黑客使用。

（6）网络监听

网络监听是主机的一种工作模式，在这种模式下，主机可以接受到本网段在同一条物理通道上传输的所有信息，而不管这些信息的发送方和接收方是谁。此时，如果两台主机进行通信的信息息没有加密，只要使用某些网络监听工具，如 NetXray 就可以轻而易举地截取包括口令和账号在内的信息资料。虽然网络监听获得的用户账号和口令具有一定的局限性，但监听者往往能够获得其所在网段的所有用户账号及口令。

（7）寻找系统漏洞

许多系统都有这样那样的安全漏洞（bugs），其中某些是操作系统或应用软件本身具有的，如 Windows 98 中的共享目录密码验证漏洞和 IE5 漏洞等，这些漏洞在补丁未被开发出来之前一般很难防御黑客的破坏；还有一些漏洞是由于系统管理员配置错误引起的，如在网络文件系统中，将目录和文件以可写的方式调出，将用户的密码文件以明码方式存放在某一目录下，这都会给黑客带来可乘之机，应及时加以修正。

（8）利用账号进行攻击

有的黑客会利用操作系统提供的缺省账户和密码进行攻击。例如，许多 UNIX 主机都有 FTP 和 Guest 等缺省账户（其密码和账户名同名），有的甚至没有口令。黑客用 UNIX 操作系统提供的命令收集信息，不断提高自己的攻击能力。这类攻击只要系统管理员提高警惕，将系统提供的缺省账户关掉或提醒无口令用户增加口令，一般都能克服。

（9）偷取特权

偷取特权主要是利用各种特洛伊木马程序、后门程序和黑客自己编写的导致缓冲区溢出的程序进行攻击。前者可使黑客非法获得对用户机器的完全控制权，后者可使黑客获得超级用户的权限，从而拥有对整个网络的绝对控制权。这种攻击手段，一旦奏效，危害性极大。

3. 网络黑客的防范

（1）屏蔽可疑 IP 地址

这种方式见效最快，一旦网络管理员发现了可疑的 IP 地址申请，可以通过防火墙屏蔽相对应的 IP 地址，这样黑客就无法再连接到服务器上了。但是这种方法有很多缺点，如很多黑客都使用动态 IP，也就是说，他们的 IP 地址会变化，一个地址被屏蔽，只要更换其他 IP 地址，就仍然可以进攻服务器，而且高级黑客有可能会伪造 IP 地址，屏蔽的也许是正常用户的地址。

（2）过滤信息包

通过编写防火墙规则，可以让系统知道什么样的信息包可以进入，什么样的应该放弃。如此一来，当黑客发送有攻击性信息包的时候，在经过防火墙时，信息就会被丢弃掉，从而防止了黑客的进攻。但是这种做法仍然有它不足的地方，如黑客可以改变攻击性代码的形态，让防火墙分辨不出信息包的真假；或者黑客干脆无休止的、大量的发送信息包，直到服务器不堪重负而造成系统崩溃。

（3）修改系统协议

对于漏洞扫描，系统管理员可以修改服务器的相应协议，例如，漏洞扫描是根据对文件的申请返回值对文件的存在进行判断，这个数值如果是 200，则表示文件存在于服务器上，如果是 404，则表明服务器没有找到相应的文件。但是管理员如果修改了返回数值，或者屏蔽 404，那么漏洞扫描器就毫无用处了。

（4）经常升级系统版本

任何一个版本的系统发布之后，在短时间内都不会受到攻击，一旦其中的问题暴露出来，黑客就会蜂拥而致。因此管理员在维护系统的时候，可以经常浏览著名的安全站点，找到系统的新版本或者补丁程序进行安装，这样就可以保证系统中的漏洞在没有被黑客发现之前，就已经修补上了，从而保证了服务器的安全。

（5）及时备份重要数据

如果数据备份及时，即便系统遭到黑客进攻，也可以在短时间内修复，挽回不必要的经济损失。目前很多商务网站，都会在每天晚上对系统数据进行备份，在第二天清晨，无论系统是否受到攻击，都会重新恢复数据，保证每天系统中的数据库都不会出现损坏。数据的备份最好放在其他计算机或者驱动器上，这样黑客进入服务器之后，破坏的只是一部分数据，因为无法找到数据的备份，对于服务器的损失也不会太严重。

然而一旦受到黑客攻击，管理员不仅要设法恢复损坏的数据，而且还要及时分析黑客的来源和攻击方法，尽快修补被黑客利用的漏洞，然后检查系统中是否被黑客安装了木马、蠕虫或者被黑客开放了某些管理员账号，尽量将黑客留下的各种蛛丝马迹和后门分析、清除干净，防止黑客的下一次攻击。

（6）安装必要的安全软件

用户还应在计算机中安装并使用必要的防黑软件、杀毒软件和防火墙。在上网时打开它们，这样即便有黑客进攻，用户的安全也是有一定保证的。

（7）不要回陌生人的邮件

有些黑客可能会冒充某些正规网站的名义，然后编个冠冕堂皇的理由寄一封信给你，要求你输入上网的用户名称与密码，如果按下"确定"，你的账号和密码就进了黑客的邮箱。所以不要随便回陌生人的邮件，即使他说得再动听，再诱人也不要上当。

（8）做好 IE 的安全设置

ActiveX 控件和 Applets 有较强的功能，但也存在被人利用的隐患，网页中的恶意代码往往就是利用这些控件编写的小程序，只要打开网页就会被运行。所以要避免恶意网页的攻击只有禁止这些恶意代码的运行。

10.3　标准化与知识产权

10.3.1　标准化

1．标准、标准化的概念

标准是对重复性事务和概念所做的统一规定。标准以科学、技术和实践经验的综合成果为基础，以获得最佳秩序和促进最佳效益为目的，经有关方面协商一致，由主管和公认机构批准，并以规则、指南等的文件形式发布，作为共同遵守的准则和依据。

标准化是在经济、技术、科学及管理等社会实践中，以改进产品、过程和服务的适应性，防止贸易壁垒，促进技术合作，促进最佳秩序和社会效益的过程。

2．信息技术的标准化

信息技术的标准化是围绕信息技术开发，信息产品的研制和信息系统的建设、运行与管理而开展的一系列标准化工作。其中主要包括信息技术术语、信息表示、汉字信息处理技术、媒体、软件工程、数据库、网络通信、电子数据交换、电子卡、管理信息系统、计算机辅助技术等方面。

（1）信息编码标准化

编码是一种信息交换的技术手段。对信息进行编码实际上就是对文字、音频、图形、图像等信息进行处理，使之量化，从而便于利用各种通信设备进行信息传递和利用计算机进行信息处理。

作为一种信息交换的技术手段，必须保证信息交换的一致性。例如，计算机内部的所有数据都是用二进制数表示的，但是人们向计算机输入的信息，则是人类语言中的数字、文字和专用符号，经计算机处理后的输出也必须是人们能够识别的字符。每个字符所对应的二进制数，便是该字符的编码。计算机所定义的输入输出的符号集和每个符号的代码，便是计算机的编码系统。只有具有相同编码系统的计算机，才可以接受不同用户编写的同一符号的程序。为了统一编码系统，人们借助标准化这个工具，制定了各种标准代码。

（2）汉字编码标准化

汉字编码是对每一个汉字按一定的规律用若干个字母、数字、符号等表示出来。汉字编码的方法很多，主要有数字编码、拼音编码、字型编码等。对每一种汉字编码，计算机内部都有一种相应的二进制内部码，不同的汉字编码，在使用上不能替换。我国在汉字编码标准化方面取得的突出成就就是《信息交换用汉字编码字符集国家标准》的制定。该字符集共有 6 集。其中 GB 2312—80 信息交换用汉字编码字符集是基本集，收入常用的基本汉字和字符 7 445 个。GB 7589—87 和 GB 7509—87 分别是第二辅助集和第四辅助集，各收入现代规范汉字 7 426 个。除汉字编码标准化外，汉字信息标准化的内容还包括：汉字键盘输入的标准化、汉字文字识别和语音识别的标准化、汉字输出字体和质量的标准化、汉字属性和汉语词语的标准化等。

（3）软件工程标准化

随着软件工程学科的发展，人们对计算机软件的认识逐渐深入。软件工作的范围也从只是使用程序设计语言编写程序，扩展到整个软件的生存周期。

软件工程的目的是改善软件开发的组织，降低开发成本，缩短开发时间，提升工作效率，提高软件质量。它在内容上包括软件开发的概念形成、需求分析、计划组织、系统分析和设计、结构程序设计、软件调试、软件测试和验收、安装和检验、软件运行和维护，以及软件运行的终止。同时还有许多技术管理工作，如过程管理、产品管理、资源管理，以及确认与验证工作等。软件工程最显著的特点就是把个别的、自发的、分散的、手工的软件开发变成一种社会化的软件生产方式。软件生产的社会化必然要求软件工程实行标准化。

软件工程标准的类型也是多方面的，常常是跨越软件生存期的各个阶段。所有方面都应该逐步建立标准或规则。软件工程标准化的主要内容包括过程标准、产品标准、专业标准、记法标准、开发规范、文件规范、维护规范以及质量规范等。

我国 1983 年成立了"计算机与信息技术处理标准化委员会"，下设 13 个分技术委员会，其中程序设计语言分技术委员会和软件工程分技术委员会与软件相关。我国推行软件工程标准化工作的总则是向国际标准靠拢，对于能够在我国使用的标准我们全部采用。虽然我国的软件工程标准化工作仍处于起步阶段，但是在提高我国软件工程水平，促进软件产业的发展，以及加强与国外的软件交流等方面必将起到应有的作用。

10.3.2　知识产权

计算机软件是指计算机程序及其有关文档。计算机程序，是指为了得到某种结果而可以由计算机等具有信息处理能力的装置执行的代码化指令序列，或者可以被自动转换成代码化指令序列的符号化指令序列或符号化语句序列；同一计算机程序的源程序和目标程序视为同一作品。

目前大多数国家采用著作权法来保护软件，将包括程序和文档的软件作为一种作品。源程序是编制计算机软件的最初步骤，它如同搞发明创造、进行艺术创作一样花费大量的人力、物力和财力，是一项艰苦的智力劳动。文档是指用来描述程序的内容、组成、设计、功能规格、开发情况、测试结果及使用方法的文字资料和图表等。例如，程序设计说明书、流程图、用户手册，是为程序的应用而提供的文字性服务资料，使普通用户能够明白如何使用软件，其中包含了许多软件设计人的技术秘密，具有较高的技术价值，是文字作品的一种。

计算机软件是人类知识、智慧和创造性劳动的结晶，软件产业是知识和资金密集型的新兴产业。由于软件开发具有开发工作量大、周期长，而生产（复制）容易、费用低等特点，因此，长期以来，软件的知识产权得不到尊重，软件的真正价值得不到承认，靠非法窃取他人软件而牟取商业利益成了信息产业中投机者的一条捷径。因此，软件知识产权保护已成为亟待解决的一个社会问题，是我国软件产业健康发展的重要保障。

1. 知识产权的概念

知识产权又称为智力成果产权和智慧财产权，是指对智力活动创造的精神财富所享有的权利。知识产权不同于动产和不动产等有形物，它是生产力发展到一定阶段后，才在法律中作为一种财产权利出现的。知识产权是经济和科技发展到一定阶段后出现的一种新型财产权。计算机软件是人类知识、经验、智慧和创造性劳动的结晶，是一种典型的由人的智力创造性劳动产生的"知识产品"，一般软件知识产权指的是计算机软件的版权。

2. 知识产权组织及法律

1967 年在瑞典斯德哥尔摩成立了世界知识产权组织。1980 年我国正式加入该组织。

1990 年 9 月，我国颁布了《中华人民共和国著作权法》，确定计算机软件为保护的对象。1991 年 6 月，国务院正式颁布了我国《计算机软件保护条例》。这个条例是我国第一部计算机软件保护的法律法规，它标志着我国计算机软件的保护已走上法制化的轨道。

3. 知识产权的特点

知识产权的主要特点包括：无形性，指被保护对象是无形的；专有性，指未经知识产权人的同意，除法律有规定的情况外，他人不得占有或使用该项智力成果；地域性，指法律保护知识产权的有效地区范围；时间性，指法律保护知识产权的有效期限，期限届满即丧失效力，这是为限制权利人不致因自己对其智力成果的垄断期过长而阻碍社会经济、文化和科学事业的进步和发展。

4. 计算机软件受著作权保护

对计算机软件来说，著作权法并不要求软件达到某个较高的技术水平，只要是开发者独立自主开发的软件，即可享有著作权。一个软件必须在其创作出来，并固定在某种有形物体（例如纸、磁盘、光盘等）上，能为他人感知、传播、复制的情况下，才享有著作权保护。

计算机软件的体现形式是程序和文件，它们是受著作权法保护的。

著作权法的基本原则是：只保护作品的表现，而不保护作品中所体现的思想、概念。目前人们比较一致的观点是：软件的功能、目标、应用属于思想、概念，不受著作权法的保护；而软件的程序代码则是表现，应受著作权法的保护。

5. 软件著作权人享有权力

根据我国著作权法的规定，作品著作人（或版权人）享有 5 项专有权力。

① 发表权：决定作品是否公布于众的权力。

② 署名权：表明作者身份，在作品上有署名权。

③ 修改权：修改或授权他人修改作品的权力。

④ 保护作品完整权：保护作品不受篡改的权力。

⑤ 使用权和获得报酬权：以复制、表演、播放、展览、发行、摄制影视或改编、翻译、编辑等方式使用作品的权力，以及许可他人以上述方式作为作品，并由此获得报酬的权力。

10.4　职业道德与相关法规

随着 Internet 的普及，计算机的社会化程度正在迅速提高。大量与国计民生、国家安全有关的重要数据信息，迅速地向计算机系统集中，被广泛地用于各个领域。另一方面，计算机系统又处在高科技下非法的以至敌对的渗透、窃取、篡改或破坏的复杂环境中，面临着计算机犯罪、攻击和计算机故障的威胁。利用计算机犯罪，已经给许多国家和公众带来严重损失和危害，成为社会瞩目的问题。因此，许多国家都在纷纷采取技术、行政法律措施，加强对计算机的安全保护。我国拥有计算机和计算机网络系统的单位越来越多，计算机在国民经济、科学文化、国家安全和社会生活的各个领域中，正在得到日益广泛的应用。因此，要保证"计算机安全与计算机应用同步发展"，道德教育、法规教育是计算机信息系统安全教育的核心。不管是做一名计算机工作人员，还是国家公务员，都应该培养高尚的道德情操，养成良好的计算机道德规范，接受计算机信息系统安全法规教育并熟知有关章节的要点。

10.4.1　使用计算机应遵守的若干戒律

国外研究者认为，每个网民必须认识到：一个网民在接近大量的网络服务器、地址、系统和人的时候，其行为最终是要负责任的。"Internet"或者"网络"不仅仅是一个简单的网络，它更是一个由成千上万的个人组成的网络"社会"，就像你驾车要达到某个目的地一样必须通过不同的交通路段，你在网络上实际也是在通过不同的网络"地段"，因此，参与到网络系统中的用户不仅应该意识到"交通"或网络规则，也应认识到其他网络参与者的存在，即最终要认识到你的"网络行为"无论如何都要遵循一定的规范。作为一个网络用户，可以被允许接受其他网络或者连接到网络上的计算机系统，但也要认识到每个网络或系统都有它自己的规则和程序，在一个网络或系统中被允许的行为在另一个网络或系统中也许是受控制，甚至是被禁止的。因此，遵守其他网络的规则和程序也是网络用户的责任，作为网络用户要记住这样一个简单的事实，在网络中一个用户"能够"采取一种特殊的行为并不意味着他"应该"采取那样的行为。

因此，"网络行为"和其他"社会行为"一样，需要一定的规范和原则。国外一些计算机和网络组织就制定了一系列相应的规范。这些规范涉及网络行为的方方面面，在这些规则和协议中，比较著名的是美国计算机伦理学会为计算机伦理学所制定的 10 条戒律，也可以说就是计算机行为规范。这些规范是一个计算机用户在任何网络系统中都"应该"遵循的最基本的行为准则，它是从各种具体网络行为中概括出来的一般原则，它对网民要求的具体内容是：

① 不应该用计算机去伤害别人；

② 不应该干扰别人的计算机工作；

③ 不应该窥探别人的文件；

④ 不应该用计算机进行偷窃；

⑤ 不应该用计算机作伪证；

⑥ 不应该使用或复制你没有付钱的软件；

⑦ 不应该未经许可而使用别人的计算机资源；

⑧ 不应该盗用别人的智力成果；

⑨ 应该考虑你所编的程序的社会后果；

⑩ 应该以深思熟虑和慎重的方式来使用计算机。

10.4.2　我国信息安全的相关法律法规

所有的社会行为都需要法律法规来规范和约束。随着 Internet 的发展，各项涉及网络信息安全的法律法规也相继出台。为了自己，为了他人，也为了整个社会，必须很好的学习这些法律法规。

1. 我国现行的信息安全法律体系框架为 4 个层面

（1）一般性法律规定。这类法律法规是指宪法、国家安全法、国家秘密法、治安管理处罚条例、著作权法、专利法等。这些法律法规并没有专门对网络行为进行规定，但是，它所规范和约束的对象中包括了危害信息网络安全的行为。

（2）规范和惩罚网络犯罪的法律。这类法律包括《中华人民共和国刑法》《全国人大常委会关于维护互联网安全的决定》等。其中刑法也是一般性法律规定。这里将其独立出来，作为规范和惩罚网络犯罪的法律规定。

（3）直接针对计算机信息网络安全的特别规定。这类法律法规主要有《中华人民共和国计算机信息系统安全保护条例》《中华人民共和国计算机信息网络国际联网管理暂行规定》《计算机信息网络国际联网安全保护管理办法》《中华人民共和国计算机软件保护条例》等。

（4）具体规范信息网络安全技术、信息网络安全管理等方面的规定。这一类法律主要有《商用密码管理条例》《计算机信息系统安全专用产品检测和销售许可证管理办法》《计算机病毒防治管理办法》《计算机信息系统保密管理暂行规定》《计算机信息系统国际联网保密管理规定》《电子出版物管理规定》《金融机构计算机信息系统安全保护工作暂行规定》等。

2. 信息网络安全法应当具备以下几个特点

（1）体系性。网络改变了人们的生活观念、生活态度、生活方式等，同时也涌现出病毒、黑客、网络犯罪等以前所没有的新事物。传统的法律体系变得越来越难以适应网络技术发展的需要，在保障信息网络安全方面也显得力不从心。因此，构建一个有效、相对自成一体、结构严谨、内在和谐统一的新的法律体系来规范网络社会，就显得十分必要。

（2）开放性。信息网络技术在不断发展，信息网络安全问题层出不穷、形形色色，信息网络安全法应当全面体现和把握信息网络的基本特点及其法律问题，适应不断发展的信息网络技术问题和不断涌现的网络安全问题。

（3）兼容性。网络环境虽说是一个虚拟的数字世界，但是它并不是独立于现实社会的"自由王国"，发生在网络环境中的事情只不过是现实社会和生活中的诸多问题在这个虚拟社会中的重新展开。因此，信息网络安全法不能脱离传统的法律原则和法律规范，大多数传统的基本法律原则和规范对信息网络安全仍然适用。同时，从维护法律体系的统一性、完整性和相对稳定性来看，信息网络安全法也应当与传统的法律体系保持良好的兼容性。

（4）可操作性。网络是一个数字化的社会，许多概念规则难以被常人准确把握，因此，安全法应当对一些专业术语、难以确定的问题、容易引起争议的问题等做出解释，使其更具可操作性。

3. 我国的信息网络安全法律体系存在以下问题

（1）立法滞后、层次低，尚未形成完整的法律体系

在我国现行涉及网络安全的法律中，法律、法规层次的规定太少，规章过多，给人一种头重脚轻的感觉。而且，在制定规章的过程中，由于缺乏纵向的统筹考虑和横向的有效协调，制定部

门往往出于自身工作的考虑，忽视了其他相关部门的职能及相互间的交叉等问题，致使出台的规章虽然数量不少但内容重复交叉。这种现状一方面造成部门间更多的职能交叉，另一方面。在一定程度上造成了法律资源的严重浪费。法律法规的欠缺、规章的混乱，常常造成这样一种奇怪的现象，对网络违法行为，要么无人管，要么争着管。

（2）不具开放性

我国的信息网络安全法结构比较单一、层次较低，难以适应信息网络技术发展的需要和日益严重的信息网络安全问题。我国现行的安全法律基本上是一些保护条例、管理办法之类，缺少系统规范网络行为的基本法律如信息安全法、网络犯罪法、电子信息出版法、电子信息个人隐私法等。同时，我国的法律更多地使用了综合性的禁止性条款，如《中华人民共和国计算机信息系统安全保护条例》第七条规定："任何单位或者个人，不得利用计算机信息系统从事危害国家利益、集体利益和公民合法利益的活动。不得危害计算机信息系统的安全"，而没有具体的许可性条款和禁止性条款，这种大一统的立法方式往往停留于口号的层次上，难以适应信息网络技术的发展和越来越多的信息网络安全问题。

（3）缺乏兼容性

我国的安全法律法规有许多难以同传统的法律原则、法律规范协调的地方。例如，根据《中华人民共和国行政处罚法》第十二条规定，规章可以在法律、行政法规规定的给予行政处罚的行为、种类和幅度范围内作出具体规定；尚未制定法律、行政法规的，规章对违反行政管理秩序的行为，可以设定警告或者一定数量罚款的行政处罚。在我国现有相关法律、行政法规中，均未设定没收从事违法经营活动的全部设备的处罚，但是依据这些行政法规制定的《互联网上网服务营业场所管理办法》的第十四条，却设定了没收从事违法经营活动的全部设备的处罚种类，显然这个处罚的设定与相关法规有矛盾之处。

（4）缺乏操作性

我国的信息网络安全法中存在难以操作的现象。为了规范网络上的行为，政府职能部门都出台了相关的规定，公安部、信息产业部、国家保密局、教育部、新闻出版署、中国证监会、国家广播电影电视总局、国家药品监督营理局、原国务院信息化工作领导小组等都制定了涉及网络的管理规定。此外，还有许多相关的地方性法规、地方政府规章。数量虽大，但是它们的弊端是明显的。由于没有法律的统一协调，各个部门出于自身利益，致使常常出现同一行为有多个行政处罚主体，处罚幅度不尽一致，行政审批部门及审批事项多等现象。这就给法律法规的实际操作带来了诸多难题。

我国在涉及网络信息安全方面的法律法规还有待完善，信息安全在生活中的重要性日益凸显，如果你想了解更多的涉及网络信息安全方面的法律法规的话，可以参考相关的法律书籍。

习　题　10

一、选择题

1. 下列关于计算机软件的版权和保护的说法中，不正确的说法是（　　）。

　　A. 软件研制部门可以采用设计计算机病毒的方式来惩罚非法复制软件的行为，作为对侵犯知识产权的一种报复手段

　　B. 我们应该从开始学习计算机起，就培养保护知识产权的公民法制意识，增强对知识产权和软件保护重要性的认识

　　C．作为一名普通用户，我们要自觉抵制盗版软件

　　D．按照国际惯例，非正版的软件一律不得用于生产和商业性目的

2．通过 Internet 传播他人享有版权的作品，（　　　）。

　　A．可以不经著作权人的许可，不支付报酬

　　B．可以不经著作权人的许可，但要支付报酬

　　C．应当经过著作权人的许可，支付报酬

　　D．只要是发表过的作品，可以不经过著作权人的许可，不支付报酬

3．为了课堂教学或者科学研究的目的，（　　　）复制计算机软件，供教学或者科研人员使用，可以不经过著作权人许可，不向其支付报酬，但不得出版发行。

　　A．少量　　　　　　　B．大量　　　　　　　C．全部　　　　　　　D．一半

4．软件著作权人可以向（　　　）认定的软件登记机构办理登记。

　　A．国务院著作权行政管理部门　　　　B．国家知识产权局

　　C．国家工商行政管理总局　　　　　　D．各级著作权行政管理部门

5．为了（　　　），通过安装、显示、传输或者储存软件方式使用软件的，可以不经软件著作权人许可，不向其支付报酬。

　　A．学习和研究某办公软件内含的设计思想和原理

　　B．使用某工具软件中的相关功能

　　C．利用某绘图软件进行项目开发

　　D．加快提高单位财务管理水平，购买某财务软件

二、简答题

1．信息安全的含义是什么？

2．信息安全有哪些属性？

3．ISO 7498-2 标准确定了哪 5 大类安全服务？哪 8 大类安全机制？

4．信息安全的核心技术是什么？

5．密码体制从原理上分为几大类？

6．数字签名的方法有哪些？

7．访问控制主要采用哪些技术？

8．防火墙主要分为哪两大体系？

9．什么是计算机病毒？

10．计算机病毒的特点是什么？

11．计算机病毒的检测方法有哪些？

12．什么是知识产权？它有哪些特点？

13．软件著作权人享有什么权力？

14．计算机道德的 10 条戒律是什么？

第 11 章
计算机新技术简介

随着计算机的快速发展以及人们对计算机新功能的需求，新技术、新理论也随之出现，给人们的生活带来了极大的方便。本章就新出现的云计算与云时代、大数据、人工智能、物联网以及移动互联网等新技术作以简单介绍。有兴趣的读者想进一步了解，可参阅相关书籍。

11.1 云计算与云时代

11.1.1 云计算

近年来，互联网在极大地拓展着个人计算机用途的同时，也在逐渐取代其"个人计算应用核心"的位置。有观点认为，下一个十年里，包括软件、硬件、服务等在内的计算资源，将由大众化、个人化、多点（终端）化的分布式应用不断向互联网聚合，计算将由"端"走向"云"，最终全部聚合到云中，成为纯"云"计算的时代。

1. 云计算概述

云计算（Cloud Computing）是继 20 世纪 80 年代大型计算机到客户端/服务器的大转变之后的又一种巨变。作为一种把超级计算机的能力传播到整个互联网的计算方式，云计算似乎已经成为研究专家们苦苦追寻的"能够解决最复杂计算任务的精确方法"的最佳答案。

那么究竟什么是云计算？对它的定义和内涵众说纷纭，但这些定义体现着一个统一的思想——用户通过网络，获取云提供的各种服务，如图 11.1 所示。

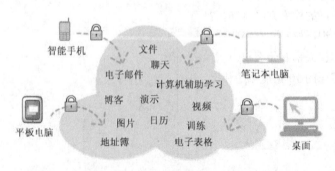

图 11.1 "云计算"示意图

云计算常与网格计算（分散式计算的一种，由一群松散耦合的计算机集组成的一个超级虚拟计算机，常用来执行大型任务）、效用计算（IT 资源的一种打包和计费方式，比如按照计算、存储分别计量费用，像传统的电力等公共设施一样）、自主计算（具有自我管理功能的计算机系统）相混淆。

事实上，许多云计算部署依赖于计算机集群（但与网格的组成、体系机构、目的、工作方式大相径庭），也吸收了自主计算和效用计算的特点。它从硬件结构上是一种多对一的结构，从服务的角度或从功能的角度它是一对多的。

2. 云计算发展

1983 年，太阳电脑（Sun Microsystems）提出"网络是电脑"（"The Network is the Computer"）。

2006 年 3 月，亚马逊（Amazon）推出弹性计算云（Elastic Compute Cloud；EC2）服务。

2006 年 8 月 9 日，Google 首席执行官埃里克·施密特（Eric Schmidt）在搜索引擎大会（SES San Jose 2006）首次提出"云计算"的概念。Google "云端计算"源于 Google 工程师克里斯托弗·比希利亚所做的"Google 101"项目。

2007 年 10 月，Google 与 IBM 开始在美国大学校园，包括卡内基梅隆大学、麻省理工学院、斯坦福大学、加州大学柏克莱分校及马里兰大学等，推广云计算的计划，这项计划希望能降低分布式计算技术在学术研究方面的成本，并为这些大学提供相关的软硬件设备及技术支持（包括数百台个人电脑及 BladeCenter 与 System x 服务器，这些计算平台将提供 1600 个处理器，支持包括 Linux、Xen、Hadoop 等开放源代码平台）。而学生则可以通过网络开发各项以大规模计算为基础的研究计划。

2008 年 1 月 30 日，Google 宣布在台湾启动"云计算学术计划"，将与台湾台大、交大等学校合作，将这种先进的大规模、快速的云计算技术推广到校园。

2008 年 2 月 1 日，IBM 宣布将在中国无锡太湖新城科教产业园为中国的软件公司建立全球第一个云计算中心（Cloud Computing Center）。

2008 年 7 月 29 日，雅虎、惠普和英特尔宣布一项涵盖美国、德国和新加坡的联合研究计划，推出云计算研究测试床，推进云计算。该计划要与合作伙伴创建 6 个数据中心作为研究试验平台，每个数据中心配置 1400～4000 个处理器。这些合作伙伴包括新加坡资讯通信发展管理局、德国卡尔斯鲁厄大学 Steinbuch 计算中心、美国伊利诺伊大学香宾分校、英特尔研究院、惠普实验室和雅虎。

2008 年 8 月 3 日，美国专利商标局网站信息显示，戴尔正在申请"云计算"商标，此举旨在加强对这一未来可能重塑技术架构的术语的控制权。

2010 年 3 月 5 日，Novell 与云安全联盟（CSA）共同宣布一项供应商中立计划，名为"可信任云计算计划（Trusted Cloud Initiative）"。

2010 年 7 月，美国国家航空航天局和包括 Rackspace、AMD、Intel、戴尔等支持厂商共同宣布"Open Stack"开放源代码计划，微软公司在 2010 年 10 月表示支持 Open Stack 与 Windows Server 2008 R2 的集成；而 Ubuntu 已把 Open Stack 加至 11.04 版本中。

2011 年 2 月，思科系统正式加入 Open Stack，重点研制 Open Stack 的网络服务。

3. 云计算平台

云计算是分布式计算、并行计算、效用计算、网络存储、虚拟化、负载均衡等传统计算机和网络技术发展融合的产物。

（1）云计算的基本原理

通过使计算分布在大量的分布式计算机上，而非本地计算机或远程服务器中，企业数据中心的运行将更与互联网相似。这使得企业能够将资源切换到需要的应用上，根据需求访问计算机和存储系统。这是一种革命性的举措，它使计算能力也可以作为一种商品进行流通，就像煤气、水电一样，取用方便，费用低廉，但计算能力是通过互联网进行传输的。

（2）云计算的资源迁移

从外部看，云计算只是将计算和存储资源从企业迁出，并迁入到云中。用户定义资源需求（例如计算和广域网、带宽需求），云提供者在它的基础设施中虚拟地装配这些组件。资源发生迁移后，成本和可伸缩性的优势凸显出来。云计算使提供和管理的资源更廉价。云计算除了降低成本外，还有更大的灵活性和可伸缩性。云计算提供者可以轻松地扩展虚拟环境，以通过提供者的虚拟基础设施提供更大的带宽或计算资源。

（3）云计算基本框架

云计算的基本框架如图 11.2 所示，它是一个分层的结构，低层为上层提供服务，同时上层使用低层提供的服务。从下向上每一层都通过虚拟化技术为上层提供服务。在不同的层次采用相应的虚拟化技术，通过这些虚拟化技术，上层就会更容易的使用服务。

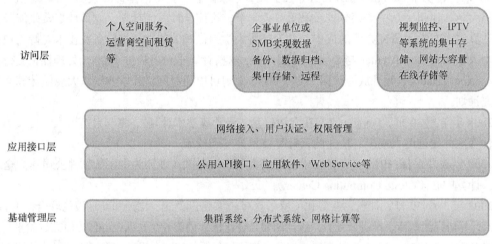

图 11.2　"云计算"基本框架图

（4）云计算服务模式

美国国家标准和技术研究院的云计算定义中明确了 3 种服务模式。

① 软件即服务（SaaS）。在 SaaS 的服务模式当中，用户能够访问服务软件及数据。服务提供者则维护基础设施及平台以维持服务正常运作。SaaS 常被称为"随选软件"，并且通常是基于使用时数来收费，有时也会有采用订阅制的服务。

SaaS 使得企业能够借由外包硬件、软件维护及支持服务给服务提供者来降低 IT 营运费用。另外，由于应用程序是集中供应的，更新可以实时发布，无须用户手动更新或是安装新的软件。SaaS 的缺陷在于用户的数据是存放在服务提供者的服务器之上，使得服务提供者有能力对这些数据进行未经授权的访问，比较常见的模式是提供一组账号密码，如 Microsoft CRM 与 Salesforce.com。

② 平台即服务（PaaS）。消费者使用主机操作应用程序。消费者掌控运行应用程序的环境（也拥有主机部分掌控权），但并不掌控操作系统、硬件或运作的网络基础架构。平台通常是应用程序基础架构，如 Google App Engine。

③ 基础架构即服务（IaaS）。消费者使用"基础计算资源"，如处理能力、存储空间、网络组件或中间件。消费者能掌控操作系统、存储空间、已部署的应用程序及网络组件（如防火墙、负载平衡器等），但并不掌控云基础架构，如 Amazon AWS、Rackspace。

（5）云计算部署模型

美国国家标准和技术研究院的云计算定义中也涉及了关于云计算的部署模型。

① 公用云（Public Cloud）。简而言之，公用云服务可通过网络及第三方服务供应者，开放给客户使用，"公用"一词并不一定代表"免费"，但也可能代表免费或相当廉价，公用云并不表示用户数据可供任何人查看，公用云供应者通常会对用户实施使用访问控制机制，公用云作为解决方案，既有弹性，又具备成本效益。

② 私有云（Private Cloud）。私有云具备许多公用云环境的优点，如弹性、适合提供服务，两者的差别在于私有云服务中，数据与程序皆在组织内管理，且与公用云服务不同，不会受到网络带宽、安全疑虑、法规限制影响；此外，私有云服务让供应者及用户更能掌控云基础架构，改善安全与弹性，因为用户与网络都受到特殊限制。

③ 社区云（Community Cloud）。社区云由众多利益相仿的组织掌控及使用，如特定安全要求、共同宗旨等。社区成员共同使用云数据及应用程序。

④ 混合云（Hybrid Cloud）。混合云结合公用云及私有云，在这个模式中，用户通常将非企业关键信息外包，并在公用云上处理，但同时掌控企业关键服务及数据。

（6）云计算的关键技术

① 虚拟化技术。云计算可以在不同的应用程序之间虚拟化和共享资源，将计算能力、数据等作为服务放置在云中，原有的独立服务器放置在云中，利用虚拟化对外提供统一、简单的访问方式。

② 自动化技术。云提供了一个非常庞大的系统，如果系统需要人为干预来分配和管理资源，那么它就不能充分地满足云计算的要求，因此必须采用自动化技术，消除人工部署和管理，允许系统自己智能地响应应用的要求。

③ 计算能力的整合。云提供了强大的计算能力，而这种计算能力仅仅靠单一的服务器无法完成，因此必须通过整合才能获得近乎无限的计算能力。计算能力的整合是云计算的一个关键，在计算能力整合的过程中，通信以及管理成为一个至关重要的问题，否则会因为如通信网络中信息过载等问题导致系统的利用率下降。

11.1.2 云时代

云计算目前还处于萌芽阶段，有大大小小鱼龙混杂的各色厂商在开发不同的云计算服务，从成熟的应用程序到存储服务再到垃圾邮件过滤不一而足。云计算的开发商和集成商已经开始初具规模。

1. 国外的云计算现状

Amazon 使用弹性计算云（EC2）和简单存储服务（S3）为企业提供计算和存储服务。收费的服务项目包括存储服务器、带宽、CPU 资源以及月租费。月租费与电话月租费类似，存储服务器、带宽按容量收费，CPU 根据时长（小时）运算量收费。云计算是 Amazon 增长最快的业务之一。

Google 是当前最大的云计算的使用者。Google 搜索引擎就建立在分布在 200 多个地点、超过 100 万台服务器的支持之上，这些设施的数量正在迅猛增长。Google 地球、地图、Gmail、Docs 等也同样使用了这些基础设施。采用 Google、Docs 之类的应用，用户数据会保存在互联网上的某个位置，可以通过任何一个与互联网相连的系统十分便利地访问这些数据。目前，Google 已经允许第三方在 Google 的云计算中通过 Google App Engine 运行大型并行应用程序。

IBM 在 2007 年 11 月推出了"改变游戏规则"的"蓝云"计算平台，为客户带来即买即用的云计算平台。它包括一系列的自动化、自我管理和自我修复的虚拟化云计算软件，使来自全球的应用可以访问分布式的大型服务器池，使得数据中心在类似于互联网的环境下运行计算。IBM 正在与 17 个欧洲组织合作开展云计算项目。欧盟提供了 1.7 亿欧元作为部分资金。该计划名为 RESERVOIR，以"无障碍的资源和服务虚拟化"为口号。2008 年 8 月，IBM 宣布将投资约 4 亿美元用于其设在北卡罗来纳州和日本东京的云计算数据中心改造，并计划 2009 年在 10 个国家投资 3 亿美元建立 13 个云计算中心。

微软公司紧跟云计算步伐，于 2008 年 10 月推出了 Windows Azure 操作系统。Azure（译为"蓝天"）是继 Windows 取代 DOS 之后，微软公司的又一次颠覆性转型——通过在互联网架构上打造新云计算平台，让 Windows 真正由 PC 延伸到"蓝天"上。微软拥有全世界数以亿计的 Windows 用户桌面和浏览器，现在它将它们连接到"蓝天"上。Azure 的底层是微软全球基础服务系统，由遍布全球的第四代数据中心构成。

2. 我国的云计算现状

在我国，云计算发展也非常迅猛。2008 年 5 月 10 日，IBM 在中国无锡太湖新城科教产业园建立的中国第一个云计算中心投入运营；2008 年 6 月 24 日，IBM 在北京 IBM 中国创新中心成立了第二家中国的云计算中心——IBM 大中华区云计算中心；2008 年 11 月 28 日，广东电子工业研究院与东莞松山湖科技产业园管委会签约，广东电子工业研究院将在东莞松山湖投资 2 亿元建立云计算平台；2008 年 12 月 30 日，阿里巴巴集团旗下子公司阿里软件与江苏省南京市政府正式签订了 2009 年战略合作框架协议，计划于 2009 年初在南京建立国内首个"电子商务云计算中心"，首期投资额将达上亿元人民币；世纪互联推出了 CloudEx 产品线，包括完整的互联网主机服务 "CloudEx Computing Service"，基于在线存储虚拟化的"CloudEx Storage Service"，供个人及企业进行互联网云端备份的数据保全服务等等系列互联网云计算服务；中国移动研究院对云计算的探索起步较早，已经完成了云计算中心试验。中国移动董事长兼 CEO 王建宙认为云计算和互联网的移动化是未来发展方向。

我国企业创造的"云安全"概念，在国际云计算领域独树一帜。云安全通过网状的大量客户端对网络中软件行为的异常监测，获取互联网中木马、恶意程序的最新信息，推送到服务端进行自动分析和处理，再把病毒和木马的解决方案分发到每一个客户端。

3. 云计算的优势

云计算作为一个新兴的概念，体现着一种理念。目前，各大厂商争相推出自己的云计算产品，可见云计算所受的追捧程度。

（1）基于使用的支付模式。在云计算模式下，最终用户根据使用了多少服务来付费。这为应用部署到云计算基础架构上降低了准入门槛，让大企业和小公司都可以使用相同的服务。

（2）扩展性和弹性。普通企业里的许多应用（包括对应的 IT 设备）是为了最大使用场景（如圣诞季节）而设计的，大多数时候这些基础架构的利用率非常低。而云计算环境具有大规模、无缝扩展的特点，能自如地应对应用使用急剧增加的情况。大多数服务提供商在为云计算设计架构时，已考虑到了使用猛增的这种情况，比如亚马逊、谷歌。

（3）厂商的大力支持。大多数厂商都在致力于提供真正的云计算解决方案。例如，亚马逊推出了 EC2、S3、Simple DB 及其他服务，它提供云计算基础架构已经有一段时间了；与此类似的是，谷歌推出了 AppEngine、谷歌文件系统（GFS）及数据存储（Big Table）等服务；Salesforce.com 的 Force.com 可用于构建云计算应用程序。微软最近宣布了 Azure 服务，可以在微软（或合作伙伴）的基础架构中创建及部署应用程序。Azure 还将提供数据、安全、工作流、消息传送和微软 Live 等服务，让企业可以在云计算环境创建功能丰富的自定义应用。

（4）可靠性。从长远来看，云计算基础架构实际上可能比典型的企业基础架构更可靠。领先的几家云服务提供商已经为各自的系统增添了大规模冗余功能，而且它们正在吸取以前的教训，提供更高的可见性，以减少服务不可用的可能。如果云计算服务成为核心业务后，提供商就更有条件吸取教训，提供比任何特定企业应用程序高得多的可靠性。

（5）效率与成本。当云计算时代到来后，大数据量以及高的计算能力需求成为过去，这些对于用户而言，降低了成本。用户仅仅考虑的是所需要的服务，而不会去关注这些功能所需要的端系统投资，因此对于用户构建应用时，所需的时间更少，投入更低，让计算变得更简单。"云+端"让用户需要的仅仅是一个网络接入设备就可以获得各种各样的服务，包括计算能力、数据存储等。这使计算本身变得更加简单，一切都由云负责，用户无须知道关于云的任何东西。

4. 云计算需解决的问题

这些新的概念和技术才刚刚起步，现在有不同的机制将应用程序接入各式各样的平台中，而这些机制还在不断地完善中。

（1）隐私的保护。云技术要求大量用户参与，不可避免的出现了隐私问题。如何保证存放在云服务提供商的数据隐私不被非法利用，不仅需要技术的改进，也需要法律的进一步完善。

（2）数据安全性。有些数据是企业的商业机密，数据的安全性关系到企业的生存和发展。人们担心他们在云端的数据安全，期待看到更安全的应用程序和技术。许多新的加密技术、安全协议，在未来会越来越多的呈现出来。

（3）用户的使用习惯。如何改变用户的使用习惯，使用户适应网络化的软硬件应用是长期而且艰巨的挑战。

（4）网络传输问题。云计算服务依赖网络，目前网速低且不稳定，使云应用的性能不高，云计算的普及依赖网络技术的发展。

（5）缺乏统一的技术标准。云计算的美好前景让传统 IT 厂商纷纷向云计算方向转型。但是由于缺乏统一的技术标准，尤其是接口标准，各厂商在开发各自产品和服务的过程中各自为政，这为将来不同服务之间的互连互通带来严峻挑战。

11.2　大　数　据

11.2.1　大数据概述

"大数据"这个术语最早期的引用可追溯到 Apache Org 的开源项目 Nutch。当时，大数据用来描述为更新网络搜索索引需要同时进行批量处理或分析的大量数据集。随着谷歌 Map Reduce 和 Google File System（GFS）的发布，大数据不再仅用来描述大量的数据，还涵盖了处理数据的速度。早在 1980 年，著名未来学家阿尔文·托夫勒便在《第三次浪潮》一书中，将大数据热情地赞颂为"第三次浪潮的华彩乐章"。不过，大约从 2009 年开始，"大数据"才成为互联网信息技术行业的流行词汇。美国互联网数据中心指出，互联网上的数据每年将增长 50%，每两年便将翻一番，而目前世界上 90%以上的数据是最近几年才产生的。此外，数据又并非单纯指人们在互联网上发布的信息，全世界的工业设备、汽车、电表上有着无数的数码传感器，随时测量和传递着有关位置、运动、震动、温度、湿度乃至空气中化学物质的变化，也产生了海量的数据信息。

随着以博客、社交网络、基于位置的服务 LBS 为代表的新型信息发布方式的不断涌现，以及云计算、物联网等技术的兴起，数据正以前所未有的速度在不断地增长和累积，大数据时代已经来到。大数据是继云计算、物联网之后 IT 产业又一次颠覆性的技术革命，对国家治理模式、企业决策、组织和业务流程，以及个人生活方式等都将产生巨大的影响。学术界、工业界甚至于政府机构都已经开始密切关注大数据问题，并对其产生浓厚的兴趣. 就学术界而言，《Nature》早在 2008 年就推出了 Big Data 专刊。大数据时代的到来，促使我们对大数据作进一步详细地探讨。

1. 大数据的定义

大数据（Big Data），或称巨量资料，指的是所涉及的资料量规模巨大到无法透过目前主流软件工具，在合理时间内达到撷取、管理、处理并整理成为帮助企业经营决策更积极目的的资讯。"大数据"的概念远不止大量的数据（TB）和处理大量数据的技术，而是涵盖了人们在大规模数据的基础上可以做的事情，而这些事情在小规模数据的基础上是无法实现的。换句话说，大数据让我们以一种前所未有的方式，通过对海量数据进行分析，获得有巨大价值的产品和服务，或深刻的洞见，最终形成变革之力。"大数据"是需要新处理模式才能具有更强的决策力、洞察发现力和流程优化能力的海量、高增长率和多样化的信息资产。从数据的类别上看，"大数据"指的是无法使用传统流程或工具处理或分析的信息。它定义了那些超出正常处理范围和大小、迫使用户采用非传统处理方法的数据集。亚马逊网络服务（AWS）、大数据科学家 John Rauser 提到一个简单的定义：大数据就是任何超过了一台计算机处理能力的庞大数据量。研发小组对大数据的定义："大数据是最大的宣传技术、是最时髦的技术，当这种现象出现时，定义就变得很混乱。"Kelly说："大数据是可能不包含所有的信息，但我觉得大部分是正确的。对大数据的一部分认知在于，它是如此之大，分析它需要多个工作负载，这是 AWS 的定义。当你的技术达到极限时，也就是数据的极限"。

由上面的分析可知，大数据本身是一个比较抽象的概念，单从字面来看，它表示数据规模的庞大。但是仅仅数量上的庞大显然无法看出大数据这一概念和以往的"海量数据"（Massive Data）、"超大规模数据"（Very Large Data）等概念之间有何区别。对于大数据尚未有一个公认的定义，不同的定义基本是从大数据的特征出发，通过这些特征的阐述和归纳试图给出其定义。在这里，我们引用研究机构 Gartner 给出了这样的定义："大数据"是需要新处理模式才能具有更强的决策力、洞察发现力和流程优化能力的海量、高增长率和多样化的信息资产。

2. 大数据的特点

要理解大数据这一概念，首先要从"大"入手，"大"是指数据规模，大数据一般指 10TB（1TB=1024GB）规模以上的数据量。大数据同过去的海量数据有所区别，CIO 时代网（www.ciotimes.com）总结出，"大数据"不仅有"大"这个特点，还有很多其他的特色，可以用"4V+1C"来概括。

（1）Variety（多样化）。大数据一般包括以事务为代表的结构化数据、以网页为代表的半结构化数据和以视频和语音信息为代表的非结构化等多类数据，并且它们的处理和分析方式区别很大。

（2）Volume（海量）。通过各种智能设备产生了大量的数据，PB 级别可谓是常态，笔者接触的一些客户每天处理的数据量都在几十 GB、几百 GB 左右，估计国内大型互联网企业每天的数据量已经接近 TB 级别。

（3）Velocity（快速）。大数据要求快速处理，因为有些数据存在时效性。比如电商的数据，假如今天数据的分析结果要等到明天才能得到，那么将会使电商很难做类似补货这样的决策，从而导致这些数据失去了分析的意义。

（4）Vitality（灵活）。在互联网时代，和以往相比，企业的业务需求更新的频率加快了很多，那么相关大数据的分析和处理模型必须快速地适应新的业务需求。

（5）Complexity（复杂）。虽然传统的商务智能（BI）已经很复杂了，但是由于前面 4 个 V 的存在，使得针对大数据的处理和分析更艰巨，并且过去那套基于关系型数据库的 BI 开始有点不合时宜了，同时也需要根据不同的业务场景，采取不同的处理方式和工具。以上新时代下"大数据"的特点决定它肯定会对当今信息时代的数据处理产生很大的影响。

3. 大数据的作用

大数据时代到来，认同这一判断的人越来越多。那么大数据意味着什么，它到底会改变什么？仅仅从技术角度回答，已不足以解惑。大数据只是宾语，离开了人这个主语，它再大也没有意义。我们需要把大数据放在人的背景中加以透视，理解它作为时代变革力量的所以然。

（1）变革价值的力量。未来十年，决定中国是不是有大智慧的核心意义标准（那个"思想者"），就是国民幸福。国民幸福一是体现在民生上，二是体现在生态上。

（2）变革经济的力量。生产者是有价值的，消费者是价值的意义所在。有意义的才有价值，消费者不认同的，就卖不出去，就实现不了价值；只有消费者认同的，才卖得出去，才实现得了价值。大数据帮助我们从消费者这个源头识别意义，从而帮助生产者实现价值。这就是启动内需的原理。

（3）变革组织的力量。随着具有语义网特征的数据基础设施和数据资源发展起来，组织的变革就越来越显得不可避免。大数据将推动网络结构产生无组织的组织力量。最先反映这种结构特点的，是各种各样去中心化的 WEB2.0 应用，如 RSS、维基、博客等。大数据之所以成为时代变革力量，在于它通过追随意义而获得智慧。

4. 大数据带来的机遇和挑战

大数据瓦解了传统信息体系架构，将数据仓库转化为具有流动、连接和信息共享的数据池。大数据技术使人们可以利用以前不能有效利用的多种数据类型，抓住被忽略的机遇，使企业组织更加智能和高效。大数据技术也将推动新兴信息安全技术与产品的形成。

（1）大数据带来的机遇

① 大数据的挖掘和应用成为核心，将从多个方面创造价值。大数据的重心将从存储和传输，过渡到数据的挖掘和应用，这将深刻影响企业的商业模式。据麦肯锡测算，大数据的应用每年潜在可为美国医疗健康业和欧洲政府分别节省 3000 亿美元和 1000 亿欧元，利用个人位置信息潜在可创造出 6000 亿美元价值，因此大数据应用具有远超万亿美元的大市场。

② 大数据利用中安全更加重要，为信息安全带来发展契机。随着移动互联网、物联网等新兴 IT 技术逐渐步入主流，大数据使得数据价值极大提高，无处不在的数据，对信息安全提出了更高要求。同时，大数据领域出现的许多新兴技术与产品将为安全分析提供新的可能性；信息安全和云计算贯穿于大数据产业链的各个环节，云安全等关键技术将更安全地保护数据。大数据对信息安全的要求和促进将推动信息安全产业的大发展。

③ 大数据时代来临，使商业智能、信息安全和云计算具有更大潜力。大数据产业链按产品形态分为硬件、基础软件和应用软件三大领域，商业智能、信息安全和云计算主题横跨三大领域，将构成产业链中快速发展的三驾马车。就国内而言，商业智能市场已步入成长期，预计未来 3 年复合年均增长率（CAGR）为 35%，"十二五"期间潜在产值将超 300 亿元；信息安全预计未来 3 年 CAGR 有望保持 35%～40%的快速增长，"十二五"期间潜在产值将超 4000 亿元；云计算刚进入成长期，预计未来 5 年 CAGR 将超 50%，2015 年产业规模预计将达 1 万亿元。

（2）大数据带来的挑战：大数据在带来机遇的同时，也在人才、技术、信息安全等方面带来了很大的挑战

① 大数据需要专业化的技术和管理人才。大数据解决方案的设计和实施，需要专业化分析复杂数据集的工具和技术，包括统计学、机器学习、自然语言处理和建模，以及可视化技术，如标签云、集群、历史流、动画和信息图表等。大数据时代，企业、组织需要大量既精通业务又能进行大数据分析的人才，美国目前面临 14 万至 19 万分析和管理人才，以及 150 万具备理解和基于大数据研究做出决策的经理和分析师人才的缺口，我国目前 IT 人员本身配备不足的现状与大数据需要 IT 人员增加的矛盾更加突出，大数据对我国人才的培养模式以及现有人才的储备提出了严峻的挑战。

② 大数据的有效应用需要解决大容量、多类别和高时效数据处理的问题。传统数据库的管理能力无法应付大数据体量的数据。传统数据库处理不了数 TB 级别的数据，也不能很好支持高级别的数据分析，大数据急速膨胀的数据体量已经超越了传统数据库的管理能力。大数据中不同格式的数据需要复杂的处理方法。大数据包括了越来越多的数据格式，囊括了半结构化和非结构化数据，非结构化数据的多样性和海量性，决定了大数据技术的复杂性，这些数据的处理超出了目前常规数据软件工具所能承受的极限。大数据处理需要满足极高的时效性。在当今快速变化的社会经济形势面前，把握数据的时效性，是立于不败之地的关键。数据量大意味着计算开销大，数据多样性意味着算法可扩展性要强，二者制约了大数据处理技术的时效性，大数据的实时处理给大数据技术带来了更大的挑战。贯穿数据采集、存储、处理、检索、分析和展现的全生命周期，大数据将挑战企业的存储架构、数据中心的基础设施等，还将引发数据仓库、数据挖掘、商业智能、云计算等应用的连锁反应。

③ 大数据利用对信息安全提出了更高要求。大数据时代，数据价值越来越大，面对海量数据的数据时代，数据价值越来越大，面对海量数据的收集、存储、管理、分析和共享，信息安全问题成为重中之重。防止数据被窃取或篡改。大数据的海量数据，通常采用云端存储，数据管理比较分散，对用户进行数据处理的场所无法控制，很难区分合法与非法用户，容易导致非法用户入侵，窃取或篡改重要数据信息。如何保证大数据的安全以及分析结果的可靠是信息安全领域需要解决的新课题。

④ 防止个人信息泄漏。大数据中包含了大量的个人隐私，以及各种行为的细节记录。如何做到既深入挖掘其中给人类带来利益的智慧部分，又充分保护个人隐私不被滥用，在大数据的利用中找到个人信息开放和保护的平衡点，是大数据提出的又一巨大难题。

11.2.2　大数据分析

大数据分析常用的方法有以下几种。

（1）可视化分析。大数据分析的使用者有大数据分析专家，同时还有普通用户，他们对于大数据分析最基本的要求就是可视化分析，因为可视化分析能够直观的呈现大数据特点，同时能够

非常容易被读者所接受，就如同看图说话一样简单明了。

（2）数据挖掘算法。大数据分析的理论核心就是数据挖掘算法，各种数据挖掘的算法基于不同的数据类型和格式才能更加科学的呈现出数据本身具备的特点，也正是因为这些被全世界统计学家所公认的各种统计方法（可以称之为真理）才能深入数据内部，挖掘出公认的价值。另外一个方面也是因为有这些数据挖掘的算法才能更快速的处理大数据，如果一个算法得花上好几年才能得出结论，那大数据的价值也就无从说起了。

（3）预测性分析能力。大数据分析最终要的应用领域之一就是预测性分析，从大数据中挖掘出特点，通过科学的建立模型，之后便可以通过模型带入新的数据，从而预测未来的数据。

（4）语义引擎。大数据分析广泛应用于网络数据挖掘，可从用户的搜索关键词、标签关键词或其他输入语义，分析、判断用户需求，从而实现更好的用户体验和广告匹配。

（5）数据质量和数据管理。大数据分析离不开数据质量和数据管理，高质量的数据和有效的数据管理，无论是在学术研究还是在商业应用领域，都能够保证分析结果的真实和有价值。大数据分析的基础就是以上 5 个方面，当然更加深入大数据分析的话，还有很多很多更加有特点的、更加深入的、更加专业的大数据分析方法。

11.2.3　大数据处理技术

大数据技术是指从各种各样类型的巨量数据中，快速获得有价值信息的技术。解决大数据问题的核心是大数据技术。目前所说的"大数据"不仅指数据本身的规模，也包括采集数据的工具、平台和数据分析系统。大数据研发目的是发展大数据技术并将其应用到相关领域，通过解决巨量数据处理问题促进其突破性发展。

1. 大数据处理模式

大数据的应用类型有很多，主要的处理模式可以分为流处理（Stream Processing）和批处理（Batch Processing）两种。批处理是先存储后处理（Store-Then-Process），而流处理则是直接处理（Straight-through Processing）。

（1）流处理

流处理的基本理念是数据的价值会随着时间的流逝而不断减少，因此尽可能快地对最新的数据做出分析并给出结果是所有流数据处理模式的共同目标。需要采用流数据处理的大数据应用场景主要有网页点击数的实时统计、传感器网络、金融中的高频交易等。

流处理的处理模式将数据视为流，源源不断的数据组成了数据流。当新的数据到来时就立刻处理并返回所需的结果。数据的实时处理是一个很有挑战性的工作，数据流本身具有持续达到、速度快且规模巨大等特点，因此通常不会对所有的数据进行永久化存储，而且数据环境处在不断的变化之中，系统很难准确掌握整个数据的全貌。由于响应时间的要求，流处理的过程基本在内存中完成，其处理方式更多地依赖于在内存中设计巧妙的概要数据结构，内存容量是限制流处理模型的一个主要瓶颈。以 PCM（相变存储器）为代表的储存级内存设备的出现或许可以使内存未来不再成为流处理模型的制约。

（2）批处理

Google 公司在 2004 年提出的 Map Reduce 编程模型是最具代表性的批处理模式。Map Reduce模型首先将用户的原始数据源进行分块，然后分别交给不同的 Map 任务区处理。Map 任务从输入中解析出链值（key value）对集合，然后对这些集合执行用户自行定义的 Map 函数得到中间结果，并将该结果写入本地硬盘。Reduce 任务从硬盘上读取数据之后会根据 key 值进行排序，将具有相同 key 值的组织在一起。最后用户自定义的 Reduce 函数会作用于这些排好序的结果并输出最终结果。

从 Map Reduce 的处理过程我们可以看出，Map Reduce 的核心设计思想在于：①将问题分而治之；②把计算推到数据而不是把数据推到计算，有效地避免数据传输过程中产生的大量通信开销。Map Reduce 模型简单，且现实中很多问题都可用 Map Reduce 模型来表示。因此该模型公开后立刻受到极大的关注，并在生物信息学、文本挖掘等领域得到广泛的应用。无论是流处理还是批处理都是大数据处理的可行思路。大数据的应用类型很多，在实际的大数据处理中，常常并不是简单地只使用其中的某一种，而是将二者结合起来。互联网是大数据最重要的来源之一，很多互联网公司根据处理时间的要求将自己的业务划分为在线（online）、近线（nearline）和离线（offline），比如著名的职业社交网站 linkedin，这种划分方式是按处理所耗时间来划分的。其中在线的处理时间一般在秒级甚至是毫秒级，因此通常采用上面所说的流处理。离线的处理时间可以以天为基本单位，基本采用批处理方式，这种方式可以最大限度地利用系统 I/O。近线的处理时间一般在分钟级或者是小时级，对其处理模型并没有特别的要求，可以根据需求灵活选择，但在实际中多采用批处理模式。

2．大数据处理的基本流程

大数据处理整个流程主要概括为 4 步，分别是采集、导入和预处理、统计和分析、数据挖掘。

（1）采集

大数据的采集是指利用多个数据库来接收发自客户端（Web、App 或者传感器形式等）的数据，并且用户可以通过这些数据库来进行简单的查询和处理工作。比如，电商会使用传统的关系型数据库 MySQL 和 Oracle 等来存储每一笔事务数据，除此之外，Redis 和 MongoDB 这样的 NoSQL 数据库也常用于数据的采集。

在大数据的采集过程中，其主要特点和挑战是并发数高，因为同时有可能会有成千上万的用户来进行访问和操作，如火车票售票网站和淘宝，它们并发的访问量在峰值时达到上百万，所以需要在采集端部署大量数据库才能支撑。如何在这些数据库之间进行负载均衡和分片的确是需要深入的思考和设计。

（2）导入和预处理

虽然采集端本身会有很多数据库，但是如果要对这些海量数据进行有效的分析，还是应该将这些来自前端的数据导入到一个集中的大型分布式数据库，或者分布式存储集群，并且可以在导入基础上做一些简单的清洗和预处理工作。也有一些用户会在导入时使用来自 Twitter 的 Storm 来对数据进行流式计算，来满足部分业务的实时计算需求。

导入与预处理过程的特点和挑战主要是导入的数据量大，每秒钟的导入量经常会达到百兆，甚至千兆级别。

（3）统计和分析

统计与分析主要利用分布式数据库，或者分布式计算集群来对存储于其内的海量数据进行普通的分析和分类汇总等，以满足大多数常见的分析需求，在这方面，一些实时性需求会用到 EMC 的 GreenPlum、Oracle 的 Exadata，以及基于 MySQL 的列式存储 Infobright 等，而一些批处理，或者基于半结构化数据的需求可以使用 Hadoop。统计和分析这部分的主要特点和挑战是分析涉及的数据量大，其对系统资源，特别是 I/O 会有极大的占用。

（4）数据挖掘

与前面统计和分析过程不同的是，数据挖掘一般没有什么预先设定好的主题，主要是在现有数据上面进行基于各种算法的计算，从而起到预测（Predict）的效果，从而实现一些高级别数据分析的需求。比较典型算法有用于聚类的 Kmeans、用于统计学习的 SVM 和用于分类的 Naive Bayes，主要使用的工具有 Hadoop 的 Mahout 等。该过程的特点和挑战主要是用于挖掘的算法很复杂，并且计算涉及的数据量和计算量都很大，常用数据挖掘算法都以单线程为主。

3. 数据处理工具

关系数据库在很长的时间里成为数据管理的最佳选择，但是在大数据时代，数据管理、分析等的需求多样化使得关系数据库在很多场景不再适用。

Hadoop 是目前最为流行的大数据处理平台。Hadoop 最先是 Doug Cutting 模仿 GFS，Mapreduce 实现的一个云计算开源平台，后贡献给 Apache。Hadoop 已经发展成为包括文件系统（HDFS）、数据库（HBase、cassandra）、数据处理（Mapreduce）等功能模块在内的完整生态系统（Ecosystem）。某种程度上可以说 Hadoop 已经成为大数据处理工具事实上的标准。对 Hadoop 改进并将其应用于各种场景的大数据处理已经成为新的研究热点。

11.3 人 工 智 能

人工智能（Artificial Intelligence，AI）是指由人工制造出来的系统所表现出来的智能，有时也称作机器智能。人工智能是在计算机科学、控制论、信息论、心理学、语言学等多种学科相互渗透的基础发展起来的一门新兴边缘学科。人工智能通常是指通过普通计算机实现的智能，同时也指研究这样的智能系统是否能够实现以及如何实现的科学领域。

11.3.1 人工智能发展史

1956 年在美国的 Dartmouth 大学的一次历史性的聚会被认为是人工智能学科正式诞生的标志，由此展开了人们对人工智能的理论研究。随着人工智能的提出与不断发展，人们对人工智能的研究主要可以分为以下几个阶段。

（1）第一阶段。20 世纪 50 年代人工智能概念首次提出后，相继出现了一批显著的成果，如机器定理证明、跳棋程序、通用问题 s 求解程序、LISP 表处理语言等。但由于消解法推理能力的有限，以及机器翻译等的失败，使人工智能走入了低谷。这一阶段的特点是：重视问题求解的方法，忽视知识重要性。

（2）第二阶段。20 世纪 60 年代末到 70 年代，专家系统出现，使人工智能研究出现新高潮DENDRAL 化学质谱分析系统、MYCIN 疾病诊断和治疗系统、PROSPECTIOR 探矿系统、Hearsay-II 语音理解系统等专家系统的研究和开发，将人工智能引向了实用化。并且，1969 年成立了国际人工智能联合会议（International Joint Conferences on Artificial Intelligence，IJCAI）。

（3）第三阶段。20 世纪 80 年代，随着第五代计算机的研制，人工智能得到了很大发展。日本 1982 年开始了"第五代计算机研制计划"，即"知识信息处理计算机系统 KIPS"，其目的是使逻辑推理达到数值运算那么快。虽然此计划最终失败，但它的开展形成了一股研究人工智能的热潮。

（4）第四阶段。20 世纪 80 年代末，神经网络飞速发展，1987 年美国召开第一次神经网络国际会议，宣告了这一新学科的诞生。此后，各国在神经网络方面的投资逐渐增加，神经网络迅速发展起来。

（5）第五阶段。20世纪90年代，人工智能出现新的研究高潮。由于网络技术特别是国际互连网技术的发展，人工智能开始由单个智能主体研究转向基于网络环境下的分布式人工智能研究。不仅研究基于同一目标的分布式问题求解，而且研究多个智能主体的多目标问题求解，将人工智能更面向实用。另外，由于Hopfield多层神经网络模型的提出，使人工神经网络研究与应用出现了欣欣向荣的景象。

11.3.2　人工智能研究方法

人工智能是计算机科学中涉及研究、设计和应用智能机器的一个分支，人工智能的目标就是研究怎样用电脑来模仿和执行人脑的某些智力功能，并开发相关的技术产品，建立有关的理论。目前，人工智能的研究方法主要可分为3类。

（1）结构模拟，神经计算。根据人脑的生理结构和工作机理，实现计算机的智能，即人工智能。结构模拟法也就是基于人脑的生理模型，采用数值计算的方法，从微观上来模拟人脑，实现机器智能。采用结构模拟，运用神经网络和神经计算的方法研究人工智能者，被称为生理学派、连接主义。

（2）功能模拟，符号推演。在当前数字计算机上，对人脑从功能上进行模拟，实现人工智能。功能模拟法就是以人脑的心理模型，将问题或知识表示成某种逻辑网络，采用符号推演的方法，实现搜索、推理、学习等功能，从宏观上来模拟人脑的思维，实现机器智能。以功能模拟和符号推演研究人工智能者，被称为心理学派、逻辑学派、符号主义。

（3）行为模拟，控制进化。模拟人在控制过程中的智能活动和行为特性。以行为模拟方法研究人工智能者，被称为行为主义、进化主义、控制论学派。

11.3.3　人工智能研究目标

关于人工智能的研究目标，目前还没有一个统一的说法。从研究的内容出发，李文特和费根鲍姆提出了人工智能的9个最终目标。

（1）理解人类的认识。此目标研究人类如何进行思维，而不是研究机器如何工作。要尽量深入了解人的记忆、问题求解能力、学习的能力和一般的决策等过程。

（2）有效的自动化。此目标是在需要智能的各种任务上用机器取代人，其结果是要建造执行起来和人一样好的程序。

（3）有效的智能拓展。此目标是建造思维上的弥补物，有助于人们的思维更富有成效、更快、更深刻、更清晰。

（4）超人的智力。此目标是建造超过人的性能的程序。如果越过这一知识阈值，就可以导致进一步地增殖，如制造行业上的革新、理论上的突破、超人的教师和非凡的研究人员等。

（5）通用问题求解。此目标的研究可以使程序能够解决或至少能够尝试其范围之外的一系列问题，包括过去从未听说过的领域。

（6）连贯性交谈。此目标类似于图灵测试，它可以令人满意地与人交谈。交谈使用完整的句子，而句子是用某一种人类的语言。

（7）自治。此目标是一系统，它能够主动地在现实世界中完成任务。它与下列情况形成对比：仅在某一抽象的空间做规划，在一个模拟世界中执行，建议人去做某种事情。该目标的思想是：现实世界永远比人们的模型要复杂得多，因此它才成为测试所谓智能程序的唯一公正的手段。

（8）学习。此目标是建造一个程序，它能够选择收集什么数据和如何收集数据，然后再进行数据的收集工作。学习是将经验进行概括，成为有用的观念、方法、启发性知识，并能以类似方式进行推理。

（9）存储信息。此目标就是要存储大量的知识，系统要有一个类似于百科词典式的，包含广泛范围知识的知识库。

要实现这些目标，需要同时开展对智能机理和智能构造技术的研究。即使对图灵所期望的那种智能机器，尽管它没有提到思维过程，但要真正实现这种智能机器，却同样离不开对智能机理的研究。

11.3.4　人工智能的研究领域

人工智能的最终目标是要创造具有人类智能的机器，用机器模拟人类的智能。但是，这是一个十分漫长的过程，人工智能研究者将通过多种途径、从多个领域入手进行探索，最终实现人工智能研究的最终目标。

（1）专家系统。专家系统是依靠人类专家已有的知识建立起来的知识系统，目前专家系统是人工智能研究中开展最早、成效最多的领域，广泛应用于医疗诊断、地质勘探、石油化工等各方面。该系统是在特定的领域内具有相应的知识和经验的程序系统，应用人工智能技术、模拟人类专家解决问题时的思维过程，来求解领域内的各种问题，达到或接近专家的水平。

（2）机器学习。要使计算机具有知识要么将知识表示为计算机可以接收的方式输入计算机，要么使计算机本身有获得知识的能力，并在实践中不断总结、完善，这种方式称为机器学习。机器学习的研究，主要在以下 3 个方面进行：一是研究人类学习的机理、人脑思维的过程；二是研究机器学习的方法；三是建立针对具体任务的学习系统。机器学习的研究是在信息科学、脑科学、神经心理学、逻辑学、模糊数学等多种学科基础上的。

（3）模式识别。模式识别是研究如何使机器具有感知能力，主要研究视觉模式和听觉模式的识别，如识别物体、地形、图像、字体等，在日常生活各方面以及军事上都有广泛的用途。近年来迅速发展起来应用模糊数学模式、人工神经网络模式的方法逐渐取代传统的用统计模式和结构模式的识别方法。

（4）机器人学。机器人是一种能模拟人的行为的机械，对机器人的研究经历了三代的发展过程，即第一代程序控制机器人，第二代自适应机器人，第三代智能机器人。

（5）智能决策支持系统。决策支持系统是属于管理科学的范畴，与"知识-智能"有着极其密切的关系。20 世纪 80 年代专家系统在许多方面取得成功，将人工智能中特别是智能和知识处理技术应用于决策支持系统，扩大了决策支持系统的应用范围，提高了系统解决问题的能力，这就成为智能决策支持系统。

11.3.5　人工智能的应用

1. 管理系统中的应用

人工智能应用于企业管理的意义不在于提高效率，而是用计算机实现人们非常需要做，但工业工程信息却做不了或很难做到的事。智能教学系统（ITS）是人工智能与教育结合的主要形式，也是今后教学系统的发展方向。信息技术的飞速发展和新的教学体系开发模式的提出和不断完善，推动人们综合运用媒体技术、网络基础和人工智能技术开发新的教学体系。计算机智能教学体系就是其中的代表。

大学计算机基础（第4版）——计算思维

2. 工程领域中应用

医学专家系统是人工智能与专家系统理论和技术在医学领域中的重要应用，具有极大的科研价值和应用价值，它可以帮助医生解决复杂的医学问题，作为医生诊断、治疗的辅助工具。目前，医学智能系统通过其在医学影像方面的重要应用，将其应用在其他医学领域中，并将其不断完善和发展。此外，人工智能在地质勘探、石油化工等领域也发挥了极大的作用。

3. 技术研究中应用

人工智能在电子技术领域的应用可谓由来已久。随着网络的迅速发展，网络技术的安全是日益受到人们的广泛关注。因此，有必要在传统技术的基础上进行技术的改进和变更，大力发展数据控制技术和人工免疫技术等高效的人工智能技术，以及开发更高级的 AI 通用和专用语言。

4. 智能控制

智能控制是一类无须（或需要尽可能少的）人的干预就能够独立地驱动智能机器实现其目标的自动控制，是用计算机模拟人类智能的一个重要研究领域。智能控制的核心在高层控制，即组织级控制。其任务在于对实际环境或过程进行组织，即决策和规划，以实现广义问题求解。已经提出的用以构造智能控制系统的理论和技术有分级递阶控制理论、分级控制器设计的熵方法、智能逐级增高而精度逐级降低原理、专家控制系统、学习控制系统和基于 NN 的控制系统等。

另外，人工智能应用领域还有专家系统、机器人学、语言和图像理解、遗传编程、机器人工厂等方面。

11.4　物　联　网

11.4.1　物联网概述

物联网是新一代信息技术的重要组成部分，其英文名称是"The Internet of things"。顾名思义，物联网就是物物相连的互联网。它包括两层意思：其一，物联网的核心和基础仍然是互联网，是在互联网基础上的延伸和扩展的网络；其二，其用户端延伸和扩展到了任何物品与物品之间，进行信息交换和通信。物联网通过智能感知、识别技术与普适计算，广泛应用于网络的融合中，也因此被称为继计算机、互联网之后世界信息产业发展的第三次浪潮。

1. 物联网的起源

物联网的实践最早可以追溯到 1990 年施乐公司的网络可乐贩售机——Networked Coke Machine。1991 年美国麻省理工学院（MIT）的 Kevin Ash-ton 教授首次提出物联网的概念。

1995 年，比尔·盖茨在《未来之路》一书中也曾提及物联网，但未引起广泛重视。1999 年美国麻省理工学院建立了"自动识别中心（Auto-ID）"，提出"万物皆可通过网络互联"，阐明了物联网的基本含义。早期的物联网是依托射频识别（RFID）技术的物流网络，随着技术和应用的发展，物联网的内涵已经发生了较大变化。

2003 年，美国《技术评论》提出传感网络技术将是未来改变人们生活的十大技术之首。2004 年日本总务省（MIC）提出 U-Japan 计划，该战略力求实现人与人、物与物、人与物之间的连接，希望将日本建设成一个随时、随地、任何物体、任何人均可连接的泛在网络社会。2005 年 11 月 17 日，在突尼斯举行的信息社会世界峰会（WSIS）上，国际电信联盟（ITU）发布《ITU 互联网报告 2005：物联网》，引用了"物联网"的概念。物联网的定义和范围已经发生了变化，覆盖范围有了较大的拓展，不再只是指基于 RFID 技术的物联网。2006 年韩国确立了 U-Korea 计划，该计划旨在建立无所不在的社会（Ubiquitous Society），在民众的生活环境里建设智能型网络（如 IPv6、BcN、USN）和各种新型应用（如 DMB、Telematics、RFID），让民众可以随时随地享有科技智慧服务。2009 年韩国通信委员会出台了《物联网基础设施构建基本规划》，将物联网确定为新增长动力，提出到 2012 年实现"通过构建世界最先进的物联网基础实施，打造未来广播通信融合领域超一流信息通信技术强国"的目标。

2008 年后，为了促进科技发展，寻找经济新的增长点，各国政府开始重视下一代的技术规划，将目光放在了物联网上。2009 年欧盟执委会发表了欧洲物联网行动计划，描绘了物联网技术的应用前景，提出欧盟政府要加强对物联网的管理，促进物联网的发展。2009 年 1 月 28 日，IBM 首次提出"智慧地球"概念，建议新政府投资新一代的智慧型基础设施。当年，美国将新能源和物联网列为振兴经济的两大重点。

2009 年 8 月，温家宝"感知中国"的讲话把我国物联网领域的研究和应用开发推向了高潮，无锡市率先建立了"感知中国"研究中心，中国科学院、运营商、多所大学在无锡建立了物联网研究院，无锡市江南大学还建立了全国首家实体物联网工厂学院。物联网被正式列为国家五大新兴战略性产业之一，写入"政府工作报告"，物联网在中国受到了全社会极大的关注。

2. 物联网的定义

物联网是指通过各种信息传感设备，实时采集任何需要监控、连接、互动的物体或过程等各种需要的信息，与互联网结合形成的一个巨大的网络。其目的是实现物与物、物与人，以及所有的物品与网络的连接，方便识别、管理和控制。

最初在 1999 年美国麻省理工学院阐述的物联网的基本含义为：通过射频识别（RFID）（RFID+互联网）、红外感应器、全球定位系统、激光扫描器、气体感应器等信息传感设备，按约定的协议，把任何物品与互联网连接起来，进行信息交换和通信，以实现智能化识别、定位、跟踪、监控和管理的一种网络。简而言之，物联网就是"物物相连的互联网"。

中国物联网校企联盟将物联网的定义为当下几乎所有技术与计算机、互联网技术的结合，实现物体与物体之间、环境以及状态信息的实时共享以及智能化的收集、传递、处理、执行。广义上说，当下涉及信息技术的应用，都可以纳入物联网的范畴。而在其著名的科技融合体模型中，提出了物联网是当下最接近该模型顶端的科技概念和应用。物联网是一个基于互联网、传统电信网等信息承载体，让所有能够被独立寻址的普通物理对象实现互联互通的网络，其具有智能、先进、互联的 3 个重要特征。

国际电信联盟（ITU）发布的 ITU 互联网报告，对物联网做了如下定义：通过二维码识读设备、射频识别（RFID）装置、红外感应器、全球定位系统和激光扫描器等信息传感设备，按约定的协议，把任何物品与互联网相连接，进行信息交换和通信，以实现智能化识别、定位、跟踪、监控和管理的一种网络。

根据国际电信联盟（ITU）的定义，物联网主要解决物品与物品（Thing to Thing，T2T），人与物品（Human to Thing，H2T），人与人（Human to Human，H2H）之间的互连。但是与传统互联网不同的是，H2T 是指人利用通用装置与物品之间的连接，从而使得物品连接更加的简化，而 H2H 是指人之间不依赖于 PC 而进行的互连。因为互联网并没有考虑到对于任何物品连接的问题，故我们使用物联网来解决这个传统意义上的问题。物联网顾名思义就是连接物品的网络，许多学者讨论物联网中，经常会引入一个 M2M 的概念，可以解释成为人到人（Man to Man）、人到机器（Man to Machine）、机器到机器（Machine to Machine）。从本质上而言，在人与机器、机器与机器的交互，大部分是为了实现人与人之间的信息交互。

综上所述，物联网即利用局部网络或互联网等通信技术把传感器、控制器、机器、人员和物等通过新的方式联在一起，形成人与物、物与物相联，实现信息化、远程管理控制和智能化的网络。物联网是互联网的延伸，它包括互联网及互联网上所有的资源，兼容互联网所有的应用，但物联网中所有的元素（所有的设备、资源及通信等）都是个性化和私有化的。

物联网是互联网的应用拓展，与其说物联网是网络，不如说物联网是业务和应用。因此，应用创新是物联网发展的核心，以用户体验为核心的创新是物联网发展的灵魂。

11.4.2 物联网的特征

和传统的互联网相比，物联网有其鲜明的特征。

首先，它是各种感知技术的广泛应用。物联网上部署了海量的多种类型传感器，每个传感器都是一个信息源，不同类别的传感器所捕获的信息内容和信息格式不同。传感器获得的数据具有实时性，按一定的频率周期性的采集环境信息，不断更新数据。

其次，它是一种建立在互联网上的泛在网络。物联网技术的重要基础和核心仍旧是互联网，通过各种有线和无线网络与互联网融合，将物体的信息实时准确地传递出去。在物联网上的传感器定时采集的信息需要通过网络传输，由于其数量及其庞大，形成了海量信息，在传输过程中，为了保障数据的正确性和及时性，必须适应各种异构网络和协议。

还有，物联网不仅仅提供了传感器的连接，其本身也具有智能处理的能力，能够对物体实施智能控制。物联网将传感器和智能处理相结合，利用云计算、模式识别等各种智能技术，扩充其应用领域。从传感器获得的海量信息中分析、加工和处理出有意义的数据，以适应不同用户的不同需求，发现新的应用领域和应用模式。

此外，物联网的精神实质是提供不拘泥于任何场合、任何时间的应用场景与用户的自由互动，它依托云服务平台和互通互联的嵌入式处理软件，弱化技术色彩，强化与用户之间的良性互动，更佳的用户体验，更及时的数据采集和分析建议，更自如的工作和生活，是通往智能生活的物理支撑。

这里的"物"要满足以下条件才能够被纳入"物联网"的范围：

① 要有相应信息的接收器；
② 要有数据传输通路；
③ 要有一定的存储功能；
④ 要有 CPU；
⑤ 要有操作系统；
⑥ 要有专门的应用程序；
⑦ 要有数据发送器；
⑧ 遵循物联网的通信协议；
⑨ 在世界网络中有可被识别的唯一编号。

物联网概念这几年可谓是炙手可热，物联网家电也是风生水起，从狭义上讲，物联网家电是指应用了物联网技术的家电产品；从广义上讲，是指能够与互联网联接，通过互联网对其进行控制、管理的家电产品，并且家电产品本身与电网、使用者、处置的物品等能够实现物物相联，通过智慧的方式，达成人们追求的低碳、健康、舒适、便捷的生活方式。图 11.3 所示为一个家用物联网的示意图。

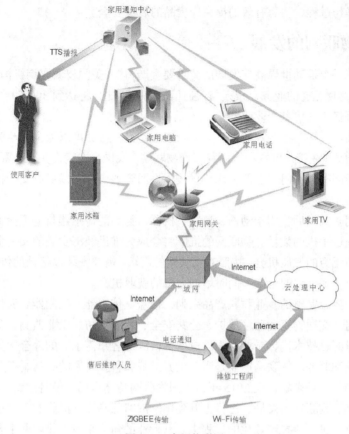

图 11.3　家用物联网

11.4.3　物联网的用途

物联网用途广泛，遍及智能交通、环境保护、政府工作、公共安全、平安家居、智能消防、工业监测、环境监测、路灯照明管控、景观照明管控、楼宇照明管控、广场照明管控、老人护理、个人健康、花卉栽培、水系监测、食品溯源、敌情侦查和情报搜集等多个领域。

物联网把新一代 IT 技术充分运用在各行各业之中，具体地说，就是把感应器嵌入和装备到电网、铁路、桥梁、隧道、公路、建筑、供水系统、大坝、油气管道等各种物体中，然后将"物联网"与现有的互联网整合起来，实现人类社会与物理系统的整合，在这个整合的网络当中，存在能力超级强大的中心计算机群，能够对整合网络内的人员、机器、设备和基础设施实施实时的管理和控制，在此基础上，人类可以以更加精细和动态的方式管理生产和生活，达到"智慧"状态，提高资源利用率和生产力水平，改善人与自然间的关系。

上海浦东国际机场的防入侵系统使用了物联网传感器，该系统铺设了 3 万多个传感节点，覆盖了地面、栅栏和低空探测，可以防止人员的翻越、偷渡、恐怖袭击等攻击性入侵。又如，中国早已开始将先进的 RFID 射频识别技术运用于现代化的动物养殖加工企业，开发出了 RFID 实时生产监控管理系统，该系统能够实时监控生产的全过程，自动、实时、准确的采集主要生产工序与卫生检验、检疫等关键环节的有关数据，较好地满足质量监管要求，使得吃到老百姓口中的每一块肉都能追踪到源头，对于过去市场上常出现的肉质问题得到了妥善的解决。此外，政府监管部门可以通过该系统有效的监控产品质量安全，及时追踪、追溯问题产品的源头及流向，规范肉食品企业的生产操作过程，从而有效的提高肉食品的质量安全。

11.4.4　物联网的发展

物联网将是下一个推动世界高速发展的"重要生产力"。美国权威咨询机构 Forrester 预测，到 2020 年世界上物物互连的业务，跟人与人通信的业务相比，将达到 30 比 1，因此，"物联网"被称为是下一个万亿级的信息产业业务。

物联网一方面可以提高经济效益，大大节约成本；另一方面可以为全球经济的复苏提供技术动力。美国、欧盟等都在投入巨资深入研究探索物联网。我国也在高度关注、重视物联网的研究，工业和信息化部会同有关部门，在新一代信息技术方面开展研究，以形成支持新一代信息技术发展的政策措施。

此外，物联网普及以后，用于动物、植物、机器、物品的传感器与电子标签及配套的接口装置的数量将大大超过手机的数量。物联网的推广将会成为推进经济发展的又一个驱动器，为产业开拓了又一个潜力无穷的发展机会。按照对物联网的需求，需要安装以亿计的传感器和电子标签，这将大大推进信息技术元件的生产，同时增加大量的就业机会。

物联网拥有业界最完整的专业物联产品系列，覆盖从传感器、控制器到云计算的各种应用，产品服务智能家居、交通物流、环境保护、公共安全、智能消防、工业监测、个人健康等各种领域。构建了"质量好、技术优、专业性强，成本低，满足客户需求"的综合优势，持续为客户提供有竞争力的产品和服务。物联网产业是当今世界经济和科技发展的战略制高点之一。

从中国物联网的市场来看，至 2015 年，中国物联网整体市场规模将达到 7500 亿元，年复合增长率超过 30.0%。物联网的发展，已经上升到国家战略的高度，必将有大大小小的科技企业受益于国家政策扶持，进入科技产业化的过程中。从行业的角度来看，物联网主要涉及的行业包括电子、软件和通信，通过电子产品标识感知识别相关信息，通过通信设备和服务传导传输信息，最后通过计算机处理存储信息，而这些产业链的任何环节都会形成相应的市场，加在一起的市场规模就相当大。可以说，物联网产业链的细化将带来市场进一步细分，造就一个庞大的物联网产业市场。

据思科最新报告称，未来 10 年，物联网将带来一个价值 14.4 万亿美元的巨大市场，未来 1/3 的物联网市场机会在美国，30%在欧洲，而中国和日本将分别占据 12%和 5%。

11.5　移动互联网

11.5.1　移动互联网简介

移动互联网（Mobile Internet，MI），是指互联网的技术、平台、商业模式和应用与移动通信技术结合并实践的活动的总称。

移动通信终端与互联网相结合成为一体，用户使用手机、PDA 或其他无线终端设备，通过 2G、3G（WCDMA、CDMA2000、TD，SCDMA）或者 WLAN 等速率较高的移动网络，在移动状态下（如在地铁、公交车等）随时、随地访问 Internet 以获取信息，使用商务、娱乐等各种网络服务。

通过移动互联网，人们可以使用手机、平板电脑等移动终端设备浏览新闻，还可以使用各种移动互联网应用，如在线搜索、在线聊天、移动网游、手机电视、在线阅读、网络社区、收听及下载音乐等。其中移动环境下的网页浏览、文件下载、位置服务、在线游戏、视频浏览和下载等是其主流应用。

绝大多数的市场咨询机构和专家都认为，移动互联网是未来十年内最有创新活力和最具市场潜力的新领域，这一产业已获得全球资金包括各类天使投资的强烈关注。例如，李开复（现任创新工场董事长兼主席执行官、创新工场开发投资基金执行合伙人）的创新工场，主要为移动互联网企业提供创业投资基金支持。

移动互联网是一种通过智能移动终端，采用移动无线通信方式获取业务和服务的新兴业务，包含终端、软件和应用 3 个层面。终端层包括智能手机、平板电脑、电子书、MID 等；软件包括操作系统、中间件、数据库和安全软件等。应用层包括休闲娱乐类、工具媒体类、商务财经类等不同应用与服务。随着技术和产业的发展，未来 LTE（长期演进，4G 通信技术标准之一）和 NFC（近场通信，移动支付的支撑技术）等网络传输层关键技术也将被纳入移动互联网的范畴之内。

移动互联网的组成可以归纳为移动通信网络、移动互联网应用和移动互联网相关技术等几大部分。

1. 移动通信网络

移动互联网时代无线连接各终端、节点所需要的网络，它是指移动通信技术通过无线网络将网络信号覆盖延伸到每个角落，让我们能随时随地接入所需的移动应用服务。移动互联网接入网络有 GPR5、EDGE、WLAN、3G、4G 等。

2. 移动互联网终端设备

无线网络技术只是移动互联网蓬勃发展的动力之一，移动互联网终端设备的兴起才是移动互联网发展的重要助推器，移动互联网发展到今天，成为全球互联网革命的新浪潮航标，受到来自全球高新科技跨国企业的强烈关注，并迅速在世界范围内发展开来，移动互联终端设备在其中的作用功不可没，虽然已经有了类似 APPLE Mac 一类轻便笔记本电脑，但是对于常常需要外出活动的使用者来说，体积依然显得太大，使得外出时操作电脑成为了一种麻烦。如果有另外一种产品，既可以无线上网实现常用功能，又能做到小巧方便，那么必将占据全球互联网市场的较大份额。正是这种迫切需求推动着移动互联终端设备的蓬勃发展，APPLE 公司推出了 iPhone、iPad 和 iTouch 等相关移动终端，迅速吸引了全球移动互联网关注者的眼球。

移动互联网终端，是指通过无线通信技术接入互联网的终端设备，如智能手机、平板电脑等，其主要功能就是移动上网、其中 3G 手机成为目前最普及和应用最广的移动互联设备，既可以做到方便无线网络接入，又小巧便携性强。3G 手机是基于移动互联网技术的终端设备，是通信业和计算机工业相融合的产物，因此越来越多的人开始称呼这类新的移动通信产品为个人通信终端。

3. 移动网络应用

当我们随时随地接入移动网络时，运用最多的就是移动网络应用程序。iPhone、iPad 等里面大量新奇的应用，逐渐渗透到人们生活、工作的各个领域，进一步推动着移动互联网的蓬勃发展。移动音乐、手机游戏、视频视听、手机支付、位置服务等丰富多彩的移动互联网应用发展迅猛，正在深刻改变信息时代的社会生活，移动互联网正在迎来新的发展浪潮。以下介绍几种主要的移动互联网应用。

（1）电子阅读。电子阅读是指利用移动智能终端阅读小说、电子书、报纸、期刊等的应用。电子阅读区别于传统的纸质阅读，真正实现无纸化浏览。特别是热门的电子报纸、电子期刊、电子图书馆等功能如今已深入现实生活中，同过去阅读方式有了显著不同。由于电子阅读无纸化，可以方便用户随时随地浏览，移动阅读已成为继移动音乐之后最具潜力的增值业务。阅读市场甚至具有比移动音乐更大的发展空间。

（2）手机游戏。手机游戏可分为在线移动游戏和非网络在线移动游戏，是目前移动互联网最热门的应用之一。随着人们对移动互联网接受程度的提高，手机游戏是一个朝阳产业，网络游戏曾经创造了互联网的神话，也吸引了一大批年轻的用户。随着移动终端性能的改善，更多的游戏形式将被支持，客户体验也会越来越好。

（3）移动视听。移动视听是指利用移动终端在线观看视频、收听音乐及广播等影音应用。传统移动视听一般运用在 MP3、MP4、MP5 等设备上，移动视听则是移动互联网的新亮点，将多媒体设备和移动通信设备融合起来，不再单纯依赖一种功能应用而存在。移动视听作为一种新兴娱乐形式，更受年轻时尚人士喜爱。相比传统电视，移动视听服务互动性将成为一大优势。由于人们文化水平和个人爱好的差别，个性化的视听内容更受青睐。移动视听通过内容点播、观众点评等形式能够提供个性化服务。另外，移动视听最大的好处就是可以随时随地收看。

（4）移动搜索。移动搜索是指以移动设备为终端，对传统互联网进行的搜索，从而实现高速、准确地获取信息资源。移动搜索是移动互联网的未来发展趋势。随着移动互联网内容的充实，人们查找信息的难度会不断加大，内容搜索需求也会随之增加。相比传统互联网的搜索，移动搜索对技术的要求更高。移动搜索引擎需要整合现有的搜索理念实现多样化的搜索服务，智能搜索、语义关联、语音识别等多种技术都要融合到移动搜索技术中来。

（5）移动社区。移动社区是指以移动终端为载体的社交网络服务，也就是终端、网络加社交的意思，通过网络这一载体把人们连接起来，从而形成具有某一特点的团体。

（6）移动商务。移动商务是指通过移动通信网络进行数据传输，并且利用移动信息终端参与各种商业经营活动的一种新型电子商务模式，它是新技术条件与新市场环境下的电子商务形态，也是电子商务的一条分支。移动商务是移动互联网的转折点，因为它突破了仅仅用于娱乐的限制开始向企业用户渗透。随着移动互联网的发展成熟，企业用户也会越来越多地利用移动又联网开展商务活动，包括移动办公和移动电子商务等，围绕这些业务的应用也会日益丰富。

（7）移动支付。移动支付也称手机支付，是指允许用户使用其移动终端（通常是手机）对所消费的商品或服务进行账务支付的一种服务方式。移动支付主要分为近程支付和远程支付两种，整个移动支付价值链包括移动运营商、支付服务商（比如银行、银联等）、应用提供商（公文、校园、公共事业等）、设备提供商（终端厂商、卡供应商、芯片提供商等）、系统集成商、商家和终端用户。

4. 移动互联网相关技术

移动互联网相关技术总体可分成三大部分，分别是移动互联网终端技术、移动互联网通信技术和移动互联网应用技术。

11.5.2　移动互联网的发展

移动通信和互联网成为当今世界发展最快、市场潜力最大、前景最诱人的两大业务，它们的增长速度都是任何预测家未曾预料到的。迄今，全球移动用户已超过 15 亿人，互联网用户也已逾 7 亿人。中国移动通信用户总数超过 3.6 亿人，互联网用户总数则超过 1 亿人。这一历史上从来没有过的高速增长现象反映了随着时代与技术的进步，人类对移动性和信息的需求急剧上升。越来越多的人希望在移动的过程中高速地接入互联网，获取急需的信息，完成想做的事情。移动通信网络和互联网在经过了若干年的各自发展和相互渗透之后，以 iPhone 为代表的新一代智能终端的出现为标志，开始了真正的融合，进入了一个崭新的移动互联网时代。

2010 年的 5.17 电信日显得格外让人瞩目。虽然世界电信日已经走到了第 42 届，但是真正让普通消费者感觉无穷威力的，恐怕要从 2010 年开始；移动互联网这个概念从 2010 年开始，已经彻底从神坛走向了生活。2012 年传统互联网巨头，如腾讯、360 等传统互联网公司瞄准移动互联网，进军移动互联网，部署各个节点，制作手机移动客户端，捆绑用户。

根据《2013—2017 年中国移动互联网行业市场前瞻与投资战略规划分析报告》数据统计，截至 2012 年 6 月底，中国网民数量达到 5.38 亿，其中手机网民达到 3.88 亿，较 2011 年底增加了约 3270 万人，网民中用手机接入互联网的用户占比由上年底的 69.3%提升至 72.2%。而台式电脑为 3.80 亿，手机网民的数量首次超越台式电脑网民的数量，也意味着移动互联网迎来了它高速发展的时期。

2010 年 4 月 11 日在艾瑞的新经济年会上，信息产业部通信科技委员会委员侯自强在谈到 3G 商用化发展趋势的问题上，表示公共互联网也就是移动互联网将会成为未来移动网发展的主流，而移动运营商的专网垄断将会被打破。用侯委员的话来说就是移动运营商带围墙的花园将会被打破。

3G 问题也是极为热门的话题之一。无论是经营者还是消费者都很关心 3G 的问题，经营者关心 3G 能否带来真正的新一代通信，而消费者则想知道 3G 时代的通信资费能否降低，业务体验能否满足个人的需要。3G 时代话音业务不会有太大的改变，主要的突破是在数据业务上。一是面对企业高端用户的业务，主要为专网。二是面对个人消费者。移动互联网 Telco2.0 也就是所说的公共互联网能够服务不同用户群，运营在不同核心网，如免费 WAP。3G 时代需要更为开放的空间，提供更为广阔的业务和实现随时随地上网的可能。

从国外 3GIP 数据市场的经验来看，最早提出包月体制的是 KDDI，但这种包月只适用于运营商专网。但是包月体制形成以来最大的转机是在 2008 年的 12 月份，和黄旗下的 3UK 在欧美推出了 X-Servies Gold，包月费 5 英镑/月。而在美国是不限量包月。在这一点上，侯自强也表示 3G 时代移动互联网的包月体制是必然的趋势。同时，他也相信移动互联网的大爆炸时代也将很快到来。

如果按照网络接入模式来讲，要真正实现移动互联网，就会花费很大的成本，但是侯自强说到为了减少成本，可以将基站直接接入互联网而避开移动网。以颠覆性技术提供颠覆性业务，最终实现随时随地上网。

关于移动互联网的问题，在 2007 年 3 月中旬，有两大事件值得我们关注：一是 3 月 13 日，微软等 6 家企业联合推出借助空余电视频段实现新型无线上网。二是 3 月 19 日，松下、飞利浦、三星、爱立信、西门子、索尼、AT&T、意大利电信、法国电信等业界领袖宣布成立开放 IPTV 论坛（Open IPTV Forum）。论坛的目的在于要建立一个企业联盟，致力于制订一个通用的 IPTV 标准，以便所有的 IPTV 系统能够实现互操作。

三网融合，目的也是为了实现互通性。标准融合，跨网络浏览，实现用户按需选择的个性化服务。侯自强最后再次强调移动互联网一定会到来，而运营商的围墙花园也终要被打破。

在最近几年里，移动通信和互联网成为当今世界发展最快、市场潜力最大、前景最诱人的两大业务。它们的增长速度都是任何预测家未曾预料到的。出现的移动与互联网相结合的趋势是历史的必然。移动互联网正逐渐渗透到人们生活、工作的各个领域，短信、铃图下载、移动音乐、手机游戏、视频应用、手机支付、位置服务等丰富多彩的移动互联网应用迅猛发展，正在深刻改变信息时代的社会生活，移动互联网经过几年的曲折前行，终于迎来了新的发展高潮。

11.5.3　移动互联网的主要特征

用户可以随身携带和随时使用移动终端，在移动状态下接入和使用移动互联网应用服务。一般而言，人们使用移动互联网应用的时间往往是在上、下班途中，在空闲间隙任何一个有 3G 或 WLAN 覆盖的场所，移动用户接入无线网络实现移动业务应用的过程。现在，从智能手机到平板电脑，我们随处可见这些终端发挥强大功能的身影。当人们需要沟通交流的时候，随时随地可以使用语音、图文或者视频解决，大大提高了用户与移动互联网的交互性，相对于 PC，由于移动终端小巧轻便、可随身携带两个特点，人们可以装入随身携带的书包和手袋中，并使得用户可以在任意场合接入网络。除了睡眠时间，移动设备一般都以远高于 PC 的使用时间伴随在其主人身边，这个特点决定了使用移动终端设备上网，可以带来 PC 上网无可比拟的优越性，即沟通与资讯的获取远比 PC 设备方便，能够随时随地获取娱乐、生活、商务相关的信息，进行支付、查找周边位置等操作，使得移动应用可以进入人们的日常生活，满足衣食住行、吃喝玩乐等需求。

移动终端设备的隐私性远高于 PC 的要求。由于移动性和便携性的特点，移动互联网的信息保护程度较高。通常不需要考虑通信运营商与设备商在技术上如何实现它，高隐私性决定了移动互联网终端应用的特点，数据共享时既要保障认证客户的有效性，也要保证信息的安全性，不同于传统互联网公开透明开放的特点，传统互联网下 PC 端系统的用户信息是容易被搜集的，而移动互联网用户因为无需共享自己设备上的信息，从而确保了移动互联网的隐私性。

移动互联网区别于传统互联网的典型应用是位置服务应用。它具有以下几个服务：位置签到、位置分享及基于位置的社交应用；基于位置围栏的用户监控及消息通知服务；生活导航及优惠券集成服务；基于位置的娱乐和电子商务应用；基于位置的用户交换机上下文感知及信息服务。能很好地概括移动互联网位置服务的特点有社交化、本地化以及移动性。目前，越来越多的移动互联网用户选择位置服务应用，这也是未来移动互联网的发展趋势所在。

移动互联网上的丰富应用，如图片分享、视频播放、音乐欣赏、电子邮件等，为用户的工作、生活带来更多的便利和乐趣。数据表明，目前在国内外 3G 用户使用频率最多的是娱乐类，其中最高使用量为浏览网页、新闻、社区网站，其次是即时通信类，如 MSN、Skype、QQ 等；娱乐游戏如愤怒的小岛和植物大战僵尸等；移动阅读如在线阅读或下载小说书籍等；移动影音视频如 YouTube、优酷等。其他的应用程序如微信，就是根据移动终端设备的独有特点而开发的即时通信，只要摇摇移动终端就能在全国范围内找到与你同时刻同动作的相关用户；还有一些应用程序是一款能显示与周边朋友物理距离的应用。这些，都是基于移动互联终端设备特点的应用。

移动互联网应用服务在便捷的同时，也受到了来自网络能力和终端硬件能力的限制。在网络能力方面，受到无线网络传输环境、技术能力等因素限制；在终端硬件能力方面，受到终端大小、处理能力、电池容量等的限制移动互联网各个部分相互联系，相互作用并制约发展，任何一部分的滞后都会延缓移动互联网发展的步伐。例如，手机视频和移动网游的应用，只有高带宽才能使其运行流畅以提高用户体验满意度。

11.5.4　移动互联网技术基础

1. 移动互联网通信技术

移动互联网与通信技术息息相关，移动终端设备接入移动互联网，最常用的媒介网络是移动通信网络和中短距离无线网络（如无线互联网、蓝牙网络），而各种通信标准与协议是构建移动通信网络和中短距离无线网络的基础。

2. 移动通信网络技术

在过去的 10 年中，世界电信行业发生了巨大的变化，移动通信特别是蜂窝小区的迅速发展，使用户彻底摆脱终端设备的束缚，实现完整的个人移动性、可靠的传输手段和接入方式。移动通信网络到目前为止，已经发展到了第四代移动通信网络。4G 是比 3G 更完美的网络通信系统，可集成多种不同模式的无线通信，能够满足几乎所有用户对于在线服务的要求，移动用户在其中可以自由地从一个标准漫游到另一个标准，目前对 4G 概念比较正式的解释是可称为宽带接入和分布式的网络，具有非对称超过 2Mbit/s 的数据传输能力，可对全速移动用户提供高质量影像服务，可实现二维图像的高质量传输。它包括宽带无线固定接入、宽带无线局域网（WLAN）、移动宽带系统和互操作的广播网络（基于地面和卫星系统），是集多种无线技术和无线 LAN 系统为一体的综合系统，也是宽带 IP 接入系统使其宽带无线局域网能与 BISDN 和 WLAN 兼容，实现宽带多媒体通信，形成综合宽带通信网（IBCN），还能提供通信信息之外的定位定时、数据采集、远程控制等综合功能。

3. 中短距离无线通信技术

（1）蓝牙

蓝牙（Blue tooth）是由 Agere、爱立信、IBM、英特尔、微软、摩托罗拉、诺基亚和东芝于 1998 年 5 月共同提出的近距离无线数字通信的技术标准。它是一种支持设备短距离通信（一般 10m 内）的无线电技术。能在包括移动电话、PDA、无线耳机、笔记本电脑、相关外设等之间进行无线信息交换。利用"蓝牙"技术，能够有效地简化移动通信终端设备之间的通信，也能够简化设备与 Internet 之间的通信，从而数据传输变得更加迅速高效。蓝牙采用分散式网络结构以及快跳频和短包技术，支持点对点及点对多点通信，工作在全球通用的 2.4GHz ISM（即工业、科学、医学）频段。其数据速率为 1Mbit/s（有效传输速度为 721kbit/s）。采用时分双工传输方案实现全双工传输。

（2）无线局域网技术

无线局域网技术包括 WLAN 和 WIFI。WLAN 无线局域网是计算机网络与无线通信技术相结合的产物。从专业角度讲，无线局域网利用了无线多址信道的一种有效方法来支持计算机之间的通信，并为通信的移动化、个性化和多媒体应用提供了可能。通俗地说，无线局域网（Wireless Local Area Network，WLAN）就是在不采用传统缆线的同时，提供以太网或者令牌网络的功能。它具有安装便捷、使用灵活、经济节约、易于扩展的特点。

Wi-Fi 无线保真，是一种可以将个人电脑、手持设备（如 PDA、手机）等终端以无线方式互相连接的技术，事实上它是一个高频无线电信号。无线保真是一个无线网路通信技术的品牌，由 Wi-Fi 联盟所持有，目的是改善基于 IEEE 802.11 标准的无线网路产品之间的互通性。无线保真信号也是由有线网提供的，如家里的 ADSL，小区宽带等，只要接一个无线路由器，就可以把有线信号转换成无线保真信号。国外很多发达国家城市里到处覆盖着由政府或大公司提供的无线保真信号供居民使用，我国也有许多地方实施"无线城市"工程使这项技术得到推广。

11.5.5　移动互联网的前景

中国互联网信息中心（CNNIC）公布的《第 25 次中国互联网络发展状况统计分析》显示，到 2020 年移动互联网终端将超过 100 亿台，截至 2009 年 12 月，我国手机网民已达 2.33 亿人，占总体网民的 60.8%，此中只使用手机上网的网民有 3070 万，而自去年中国 3G 牌照发放以后，国内智能手机用户越来越多，渐呈爆炸式增长。来自艾瑞咨询的调查研究数值则显示，2009 年，移动互联网市场交易额达 6.4 亿元，同比增长 205%。而 2012 年，移动电子商务交易额将达 108 亿元。

在最近几年里，移动通信和互联网成为当今世界发展最快、市场潜力最大、前景最诱人的两大业务，它们的增长速度都是任何预测家未曾预料到的，所以移动互联网可以预见将会创造怎样的经济神话。近几年移动终端用户的增长迅猛，手机逐渐成为继电视、广播、报刊、互联网之后的全新媒介形式，俗称"第五媒体"。众所周知，随着 3G 技术的成熟应用普及，移动互联网渐渐成为主流趋势。微软的个人操作系统被苹果的 iPhone 和 iPad 彻底击败；中国移动、中国联通和中国电信三大运营商已开始布局移动互联网市场，抢夺移动终端；联想推出乐 Phone 等移动互联终端，启动移动互联网之梦；腾讯、百度等网络巨头悄然布局。移动互联网时代的到来，已在世界范围掀起了一场围绕移动互联网领域的抢夺争先战。甚至有业内人士预测随着无线互联蚕食有线互联市场，未来可能 70%都是无线互联市场，人们日常上网的主要通道将是手机。手机是目前为止所有媒体形式中最具普及性、最快捷、最方便并具有一定强制性的媒体平台，拥有随时接触、传播、反馈、一对一到多点互动等特点，其信息个性化、定向沟通、低廉成本等优势。由于新媒体其特有的优势，能对前四大媒体进行有效整合与补充，所以第五媒体成为大家都看好的一座金矿。

随着 2009 年 3G 牌照正式发放，智能手机普及率提高，移动应用服务日趋丰富，移动互联网产业进入快速发展时期。例如，手机广告作为移动互联网的重要分支，市场规模不断扩大。2010 年 4 月，Apple 公司发布 iAD；5 月，Google 公司收购 AdMob；4 月 1 日，国内首家移动广告平台有米平台上线，手机广告成为移动互联网热门行业。随着未来网络资费下降、智能手机普及率提升，手机广告市场前景看好。单从这些互联网巨头抢先布局移动互联网就可以预见移动互联的璀璨未来。

第四代移动电话行动通信标准，指的是第四代移动通信技术，（4G）。4G 是集 3G 与 WLAN 于一体，并能够快速传输数据、高质量、音频、视频和图像等。4G 能够以 100Mbit/s 以上的速度下载，比目前的家用宽带 ADSL（4 兆）快 25 倍，并能够满足几乎所有用户对于无线服务的要求。此外，4G 可以在 DSL 和有线电视调制解调器没有覆盖的地方部署，然后再扩展到整个地区。很明显，4G 有着不可比拟的优越性。

2001 年 12 月—2003 年 12 月，开展 Beyond 3G/4G 蜂窝通信空中接口技术研究；2004 年 1 月 —2005 年 12 月，使 Beyond 3G/4G 空中接口技术研究达到相对成熟的水平；2006 年 1 月—2010 年 12 月，设立有关重大专项，完成通用无线环境的体制标准研究及其系统实用化研究，开展较大规模的现场试验。

2010 年是海外主流运营商规模建设 4G 的元年，多数机构预计海外 4G 投资时间还将持续 3 年左右。

2013 年 8 月，国务院总理李克强日前主持召开国务院常务会议，要求提升 3G 网络覆盖和服务质量，推动年内发放 4G 牌照。12 月 4 日正式向三大运营商发布 4G 牌照，中国移动、中国电信和中国联通均获得 TD-LTE 牌照。

2013 年 12 月 18 日，中国移动在广州宣布，将建成全球最大 4G 网络。2013 年年底之前，北京、上海、广州、深圳等 16 个城市可享受 4G 服务；预计到 2014 年年底，4G 网络将覆盖超过 340 个城市。

2014 年 1 月，京津城际高铁作为全国首条实现移动 4G 网络全覆盖的铁路，实现了 300 公里时速高铁场景下的数据业务高速下载，一部 2G 大小的电影只需要几分钟。原有的 3G 信号也得到增强。

2014 年 7 月 21 日中国移动在召开的新闻发布会上又提出包括持续加强 4G 网络建设、实施清晰透明的订购收费、大力治理垃圾信息等六项服务承诺。中国移动表示，将继续降低 4G 资费门槛。

4G 的出现给用户带来了巨大的方便，在通信速度、通信质量、智能性、兼容性、资费等方面具有很明显的优势。

（1）通信速度快。由于人们研究 4G 通信的最初目的就是提高蜂窝电话和其他移动装置无线访问 Internet 的速率，因此 4G 通信给人印象最深刻的特征莫过于它具有更快的无线通信速度。第四代移动通信系统传输速率可达到 20Mbit/s，甚至最高可以达到高达 100Mbit/s，这种速度会相当于 2009 年最新手机的传输速度的 1 万倍左右，第三代手机传输速度的 50 倍。

（2）通信灵活。未来的 4G 通信使人们不仅可以随时随地通信，更可以双向下载传递资料、图画、影像，当然更可以和从未谋面的陌生人网上联线对打游戏。也许有被网上定位系统永远锁定无处遁形的苦恼，但是与它据此提供的地图带来的便利和安全相比，这简直可以忽略不计。

（3）智能性能高。第四代移动通信的智能性更高，不仅表现于 4G 通信的终端设备的设计和操作具有智能化，如对菜单和滚动操作的依赖程度会大大降低，更重要的是 4G 手机可以实现许多难以想象的功能。例如，4G 手机能根据环境、时间以及其他设定的因素来适时地提醒手机的主人此时该做什么事，或者不该做什么事。

（4）兼容性好。要使 4G 通信尽快地被人们接受，不但要考虑它的功能强大，还应该考虑现有通信的基础，以便让更多的现有通信用户在投资最少的情况下就能很轻易地过渡到 4G 通信。因此，从这个角度来看，未来的第四代移动通信系统应当具备全球漫游，接口开放，能跟多种网络互联，终端多样化，以及能从第二代平稳过渡等特点。

（5）通信质量高。尽管第三代移动通信系统也能实现各种多媒体通信，为此未来的第四代移动通信系统也称为"多媒体移动通信"。第四代移动通信不仅是为了适应用户数的增加，更重要的是，必须要适应多媒体的传输需求，当然还包括通信品质的要求。总结来说，首先必须可以容纳市场庞大的用户数、改善现有通信品质不良，以及达到高速数据传输的要求。

（6）费用便宜，在建设 4G 通信网络系统时，通信营运商们会考虑直接在 3G 通信网络的基础设施之上，采用逐步引入的方法，这样就能够有效地降低运行者和用户的费用。据研究人员宣称，4G 通信的无线即时连接等某些服务费用会比 3G 通信更加便宜。

4G 在具有上述优点的同时，由于它处于发展初期，也存在一些缺陷，如标准多，导致多种移动通信系统彼此互不兼容；技术难，在信号强度、移交方面还存在技术问题；容量受限，手机的速度会受到通信系统容量的限制，如果速度上不去，4G 手机就要大打折扣；市场难以消化，第四代移动通信系统的接受还需要一个逐步过渡的过程，如果 4G 通信因为系统或终端的短缺而导致延迟的话，那么号称 5G 的技术随时都有可能威胁到 4G 的赢利计划，此时 4G 漫长的投资回收和赢利计划会变得异常的脆弱。另外，在设施更新、软件设计和开发、资费等方便有待进一步完善。

习　题　11

1. 云计算的概念是什么？
2. 大数据的概念是什么？有什么作用？
3. 人工智能的应用有哪些方面？
4. 物联网的定义是什么？有什么特征？它主要应用在哪些方面？
5. 移动互联网的含义是什么？
6. 4G 有什么优点？

参考文献

[1] 甘勇，尚展垒，张建伟等. 大学计算机基础（第 2 版）［M］. 北京：人民邮电出版社，2012.

[2] 姜可扉. 大学计算机［M］. 北京：电子工业出版社，2014.

[3] 王海波，张伟娜，王兆华. 网页设计与制作——基于计算机思维［M］. 北京：电子工业出版社，2014.

[4] 林登奎. Windows 7 从入门到精通［M］. 北京：中国铁道出版社，2011.

[5] 马华东. 多媒体技术原理及应用.（第 2 版）［M］. 北京：清华大学出版社，2008.

[6] 徐小青，王淳灏. Word 2010 中文版入门与实例教程［M］. 北京：电子工业出版社，2011.

[7] 王珊，萨师煊. 数据库系统概论（第 4 版）［M］. 北京：高等教育出版社，2006.

[8] 谢希仁. 计算机网络（第 5 版）［M］. 北京：电子工业出版社，2008.

[9] 张继光. Dreamweaver 8 中文版从入门到精通［M］. 北京：人民邮电出版社，2006.

[10] 匡松，孙耀邦. 计算机常用工具软件教程［M］. 北京：清华大学出版社，2008.

[11] 李昊. 计算思维与大学计算机基础实验教程［M］. 北京：人民邮电出版社，2013.

[12] 杨选辉，网页设计与制作教程［M］. 北京：清华大学出版社，2014.

[13] 蒋加伏，沈岳. 大学计算机［M］. 北京：北京邮电大学出版社，2013.

[14] 钟玉琢. 多媒体技术基础及应用［M］. 北京：清华大学出版社，2012.